“十二五”高职高专规划教材·案例实训教程系列

CorelDRAW X4 图形制作案例实训教程

王明亮　编

西北工業大學出版社

【内容简介】本书为“十二五”高职高专规划教材。主要内容包括初识 CorelDRAW X4、CorelDRAW X4 的基本操作、图形的绘制与编辑、图形对象的管理、文本的应用、轮廓线的设置与色彩填充、对象的造形与交互式特效、对象的特殊效果、位图的应用、综合案例以及案例实训，各章后附有本章小结及操作练习，使读者在学习时更加得心应手，做到学以致用。

本书结构合理，内容系统全面，讲解由浅入深，实例丰富实用，体现了高职高专教育的特色。既可作为各高职高专 CorelDRAW 基础课程的首选教材，也可作为各成人院校、民办高校及社会培训班的 CorelDRAW 基础课程教材，同时还可供广大平面设计爱好者自学参考。

图书在版编目（CIP）数据

CorelDRAW X4 图形制作案例实训教程/王明亮编．—西安：西北工业大学出版社，2010.11
“十二五”高职高专规划教材·案例实训教程系列
ISBN 978-7-5612-2955-2

Ⅰ．①C…　Ⅱ．①王…　Ⅲ．①图形软件，CorelDRAW X4—高等学校：技术学校—教材
Ⅳ．①TP391.41

中国版本图书馆 CIP 数据核字（2010）第 230528 号

出版发行：西北工业大学出版社
通信地址：西安市友谊西路 127 号　　邮编：710072
电　　话：（029）88493844　88491757
网　　址：www.nwpup.com
电子邮箱：computer@nwpup.com
印 刷 者：陕西向阳印务有限公司
开　　本：787 mm×1 092 mm　1/16
印　　张：17
字　　数：447 千字
版　　次：2010 年 11 月第 1 版　　2010 年 11 月第 1 次印刷
定　　价：29.00 元

序 言

高职高专教育是我国高等教育的重要组成部分，担负着为国家培养并输送生产、建设、管理、服务第一线高素质、技术应用型人才的重任。

进入 21 世纪以来，高等职业教育呈现出快速发展的趋势。高等职业教育的发展，丰富了高等教育的体系结构，突出了高等职业教育的特色，满足了人民群众接受高等教育的强烈需求，为国家建设培养了大量高素质、技能型专业人才，对高等教育大众化作出了重要贡献。

在教育部下发的《关于全面提高高等职业教育教学质量的若干意见》中，提出了深化教育教学改革，重视内涵建设，促进“工学结合”人才培养模式的改革；推进整体办学水平提升，形成结构合理、功能完善、质量优良、特色鲜明的高等职业教育体系的任务要求。

根据新的发展要求，高等职业院校积极与各行业企业合作开发课程，配合高职高专院校的教学改革和教材建设，建立突出职业能力培养的课程标准，规范课程教学的基本要求，进一步提高我国高职高专教育教材质量。为了符合高等职业院校的教学需求，我们新近组织出版了“‘十二五’高职高专规划教材·案例实训教程系列”。本套教材旨在“以满足职业岗位需求为目标，以学生的就业为导向”，在教材的编写中结合任务驱动，项目导向的教学方式，力求在新颖性、实用性、可读性三个方面有所突破，真正体现高职高专教材的特色。

主要特色

中文版本、易教易学

本系列教材选取市场上最普遍、最易掌握的应用软件的中文版本，突出“易教学、易操作”，结构合理、内容丰富、讲解清晰。

结构合理、图文并茂

本系列教材围绕培养学生的职业技能为主线来设计体系结构、内容和形式，符合高职高专学生的学习特点和认知规律，对基本理论和方法的论述清晰简洁，便于理解，通过相关技术在生产中的实际应用引导学生主动学习。

内容全面、案例典型

本系列教材合理安排基础知识和实践知识的比例，基础知识以“必需，够用”为度，以案例带动知识点，诠释实际项目的设计理念，案例典型，切合实际应用，并配有课堂实训与案例实训。

体现教与学的互动性

本系列教材从“教”与“学”的角度出发，重点体现教师和学生的互动交流。将精练的理论和实用的行业范例相结合，使学生在课堂上就能掌握行业技术应用，做到理论和实践并重。

具备实用性和前瞻性，与就业市场结合紧密

本系列教材的教学内容紧随技术和经济的发展而更新，及时将新知识、新技术、新工艺和新案例引入教材，同时注重吸收最新的教学理念，根据行业需求，使教材与相关的职业资格培训紧密结合，努力培养“学术型”与“应用型”相结合的人才。

读者对象

本系列教材的读者对象为高职高专院校师生和需要进行计算机相关知识培训的专业人士，以及需要进一步提高计算机专业知识的各行业工作人员，同时也可供社会上从事其他行业的计算机爱好者自学参考。

针对明确的读者定位，本系列教材涵盖了计算机基础知识及目前常用软件的操作方法和操作技巧，使读者在学习后能够切实掌握实用的技能，最终放下书本就能上岗，真正具备就业本领。

结束语

希望广大师生在使用过程中提出宝贵意见，以便我们在今后的工作中不断地改进和完善，使本套教材成为高等职业教育的精品教材。

西北工业大学出版社
2010年11月

前 言

CorelDRAW X4 是 Corel 公司推出的最新版本的矢量图形制作软件，该软件为设计人员提供了矢量动画、页面设计、网站制作、位图编辑等多种功能，无论是对创作印刷作品、网页还是跨媒体的作品，CorelDRAW X4 将以卓越的功能使设计人员或普通用户做到事半功倍。

本书以“基础知识+课堂实训+综合案例+案例实训”为主线，对 CorelDRAW X4 的有关知识循序渐进地进行讲解，使读者能快速直观地了解和掌握该软件的基本使用方法、操作技巧和行业实际应用，为步入职业生涯打下良好的基础。

本书内容

全书共分 11 章。其中前 9 章主要介绍 CorelDRAW X4 的基础知识和基本操作，使读者初步掌握使用计算机制作图形的有关知识；第 10 章列举了几个有代表性的综合案例；第 11 章是案例实训，通过理论联系实际，帮助读者举一反三，学以致用，进一步巩固所学的知识。

读者定位

本书结构合理，内容系统全面，讲解由浅入深，实例丰富实用，既可作为各高职高专 CorelDRAW 基础课程的首选教材，也可作为各成人院校、民办高校及社会培训班的 CorelDRAW 基础课程教材，同时还可供广大平面设计爱好者自学参考。

本书力求严谨细致，但由于水平有限，书中难免出现疏漏与不妥之处，敬请广大读者批评指正。

编 者

目 录

第 1 章　初识 CorelDRAW X4

CorelDRAW X4 是由加拿大的 Corel 公司推出的图形设计软件。它在原版本的基础上新增了许多功能，无论是进行图形设计与图像处理、排版印刷还是网页制作，都将更方便、更快捷。本章主要介绍 CorelDRAW X4 的功能、相关概念、启动与退出以及工作界面的组成等知识。

知识要点

- CorelDRAW X4 简介
- CorelDRAW X4 的相关概念
- CorelDRAW X4 的启动与退出
- CorelDRAW X4 的工作界面

1.1　CorelDRAW X4 简介

在众多的电脑绘图软件中， CorelDRAW 由于其功能强大，比较容易掌握，因此已成为专业美术设计师首选的矢量图形设计软件之一。CorelDRAW X4 是 CorelDRAW 系列的最新版本，它的操作比以前的版本更加简便，图形图像处理功能更加强大，用户运用它可以绘制、合成和编辑图形以及进行各种个性化的设计，也可以创作出专业级的美术作品。

1.1.1　CorelDRAW X4 的应用

CorelDRAW X4 具有良好的界面和实用、快捷的交互式工具，在平面设计中已被广泛应用于各个领域，具体表现在以下几个方面。

1. 插画设计

CorelDRAW 强大的绘图功能为插画的制作和应用开拓了宽广的表现空间，从而可将艺术作品完美地再现。

随着艺术的日益商品化和新的绘图材料及工具的出现，插画艺术进入了商业化时代。商业插画主要包括广告商业插画、卡通漫画插画、影视游戏插画、出版物插画和卡通插画等。如图 1.1.1 所示为使用 CorelDRAW X4 软件设计的插画、卡通漫画作品。

图 1.1.1　插画设计作品

2．包装设计

商品的包装与广告一样，是企业与消费者之间沟通的桥梁，也是一个极为重要的宣传媒介，美观的包装可以提高产品的知名度，增加产品的销量。使用 CorelDRAW X4 强大的绘图功能可以为产品进行容器结构造型和包装美化装饰设计。如图 1.1.2 所示为使用 CorelDRAW X4 软件设计的包装作品。

图 1.1.2　包装设计作品

3．商业广告设计

商业广告设计主要是为了传达各类商品信息、品牌信息、企业形象信息、服务信息、观光旅游信息和交易会信息等。CorelDRAW X4 作为功能强大的图形绘制软件，其卓越的图文处理功能和快捷的交互式绘图工具，在商业广告设计中发挥着巨大的作用。如图 1.1.3 所示为使用 CorelDRAW X4 软件设计的商业广告作品。

图 1.1.3　商业广告设计作品

4．VI 设计

VI（Visual Identity，视觉识别）是 CI（Corporate Identity，企业识别）中最具有传播力和感染力的部分，它可将 CI 的非可视内容转化为静态的视觉识别符号，将企业的基本精神及特色更清晰地表达出来。

VI 设计主要分为基础项目设计和应用项目设计。基础项目设计主要包括企业标志、标准字、标准色、标准规范等设计；应用项目设计主要包括使用方法、事务用品、广告宣传、标识系统、传播媒介、交通工具和制服等设计。使用 CorelDRAW X4 的图像设计功能，可以准确地将形象概念转换为视觉形象，使设计出的作品具有高度的整体美感和艺术欣赏价值。如图 1.1.4 所示为使用 CorelDRAW X4 软件设计的 VI 作品。

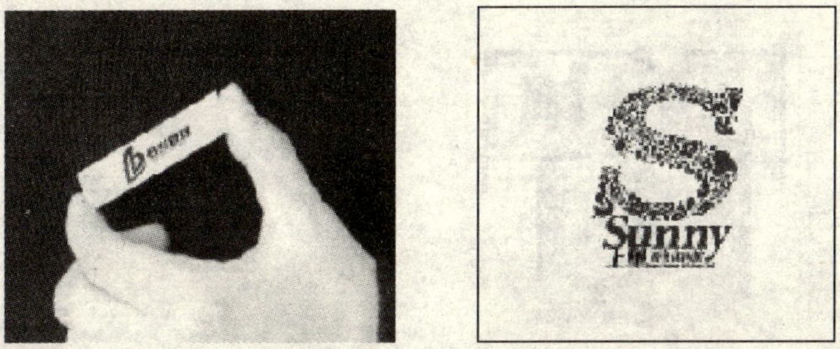

图 1.1.4 VI 设计作品

5. UI 设计

UI（User Interface）的原意为用户界面，即人和工具之间的界面。UI 设计狭义上也可以被称为产品设计。CorelDRAW X4 作为功能强大的图形绘制软件，使用它绘制的用户界面可以增强产品的造型与质感效果，更加突出视觉感受。如图 1.1.5 所示为使用 CorelDRAW X4 软件设计的 UI 作品。

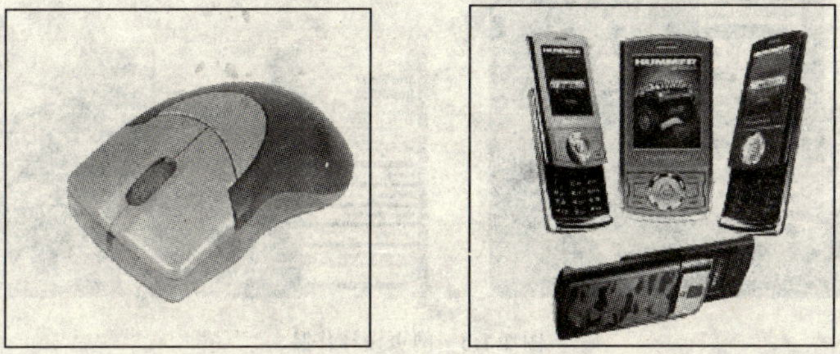

图 1.1.5 UI 设计作品

6. 书籍装帧设计

书籍装帧设计包括书籍的开本、版面、字体、护封的艺术设计以及纸张、印刷工艺和材料的设计与选择等。CorelDRAW X4 绘图软件具有方便快捷的绘制功能，从而成为书籍装帧及版式设计的首选软件。如图 1.1.6 所示为使用 CorelDRAW X4 软件设计的书籍装帧作品。

图 1.1.6 书籍装帧设计作品

7. 室内外设计

使用 CorelDRAW X4 软件绘制平面设计图，打破了传统的室内外设计图纸上只有线条和标注的局限，可以绘制出包含丰富内容和色彩的平面设计图，从而将室内外设计规范图更加生动逼真地展示出来。如图 1.1.7 所示为使用 CorelDRAW X4 软件设计的室内平面设计作品。

图 1.1.7　室内平面设计作品

8．网页设计

CorelDRAW X4 的图像设计功能非常强大，使用其中的绘图工具和文本工具能制作出精美的网页作品。如图 1.1.8 所示为使用 CorelDRAW X4 软件设计的网页作品。

图 1.1.8　网页设计作品

1.1.2　CorelDRAW 的功能

在众多的电脑绘图软件中， CorelDRAW 由于功能非常强大，比较容易掌握，因此，已成为专业美术设计师首选的矢量图形设计软件之一。无论是专业的设计师还是小型商业、企业用户，都可使用 CorelDRAW 进行图形图像设计，如创作 logo、设计专业的促销手册以及设计引人注意的标记符号等。

1．绘制图形

利用 CorelDRAW 提供的各种绘图工具，可以绘制出各种各样的矢量图形，如直线、曲线、矩形、圆形、星形和多边形等一切规则图形。另外，使用粗糙笔刷工具和涂抹工具，可以绘制不规则的图形；使用艺术笔工具，可以很方便地绘制带颜色的花草、箭头和卡通人物等图形，还可以对绘制的对象进行各种排列组合、对齐、镜像等操作。

2．处理文字

在 CorelDRAW 中有两种输入文字的方法：一种是输入美术字文本，另一种是输入段落文本。因此，CorelDRAW 不但可以对单个文字进行处理，也可以对整段文字进行编辑、变形等操作，还可以对文字进行沿路径排列或使用透视效果等。

3．变形对象

CorelDRAW 提供了多个可以改变图形造型的工具，如交互式调合工具、交互式变形工具、交互式阴影工具、交互式透明工具以及粗糙笔刷等工具，使用这些工具可以将简单的几何图形变得丰富多彩。

4．填充对象

使用 CorelDRAW 提供的填充工具组、交互式填充工具组和吸管工具组中的工具，以及各种调色板和颜色泊坞窗，可以为图形对象设置轮廓和填充颜色。

5．转换功能

CorelDRAW 提供了多种转换功能，如图形与曲线之间的转换、文字与图形之间的转换以及美术字与段落文本之间的转换等。使用菜单栏中的“导入”和“导出”命令，也可以将文件在不同格式之间进行转换。

6．输入与输出

CorelDRAW 具有完善的文件输入与输出功能，可以通过扫描仪和数码相机等输入设备获取图像，也可以通过打印机输出文件，还可以发布 HTML 文件或与 Internet 进行链接等。

7．制作网页

在 CorelDRAW 中，可以运用各种绘图工具和文本工具制作出精美的网页，还可以将其发布到网络中。

8．处理位图

CorelDRAW 处理位图的功能也十分强大。它不但可以直接处理位图，而且还可以使矢量图与位图进行相互转换。利用 CorelDRAW 中的位图滤镜功能，可以给位图添加各种效果，从而方便了设计者的图形制作。

1.1.3 CorelDRAW X4 的新增功能

CorelDRAW X4 与以前的版本相比，除了具有更加人性化的窗口视图外，还增加了许多新的功能，下面分别进行介绍。

1．界面更加美观

CorelDRAW X4 的界面及图标有了较大的变化，其属性栏和工具栏都有所变化，工具预览方式也由原来的横排变为了竖排。

2．安装文件剧增

在安装软件的过程中我们可以发现，CorelDRAW X4 的安装过程比较顺利，速度也很快。改变最大的是文件的体积越来越大了，CorelDRAW 软件中除去其他的组件，其安装完还不到 200 MB，而新的 CorelDRAW X4 安装完后的文件体积达到了 615 MB（这 615 MB 包含 X4 目录下的安装备份文件，这是 Corel 公司为防止文件损坏而做的安装备份）。

3．新增表格绘制工具

大家不要把这个工具同图纸工具混淆，这是完全不同的两个工具。通过表格工具的属性栏，可以很方便地修改行数和列数，改变边框线的颜色。

4．文本格式实时预览、字体识别功能

当选择不同的字体时，CorelDRAW X4 会自动把段落文本中的字体预览成将要选择的字体。也就是说，当在字体下拉列表中选择不同的字体时，段落文本中的字体也会随之呈预览方式供用户查看其显示效果。这一新的特性可以大大方便用户选择不同的字体效果，从而提高工作效率。

5．动态向导

动态向导可允许设计者创建完美形状，将一个物体放在合适的位置的操作通过一步就能完成。当打开动态向导后，临时向导出现在绘画的目标捕捉点上。新的向导提供自定义的分组标号，可移动光标到需要的地方，释放鼠标。当在文档中移动目标时，这个向导自动改变，并立刻分发重要的信息，以便作出相应的调整。因此，可以更加容易精确地创建物体的尺寸与位置，减少操作步骤，节省了设计时间。

6．增强了捕捉对象功能

捕捉对象功能可为设计者节省时间，当安排项目时，设计者可以快速精确地修改对象。通过鼠标捕捉的对象区域可得到实时的反馈，捕捉对象包括节点、交叉点、中心、象限、切线、正交、边缘与文本基线。

7．Unicode 支持

和遍布世界的设计者更加容易地共享文件，无缝地整合多国语言在同一个设计软件中，CorelDRAW X4 软件包在使用时没有语言问题，统一编码允许用户存储超过 65 000 个特殊字符，给用户一个宽松自由的语言使用氛围。这意味着在任何系统中输入的文本都将被保留，语言版本包括英语、法语、德语、意大利语、荷兰语、西班牙语和其他语种。

8．新的导入 Office 特性

在 CorelDRAW X4 图像软件包中创作的图形可以容易地导入 Office 文档中。CorelDRAW X4 图像软件包是办公组件的完美伙伴，它可以轻松地预览和导入文本文件、幻灯片以及电子表格文件，而不必担心兼容性问题，它可以智能地选择更适合的格式（.png，.emf 或.wpg）。CorelDRAW X4 图像软件包同微软的 Office 或 Wordperfect Office 一同工作，将帮助用户创建令人印象深刻的文档。

1.2 CorelDRAW X4 的相关概念

使用 CorelDRAW X4 绘制图形之前，首先要掌握一些相关的概念，正确理解这些概念有助于更好地掌握 CorelDRAW X4 的相关知识。

1.2.1 矢量图形

矢量图又称向量图，是用直线和曲线来描述的图形，这些图形的元素可以是点、直线、弧线、矩形、多边形或圆形，它们由数学公式计算获得，而不是像素点。这些公式中包括矢量图形的所在坐标位置、大小、轮廓色以及颜色填充等信息。由于这种保存图形信息的方法与分辨率无关，所以当放大或缩小图形时，只要在相应数值上乘以放大的倍数或除以缩小的倍数即可，而不会影响图形的清晰度，其边缘很平滑，也不会产生颜色块，如图 1.2.1 所示。矢量图特别适用于企业标志设计、图案设计、版式设计、文字设计等，它所生成的文件也比位图文件小。

图 1.2.1　矢量图形缩放前后效果对比

1.2.2　位图图像

位图又称点阵图，由多个不同颜色的点组成，每一个点为一个像素。与矢量图相比，位图图像更容易模拟照片的真实效果。位图有固定的分辨率，分辨率越高，图像的效果就越好，但按照原图大小打印或显示时效果最好，如果将位图扩大，其显示效果会不清晰。由于位图图像中每个像素点都记录着一个色彩信息，因此，位图图像色彩绚丽，能体现出现实生活中的绝大多数色彩。

位图图像可以通过数码相机拍摄、扫描仪扫描以及 Photoshop 图像处理软件制作等方式获得。由于每个像素点的色彩信息都需要单独记录，因此，位图图像占用的空间也比较大，对于要求不太高的位图图像，可以将它们压缩，节省空间。

位图的大小和质量取决于图像中像素点的多少，通常来说，每平方英寸的面积上所含像素点越多，颜色之间的混合也越平滑，同时文件也越大。如图 1.2.2 所示的为位图放大后的效果。

图 1.2.2　位图图像缩放前后效果对比

1.2.3　印刷色

在 CorelDRAW 中所使用的 CMYK 颜色模式是打印与印刷系统常用的模式，由青色、品红、黄色与黑色 4 种颜色组成。它通过色彩对光源的反射效果来显示颜色。

1.2.4　位图的分辨率

对位图图像来说，分辨率就是指每平方英寸中像素点数量的多少，单位为 dpi。位图的分辨率和位图图像的清晰度与画面质量有着密切的关系，当图片尺寸确定，分辨率越高，则图像的清晰度也就越高，画质也越好。相反，当分辨率较低时，图像的清晰度就会下降。

1.2.5 文件格式

在 CorelDRAW X4 中，对作品完成编辑与修改后，要将其保存起来，在存储时要选择存储格式。下面介绍几种文件格式。

1. CDR 格式

CDR 格式是图形处理软件 CorelDRAW 所生成文件的默认格式，也就是说，用 CDR 格式存储的文件只能在 CorelDRAW 中打开。CDR 格式也是矢量图中常见的文件格式之一，其最大的优点是文件较小，支持压缩功能。

2. AI 格式

AI 格式是 Illustrator 软件的标准文件格式，与 CDR 格式一样，是最常见的矢量图文件格式之一，可以方便地导入到 CorelDRAW 中进行编辑。

3. DXF 格式

DXF 格式是三维模型设计软件 AutoCAD 提供的一种矢量图文件格式，其优点是文件小，绘制图形的尺寸、角度等数据都非常精确，是建筑设计、工业设计与建模的首选。

4. BMP 格式

BMP 格式是 Windows 操作系统标准的位图格式，大多数图形图像软件都支持 BMP 格式。该文件格式结构简单，不支持压缩功能，所以画质最好，但文件占用磁盘空间比较大，而且不支持 Alpha 通道。

5. JPEG 格式

JPEG 格式文件的扩展名有.jpg 和.jpeg 两种，是最流行的 24 位位图格式。它实际上是以 BMP 格式为基准，在图像失真较小的情况下，对图像进行适当的压缩。

JPEG 格式的文件在效果上与 BMP 格式的文件相差不大，但占用磁盘空间较小。同样，大多数图形图像处理软件和其他软件都支持该格式，与 BMP 格式一样，JPEG 格式不支持 Alpha 通道。

6. TIFF 格式

TIFF 格式是在 Macintosh 机上开发的一种图像文件格式，其扩展名有.tif 和.tiff 两种。它与 JPEG 格式一样支持压缩功能，但它同时支持 Alpha 通道。

TIFF 格式主要用于在应用程序之间和电脑之间交换文件，同时支持 PC 机和苹果机，是一种非常灵活的文件格式，目前被广泛应用于图形图像、排版及印刷等多种领域。

7. GIF 格式

GIF 格式是位图格式的一种，与 BMP 和 JPEG 格式的文件相比，GIF 格式最大的特点是支持动画效果，即图片是可以动态变化的，而且该格式的文件非常小，常用于在网络上展现简单的动画效果。

8. PSD 格式

PSD 格式是图像处理软件 Photoshop 的默认文件格式，其最大的优点是支持图层和多通道的操作，并且支持透明背景，即 Alpha 通道。目前，CorelDRAW X4 可以很好地支持该格式。

9．FH*格式

FH*格式是图形处理软件 FreeHand 标准的文件格式，也是较常见的矢量图文件格式之一。与其他图片文件格式不同的是，其扩展名随版本的升级而改变。

1.3　CorelDRAW X4 的启动与退出

CorelDRAW X4 的安装方法与其他 Windows 应用软件的安装方法大致相同，运行安装目录下的 setup.exe，只要根据提示操作即可。在安装完成后，就可以启动或退出 CorelDRAW X4 了。

1.3.1　CorelDRAW X4 的启动

启动 CorelDRAW X4，选择 开始 → 所有程序(P) → CorelDRAW Graphics Suite X4 → CorelDRAW X4 命令，即可显示程序的初始化界面，如图 1.3.1 所示。

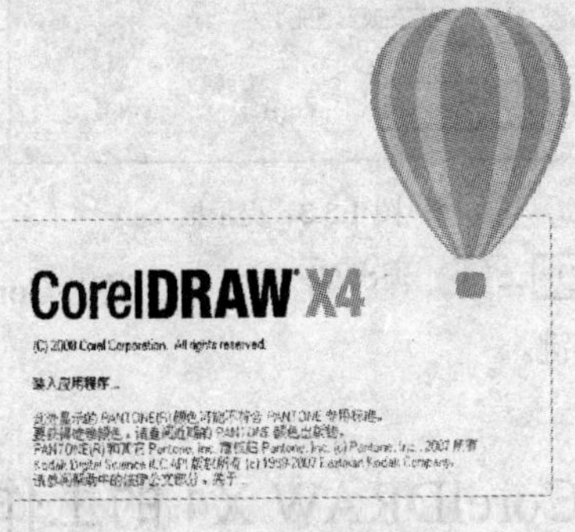

图 1.3.1　启动 CorelDRAW X4 的初始化界面

初始化界面消失后，屏幕上会显示出一个 欢迎/快速启动 界面，如图 1.3.2 所示。

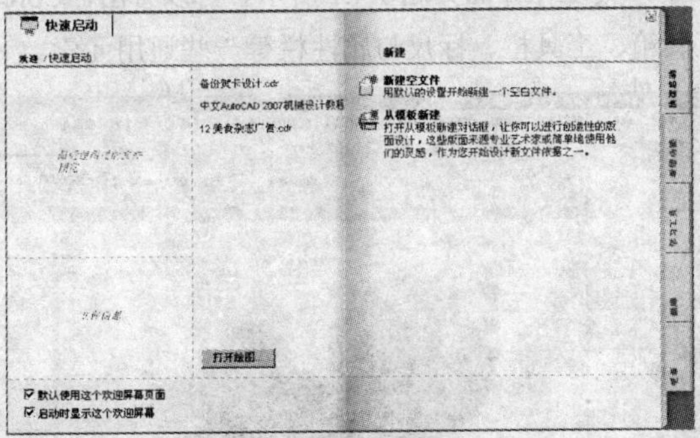

图 1.3.2　CorelDRAW X4 的欢迎界面

在此界面中提供了 5 个图标，单击任意一个图标，都可以启动 CorelDRAW X4 的操作界面。各图标功能分别如下：

新建图形：CorelDRAW X4 将会以默认的格式新建一个图形文件。

打开图形：CorelDRAW X4 将打开存储过的任意一个图形。

打开上次编辑的图形：CorelDRAW X4 能够载入最后一次打开的文件，单击文件名可打开该文件继续编辑。

模板：可在 CorelDRAW X4 提供的专业模板中选择一个模板，选择时需要放入 CorelDRAW X4 的配套光盘。

新增功能：提供关于 CorelDRAW X4 的各种新增功能的介绍。

更新：CorelDRAW X4 提供了在线更新功能，可以使用户通过在线更新使 CorelDRAW X4 保持最新版本。

单击“新建图形”图标，可进入 CorelDRAW X4 的绘图界面，同时打开一个新建绘图页，这时用户已经进入了 CorelDRAW X4 矢量绘图的神奇天地。

1.3.2 CorelDRAW X4 的退出

退出 CorelDRAW X4 的方法有以下 3 种：

（1）单击 CorelDRAW X4 界面右上角的“关闭”按钮 ×。如果对文档进行了修改，在关闭时会弹出如图 1.3.3 所示的提示框，根据需要单击相应的按钮即可。

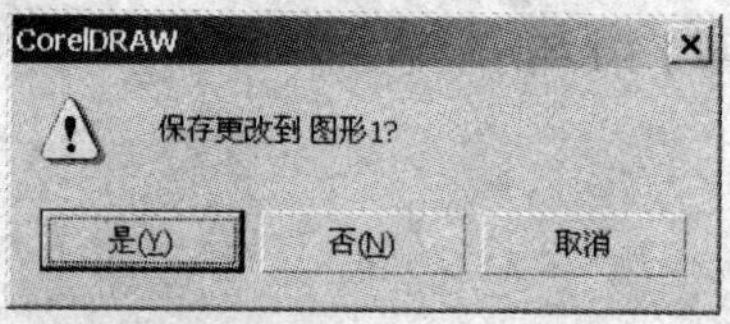

图 1.3.3 提示框

（2）选择菜单栏中的 文件(F) → 退出(X) 命令，可退出 CorelDRAW X4 的工作界面。

（3）按键盘上的“Alt+F4”键。

1.4 CorelDRAW X4 的工作界面

进入 CorelDRAW X4 后，其工作界面如图 1.4.1 所示。可以看出，CorelDRAW X4 与大多数软件一样，都包括菜单栏、工具箱、工具栏、标尺与属性栏等一些通用元素。

图 1.4.1 CorelDRAW X4 的工作界面

1.4.1 标题栏

标题栏位于 CorelDRAW X4 工作界面的顶部，其左侧显示了当前文件名，右侧是最小化、最大化、关闭窗口的 3 个按钮。如果单击标题栏最左侧的图标，可弹出一个下拉菜单，如图 1.4.2 所示，在此菜单中选择适当的命令，可进行移动、最小化、最大化、关闭窗口等操作。

1.4.2 菜单栏

菜单栏由一系列的菜单命令组成，用于完成文件保存、对象编辑以及对象查看等操作。在每个菜单下又有若干个子菜单，每一个菜单项都包含了一系列的命令，选择相应的命令，可直接执行这些命令或打开相应的对话框。使用菜单栏的具体操作步骤如下：

（1）将鼠标指针移至菜单栏上单击，此时即可弹出下拉菜单，如在位图(B)菜单上单击，可弹出位图下拉菜单。

（2）将鼠标指针移至下拉菜单中需要执行的命令上，单击鼠标可执行该命令。

（3）如果菜单命令后有…符号，表示选择该菜单命令后将弹出一个对话框，在其中用户可以进行参数设置；如果菜单命令后有▸符号，则表示移动指针至该菜单命令后将弹出其子菜单，如图 1.4.3 所示。

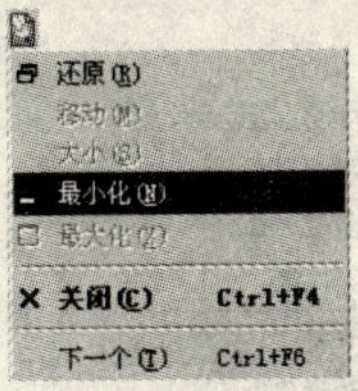

图 1.4.2 下拉菜单

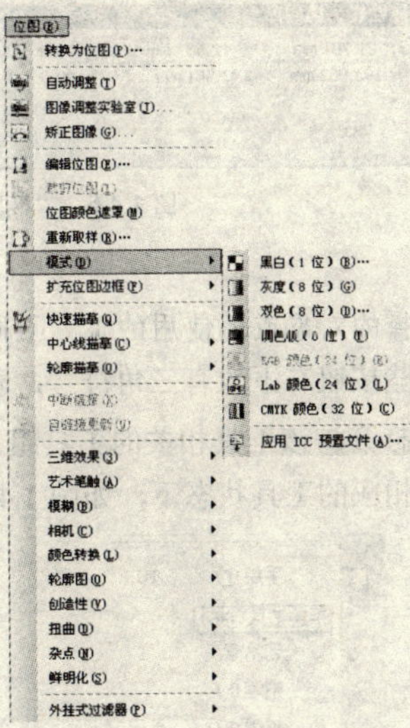

图 1.4.3 弹出的下拉菜单

（4）如果弹出下拉菜单后不须要执行菜单命令操作，可在工作界面的空白处（工作区或绘图区）单击鼠标，即可关闭弹出的下拉菜单。

1.4.3 工具栏

在工具栏中提供了 CorelDRAW X4 中最常用的一些命令，这些命令与菜单栏中的某些命令相对应。工具栏中的按钮按功能分类，大致可分为新建、打开、保存、剪切、撤销、导入/导出与帮助等。工具栏显示如图 1.4.4 所示。

图 1.4.4　工具栏

1.4.4　工具箱和属性栏

默认设置下的工具箱位于 CorelDRAW X4 工作界面的左侧，也可以将其设置为浮动的形式。工具箱中的工具主要用来绘制与编辑图形对象。若要绘制一个椭圆形对象，可单击工具箱中的按钮，然后在绘图区中拖动鼠标即可绘制一个椭圆形对象，如图 1.4.5 所示。

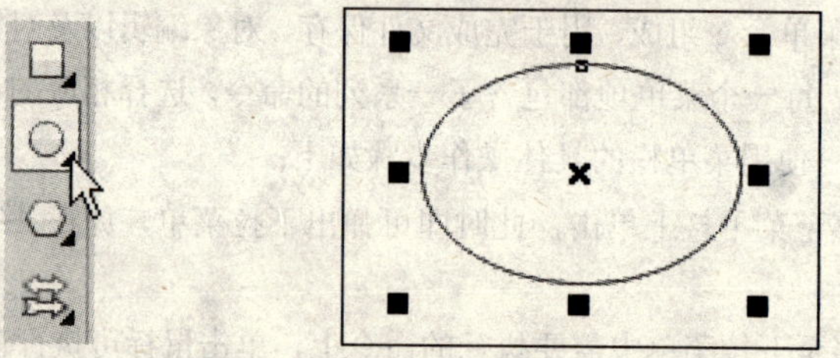

图 1.4.5　使用工具箱中的椭圆形工具绘制椭圆

绘制好椭圆对象后，在属性栏中将会显示出椭圆对象的属性，如椭圆的坐标位置、对象大小等属性，如图 1.4.6 所示。

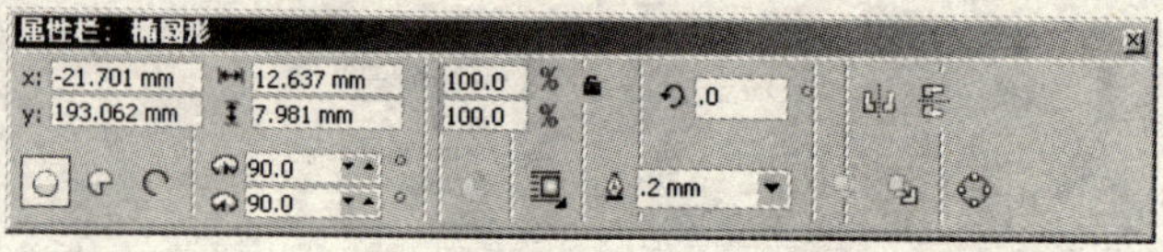

图 1.4.6　“椭圆形工具”属性栏

注意：选择的对象或所使用的工具不同，属性栏的状态也将不同。

在工具箱中，有些按钮右下角有三角符号，表示这是一个工具组，在如图 1.4.7 所示的按钮上按住鼠标左键不放，可打开与该工具相关的工具组。移动鼠标指针至所需的工具按钮上，如按钮，单击鼠标即可切换至相应的工具状态下，如图 1.4.8 所示。

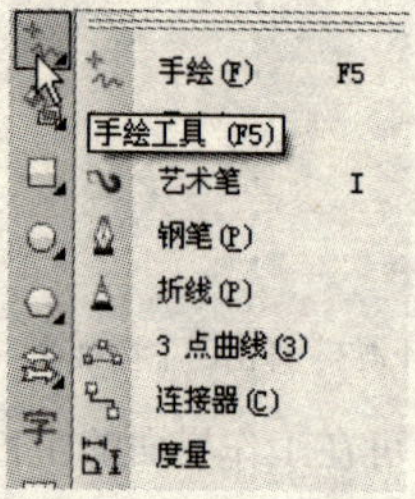

图 1.4.7　打开工具组

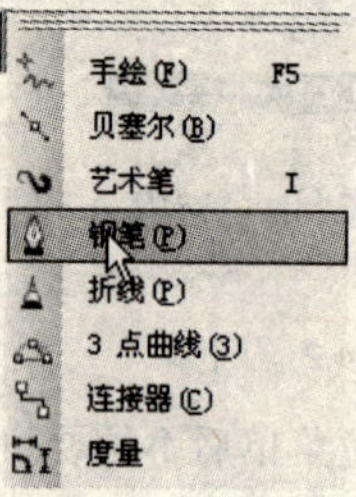

图 1.4.8　切换工具

1.4.5　绘图区与工作区的区别

在绘制或编辑图像的过程中，细心的用户可以发现，在绘图区和工作区中都可以绘制图形。实际上，绘图区即设置的页面区域，是可以被打印的区域，而工作区中虽然也能绘制对象，但对象不能被打印。在 CorelDRAW X4 中进行绘制时，通常将工作区作为一个对象的临时存放区域。

1.4.6　调色板

调色板的默认位置是界面窗口的右侧。调色板可以直接对选定的图形或图形边缘的轮廓进行颜色填充。使用调色板选择颜色进行填充时，首先应在绘图窗口中选择要填充的图形，然后在调色板中选择一种颜色，单击鼠标左键，填充图形；单击鼠标右键，填充轮廓色。删除图形的填充色或轮廓色时，首先应该选择要删除颜色的图形，然后在调色板中单击顶部的无填充图标╳；如果在调色板顶部的无轮廓图标╳上单击鼠标右键，则可以删除图形的轮廓颜色。单击调色板底部的按钮可以将调色板展开，如果要将其关闭，只要在界面窗口中的任意位置处单击鼠标左键即可。如图 1.4.9 所示为使用调色板填充图形对象的效果。

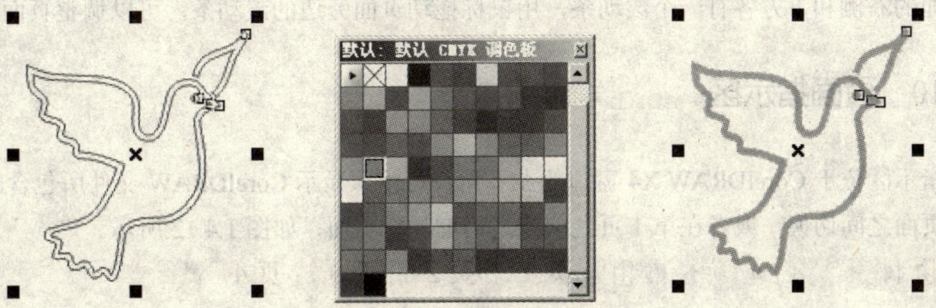

图 1.4.9　使用调色板填充图像对象效果

1.4.7　泊坞窗

CorelDRAW X4 中的泊坞窗是一个总称，类似于 Photoshop 中的浮动面板，常用的泊坞窗有对象属性泊坞窗、视图管理泊坞窗、变形泊坞窗以及透镜泊坞窗等。

默认设置下的泊坞窗都是关闭的，通常在需要使用时才打开。例如，要打开封套泊坞窗，可选择菜单栏中的窗口(W)→泊坞窗(D)→封套(E)命令，如图 1.4.10 所示。

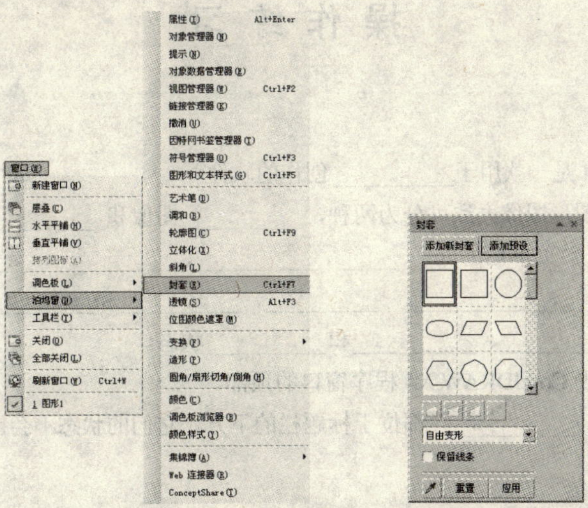

图 1.4.10　打开“封套”泊坞窗的过程

在泊坞窗右上角单击“向上滚动泊坞窗”按钮▲，可最小化泊坞窗，此时按钮▲变为“向下滚动泊坞窗”按钮▼，单击该按钮可展开泊坞窗。单击泊坞窗右上角的按钮✕，可关闭泊坞窗。

1.4.8 状态栏

状态栏位于 CorelDRAW X4 界面的底部，用于显示页面上被选择对象的信息（包括色彩、位置、大小和工具的种类等），如图 1.4.11 所示。

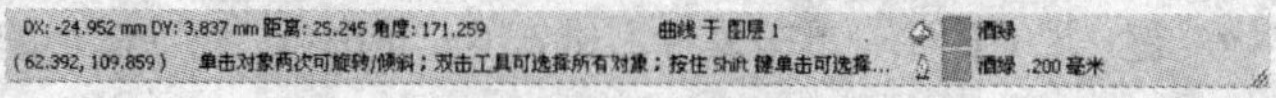

图 1.4.11 状态栏

1.4.9 滚动条

在界面的右侧和下方各有一个滚动条，用鼠标拖动页面旁边的滚动条，可以调整页面的位置。

1.4.10 页面指示区

页面指示区位于 CorelDRAW X4 窗口的左下角，可用来显示 CorelDRAW 文件所包含的页面数，用于在各页面之间切换，或者在第 1 页之前或之后增加新页面，如图 1.4.12 所示。

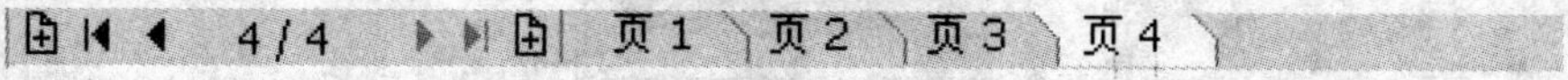

图 1.4.12 页面指示区

本 章 小 结

本章主要介绍了 CorelDRAW X4 的简介、相关概念、启动与退出以及工作界面的组成等知识。通过本章的学习，使读者初步认识与了解 CorelDRAW X4，为后面的学习奠定良好的理论基础。

操 作 练 习

一、填空题

1. CorelDRAW X4 是一款用于__________创作的软件。

2. 在计算机中，图形图像大致可分为两种，__________图像和__________图形。

3. CorelDRAW X4 的菜单栏由__________、__________、__________、__________、__________、__________、__________、__________、__________、__________和__________11 个菜单组成。

4. 窗口可处于__________、__________和__________状态。

5. __________位于 CorelDRAW X4 程序窗口的顶部。

6. __________栏与__________栏都位于标题栏的下方，它们的状态不会因所选择对象的不同而改变。

二、选择题

1.（ ）格式是 CorelDRAW X4 默认的文件格式。

（A）CDR　　　　（B）PSD

（C）PDF　　（D）JPEG

2. 在 CorelDRAW X4 的 欢迎/快速启动 界面中，图标是（　）。

（A）“新建空文件”图标　　（B）“从模板新建”图标

（C）“打开绘图”图标　　（D）“文件信息”图标

3. 在 CorelDRAW 的菜单中，如果菜单命令后有右三角符号，表示（　）。

（A）该命令具有快捷键　　（B）该命令在当前状态下不可使用

（C）单击该命令可打开一个对话框　　（D）该命令下还有子命令

4. CorelDRAW X4 中使用到的各种工具存放在（　）中。

（A）属性栏　　（B）工具箱

（C）菜单栏　　（D）面板

5. CorelDRAW X4 的工具栏中不包括（　）工具。

（A）矩形　　（B）椭圆形

（C）焊接　　（D）结合

三、简答题

1. 简述 CorelDRAW X4 的新增功能。
2. 简述位图与矢量图的优缺点。
3. 如何区别工作区与绘图区？

四、上机操作题

1. 使用多种方法启动与退出 CorelDRAW X4。
2. 打开一幅位图和矢量图，比较位图与矢量图的特点，并更改位图的分辨率。

第 2 章 CorelDRAW X4 的基本操作

在使用 CorelDRAW X4 绘图之前，应先掌握一些基本操作知识，为以后进一步学习 CorelDRAW 奠定基础。本章主要介绍 CorelDRAW X4 中文件的基本操作、页面的基本设置、版面显示操作以及辅助工具的使用等。

知识要点

- 文件的基本操作
- 页面的基本设置
- 版面显示操作
- 辅助工具的使用

2.1 文件的基本操作

进入 CorelDRAW X4 后，就要进行新建文件、打开已有的文件、保存或关闭文件等操作，这也是 CorelDRAW X4 最基本的操作。

2.1.1 新建文件

在 CorelDRAW X4 中进行绘图之前，必须新建一个绘图文件，然后在新建文件的页面中进行对象的绘制和编辑。

1. 新建空白文件

启动 CorelDRAW X4 后，在欢迎界面中单击“新建图形”图标，即可创建一个图形文件。如果启动 CorelDRAW X4 时没有显示欢迎界面，可选择菜单栏中的工具(O)→选项(O)…命令，弹出“选项”对话框，在该对话框左侧的工作区列表中选择常规选项，然后在对话框右侧的CorelDRAW 启动(S)：下拉列表中选择欢迎屏幕选项，如图 2.1.1 所示。

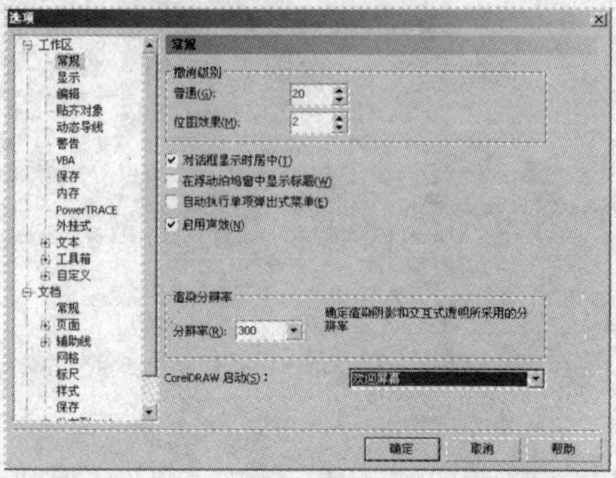

图 2.1.1 设置 CorelDRAW 启动时显示欢迎屏幕

设置完成后，单击确定按钮，在下次启动 CorelDRAW X4 时将显示欢迎界面。

如果在进入 CorelDRAW X4 后要新建空白文件，则可选择菜单栏中的文件(F)→新建(N)命令，或单击工具栏中的“新建”按钮，如图 2.1.2 所示，即可创建一个空白的图形文件。

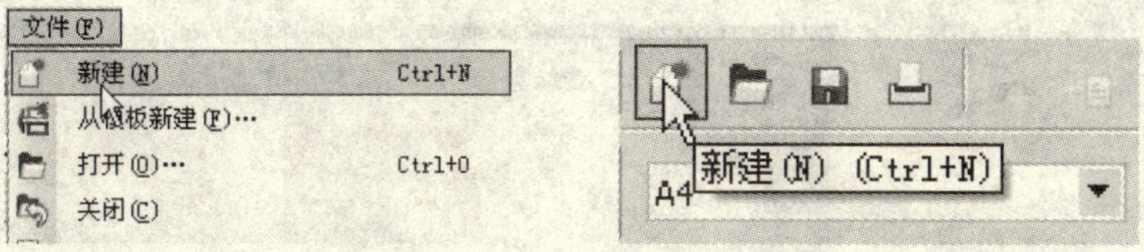

图 2.1.2　新建文件的两种方法

2．新建模板文件

CorelDRAW X4 预设了许多模板，使用这些模板可以极大地方便用户的操作。下面讲解新建模板文件的方法。

（1）在欢迎界面中单击“从模板新建”图标，或选择菜单栏中的文件(F)→从模板新建(F)…命令，会弹出“从模板新建”对话框，如图 2.1.3 所示。

（2）在对话框中的查看方式(V)：下拉列表中选择行业选项。

（3）在弹出的选项中选择服务选项，从右侧的列表框选择一种模板。

（4）单击打开(O)按钮，即可从模板新建文件，如图 2.1.4 所示。新建模板文件后，就可以在模板的基础上进行绘制。

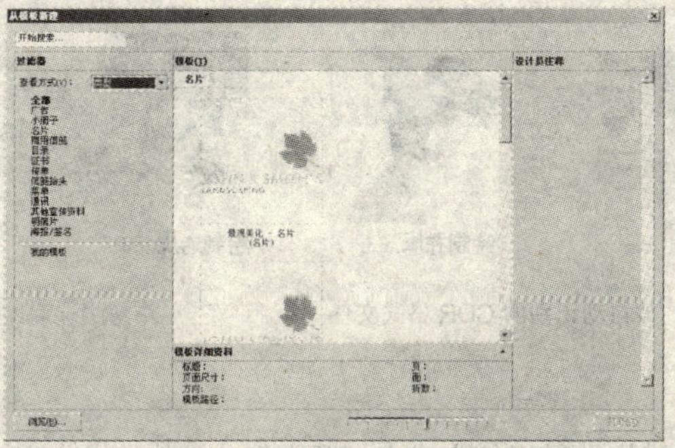

图 2.1.3　“从模板新建”对话框

图 2.1.4　从模板新建文件

注意：如果预设的模板不能满足需要，则可按需要绘制模板，保存为.cdr 格式的文件，再单击“从模板新建”对话框中的单击浏览(B)…按钮，从弹出的“选择模板”对话框中选择该文件即可。

2.1.2　打开文件

要打开一个已经存在的图形文件，主要有 3 种方法，即在 CorelDRAW X4 中打开、双击打开和通过拖动鼠标的方式打开。

1．在 CorelDRAW X4 中打开

在 CorelDRAW X4 中要打开一个已经存在的图形或文件，主要有以下 3 种方法：

（1）选择菜单栏中的文件(F)→打开(O)…命令。

（2）单击工具栏中的“打开”按钮。

（3）在欢迎界面中单击 打开其他文档... 按钮。

使用以上任意一种方式，都将弹出“打开绘图”对话框，如图 2.1.5 所示。

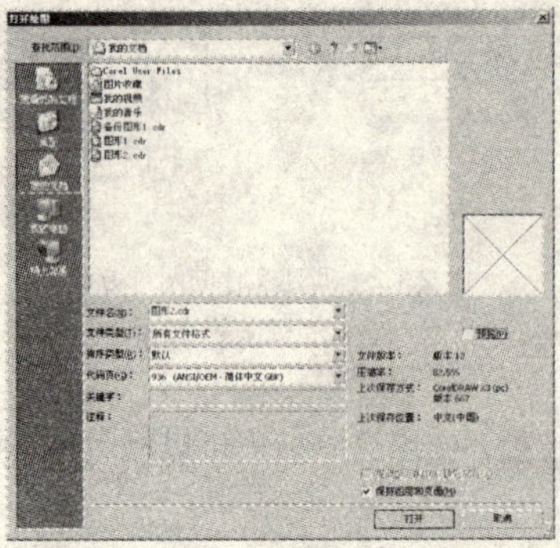

图 2.1.5 “打开绘图”对话框

2．双击打开

在安装了 CorelDRAW X4 后，CorelDRAW X4 默认格式的文件就可以自动被识别，用户可以通过文件的缩略图来预览其效果，如图 2.1.6 所示。此时不管是否启动 CorelDRAW X4，只要在 CDR 格式的文件上双击鼠标即可用 CorelDRAW X4 打开它。

图 2.1.6 被自动识别的 CDR 格式文件

3．拖动鼠标打开

在启动 CorelDRAW X4 后，也可以通过拖动鼠标的方式来打开文件。具体的操作方法如下：

（1）关闭所有在 CorelDRAW X4 中打开的文件，然后打开 我的电脑 窗口，在该窗口中找到要打开的文件。

（2）在文件上按住鼠标拖动至任务栏的 CoreDRAW X4 窗口按钮处，系统会切换至 CoreDRAW X4 界面，仍按住鼠标左键不放，将其移至 CoreDRAW X4 界面的灰色区域，当鼠标指针显示为形状时，释放鼠标即可打开该文件。

注意：如果要在“打开绘图”对话框中同时选择多个文件，可在选择文件时按住“Shift”键选择连续的多个文件，或按“Ctrl”键选择不连续的多个文件，单击 打开 按钮，所选择的多个文件将按先后顺序依次在 CorelDRAW X4 中打开。

2.1.3 保存文件

在 CorelDRAW X4 中绘制图形时，应随时保存图形对象，而以何种方式进行保存，这将直接影响文件以后的使用。

1. 手动保存

要手动保存文件，可选择菜单栏中的 文件(F) → 保存(S)… 命令，或单击工具栏中的“保存”按钮，弹出“保存绘图”对话框，如图 2.1.7 所示。

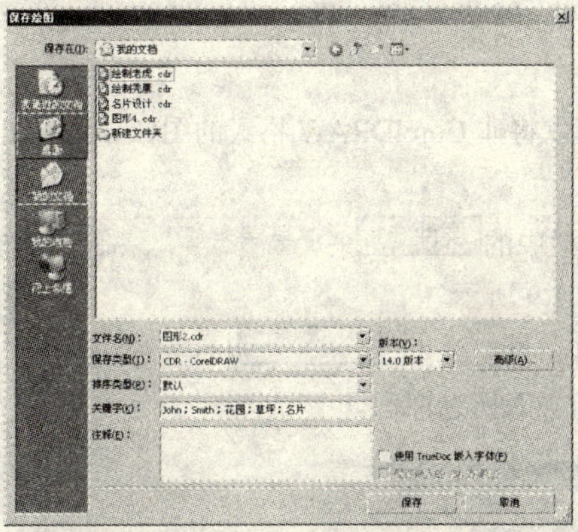

图 2.1.7 “保存绘图”对话框

在 保存在(I): 下拉列表中可选择保存的位置。

在 版本(V): 下拉列表中可选择保存文件的版本，此处一般保持默认设置，也就是保存为 CorelDRAW X4 版本。

在 文件名(N): 下拉列表框中输入保存的文件名称。

在 保存类型(T): 下拉列表中选择文件保存的格式，一般保存为 CorelDRAW 格式，以方便下次打开图形进行编辑与修改。设置完成后，单击 保存 按钮，即可保存图形文件。

对于已经保存的文件，如果再次将其打开并进行修改后，选择菜单栏中的 文件(F) → 保存(S)… 命令，或单击工具栏中的“保存”按钮，则不会再弹出“保存绘图”对话框。

2. 自动保存

在 CorelDRAW X4 中还提供了自动保存文件的功能，也就是说，在绘图的过程中，每隔一段时间，CorelDRAW X4 即会自动进行文件保存。

启用自动保存功能的具体操作方法如下：

（1）选择菜单栏中的 工具(O) → 选项(O)… 命令，弹出“选项”对话框，在该对话框左侧的 工作区 列表中选择 保存 选项，此时可在对话框右侧显示相关参数，如图 2.1.8 所示。

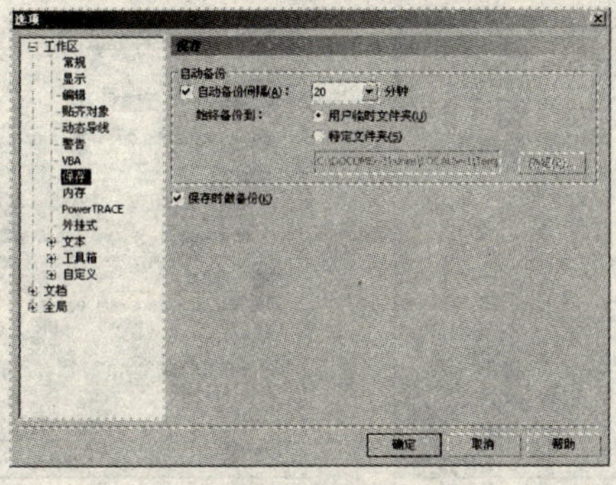

图 2.1.8 “选项”对话框

（2）在自动备份选项区中选中“自动备份间隔(A):”复选框，表示自动保存功能已经启用，在“20 分钟”下拉列表中显示自动保存间隔的时间，可从中选择间隔时间，或直接在输入框中输入数值，此处默认为 20，即每隔 20 min 自动保存一次。

（3）设置好参数后，单击确定按钮，关闭“选项”对话框。

2.1.4 导入文件

在 CorelDRAW X4 中，可以将非 CorelDRAW 格式的图像导入绘图区中，例如 JPEG，BMP，TIFF，GIF 等格式的图像。

要导入图像，可选择菜单栏中的文件(F)→导入(I)…命令或单击工具栏中的“导入”按钮，弹出“导入”对话框，如图 2.1.9 所示。

从中选择需要导入的图像，然后单击导入按钮，此时光标显示为如图 2.1.10 所示的状态，在绘图区中单击鼠标左键即可导入所选图像。

图 2.1.9 “导入”对话框

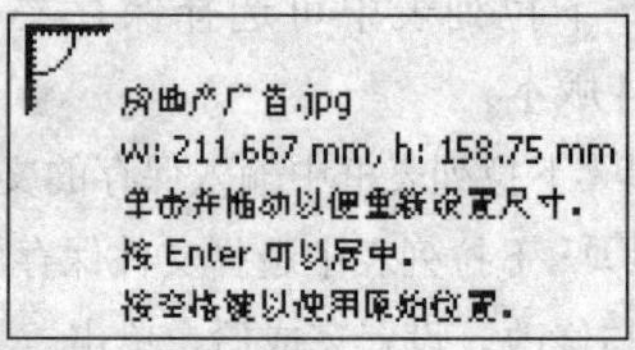

图 2.1.10 鼠标状态

2.1.5 导出文件

使用导出功能，可以将在 CorelDRAW X4 中绘制好的图形输出为位图或其他格式的文件。选择菜单栏中的文件(F)→导出(E)…命令或在工具栏中单击“导出”按钮，即可弹出“导出”对话框，如图 2.1.11 所示。

在“导出”对话框中选择所需的图像格式、保存路径后，单击导出按钮，弹出“转换为位图”对话框，如图 2.1.12 所示。

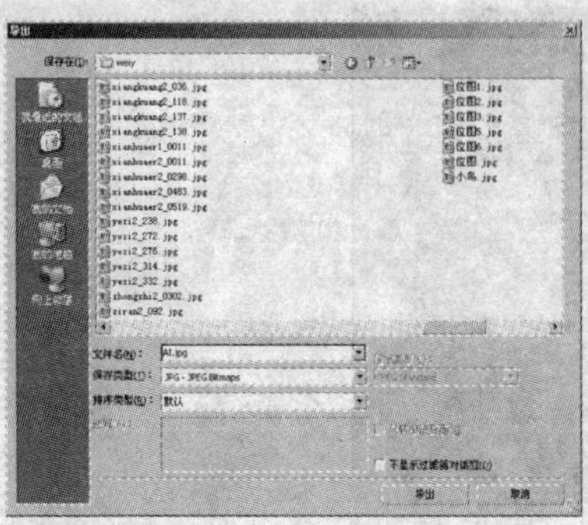

图 2.1.11 “导出”对话框

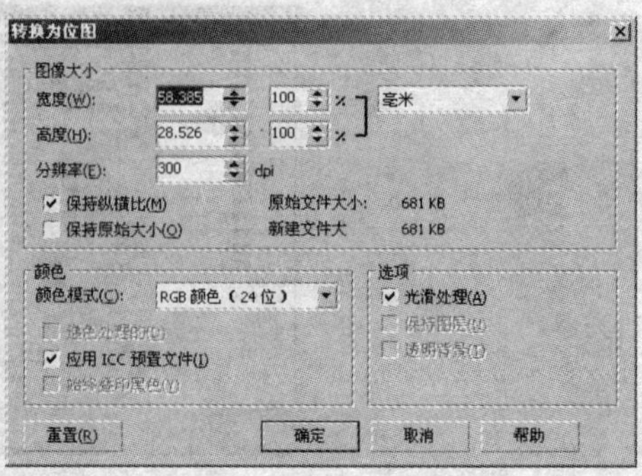

图 2.1.12 “转换为位图”对话框

在宽度(W):和高度(H):微调框中设置图片的大小，设置完成后单击确定按钮，弹出“JPEG 导出”对话框，如图 2.1.13 所示。

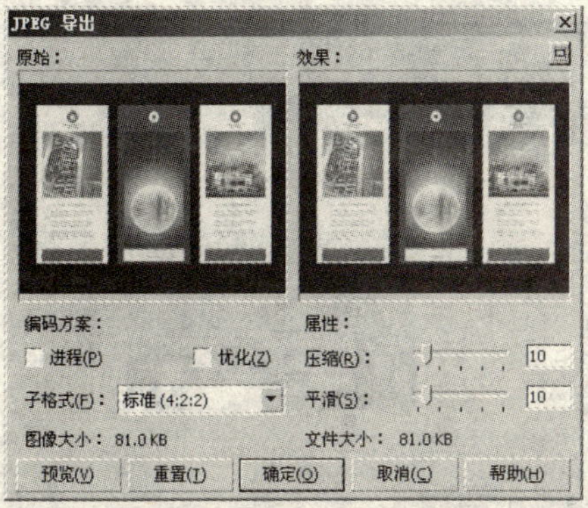

图 2.1.13　“JPEG 导出”对话框

在该对话框中设置好参数后，单击确定按钮，即可完成图像的导出。

2.1.6　查看文档属性

如果想要查看所绘制图形的文件信息，可在选中图形的基础上，选择菜单栏中的文件(F)→文档属性(P)...命令，将弹出“文档属性”对话框，如图 2.1.14 所示。

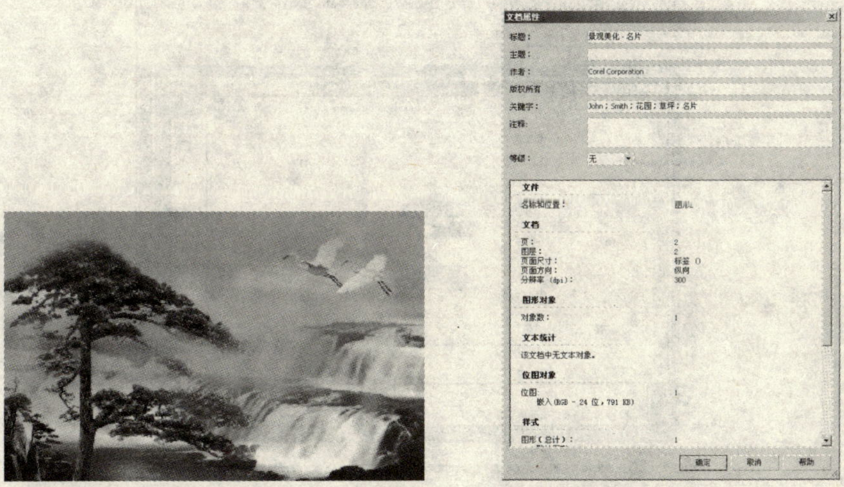

图 2.1.14　选中的图形和“文档属性”对话框

在该对话框中可以查看文件的标题、主题、作者、版权、关键字及注释等信息。

2.1.7　切换文件

若在绘制图形过程中创建了多个文件，常需要在多个文件之间进行切换时。切换文件的具体操作步骤如下：

（1）分别单击两个正在编辑的 CorelDRAW 文件右上角的“还原”按钮，使文件处于还原状态，如图 2.1.15 所示。

图 2.1.15 使文件处于还原状态

此时，图形 2 文件为当前工作状态。下面将图形 1 文件切换为当前工作状态。

（2）选择 窗口(W) → 1 图形1 命令，或者直接单击图形 1 文件的页面，即可将图形 1 切换为当前的工作状态，如图 2.1.16 所示，这样就完成了文件的切换。

图 2.1.16 将图形 1 文件切换为当前工作状态

2.1.8 关闭文件

在绘制或编辑图形后，往往需要关闭文件。关闭文件的具体操作步骤如下：

1. 利用菜单栏

（1）选择 文件(F) → 关闭(C) 命令，即可关闭文件。若文件未保存，将弹出如图 2.1.17 所示的提示框。

图 2.1.17　保存文件提示框

（2）若单击 是(Y) 按钮，则可关闭文件，并保存对文件的更改；若单击 否(N) 按钮，则关闭文件而不保存对图形的更改；若单击 取消 按钮，则返回到图形编辑状态。

2. 利用关闭按钮

直接单击 CorelDRAW X4 标题栏右侧的“关闭”按钮 ×，可关闭文件，在执行此操作时若文件未保存，同样将弹出如图 2.1.17 所示的提示框。

2.2　页面的基本设置

在 CorelDRAW X4 中，用户可以根据设计的需要，对新建图形文件的页面进行各种设置，如设置页面大小和方向、页面背景与页面版式，添加页面，删除页面，重命名页面等。

2.2.1　设置页面大小和方向

选择菜单栏中的 版面(L) → 页面设置(P)... 命令，弹出“选项”对话框，在该对话框左侧的列表框中选择 文档 → 页面 → 大小 选项，如图 2.2.1 所示。

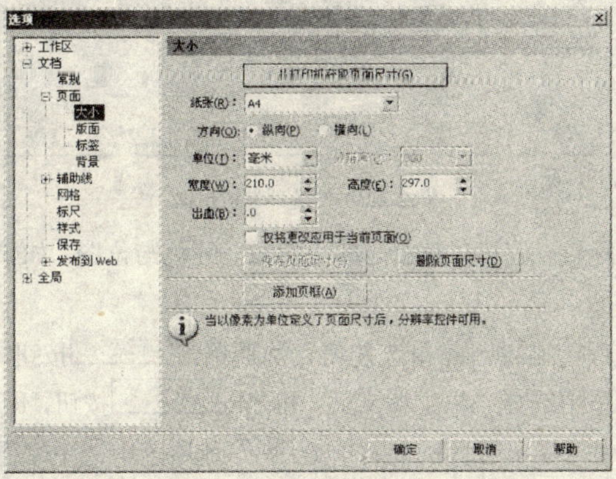

图 2.2.1　选择“大小”选项

在该对话框的右侧选中 ⊙ 纵向(P) 或 ⊙ 横向(L) 单选按钮，将页面设置为纵向或横向。在 纸张(R): 下拉列表中选择需要的页面尺寸，也可以在 宽度(W): 和 高度(E): 文本框中自定义页面尺寸。设置完成后，单击 确定 按钮即可。

要设置页面方向，可选择菜单栏中的 版面(L) → 切换页面方向(R) 命令，在纵向与横向之间切换。但切换页面方向后，页面上的内容并不会随着页面方向的改变而发生变化。如图 2.2.2 所示为切换页面方向前后效果对比。

图 2.2.2　切换页面方向前后效果对比

2.2.2　设置页面背景

要设置页面背景，可选择菜单栏中的 版面(L) → 页面背景(B)… 命令，弹出如图 2.2.3 所示的“选项”对话框。

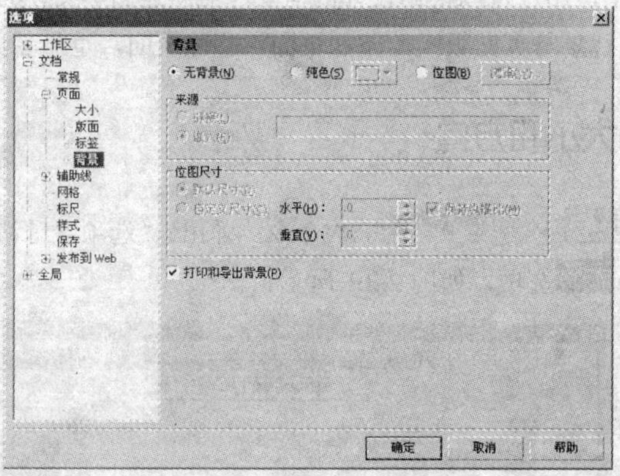

图 2.2.3　“选项”对话框

在该对话框中有 3 种背景设置可供选择，即无背景、纯色与位图。如果使用位图图像作为页面背景，可按以下操作步骤进行。

（1）在该对话框中选中 位图(B) 单选按钮，然后单击 浏览(W)... 按钮，可弹出“导入”对话框。

（2）在“导入”对话框中选择一幅位图文件，单击 导入 按钮，即可返回到“选项”对话框。

（3）在 来源 选项区中可显示位图的名称。在 来源 选项区中选中 链接(L) 单选按钮，可以将选择的位图对象链接到页面中；如果选中 嵌入(E) 单选按钮，就可以将选中的位图对象嵌入到页面中。

（4）在 位图尺寸 选项区中可以调整图像的尺寸。如果选中 默认尺寸(D) 单选按钮，就可以将位图对象以原始尺寸放置在页面中；选中 自定义尺寸(C) 单选按钮，就可以自定义所选位图对象的尺寸大小；选中 保持纵横比(M) 复选框，可以保持位图对象纵横向比例不变；选中 打印和导出背景(P) 复选框，可在输出或打印文档时将背景显示出来。

（5）设置好各选项参数后，单击 确定 按钮，即可将选择的位图图像设置为当前页面的背景，如图 2.2.4 所示。

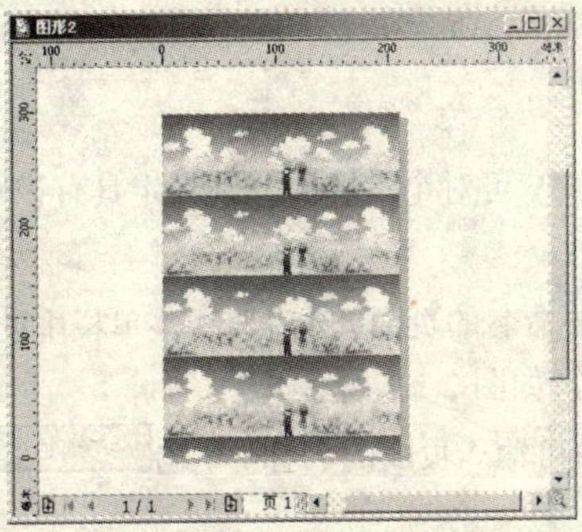

图 2.2.4　为页面设置背景图像

2.2.3　添加页面

要在当前打开的文档中插入页面，可选择菜单栏中的 版面(L) → 插入页(I)... 命令，弹出“插入页面”对话框，如图 2.2.5 所示。

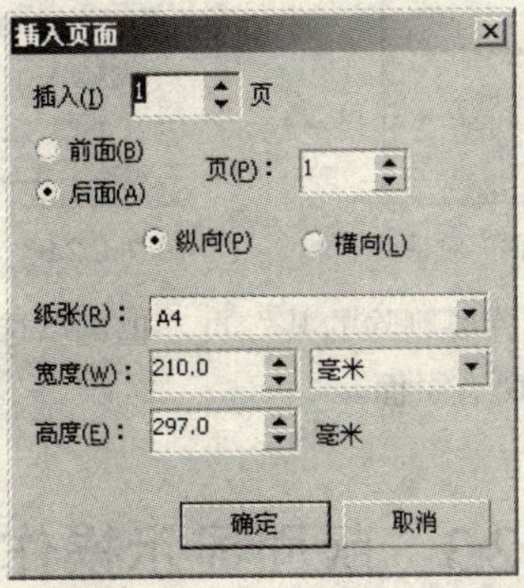

图 2.2.5　“插入页面”对话框

在 插入(I) 微调框中可输入插入页面的数量，并通过选中 前面(B) 或 后面(A) 单选按钮来决定插入页面的位置（放置在设定页面的前面或后面）。

通过选中 纵向(P) 或 横向(L) 单选按钮，可设置插入页面的放置方式。

单击 纸张(R)： 右侧的 A4 下拉列表框，可从弹出的下拉列表中选择插入页面的纸张类型。如果需要自定义插入页面的大小，可在 宽度(W)： 与 高度(E)： 微调框中输入数值来自定义页面大小。

设置好参数后，单击 确定 按钮，即可插入一个页面，如图 2.2.6 所示。

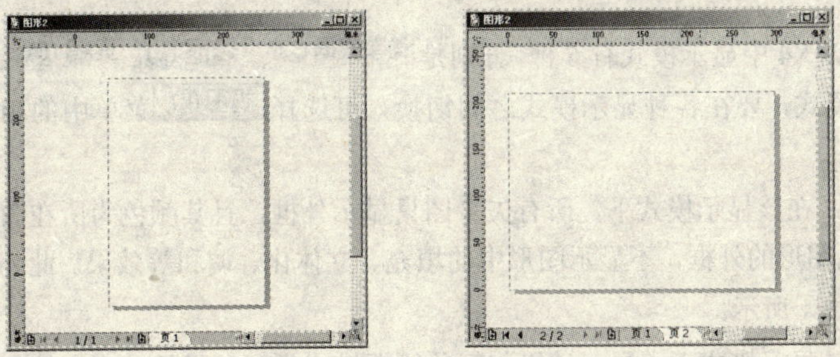

图 2.2.6　插入页面

2.2.4 重命名页面

当一个文档中包含多个页面时，可对个别页面分别设定具有识别功能的名称，可以方便地对其进行管理。

要更改页面名称，可先选定要命名的页面，然后选择菜单栏中的 版面(L) → 重命名页面(A)… 命令，弹出“重命名页面”对话框，如图 2.2.7 所示。

在该对话框的 页名: 输入框中可输入页面的名称，单击 确定 按钮，则设置的页面名称将会显示在页面指示区中。

2.2.5 删除页面

要删除无用的页面，可选择菜单栏中的 版面(L) → 删除页面(D)… 命令，弹出“删除页面”对话框，如图 2.2.8 所示。

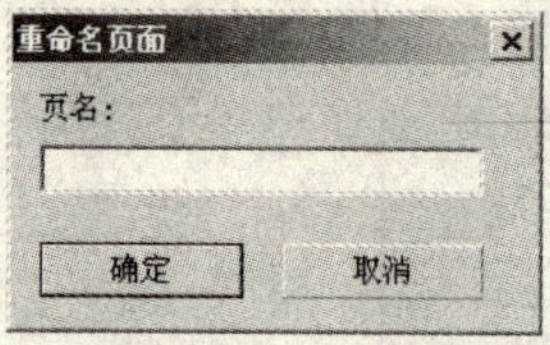

图 2.2.7 “重命名页面”对话框

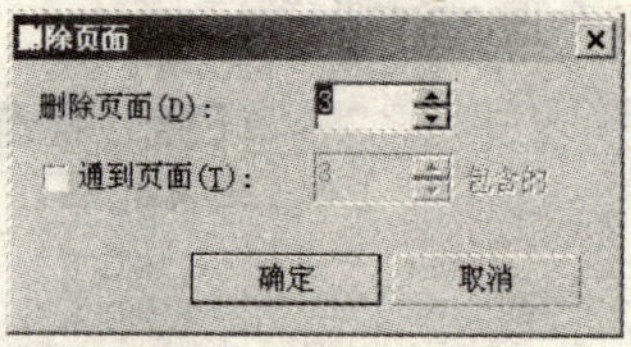

图 2.2.8 “删除页面”对话框

在“删除页面”对话框中可设置要删除的某一页，也可以选中 ☑ 通到页面(T): 复选框来删除所设置页面范围内（包括所设页面）的所有页面。

2.3 版面显示操作

在 CorelDRAW X4 中，可根据需要选择文档的显示模式、预览文档、缩放以及平移页面等。如果同时打开了多个文档，也可调整文档窗口的排列方式。

2.3.1 显示模式

在 CorelDRAW X4 中，为了提高工作效率，系统提供了多种图像的显示模式。在不同的视图模式下，显示的画面内容、品质会有所不同。但这些显示模式只是改变图形显示的速度，而对打印结果完全没有影响。

在 CorelDRAW X4 中显示模式有 6 种，分别是 简单线框(S)、线框(W)、草稿(D)、正常(N)、增强(E) 和 使用叠印增强(C) 模式，要在各种显示模式之间切换，可选择 视图(V) 菜单中的相应命令。其各种显示模式的特点如下：

简单线框(S)：在该显示模式下，所有矢量图只显示外框，且其颜色为所在图层的颜色；所有变形对象只显示原始图形的外框，不显示图形中的填充、立体化、调和等效果。此外，位图全部显示为灰度图像，如图 2.3.1 所示。

线框(W)：在该显示模式下，显示结果与简单线框模式类似，只是对所有的变形对象（渐变、填充、轮廓图、立体化设置和中间调和形状）显示所有生成图形的轮廓，如图 2.3.2 所示。

图 2.3.1　简单线框显示模式效果

图 2.3.2　线框显示模式效果

草稿(D)：在该显示模式下，可显示标准填充，并将位图的分辨率降低后显示。对于在 CorelDRAW X4 中绘制的图形对象，该显示模式可以将透视和渐变填充显示为纯色，渐变填充则以单色来显示，如果需要快速刷新复杂图形，又需要掌握对象的基本色调，可使用此模式，如图 2.3.3 所示。

正常(N)：在该显示模式下，页面中的所有对象均能以最常规的显示模式显示，但位图将以高分辨率显示，效果如图 2.3.4 所示。

图 2.3.3　草稿显示模式效果

图 2.3.4　正常显示模式效果

增强(E)：在该显示模式下，采用两倍超精度的方法来达到最佳的显示效果，如图 2.3.5 所示。但是，该显示模式对电脑性能要求很高，因此，如果电脑的内存太小或速度太慢，显示速度会明显降低。一般在绘制较少的对象或最后预览效果时才使用该模式。

使用叠印增强(C)：在该显示模式下，模拟重叠对象设置为叠印的区域颜色，并显示为 PostScript 填充、高分辨率位图和光滑处理的矢量图形，如图 2.3.6 所示。

图 2.3.5　增强显示模式效果

图 2.3.6　使用叠印增强显示模式效果

2.3.2 预览显示

在 CorelDRAW X4 中，可以将图形文件以 3 种方式进行预览，包括全屏预览、只预览选定的对象以及页面排序器视图。

1．全屏预览

选择菜单栏中的 视图(V) → 全屏预览(F) 命令，或按“F9”键，即可隐藏屏幕上的工具栏、菜单栏及所有面板，以全屏显示图像。按任意键或单击鼠标左键，将取消全屏预览，显示效果如图 2.3.7 所示。

2．只预览选定对象

在图形操作过程中，若用户只想预览选定的对象，其操作方法如下：

打开一幅如图 2.3.7 所示的图形文件，分别选中图形中要预览的部分，然后选择菜单栏中的 视图(V) → 只预览选定的对象(O) 命令，即可对所选对象进行全屏预览，如图 2.3.8 所示。

图 2.3.7　全屏预览

图 2.3.8　只预览选定的对象

3．页面排序器视图

打开一个包含多个页面的图形文件，然后选择菜单栏中的 视图(V) → 页面排序器视图(A) 命令，可以对文件中包含的所有页面进行预览，如图 2.3.9 所示。在预览显示模式下，如果要返回到正常显示状态，可使用挑选工具选择某一页面，再选择菜单栏中的 视图(V) → 页面排序器视图(A) 命令，取消其前面的“√”符号，即可返回到所选页面的正常显示状态。

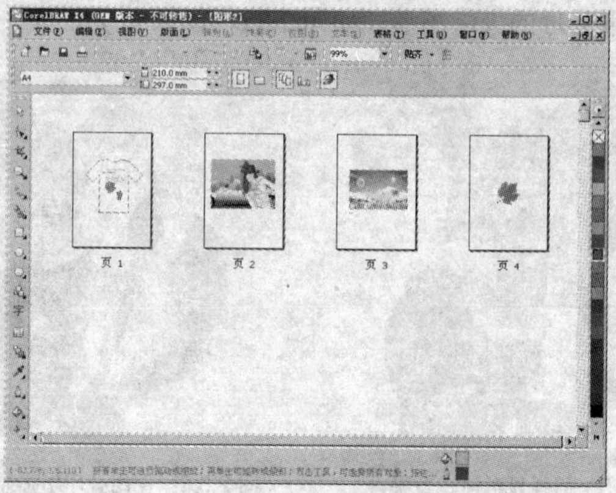

图 2.3.9　页面排序器视图

2.3.3　缩放与平移

在绘制对象时，为了便于观察整体的效果或某区域，可以按需要缩放或平移视图。

1．使用工具栏

在 CorelDRAW X4 中新建一个绘图页面，在标准工具栏中的缩放级别下拉列表 100% 中显示的数值为 100%，即绘图区以原大小显示。如果要放大或缩小显示页面，可以从此下拉列表中选择缩放级别，如图 2.3.10 所示，也可直接在缩放级别下拉列表框中输入缩放的数值。

2．使用视图管理器

选择菜单栏中的 窗口(W) → 泊坞窗(D) → 视图管理器(W) 命令，或按“Ctrl+F2”键，弹出“视图管理器”泊坞窗，如图 2.3.11 所示。

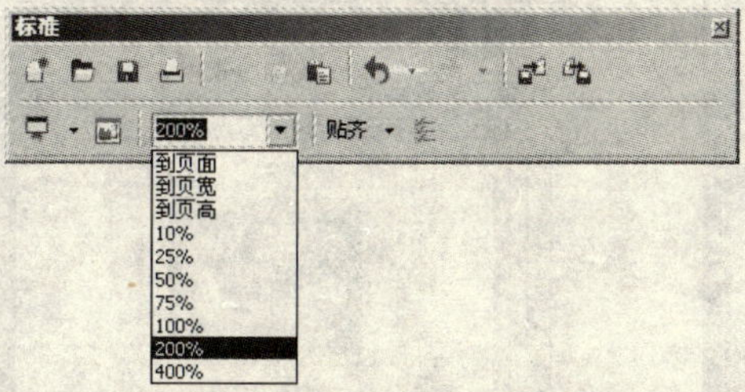

图 2.3.10　使用工具栏控制缩放比例

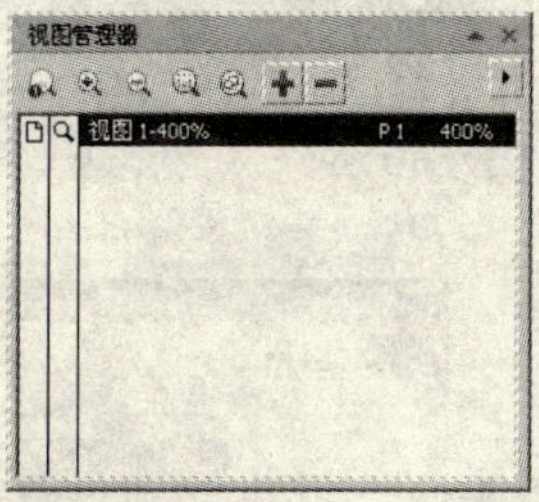

图 2.3.11　“视图管理器”泊坞窗

在该泊坞窗上方有一排控制按钮，从左至右依次为“缩放一次”按钮、“放大”按钮、“缩小”按钮、“缩放到选定对象”按钮、“缩放到全部对象”按钮、“添加当前视图”按钮和“删除当前视图”按钮。

3．使用缩放工具

在绘制图形时，经常需要将绘图页面放大或缩小，以便查看个别对象或整个绘图的结构。单击工具箱中的“缩放工具”按钮，即可缩放图形。此外，也可以通过该工具属性栏来改变图像的显示。

选择缩放工具后，将鼠标指针移至工作区中，指针显示为形状，此时直接在绘图区中单击，将会以单击处为中心放大图形。

如果需要放大某区域，可在该区域上单击并按住鼠标左键拖出一个矩形框，释放鼠标后即可将该区域放大至充满工作区。

如果要缩小页面显示，可将鼠标指针移至工作区中单击鼠标右键，或在按住“Shift”键的同时在页面中单击鼠标左键，此时将会以单击处为中心缩小页面显示。

4．使用手形工具

当页面显示超出当前工作区时，如果要观察页面的其他区域，可单击工具箱中的“手形工具”按钮，在绘图区中单击并拖动鼠标移动绘图区显示图形。

2.3.4　窗口的操作

在 CorelDRAW X4 中，文档窗口是用来管理和控制图形显示的，因此，对文档窗口的操作非常频繁。默认设置下，最大化显示其中一个文件的窗口，此时如果要切换至其他文件窗口观察对象，可通过选择窗口(W)菜单中相关的命令来切换或调整窗口。

1. 新建窗口

在绘图过程中，有时需要建立一个与原有窗口相同的窗口来对比修改前后的图形对象，此时，可选择菜单栏中的窗口(W)→新建窗口(N)命令，即可创建一个与原有窗口相同的窗口，如图 2.3.12 所示。

2. 层叠窗口

层叠窗口可将多个绘图窗口按顺序层叠在一起，这样有利于从中选择需要使用的绘图窗口。如果要按顺序层叠多个窗口，选择菜单栏中的窗口(W)→层叠(C)命令即可，如图 2.3.13 所示。通过单击要切换的窗口的标题栏，即可将选中的窗口设置为当前窗口。

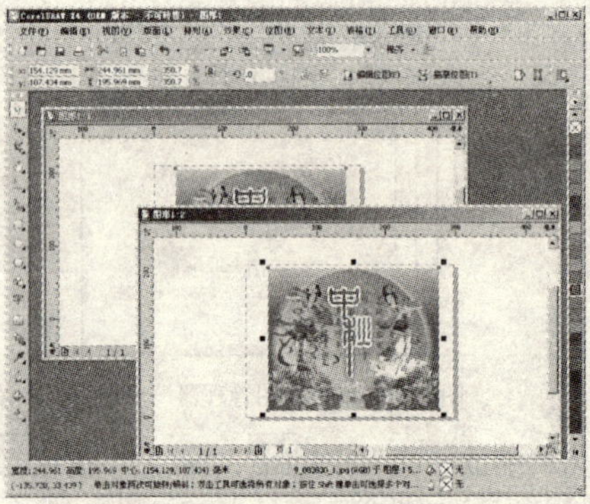

图 2.3.12 新建窗口

图 2.3.13 层叠窗口

3. 平铺窗口

如果想要同时在屏幕上显示两个或多个窗口，可使用平铺窗口方式。选择菜单栏中的窗口(W)→水平平铺(H)命令，可按水平方式平铺窗口，如图 2.3.14 所示；如果需要按垂直方式平铺窗口，选择菜单栏中的窗口(W)→垂直平铺(V)命令即可，如图 2.3.15 所示。

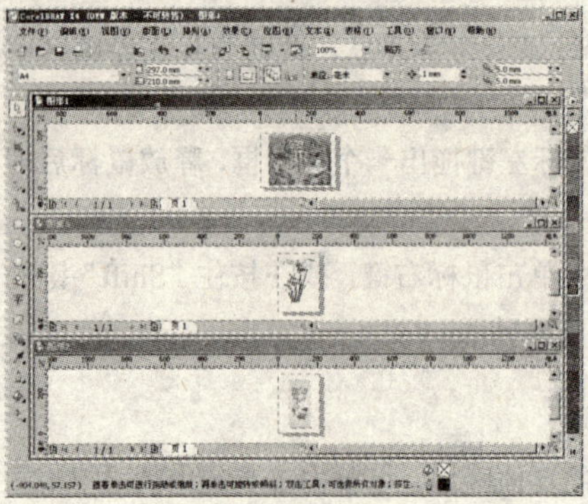

图 2.3.14 水平平铺窗口

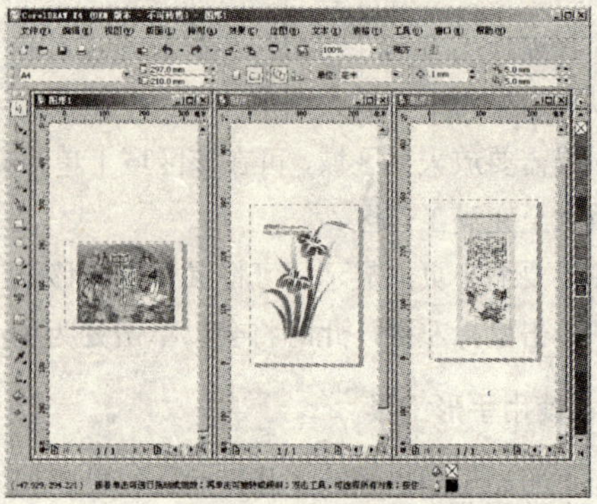

图 2.3.15 垂直平铺窗口

4. 排列图标

要将窗口按照一定的顺序进行重新排列，选择菜单栏中的窗口(W)→排列图标(A)命令即可。但使用此命令时，必须将窗口最小化。

5．关闭窗口

如果需要将当前窗口关闭，选择菜单栏中的 窗口(W) → 关闭(C) 命令即可。若在没有保存当前文件的情况下使用此命令，系统则会弹出一个提示框，提示用户是否保存对该文件所做的修改。如果要将打开的所有文件窗口一次性全部关闭，可选择菜单栏中的 窗口(W) → 全部关闭(L) 命令。

6．刷新窗口

选择菜单栏中的 窗口(W) → 刷新窗口(W)　Ctrl+W 命令，可以刷新正在使用的文件窗口中没有完全显示的图像，使之完整地显示出来。

2.4　辅助工具的使用

为了方便绘制图形，在 CorelDRAW X4 中提供了辅助线、标尺与网格功能，可以帮助用户在绘图的过程中迅速准确地定位坐标点，而且可将辅助线设置为垂直、水平、斜向以及默认值，还可在屏幕上任意移动或改变它的方向。

2.4.1　标尺

标尺能帮助用户精确绘图，确定图形位置及测量大小。选择菜单栏中的 视图(V) → 标尺(R) 命令，可在绘图窗口中打开或关闭标尺。如果需要移动标尺，在按住“Shift”键的同时单击并拖动标尺，将其移至合适的位置，然后释放鼠标即可，如图 2.4.1 所示。

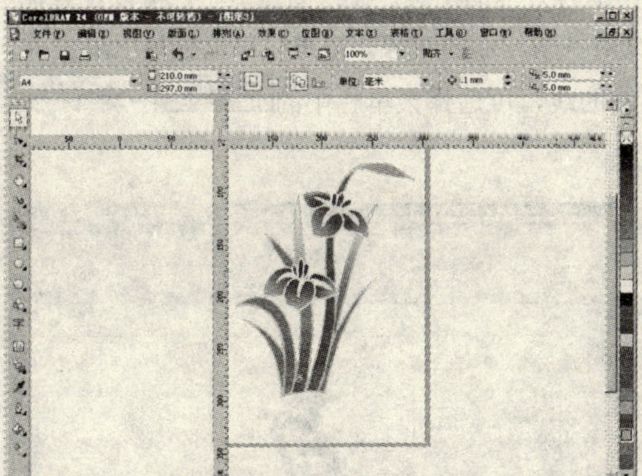

图 2.4.1　移动标尺

如果要改变原点的位置，只需将鼠标指针移至水平与垂直标尺左上角相交的坐标原点单击并拖动，释放鼠标，该处即成为新的坐标原点。用鼠标双击坐标原点，可以将改变的坐标原点恢复至系统默认的位置。

2.4.2　网格

网格是由水平线与垂直线构成的一连串方框组成，一般可用于协助绘图与排列对象。但在默认情况下，网格是不会显示在窗口中的，只有通过选择菜单栏中的 视图(V) → 网格(G) 命令，才可显示网格。在已显示网格的情况下再次选择该命令可以隐藏网格。

如果要在绘图时对齐网格，可选择菜单栏中的 视图(V) → 贴齐网格(P) Ctrl+Y 命令，此时如果用鼠标移动对象，当鼠标指针移至网格点附近时，系统会自动使对象对齐网格点，如图 2.4.2 所示。

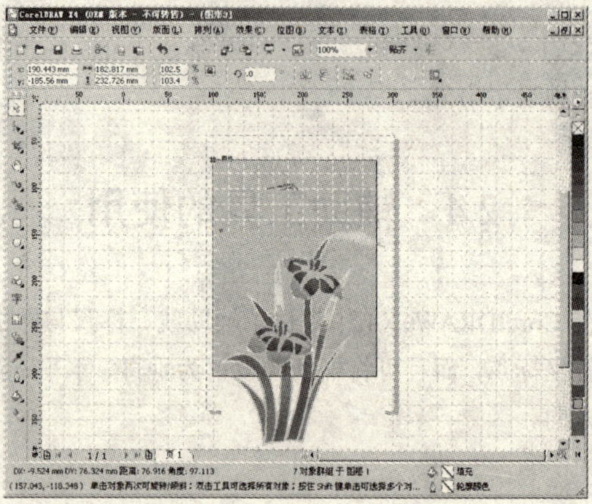

图 2.4.2　贴齐网格

2.4.3　辅助线

辅助线是绘图时所使用的有效辅助工具。在绘图窗口中，可以任意调节辅助线，例如，调节成水平、垂直、倾斜方向来协助对齐所绘制的对象。将光标移至标尺上单击并向窗口中拖动，即可产生辅助线。如果此时没有产生辅助线，可选择菜单栏中的 视图(V) → 辅助线(I) 命令，使其显示出来，如图 2.4.3 所示。

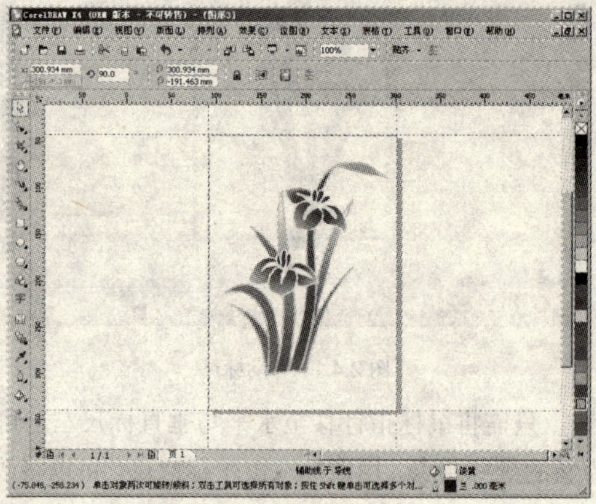

图 2.4.3　显示辅助线

如果要移动辅助线，可先将光标移到要移动的辅助线上，此时光标变为 ↔ 或 ↕ 形状，然后按住鼠标左键并拖动即可。

如果要旋转辅助线，只须要单击两次要旋转的辅助线，此时在辅助线两端将显示 ↶ 符号，将光标移至该符号上，此时光标变为↻形状，按住鼠标左键并拖动即可旋转辅助线。

如果要删除辅助线，只须要单击辅助线，此时该辅助线的颜色变为红色，表示该辅助线被选中，然后按“Delete”键即可。

提示： 在绘制图形的过程中，需要产生辅助线时，必须先显示标尺。

2.4.4 设置标尺、网格和辅助线

用户还可以根据自己的需要来自定义网格、标尺与辅助线的属性，例如，设置标尺的单位、标尺原点、网格间距等。

1. 设置标尺

选择菜单栏中的 视图(V) → 设置(T) → 网格和标尺设置(L)… 命令，可弹出“选项”对话框，在该对话框左侧选择 标尺 选项，此时的对话框如图 2.4.4 所示。

在此对话框中可设置标尺的度量单位、原点位置以及刻度记号，也可设置移动对象时每次移动的距离。此外，在“选项”对话框中单击 编辑刻度(S)... 按钮，可弹出“绘图比例”对话框，用户可以根据实际需要在此对话框中设置各种缩放比例。

2. 设置网格

在“选项”对话框左侧选择 网格 选项，可显示出网格选项的参数，如图 2.4.5 所示。

在此对话框中，通过选中 ⊙ 频率(F) 或 ⊙ 间距(S) 单选按钮，可以在下方显示的相应选项区中设置网格线的频率或间距的大小。选中 ☑ 显示网格(W) 复选框，可显示网格；选中 ☑ 贴齐网格(N) 复选框，可以在绘图时对齐网格。此外，通过选中 ⊙ 按线显示网格(L) 或 ⊙ 按点显示网格(D) 单选按钮，可设置网格的显示方式。

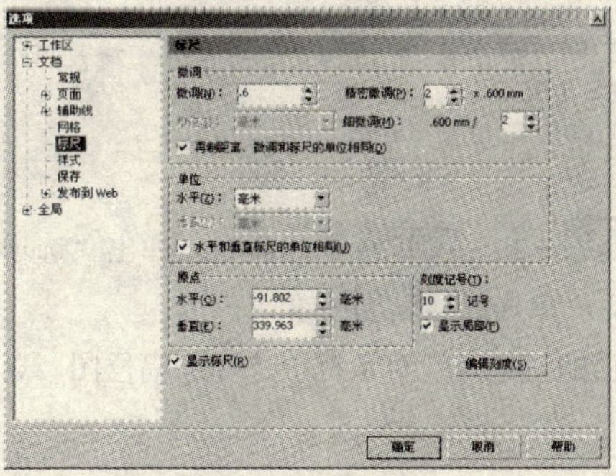

图 2.4.4 设置标尺选项

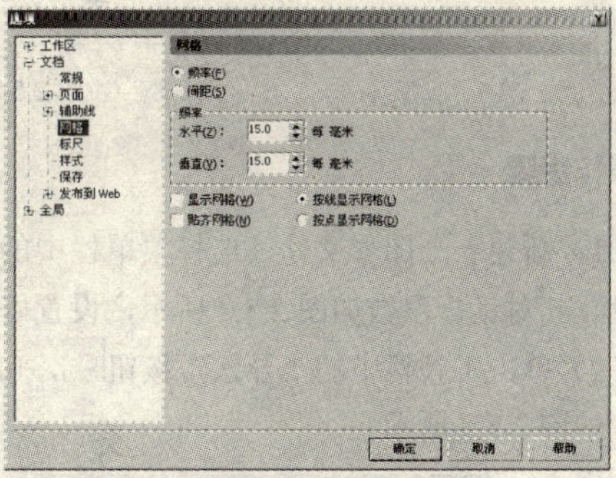

图 2.4.5 设置网格选项

3. 设置辅助线

选择菜单栏中的 视图(V) → 设置(T) → 辅助线设置(T)… 命令，可弹出“选项”对话框，并显示出辅助线选项的参数，如图 2.4.6 所示。

选中 ☑ 显示辅助线(S) 复选框，可显示辅助线，反之，则会隐藏辅助线。选中 ☑ 对齐辅助线(N) 复选框，可使图形对象贴齐辅助线。单击 默认辅助线颜色(C): 与 默认预设辅助线颜色(P): 右侧的下拉按钮，可从弹出的预设颜色列表中选择颜色，以重新设置辅助线的颜色。

如果在“选项”对话框的左侧选择 水平、垂直、导线 或 预设 选项，可在对话框的右侧显示出相

关选项的参数，可分别对各种方向的辅助线进行设置。在此选择垂直选项，则可进行垂直辅助线设置，如图 2.4.7 所示。

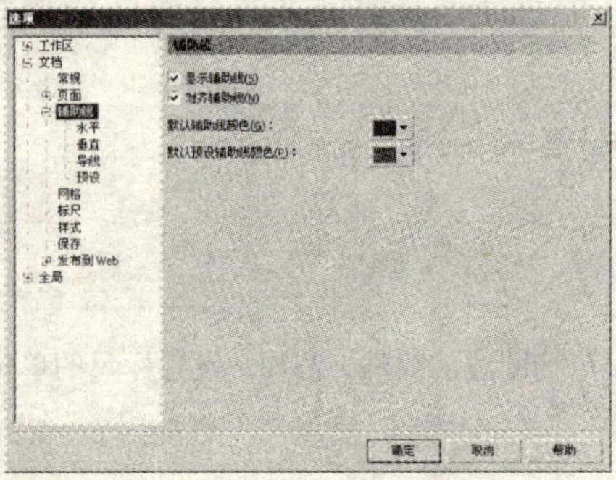

图 2.4.6　设置辅助线选项

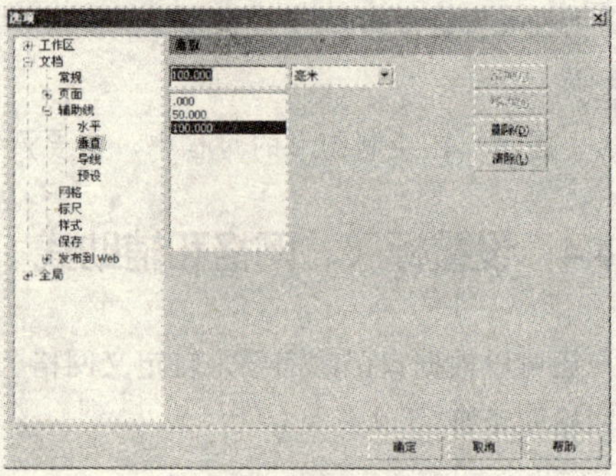

图 2.4.7　设置垂直辅助线

2.5　课堂实训——制作按页面分类显示效果

本节将综合使用前面所学的知识制作按页面分类显示效果，最终效果如图 2.5.1 所示。

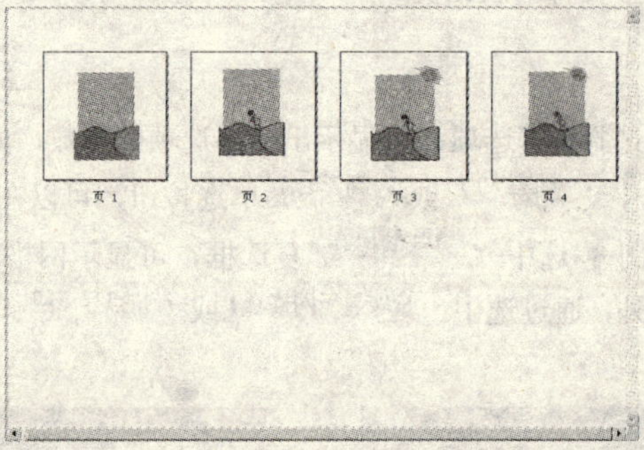

图 2.5.1　最终效果图

操作步骤

（1）新建一个图形文件，选择菜单栏中的 版面(L) → 页面设置(P)… 命令，弹出“选项”对话框，设置其对话框参数如图 2.5.2 所示，设置好参数后，单击 确定 按钮。

（2）单击工具栏中的“导入”按钮，可从弹出的“导入”对话框中选择一幅位图，导入到页面中，如图 2.5.3 所示。

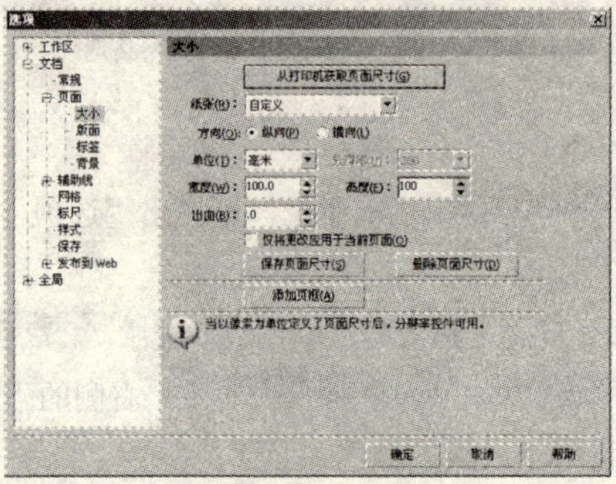

图 2.5.2　“选项”对话框

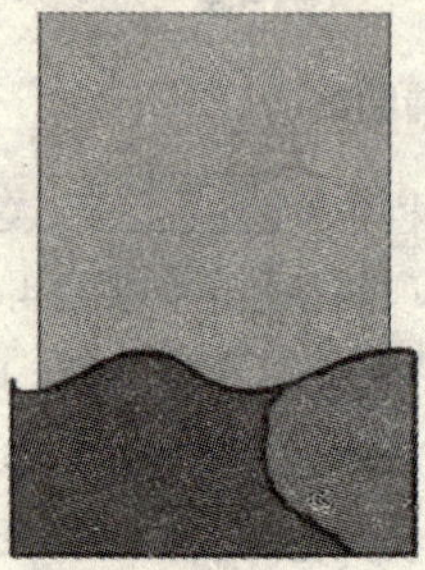

图 2.5.3　导入的文件

（3）选择菜单栏中的 版面(L) → 插入页(I)… 命令，可弹出“插入页面”对话框，设置参数如图 2.5.4 所示。设置好参数后，单击 确定 按钮。

（4）按“Ctrl+I”键，导入一幅位图，如图 2.5.5 所示。

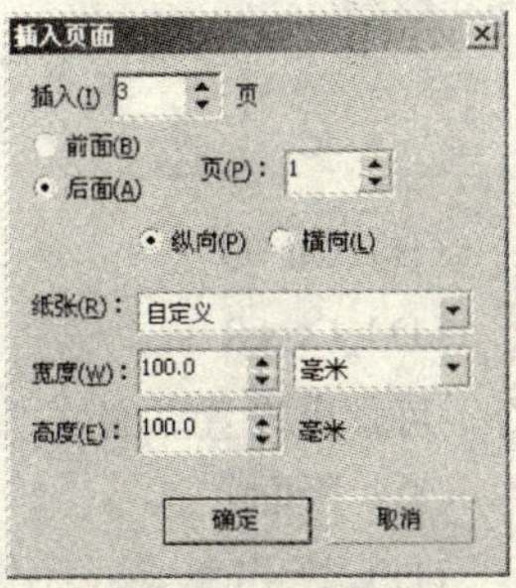

图 2.5.4　“插入页面”对话框

图 2.5.5　导入位图

（5）单击页面指示区中的“插入页面”按钮，插入页面 3 和页面 4。

（6）重复步骤（4）的操作，分别导入两幅位图，如图 2.5.6 所示。

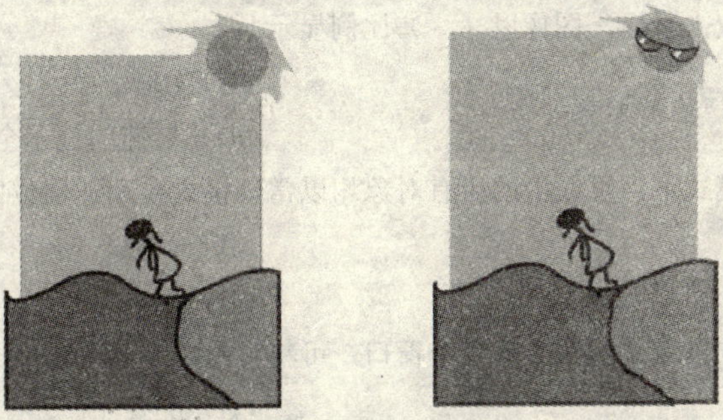

图 2.5.6　导入位图

（7）选择菜单栏中的 视图(V) → 页面排序器视图(A) 命令，可分类预览所有页面，如图 2.5.1 所示。

本 章 小 结

本章主要介绍了 CorelDRAW X4 的基本操作，包括文件的基本操作、页面的基本设置、版面显示操作以及辅助工具的使用。通过本章的学习，可使读者熟练掌握这些基本操作，以便在绘图过程中能够快速、准确地将它们综合运用。

操 作 练 习

一、填空题

1．在 CorelDRAW 中，新建文件的方法有两种：一种是________；另一种是________。

2．在 CorelDRAW X4 中，保存文件的快捷键是_______。

3．单击“缩放工具”按钮，按住_______键单击图像，可以缩小图像的显示比例。

4．在 视图(V) 命令中有简单线框、_________、草稿、正常、_________、_________、只预览选

定对象和_________8 种查看页面命令

5．在 CorelDRAW X4 中，可以将图形文件以 3 种方式进行预览，包括_____、_____和______。

6．窗口的操作有________、层叠窗口、平铺窗口、_________、关闭窗口和刷新窗口 。

二、选择题

1．按（　）键，可以新建一个图形文件。

（A）Ctrl+A　　（B）Ctr+O

（C）Ctrl+N　　（D）Ctr+R

2．选择菜单栏上的（　）→ 页面设置(P)… 命令，可弹出设置页面的“选项”对话框。

（A）编辑　　（B）版面

（C）排列　　（D）效果

3．在 CorelDRAW 中，用（　）工具可以缩放文件。

（A）手形　　（B）挑选

（C）缩放　　（D）标尺

4．在缩放工具上双击鼠标，图像以（　）比例显示。

（A）45%　　（B）100%

（C）60%　　（D）最佳的显示全部内容

5．在（　）显示模式下，页面中的所有对象均以常规模式显示，但位图将以高分辨率显示。

（A）草稿　　（B）增强

（C）线框　　（D）正常

6．如果要同时在屏幕上显示两个或多个窗口，可将对象切换为（　）文件窗口。

（A）新建　　（B）层叠

（C）平铺　　（D）重排

7．要删除辅助线，可先选中辅助线，然后按（　）键。

（A）Ctrl　　（B）Alt

（C）Delete　　（D）Ctrl+Delete

三、简答题

1．如何使用缩放工具缩小页面显示？

2．如何对打开的页面进行重命名？

3．如何更改网格的大小？

4．简述使用辅助线的作用和方法。

四、上机操作题

1．新建一个图形文件，将页面背景设置为位图页面背景，并使用不同的预览方式进行预览。

2．结合本章所学的辅助工具，绘制一个长为 100 cm、高为 150 cm 的矩形对象，并设置页面边距为 1 cm。

第3章 图形的绘制与编辑

CorelDRAW X4是一个功能强大的绘图软件，使用它可以绘制曲线和基本图形等，而且还可以使用各种工具对绘制的图形对象进行编辑。

知识要点

- 绘制线条
- 编辑线条
- 绘制几何图形
- 编辑图形

3.1 绘制线条

CorelDRAW X4中提供了许多绘制线条的工具，如手绘工具、贝塞尔工具、艺术笔工具、钢笔工具以及折线工具等，使用这些工具可以绘制各种各样的线条。

3.1.1 手绘工具绘制线条

使用手绘工具可随意地绘制线条，它类似于现实生活中的铅笔，其自由调节度比较高，但是绘制效果不是很精确。使用手绘工具不但可以绘制出直线、连续的折线与曲线，还可以绘制出封闭图形。

1．绘制曲线

在绘图区中，要使用手绘工具绘制曲线的具体操作方法如下：

（1）在工具箱中单击“手绘工具”按钮。

（2）移动鼠标指针至绘图区中，按住鼠标左键并随意拖动，沿拖动的路线将显示曲线的形状，释放鼠标即可完成曲线的绘制，如图3.1.1所示。

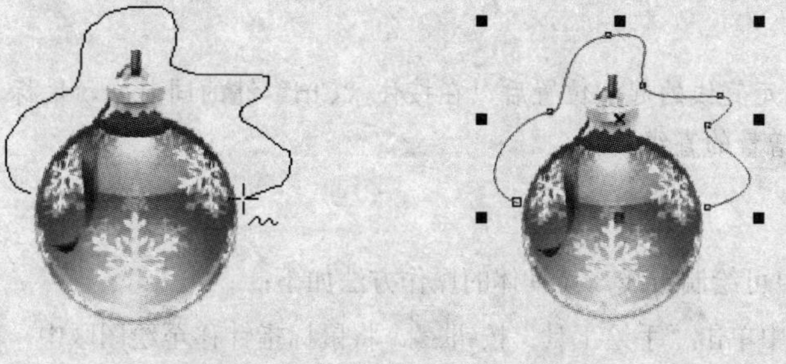

图3.1.1 使用手绘工具绘制曲线

提示：使用手绘工具绘制曲线后，按住鼠标左键不放，同时按住“Shift”键，再沿之前所绘曲线路径返回，则可将绘制曲线时经过的路径清除。

使用手绘工具绘制好曲线后，将鼠标移至其他位置，按住鼠标左键拖动即可绘制出第二条曲线。若要在已经绘制好的曲线上接着拖动鼠标绘制曲线，其具体的操作方法如下：

（1）使用挑选工具选择绘制好的曲线，然后单击“手绘工具”按钮，移动鼠标指针至曲线末端的节点上，此时，鼠标指针显示为形状，如图 3.1.2 所示。

（2）按住鼠标左键并拖动，可在所选曲线的基础上继续绘制曲线，拖动鼠标至曲线起点处，释放鼠标，即可绘制一个封闭的图形，如图 3.1.3 所示。

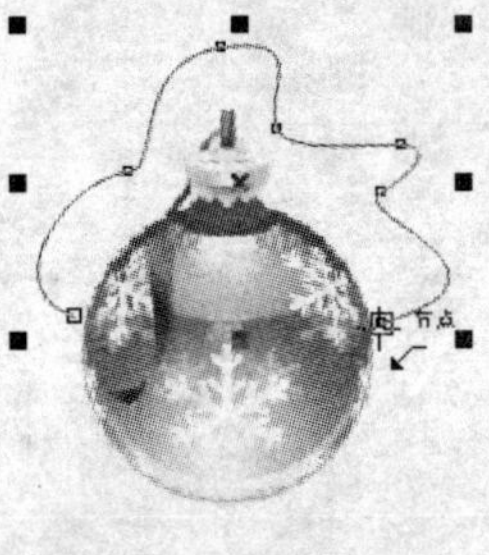

图 3.1.2　移动鼠标指针至右端节点

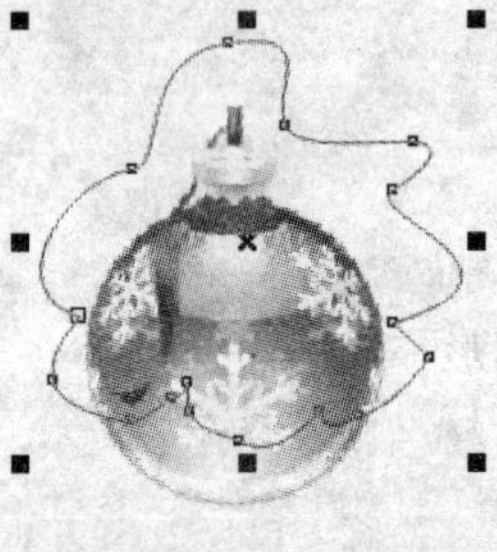

图 3.1.3　绘制封闭曲线图形

2．绘制直线

使用手绘工具绘制直线的方法很简单，只需要在工具箱中单击“手绘工具”按钮，将鼠标指针移至绘图区中，此时，指针显示为形状，单击鼠标左键确定直线的起点位置，然后移动鼠标至其他位置。移动鼠标时，可产生一条直线，再次单击鼠标确定直线的另一端点，即可绘制出一条直线，如图 3.1.4 所示。

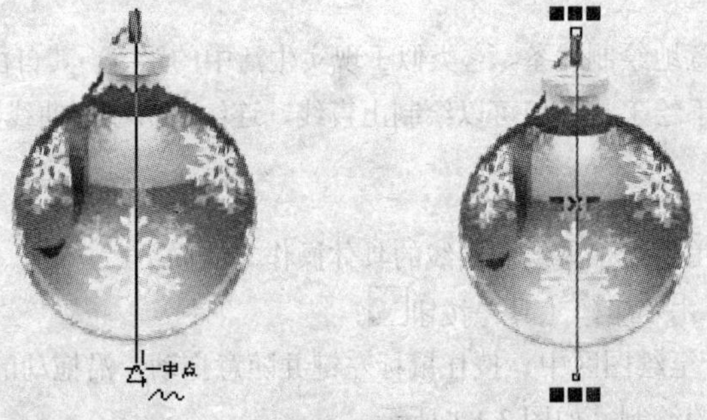

图 3.1.4　绘制直线

提示：确定直线的起点位置后，在按住“Ctrl”键的同时拖动鼠标，可以绘制水平、垂直或以 15° 角为倾斜增量的直线。

3．绘制折线

使用手绘工具也可绘制折线，其具体的操作方法如下：

（1）在工具箱中单击“手绘工具”按钮，将鼠标指针移至绘图区中，单击鼠标左键确定起点位置，移动鼠标至其他位置，双击鼠标左键，确定第二个节点。

（2）拖动鼠标至其他位置并单击，即可绘制折线，如图 3.1.5 所示。

（3）如果要在折线的基础上绘制封闭的图形，可使用手绘工具将鼠标指针移至折线末端的节点，此时，鼠标指针显示为形状，在末端节点上单击，移动鼠标指针至起点处并单击，即可形成一个封闭的图形。

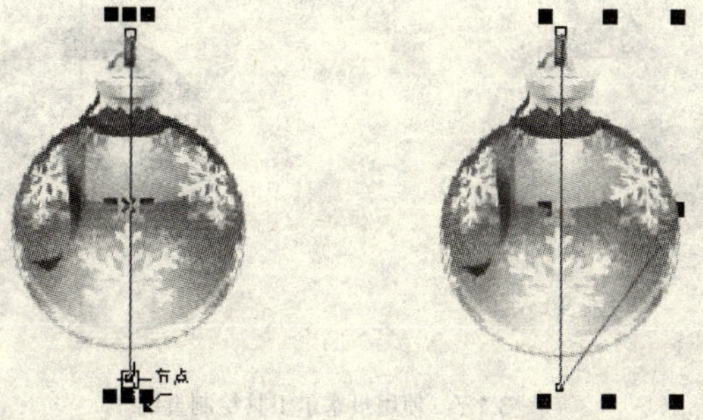

图 3.1.5　绘制折线

3.1.2　贝塞尔工具绘制线条

使用贝塞尔工具可以绘制平滑的曲线，也可绘制直线。用户可以通过确定节点和改变控制点的位置来控制曲线的弯曲程度。

1．绘制曲线

使用贝塞尔工具绘制曲线的具体操作步骤如下：

（1）单击工具箱中的“贝塞尔工具”按钮，移动鼠标指针至绘图区中单击，并按住鼠标左键拖动，此时将显示出一条带有两个节点和一个控制点的蓝色虚线调节杆。

（2）释放鼠标，移动鼠标至其他位置处单击，并按住鼠标左键拖动，在拖动鼠标时可发现曲线在弯曲。

（3）释放鼠标，即可产生第一段曲线。移动鼠标指针至绘图区中的其他位置再次单击，并按住鼠标左键拖动，在适当位置松开鼠标，即可绘制第二段曲线，如图 3.1.6 所示。

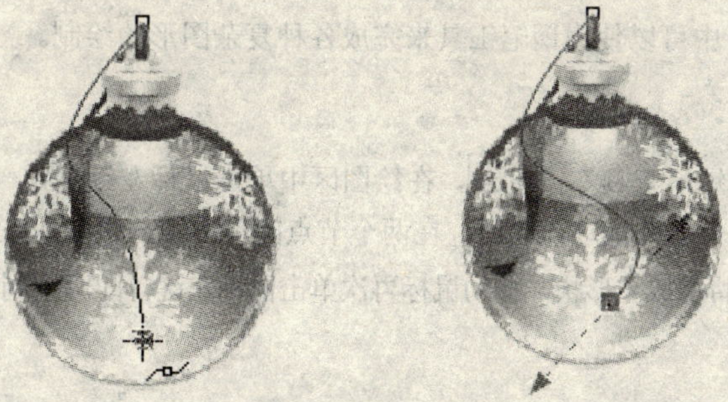

图 3.1.6　使用贝塞尔工具绘制曲线

2．绘制直线和折线

贝塞尔工具是专门用于绘制曲线的工具，也可以绘制直线，其绘制直线的方法与手绘工具相似，其具体操作方法如下：

（1）在工具箱中的手绘工具组中单击“贝塞尔工具”按钮。

（2）将鼠标指针移至绘图区中，单击鼠标左键确定直线的一点，单击处将显示为黑色矩形，表示直线起点，移动鼠标至其他位置处单击确定直线终点，即可绘制一条直线，如图 3.1.7 所示。

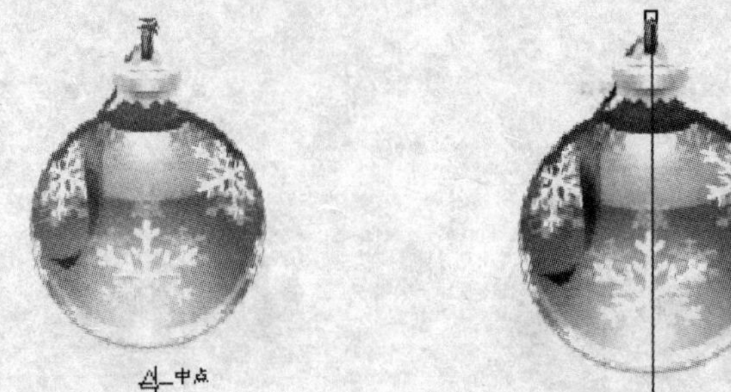

图 3.1.7　使用贝塞尔工具绘制直线

（3）继续移动鼠标至其他位置处单击绘制直线，所形成的对象将是一条折线，如图 3.1.8 所示，最后将鼠标指针移至起点处单击，即可形成一个封闭的图形，如图 3.1.9 所示。

图 3.1.8　绘制折线

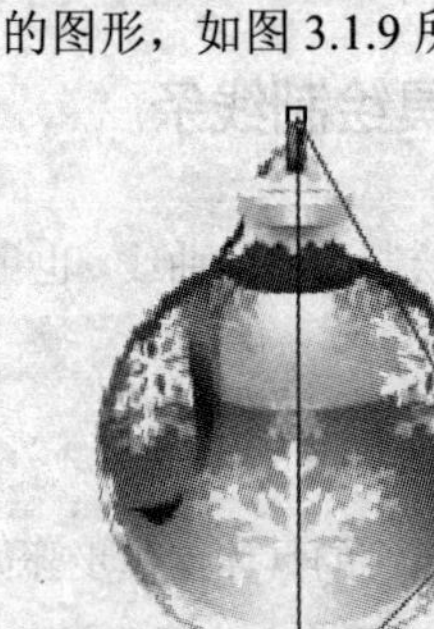

图 3.1.9　绘制封闭图形

3.1.3　钢笔工具绘制线条

使用钢笔工具可以绘制出多种不规则的曲线和图形，还可以对已绘制的曲线和图形进行编辑修改。在 CorelDRAW X4 中可以使用钢笔工具来完成各种复杂图形的绘制。

1．绘制曲线

单击工具箱中的“钢笔工具”按钮，在绘图区中单击鼠标左键确定一个起点，释放鼠标左键，将鼠标移到另一位置，单击并拖动，此时，在两个节点间可出现与贝塞尔工具相同的两个控制点，释放鼠标，这时鼠标指针将变成形状，移动鼠标再次单击鼠标左键，即可绘制连续的曲线，如图 3.1.10 所示。

图 3.1.10　用钢笔工具绘制曲线

如果想在曲线上接着绘制直线，可在键盘上按住“C”键，在要继续绘制直线的节点上单击并移动鼠标，至适当位置后单击，可绘制出一段直线，如图 3.1.11 所示。

图 3.1.11　在曲线上继续绘制直线

2．绘制直线和折线

单击工具箱中的“钢笔工具”按钮，在绘图区中单击确定直线的起点，移动鼠标到其他位置，再单击以确定直线的终点，即可绘制出一段直线，如图 3.1.12 所示。

只要再继续移动鼠标并单击确定下一个节点，就可以绘制出折线，要结束绘制，按“Esc”键即可，如图 3.1.13 所示。

图 3.1.12　用钢笔工具绘制直线

图 3.1.13　用钢笔工具绘制的折线

在“钢笔工具”属性栏中单击“自动添加/删除”按钮，可以增加或删除节点；单击“自动添加/删除”按钮，在绘制好的曲线上，将鼠标指针移到节点上时可以删除节点，将鼠标指针移到节点外路径上时可以添加节点。如果要将曲线转换为封闭路径，则将鼠标指针移到起点处，单击鼠标即可闭合路径。

3.1.4　折线工具绘制线条

使用折线工具可以随心所欲地绘制各种复杂的图形，如直线、曲线、折线、多边形、三角形、四边形以及任意形状的图形等。它结合了手绘工具的所有功能，并在其功能上有所改进，它可以在绘制曲线后接着绘制直线，因此，使用折线工具可以使直线与曲线的绘制一步完成。

单击工具箱中的“折线工具”按钮，将光标移至绘图区中，单击鼠标左键并拖动可以自动生成路径，需要绘制直线时，只须释放鼠标，然后再单击并拖动鼠标，便可绘制直线，如图 3.1.14 所示。

如果要绘制封闭的不规则图形，只需将终点与起始点相连接即可，如图 3.1.15 所示。

图 3.1.14 绘制曲线与直线

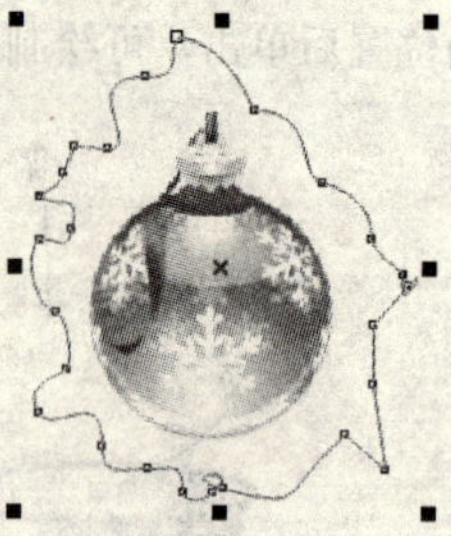

图 3.1.15 绘制封闭的不规则图形

3.1.5 三点曲线工具绘制线条

选择工具箱中的三点曲线工具，当鼠标光标变为形状时，将其移动到绘图区中，按住鼠标左键不放以确定曲线的起点；拖动鼠标至曲线的第二点，释放鼠标，确定该点；拖动鼠标至曲线的第三点，单击鼠标，完成曲线的绘制，如图 3.1.16 所示。

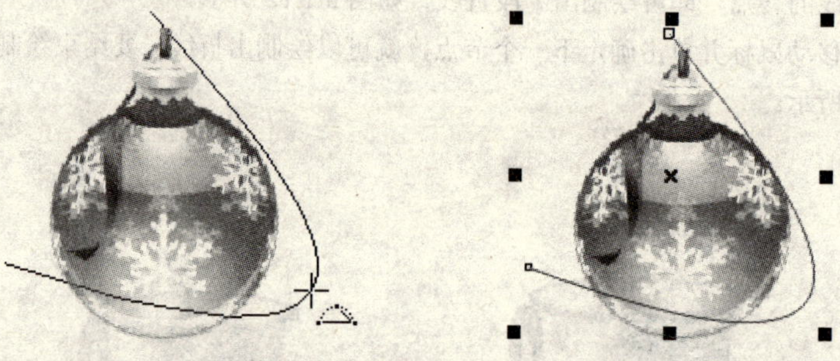

图 3.1.16 绘制曲线

3.1.6 交互式连线工具绘制线条

交互式连线工具可使用两种不同的方式来连接图形，并且可以根据图形的位置自动调整连接线的折点情况。

使用交互式连线工具连接图形的具体操作方法如下：

（1）首先在绘图区中绘制两个图形，然后单击工具箱中的“交互式连线工具”按钮，在此工具属性栏中单击“成角连接器”按钮。

（2）将鼠标光标移至任意一个图形对象的适当位置处单击，并按住鼠标拖动至另一个对象上，释放鼠标，即可将两个对象连接起来，如图 3.1.17 所示。

（3）如果要在对象之间使用直线连接，可在“交互式连线工具”属性栏中单击“直线连接器”按钮，移动鼠标至其中一个图形对象上按住鼠标左键拖动至另一个对象上，即可将其连接起来，效果如图 3.1.18 所示。

使用交互式连线工具连接对象后，当移动相互连接中的其中一个对象时，连接线也会随之变化。如果要删除连接线，可使用挑选工具选择连接线，然后按“Delete”键即可。

图 3.1.17　使用成角连接方式

图 3.1.18　使用直线连接方式

3.1.7　艺术笔工具绘制线条

使用艺术笔工具可以绘制类似钢笔、毛笔笔触线条的封闭路径，其绘制方法与手绘工具绘制线条的方法相似，但使用艺术笔工具绘制的为封闭路径，因此，可对其进行颜色填充。

单击工具箱中的“艺术笔工具”按钮，其属性栏显示如图 3.1.19 所示。

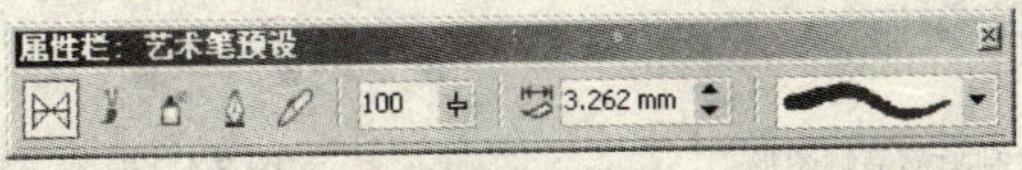

图 3.1.19　“艺术笔工具”属性栏

在“艺术笔工具”属性栏中提供了 5 种艺术笔工具，包括预设、笔刷、喷涂、书法与压力。使用这些工具可以绘制出各种别具特色的艺术图形。

在手绘平滑输入框100中输入数值，可以设置所绘制图形的平滑度。

在艺术媒体工具宽度输入框3.262 mm中输入数值，或调节右侧的微调按钮，可以改变绘制图形的宽度。

单击预设笔触下拉列表框，可从弹出的下拉列表中选择任意一种预设的笔刷样式。

1．预设笔触

单击工具箱中的“艺术笔工具”按钮，在其属性栏中单击“预设”按钮，将鼠标移至绘图区中，按住鼠标左键并拖动，释放鼠标后，即可绘制出所需的艺术笔触图形，如图 3.1.20 所示。

图 3.1.20　绘制预设笔触图

从图 3.1.20 中可以看到，所绘的曲线是一条封闭式的曲线，可以为其填充任何颜色，也可通过调整属性栏中的各项参数，来改变所绘艺术笔触图形的宽度、样式以及平滑度。

2．笔刷笔触

在“艺术笔工具”属性栏中单击“笔刷工具”按钮，此时“艺术笔工具”属性栏显示如图 3.1.21 所示。

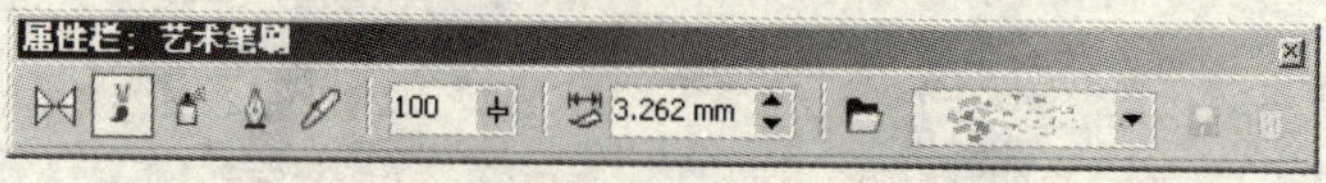

图 3.1.21 “艺术笔工具”属性栏

在笔触下拉列表中可选择一种图形，然后在绘制区中按住鼠标左键并拖动，即可绘制出画笔的笔触图形，如图 3.1.22 所示。

如果使用其他绘图工具先在绘制区中绘制出一条路径，然后在笔触下拉列表中选择一种图形，则所选图形将自动适配所绘制的路径，如图 3.1.23 所示。

图 3.1.22 绘制画笔笔触图形

图 3.1.23 画笔笔触适配路径

如果对使用笔刷工具绘制出的图形比较满意，可以在选中所绘图形后，单击属性栏中的“保存艺术笔触”按钮，将其保存在笔触列表中，以便于以后使用。

如果要删除笔触列表中所保存过的图形，只须要选中该图形，单击属性栏中的“删除”按钮即可将其删除。

3. 喷涂笔触

在“艺术笔工具”属性栏中单击“喷涂”按钮，此时的“艺术笔工具”属性栏显示如图 3.1.24 所示。

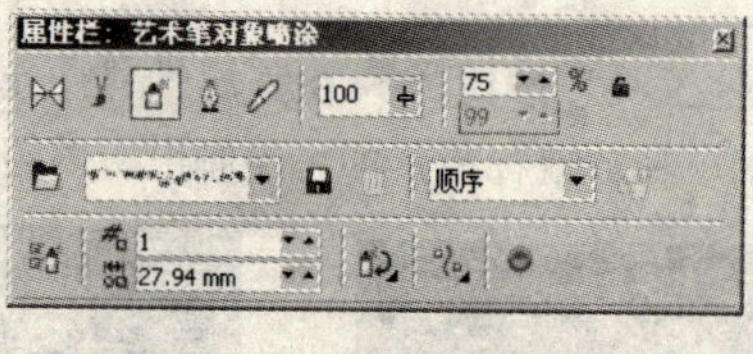

图 3.1.24 喷涂笔触属性设置

在喷涂列表文件下拉列表中选择一种图形，将光标移至绘图区中适当的位置，按住鼠标左键并拖动绘制图形，释放鼠标后，即可看到所绘制的喷涂笔触图形，如图 3.1.25 所示。

如果在喷涂列表文件下拉列表中找不到需要的喷涂图形，可自定义喷涂图形并将其添加到列表中。具体的操作方法是：先绘制出所需的喷涂图形，并将其选中；接着在喷涂列表文件下拉列表中选择新喷涂列表选项，并用鼠标单击所绘制的喷涂图形；然后在属性栏中单击“添加喷涂列表”按钮，即可将自己绘制的喷涂图案添加到喷涂列表文件下拉列表中。

如果要删除下拉列表中的某个喷涂图形，只需将该喷涂图形选中，然后在属性栏中单击“删除”按钮即可。

在喷涂列表文件下拉列表中选择一种所需的喷涂样式，然后单击属性栏中的“喷涂列表对话框”按钮，可弹出“创建播放列表”对话框，如图 3.1.26 所示。在此对话框的喷涂列表中显示了所选笔触类型的组成元素；在播放列表中显示了所使用的笔触组成元素，可以根据需要对笔触类型的组成元素进行删除或添加。

图 3.1.25　使用喷涂笔触绘制图形

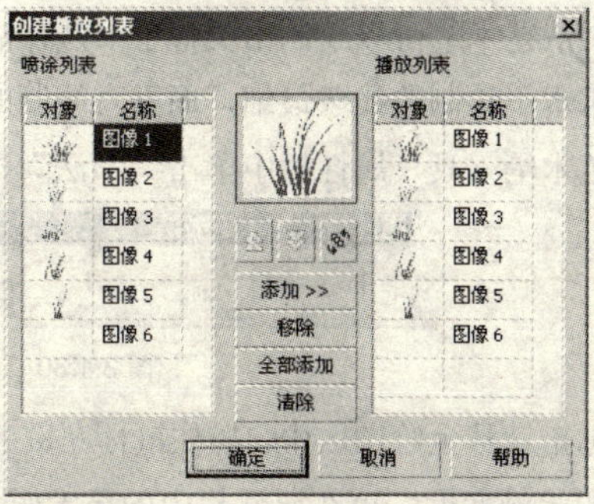

图 3.1.26　“创建播放列表”对话框

在属性栏中单击喷涂顺序下拉列表框 顺序 ，从弹出的下拉列表中可为绘制的图形对象选择适当的排列顺序，如图 3.1.27 所示。

随机　　按顺序　　按方向

图 3.1.27　调整喷涂的顺序

通过调节属性栏的 1 / 27.94 mm 输入框中的数值，可对所绘制出的喷涂进行稀疏程度的调整。其中上面输入框中的数值可用于调节所选喷涂在垂直方向上的稀疏程度；下面输入框中的数值可用于调节所选喷涂在水平方向上的稀疏程度。

如果要对所绘制的喷涂进行旋转，可单击属性栏中的“旋转”按钮，打开如图 3.1.28 所示的参数设置面板。

在 旋转角度 输入框中输入数值，可调整喷涂的倾斜角度；选中 ☑ 增加： 复选框，可在 增加： .0° 输入框中输入喷涂所要增加的旋转角度。

选中 ⊙ 相对于路径 单选按钮，可使所选的喷涂根据绘制的路径进行旋转；选中 ⊙ 相对于页面 单选按钮，所选喷涂将相对于页面以设置的角度进行旋转。

在属性栏中单击“偏移”按钮，可在打开的偏移面板中调整喷涂和路径的偏移量，如图 3.1.29 所示。选中 ☑ 使用偏移： 复选框，然后在 偏移： 输入框中输入数值，可设置喷涂和绘制路径的偏移量；单击 方向(D)： 下拉列表框 替换 ，可从弹出的下拉列表中选择喷涂的偏移方向。

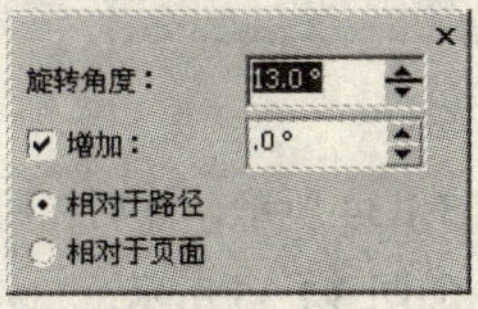

图 3.1.28　旋转参数设置面板

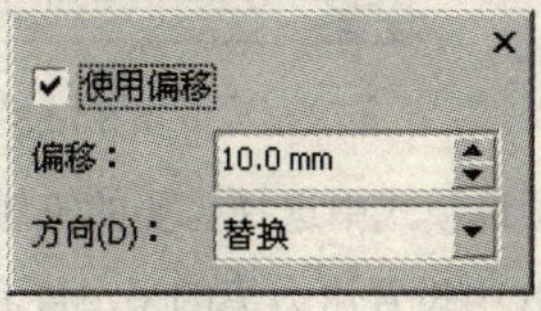

图 3.1.29　偏移参数设置面板

4．书法笔触

使用书法艺术笔可以绘制出类似于书法作品的效果，所绘图形根据笔尖的方向可产生粗细不同的效果。通常水平绘制的线条最细，而垂直绘制的线条最粗。

在“艺术笔工具”属性栏中单击“书法”按钮，可显示其属性栏，如图 3.1.30 所示。

图 3.1.30　“书法工具”属性栏

将鼠标指针移至绘图区中，按住鼠标左键并拖动，即可绘制出如图 3.1.31 所示的图形。如要调整所绘图形的笔触宽度，可在属性栏中的艺术媒体工具的宽度微调框 10.0 mm 中输入数值，按回车键，即可将设置应用于该图形上。

图 3.1.31　绘制书法图形

在属性栏中的书法角度微调框 0.0 ° 中输入数值，可设置图形笔触的倾斜角度，如图 3.1.32 所示。

角度为 10°　　角度为 100°

图 3.1.32　用不同倾斜度的书法笔触绘制的图形

5．压力笔触

在“艺术笔工具”属性栏中单击“压力”按钮，可显示该工具的属性栏，如图 3.1.33 所示。

图 3.1.33　“压力工具”属性栏

在属性栏中的预设模式中选择需要的笔触类型，如图 3.1.34 所示，然后在属性栏中单击“压力”按钮，在压力模式中设置压力笔的平滑度和笔触宽度，如图 3.1.35 所示。

图 3.1.34　在预设模式中选择笔触类型

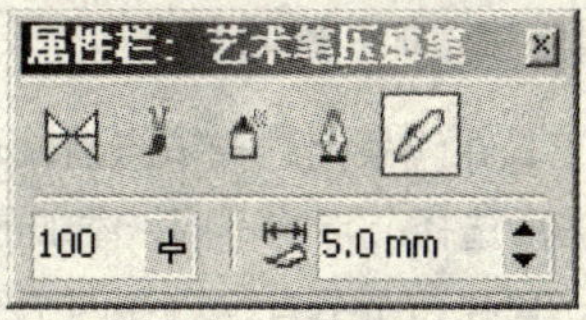

图 3.1.35　设置压力笔的属性

将鼠标指针移至绘图区中，按住鼠标左键并拖动，即可绘制图形，如图 3.1.36 所示。

图 3.1.36　绘制图形

3.2　编 辑 线 条

在 CorelDRAW X4 中，绘制完曲线或图形后，可能还需要进一步地调整曲线或图形来达到设计和制作方面的要求，这时就需要使用 CorelDRAW X4 的编辑曲线功能来进行更完善的编辑和修改。

3.2.1　添加和删除节点

在绘制好的线条上添加或删除节点可以改变线条的形状。添加与删除节点的方法有两种，即通过鼠标操作和利用属性栏相应的按钮来完成。

1．通过鼠标添加与删除节点

使用鼠标可以在绘制好的线条上的任意位置添加节点，也可将线条上的节点删除。具体的操作方法如下：

（1）单击工具箱中的“形状工具”按钮，将鼠标指针移至曲线上，双击鼠标即可添加一个节点，如图 3.2.1 所示。

（2）将鼠标指针移至线条上的任意一个节点上，双击鼠标即可将该节点删除，同时线条的形状也将发生改变，如图 3.2.2 所示。

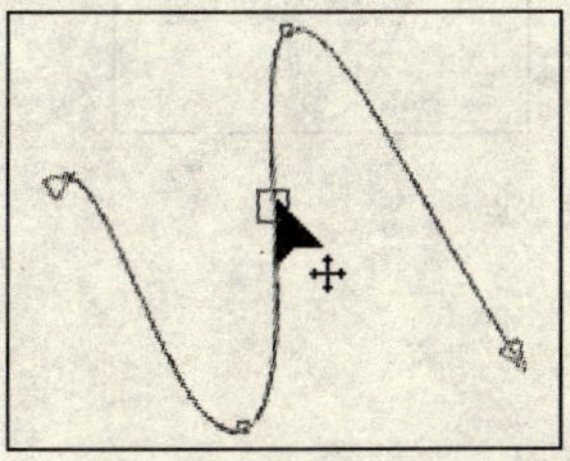

图 3.2.1　添加节点

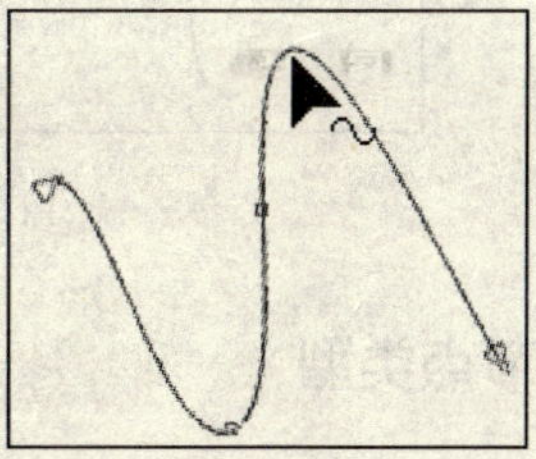

图 3.2.2　删除节点

2．通过属性栏添加和删除节点

使用形状工具在线条上选择节点后，单击“形状工具”属性栏中的“添加节点”按钮，即可添加节点，根据所选择节点的不同，添加的节点也不同。只选择一个节点，将在该节点前一段线条上添加一个节点；选择两个节点，将在两个节点间的线条上添加一个节点。

如果要删除节点，在选择一个或多个节点后单击属性栏中的“删除节点”按钮即可，效果如图 3.2.3 所示。

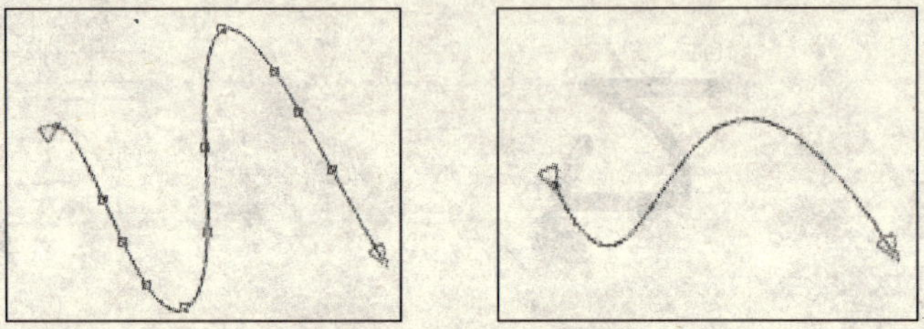

图 3.2.3　选择并删除节点

3.2.2　改变节点位置

线条上的节点可以随意移动，通过移动节点可以改变线条的形状和方向。具体的操作方法如下：

（1）使用贝塞尔工具在绘图区中绘制一条曲线，如图 3.2.4 所示。

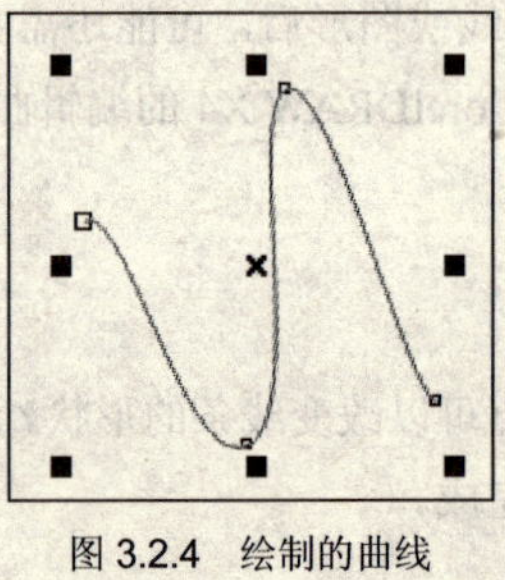

图 3.2.4　绘制的曲线

（2）单击工具箱中的“形状工具”按钮，移动鼠标指针至任意一个节点上，此时指针变为形状，按住鼠标左键并拖动至其他位置，释放鼠标即可改变该节点的位置，如图 3.2.5 所示。从图 3.2.5 中可以看到，随着节点位置的变化，图形的形状也发生了改变。

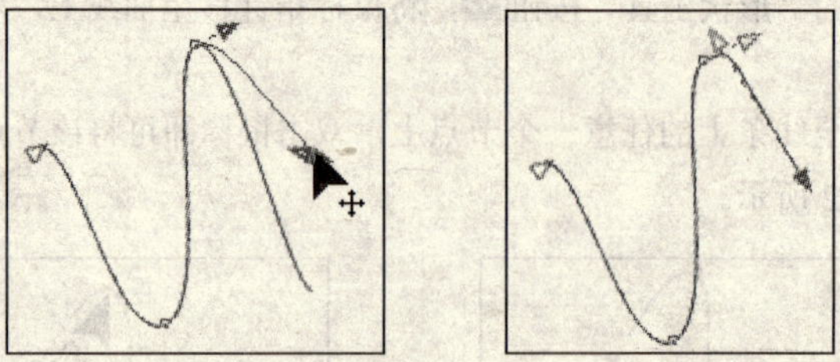

图 3.2.5　移动节点

3.2.3　调整节点类型

节点的类型共有 3 种，即尖突、平滑与对称，它们主要是对曲线而言。尖突指节点两边的控制柄可单独调节且互不影响；平滑指节点两边的控制柄呈直线显示，但长度不一样，可以相互影响；对称指节点两边的控制柄呈直线显示，而长度一样且相互影响。

使用这3种类型调节节点的具体操作方法如下：

（1）使用形状工具选择需要调整的节点，此时属性栏中的“生成对称节点”按钮不可用，表示该节点为对称节点，节点两边的控制柄将呈直线显示，用鼠标拖动控制柄，可调整节点两边曲线的曲度，如图3.2.6所示。

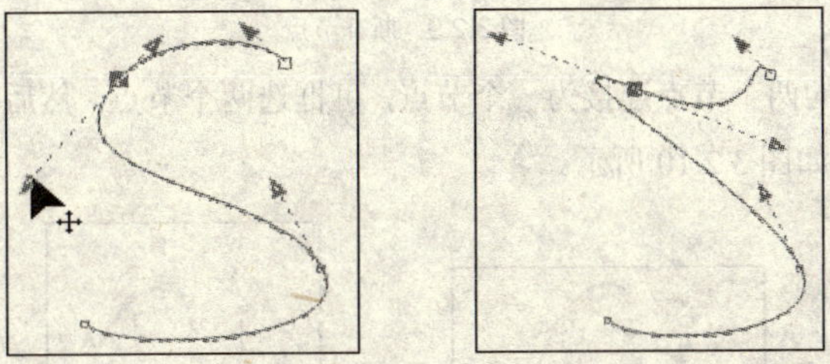

图3.2.6 调整对称节点

（2）在属性栏中单击“使节点成为尖突”按钮，将节点类型改为尖突，用鼠标拖动该节点两侧任意一个控制柄时，只能调整节点一边曲线的曲度，节点另一边不受影响，效果如图3.2.7所示。

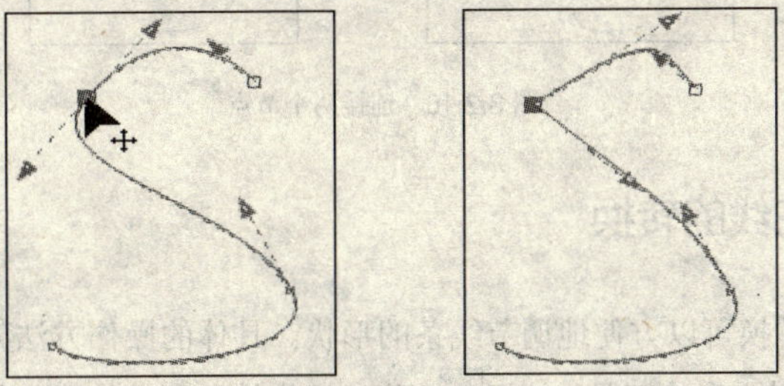

图3.2.7 调整尖突节点

（3）在属性栏中单击“平滑节点”按钮，可将节点类型改为平滑，用鼠标拖动节点两侧任意一个控制柄调整曲线的曲度时，节点另一边的曲线也将随之改变，如图3.2.8所示。

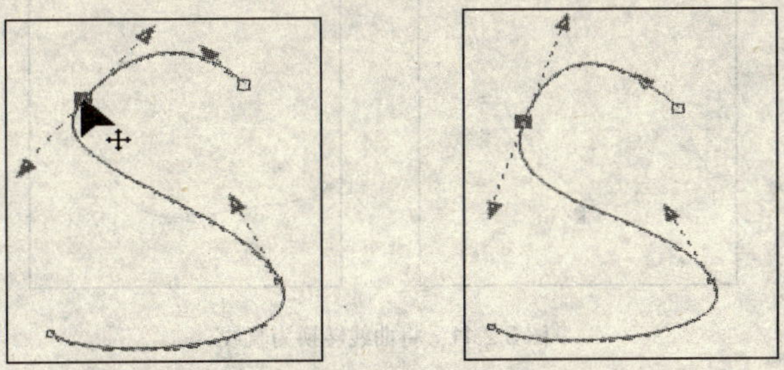

图3.2.8 调整平滑节点

3.2.4 连接与分割节点

分割节点就是将一个节点分割成两个节点，使一条完整的线条成为两条断开的线条，但分割后仍然是一个整体。而连接节点则是将分割后的节点连接起来使线条再次成为一条完整的线条。

要分割节点，可使用形状工具单击节点，在属性栏中单击“断开曲线”按钮，然后将鼠标指针移至断开的节点处，按住鼠标左键拖动断开的节点，如图3.2.9所示。

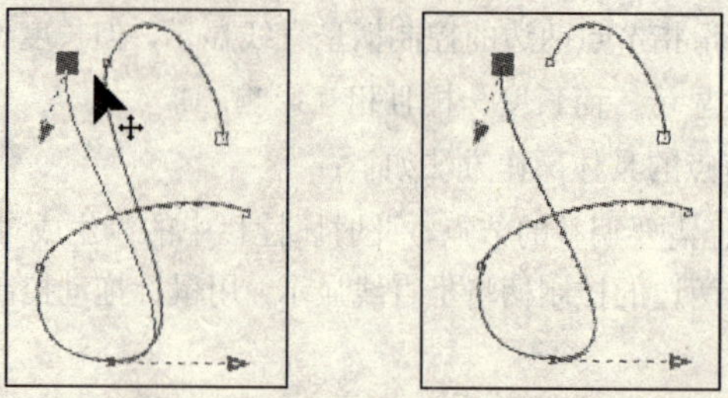

图 3.2.9　断开节点

如果需要将断开后的两个节点连接为一个节点，可框选两个节点，然后在属性栏中单击“连接两个节点”按钮即可，如图 3.2.10 所示。

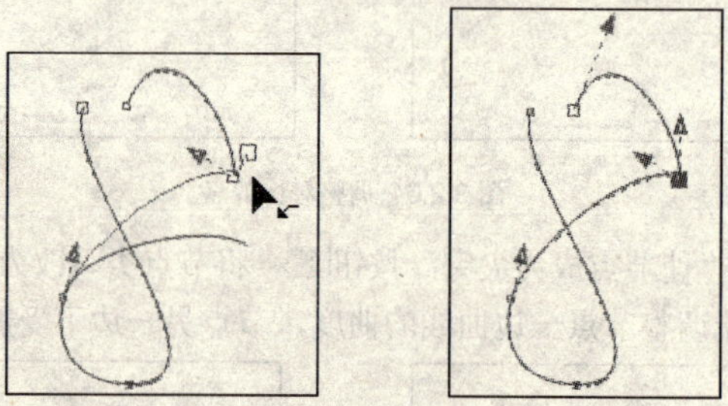

图 3.2.10　连接两个节点

3.2.5　直线与曲线的转换

通过直线与曲线的转换可以方便地调节线条的形状。具体的操作方法如下：

（1）单击工具箱中的“形状工具”按钮，将鼠标指针移至曲线段中的节点上单击选取该节点，然后在“形状工具”属性栏中单击“转换曲线为直线”按钮，即可将该节点前一段曲线转换为直线，如图 3.2.11 所示。

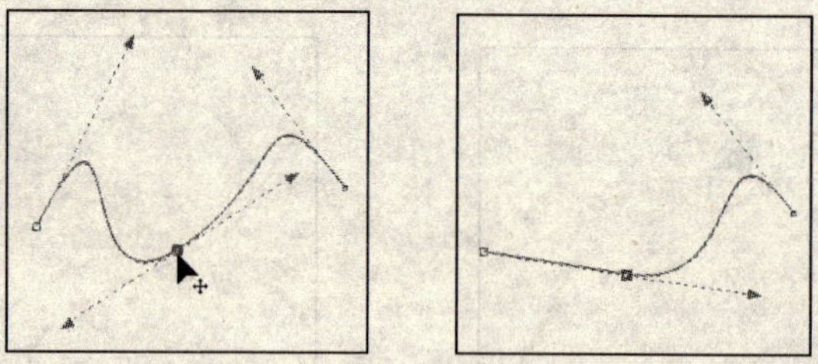

图 3.2.11　将曲线转换为直线

（2）将鼠标指针移至直线段中的节点上单击选取该节点，然后在“形状工具”属性栏中单击“转换直线为曲线”按钮，用鼠标拖动控制柄可改变曲线的形状，如图 3.2.12 所示。

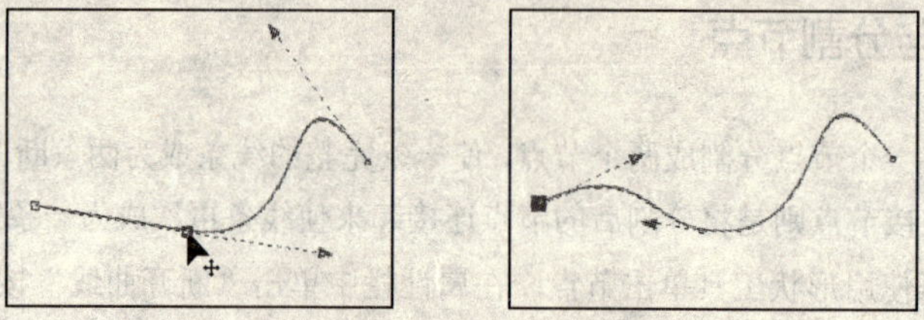

图 3.2.12　将直线转换为曲线

3.2.6　反转选定子路径的曲线方向

CorelDRAW X4 中的线都具有方向性，一般使用手绘工具与贝塞尔工具等绘制的线条，先确定的节点即为起点，最后一个节点为终点。在使用形状工具或挑选工具选择线条时，起点处的节点最大。起点的方向不一样，控制节点线条的方式也不一样。

使用贝塞尔工具绘制一条曲线，然后使用形状工具选中曲线中的第 2 个节点，如图 3.2.13 所示。

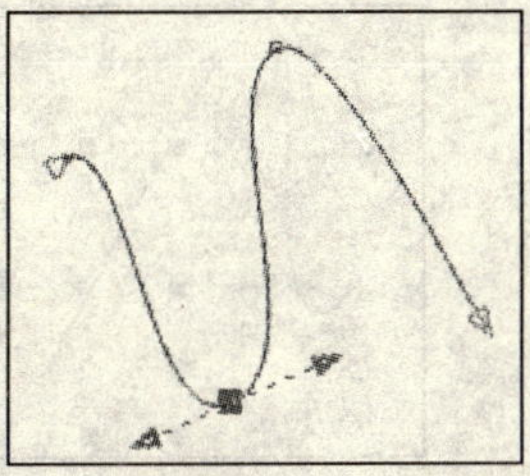

图 3.2.13　选择节点

单击属性栏中的“转换曲线为直线”按钮，可将节点左边的曲线转换为直线；如果先在属性栏中单击“反转选定子路径的曲线方向”按钮，反转曲线的方向后再选择第 2 个节点，单击“转换曲线为直线”按钮时，即可将节点右边的曲线转换为直线，如图 3.2.14 所示。

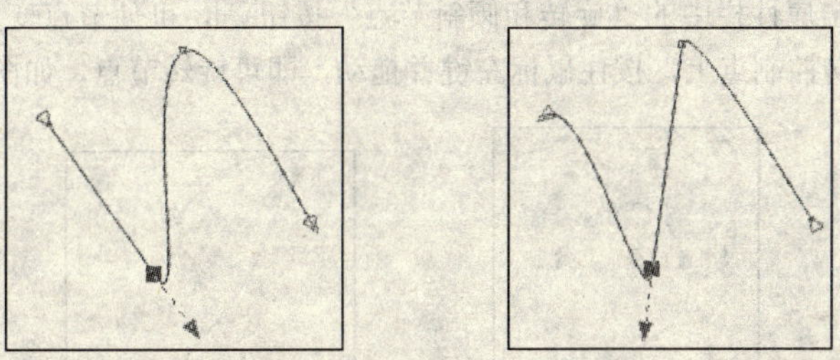

图 3.2.14　反转曲线的方向

3.2.7　提取子路径

在 CorelDRAW X4 中，可以将一条完整的线条断开成两条甚至更多的线条，但这些线条仍然是一个整体，此时可以通过提取子路径的功能使断开后的线条成为单独的对象。具体的操作方法如下：

（1）使用形状工具选择一个节点，单击属性栏中的“断开曲线”按钮，可断开节点。

（2）单击属性栏中的“提取子路径”按钮，提取子路径，单击工具箱中的挑选工具移动提取的子路径，效果如图 3.2.15 所示。

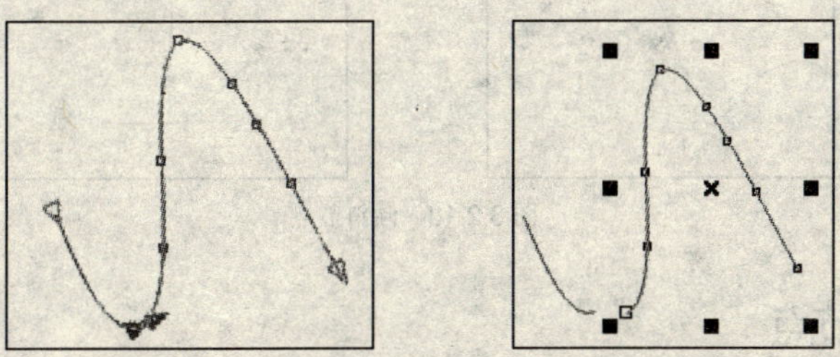

图 3.2.15　提取子路径

3.2.8 延长和缩短节点连线

使用延长和缩短节点连线功能可以改变两个或两个以上的节点之间的距离。具体的操作方法是：使用形状工具选择需要延长或缩短连线的节点，单击其属性栏中的“伸长和缩短节点连线”按钮，此时选择节点的周围将出现 8 个黑色小方块，用鼠标拖动小方块即可延长或缩短节点的连线，效果如图 3.2.16 所示。

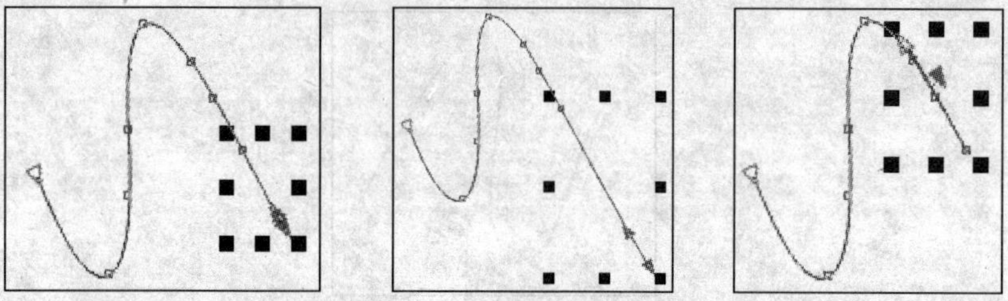

图 3.2.16 延长和缩短节点连线

3.2.9 旋转和倾斜节点

选择节点后，单击属性栏中的“旋转和倾斜节点”按钮，可使节点变为旋转倾斜状态，将鼠标指针移至四角的旋转控制点上，按住鼠标左键并拖动，即可旋转节点，如图 3.2.17 所示。

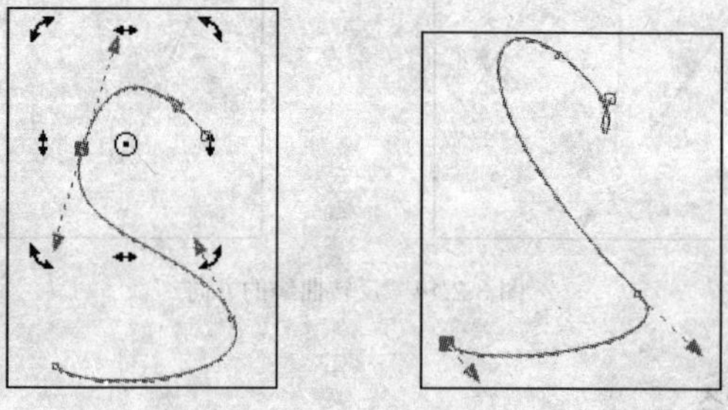

图 3.2.17 旋转节点

当节点在旋转倾斜状态时，将鼠标指针移至倾斜控制点上，按住鼠标左键并拖动即可倾斜节点，如图 3.2.18 所示。

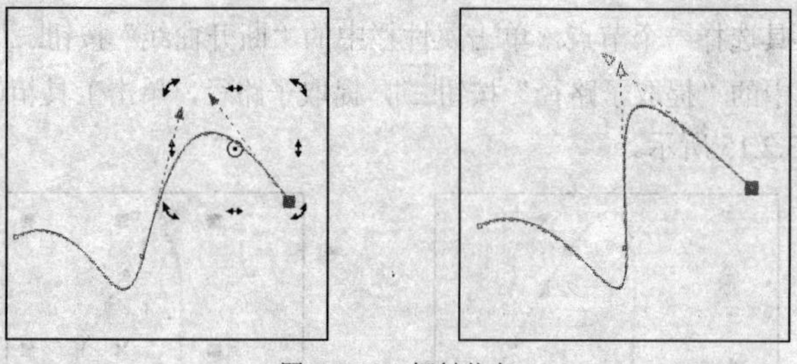

图 3.2.18 倾斜节点

3.2.10 对齐节点

要使节点水平或垂直对齐，可以在使用形状工具选择两个或多个节点后，单击属性栏中的“对齐节点”按钮，弹出“对齐节点”对话框，从中选择相应的选项，单击 确定 按钮，即可对齐节点，如图 3.2.19 所示。

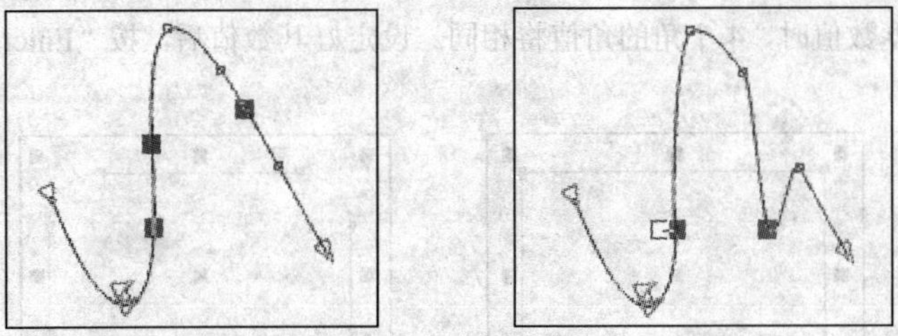

图 3.2.19　对齐节点

3.3　绘制几何图形

通过使用 CorelDRAW X4 的基本绘图工具绘制几何图形，能使用户初步掌握 CorelDRAW X4 各种工具的特性，为绘制图形打下基础。

3.3.1　绘制矩形

矩形是用户在设计制作中经常使用的基本图形。在 CorelDRAW X4 中有许多绘制矩形和圆角矩形的方法和技巧。

1．使用矩形工具绘制矩形

单击工具箱中的矩形工具，或按“F6”键，当鼠标光标变为形状时，将其移动到绘图区中，单击鼠标左键不放，确定矩形的起点，拖动鼠标至对角线的另一端，释放鼠标，即可绘制一个矩形，如图 3.3.1 所示。

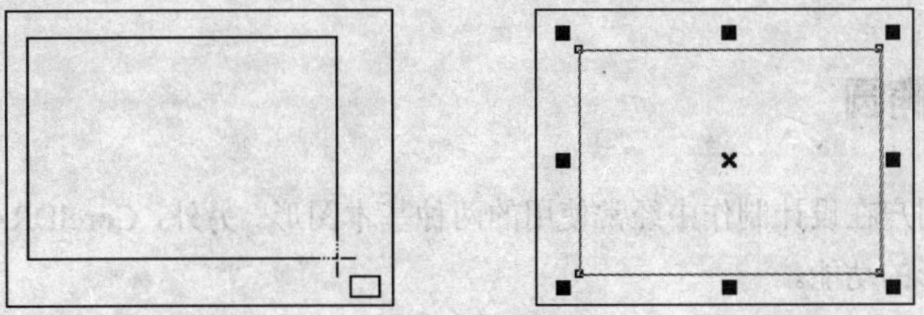

图 3.3.1　绘制矩形

技巧：在键盘上按“Esc”键，取消矩形的选取状态。按“Ctrl”键，在绘图页面中可以绘制一个正方形，效果如图 3.3.2 所示。

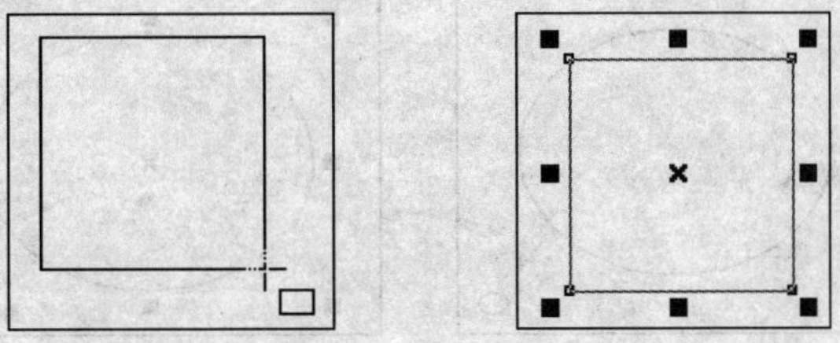

图 3.3.2　绘制正方形

2. 使用矩形工具绘制圆角矩形

在绘图页面中绘制一个矩形，在绘制矩形的属性栏中，如果先将角圆滑度数值后的小锁图标选定，则改变角圆滑度数值时，4 个角的角值将相同。设定好其数值后，按“Enter”键，圆角矩形效果如图 3.3.3 所示。

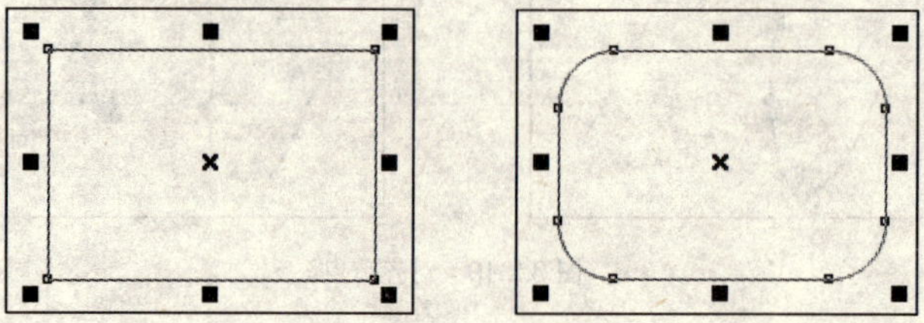

图 3.3.3 绘制圆角矩形

也可以单击“形状工具”按钮，在绘制矩形的 4 个角的节点上分别按住鼠标左键拖曳矩形 4 个角的节点，可以改变边角的圆角程度，拖曳到一定程度时，释放鼠标即可绘制一个圆角矩形。

3. 使用三点矩形工具绘制矩形

选择工具箱中的三点矩形工具，当鼠标光标变为形状时，将其移动到绘图区中，单击鼠标左键不放，确定矩形的起点，拖动鼠标至另一点，释放鼠标，完成矩形一条边的绘制。单击鼠标左键并平行拖动绘制的边至第三点，再次单击鼠标左键，完成矩形的绘制，如图 3.3.4 所示。

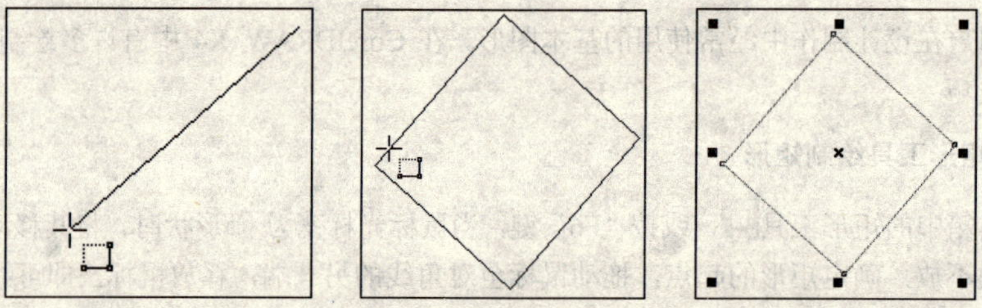

图 3.3.4 绘制矩形

3.3.2 绘制椭圆

椭圆和圆形是用户在设计制作中经常使用的两种基本图形。另外，CorelDRAW X4 还提供了将椭圆形改为饼形和弧形的功能。

1. 使用椭圆工具绘制椭圆

选择工具箱中的椭圆工具，当鼠标光标变为形状时，将其移动到绘图区中，单击鼠标左键不放，确定椭圆的起点，拖动鼠标至另一点，释放鼠标，即可绘制一个椭圆，如图 3.3.5 所示。

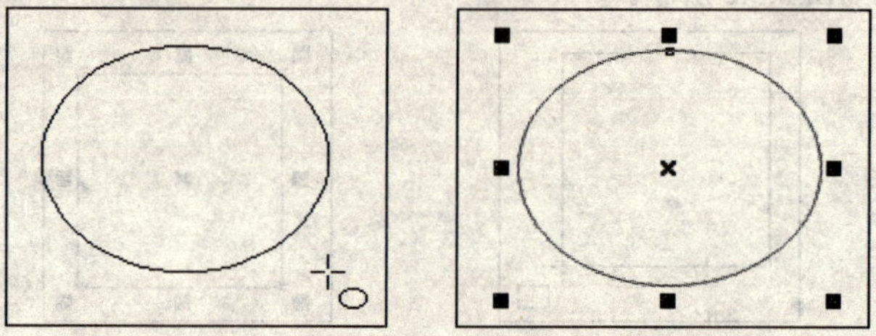

图 3.3.5 绘制椭圆

技巧：按“Shift”键，在绘图页面在以当前点为中心绘制椭圆形；按“Ctrl”键，在绘图页面中可以绘制一个圆形；按“Shift+ Ctrl”键，在绘图页面中以当前点为中心绘制圆形。

2．使用三点椭圆工具绘制椭圆

三点椭圆工具是通过拖动鼠标的方法确定椭圆其中一个轴的长度和方向，然后在轴任意一侧单击鼠标确定另一个轴的长度。具体的操作方法如下：

（1）单击工具箱中椭圆工具组中的“三点椭圆工具”按钮。

（2）将鼠标指针移至绘图区中，按住鼠标左键并拖动可绘制出一条线段作为椭圆的轴线，释放鼠标后，移动鼠标指针至线段一侧，在适当位置单击即可，如图 3.3.6 所示。

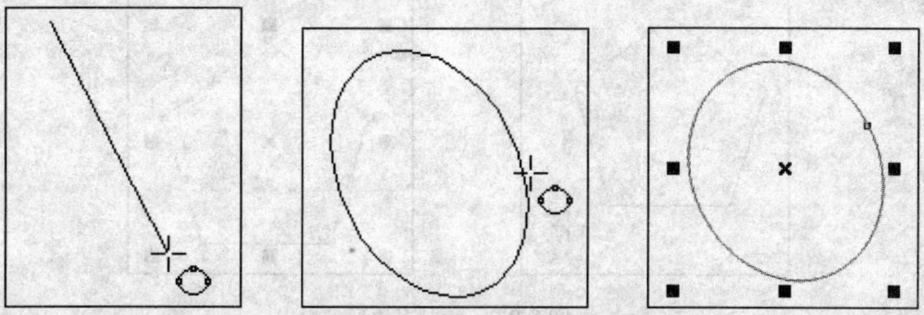

图 3.3.6 使用三点椭圆工具绘制椭圆

3．绘制饼形和弧形

绘制一个椭圆形，单击“椭圆工具”属性栏中的“饼形”按钮，可将椭圆形转换为饼形，如图 3.3.7 所示。

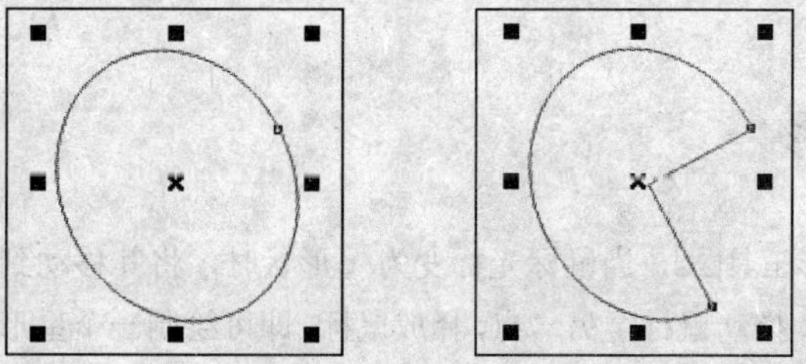

图 3.3.7 绘制饼形

弧形的绘制方法与饼形的绘制方法一样。选择椭圆形后，在属性栏中单击“弧形”按钮，即可绘制出弧形，如图 3.3.8 所示。

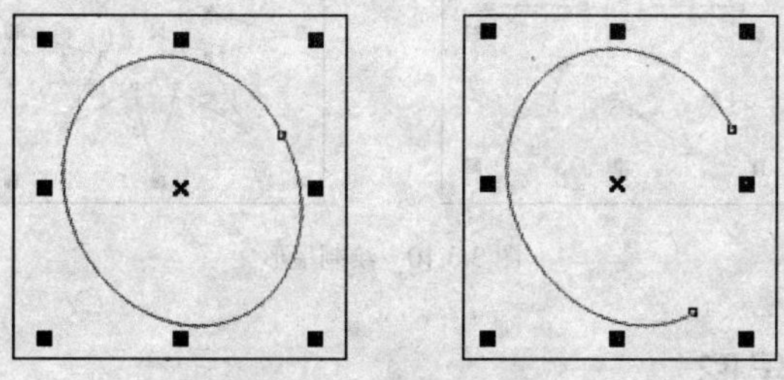

图 3.3.8 绘制弧形

在属性栏中的起始和结束角度输入框中输入数值，可设置饼形与弧形的弧度；单击属性栏中的“顺时针/逆时针弧形或饼形”按钮，可将饼形或弧形进行 180° 的镜像。

4．绘制圆

要使用椭圆工具与三点椭圆工具创建圆。其方法与创建正方形的方法相同，绘制时只须要按住“Ctrl”键即可。如果在按住“Shift+Ctrl”键的同时拖动鼠标绘制，则可以绘制出以起点为中心向外扩展的圆。

3.3.3 绘制多边形

单击工具箱中的“多边形工具”按钮，在绘图区中单击鼠标左键并拖动，即可绘制出默认设置下的五边形，如图3.3.9所示。

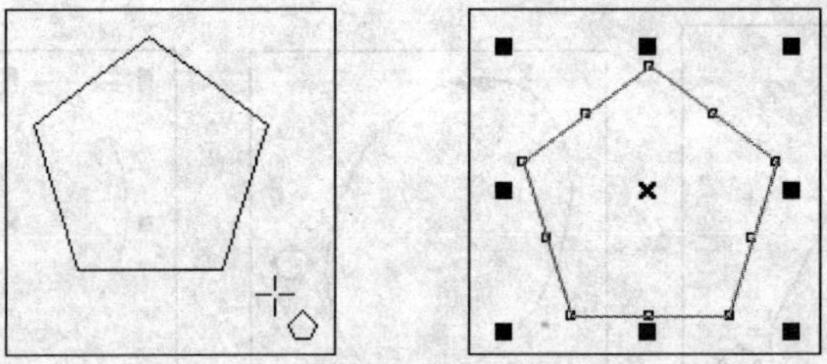

图3.3.9 绘制多边形

如果要改变已绘制的多边形的边数，可先选择绘制的多边形，然后在“多边形工具”属性栏中的多边形端点数输入框 5 中输入所需的边数，按回车键，即可得到所需边数的多边形。

如果在按住“Shift”键的同时拖动鼠标，可以绘制以起点为中心向外扩展的多边形；如果同时按住“Ctrl”键，则可以绘制正多边形；如果同时按住“Shift+Ctrl”键，则可以绘制以起点为中心向外扩展的正多边形。

3.3.4 绘制星形

选择工具箱中的星形工具，当鼠标光标变为形状时，将其移动到绘图区中，单击鼠标左键不放，确定多边形的起点，拖动鼠标至另一点，释放鼠标，即可绘制一个星形，在其属性栏中的 5 微调框中可以设置星形的边数，如图3.3.10所示。

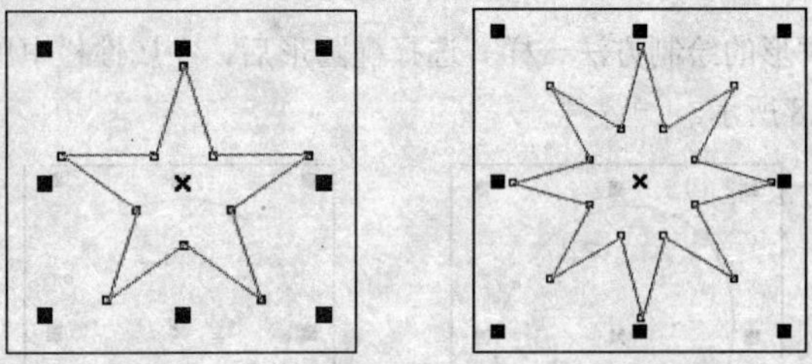

图3.3.10 绘制星形

3.3.5 绘制复杂星形

在多边形工具组中新增了复杂星形工具，使用该工具可以快速地绘制出交叉星形。选择工具箱中的复杂星形工具，在绘图区中单击鼠标左键并拖动，即可绘制出复杂星形，在其属性栏中的 9

微调框中可以设置复杂星形的边数，如图 3.3.11 所示。

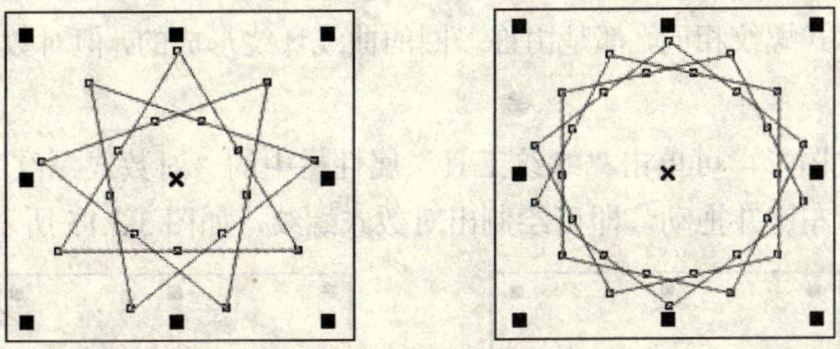

图 3.3.11　绘制复杂星形

3.3.6　绘制网格图形

在 CorelDRAW X4 中，可通过选择多边形工具组中的图纸工具来绘制网格。具体的操作方法如下：

选择工具箱中的图纸工具，在绘图页面中按下鼠标左键不放，从左上角向右下角拖曳鼠标到需要的位置，释放鼠标左键，即可绘制一个网格状的图形，如图 3.3.12 所示。在其属性栏中的图纸列数和行数微调框中设置网格的列数和行数。

使用挑选工具选取网格状图形，选择排列(A)→取消群组(U)命令，或按“Ctrl+U”键，将绘制的网格状图形取消组合。使用形状工具可以单选其中的各个图形，并对其进行拆分，如图 3.3.13 所示

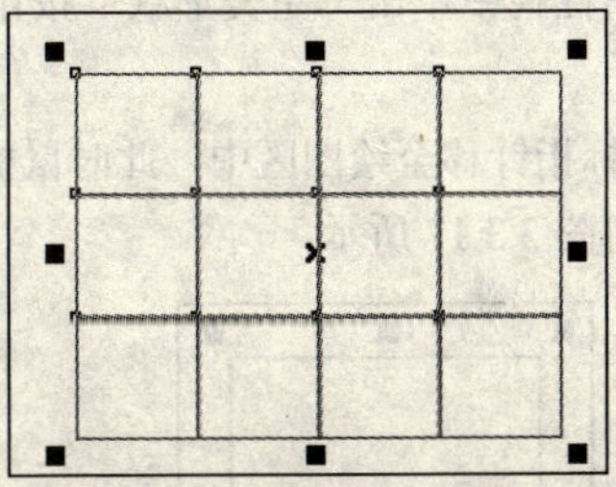

图 3.3.12　绘制网格

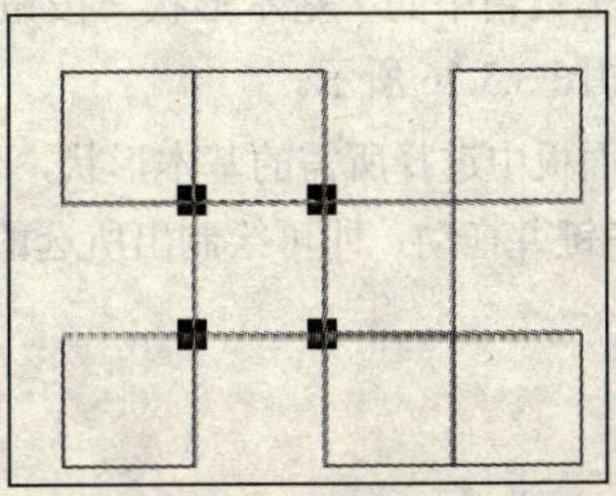

图 3.3.13　拆分网格

技巧：按住“Ctrl”键的同时在页面中拖动鼠标，可绘制网格图形；按住“Shift”键的同时拖动鼠标，可绘制以起点为中心等比缩放的网格图形；按住“Shift+Ctrl”键的同时拖动鼠标，可绘制以起点为中心向外扩展的网格图形。

3.3.7　绘制螺纹

螺纹的创建方法与多边形的创建方法相似，使用螺纹工具可以绘制两种不同的螺纹，即对称式螺纹与对数式螺纹。

1. 对称式螺纹

对称式螺纹是由许多圈曲线环绕形成的，且每一圈曲线的间距都是相等的。单击工具箱中的“螺纹工具”按钮，在属性栏中单击“对称式螺纹”按钮，将鼠标指针移至绘图区中按住鼠标左键并拖动，即可绘制出对称式螺纹，如图 3.3.14 所示。

2．对数式螺纹

对数式螺纹与对称式螺纹相同，都是由许多圈的曲线环绕形成的，但对数式螺纹的间距可以等量增加。

要绘制对数式螺纹图形，可单击“螺纹工具”属性栏中的“对数式螺纹”按钮，将鼠标指针移至绘图区中按住鼠标左键并拖动，即可绘制出对数式螺纹，如图 3.3.15 所示。

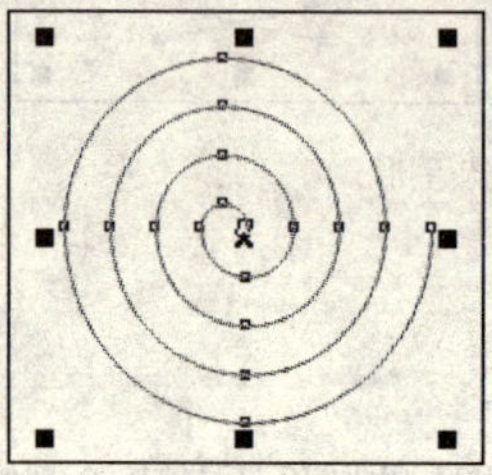

图 3.3.14　对称式螺纹

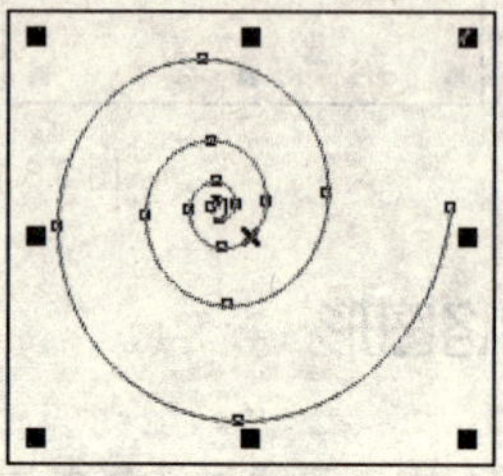

图 3.3.15　对数式螺纹

在属性栏中的螺纹回圈输入框中输入数值，可设置螺纹的圈数。

3.3.8　绘制基本形状

在 CorelDRAW X4 中提供的基本图形主要有心形、平行四边形、环形、直角三角形以及等腰梯形等。绘制这些基本图形的具体操作方法如下：

（1）单击工具箱中的“基本形状”按钮，在属性栏中单击“完美形状”按钮，可打开基本形状面板，如图 3.3.16 所示。

（2）在该面板中选择所需的基本形状，然后将鼠标指针移至绘图区中，此时鼠标指针变为形状，按住鼠标左键并拖动，即可绘制出所选的图形，如图 3.3.17 所示。

图 3.3.16　基本形状面板

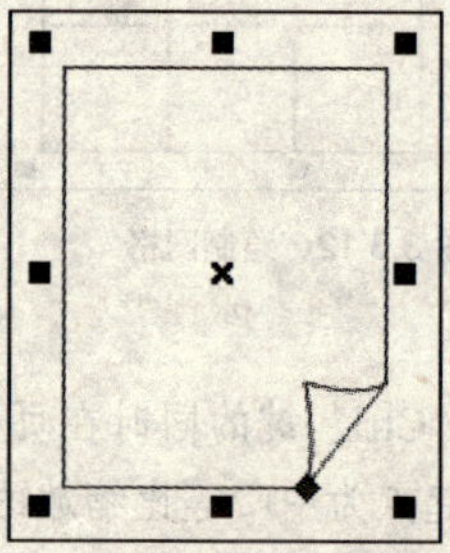

图 3.3.17　绘制基本形状

3.3.9　绘制箭头形状

在 CorelDRAW X4 中提供了多种箭头类型，绘制这些箭头形状的具体操作方法如下：

（1）单击工具箱中的“箭头形状”按钮，在属性栏中单击“完美形状”按钮，可打开预设的箭头形状面板，如图 3.3.18 所示。

（2）在该面板中选择所需的箭头形状，在绘图区中按住鼠标左键并拖动，即可绘制出所选的箭头形状，如图 3.3.19 所示。

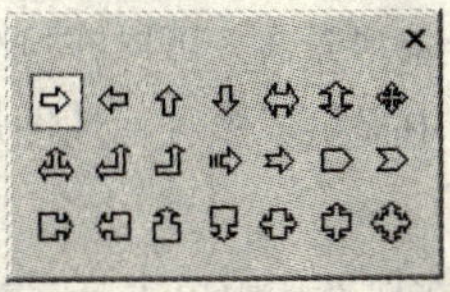

图 3.3.18 箭头形状面板

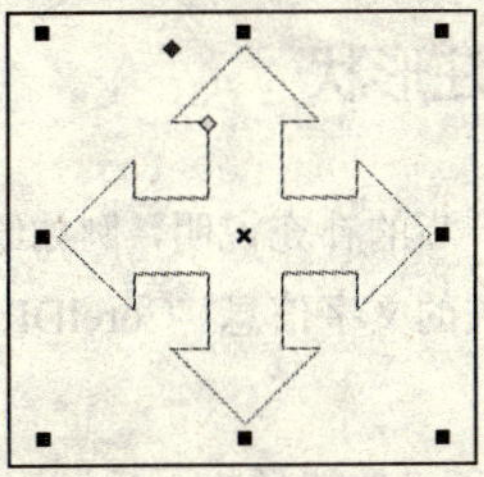

图 3.3.19 绘制箭头形状

3.3.10 绘制流程图形状

在 CorelDRAW X4 中提供了流程图工具，使用它可以绘制出多种常见的数据流程图、信息系统的业务流程图等。绘制流程图的具体操作方法如下：

（1）单击工具箱中的“流程图形状”按钮，在属性栏中单击“完美形状”按钮，可打开流程图形状面板，如图 3.3.20 所示。

（2）在该面板中选择一种形状，在绘图区中按住鼠标左键并拖动，即可绘制出所选的流程图形状，如图 3.3.21 所示。

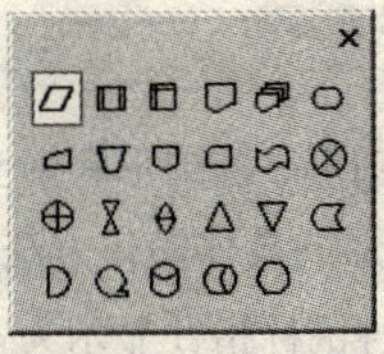

图 3.3.20 流程图形状面板

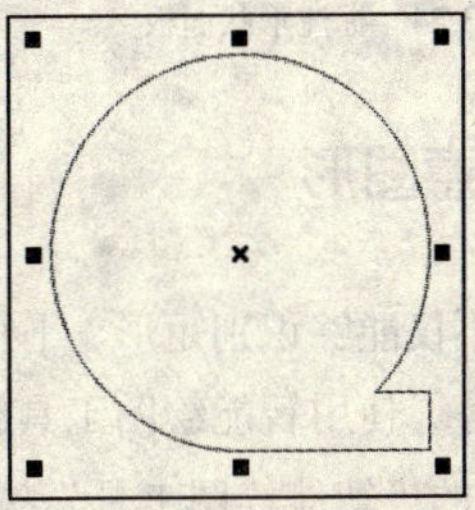

图 3.3.21 绘制流程图形状

3.3.11 绘制标题形状

在 CorelDRAW X4 中提供了标题形状工具，使用它可以绘制出多种类似于星形的各种标题造型。绘制标题形状的具体操作方法如下：

（1）单击工具箱中的“标题形状”按钮，在属性栏中单击“完美形状”按钮，可打开预设的标题形状面板，如图 3.3.22 所示。

（2）在该面板中选择一种形状，在绘图区中按住鼠标左键并拖动，即可绘制出所选的标题形状，如图 3.3.23 所示。

图 3.3.22 标题形状面板

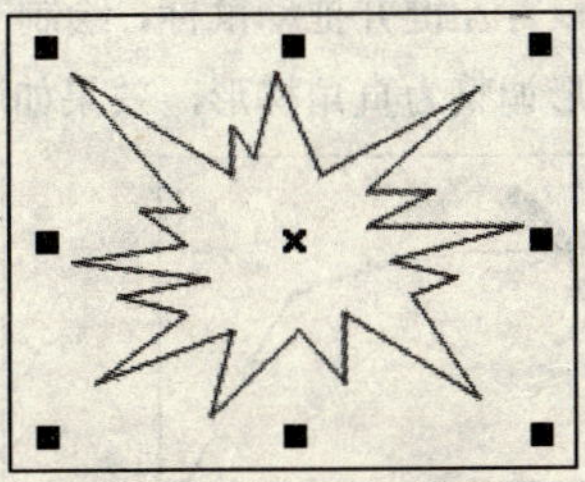

图 3.3.23 绘制标题形状

3.3.12 绘制标注形状

标注经常用于做进一步的补充说明，例如绘制了一幅风景画，可以在风景画上绘制标注图形，并且在标注图形中添加相关的文字信息。CorelDRAW X4 中提供了多种标注图形，绘制标注图形的具体操作方法如下：

（1）单击工具箱中的“标注形状工具”按钮，在属性栏中单击“完美形状”按钮，可打开标注形状面板，如图 3.3.24 所示。

（2）在该面板中选择所需的标注形状，然后在绘图区中按住并拖动鼠标进行绘制，至适当大小后释放鼠标，即可绘制出所选的标注形状，如图 3.3.25 所示。

图 3.3.24 标注形状面板

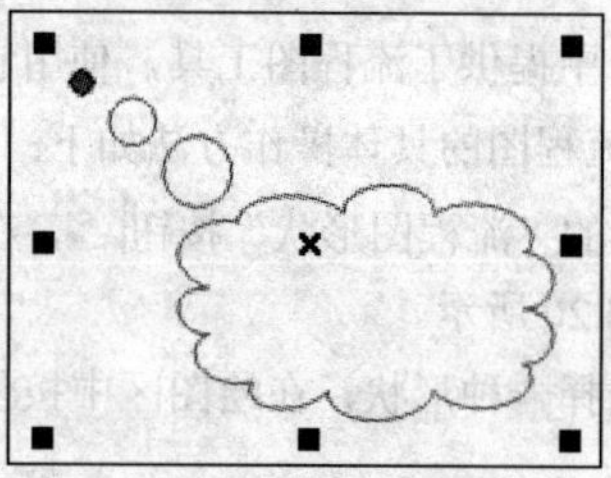

图 3.3.25 绘制标注形状

3.3.13 绘制创意图形

使用智能绘图工具不仅能够识别矩形、平行四边形、圆形、椭圆形和箭头形状，而且能够智能地平滑曲线、最小化图形等。使用智能绘图工具绘制创意图形的具体操作方法如下：

（1）单击工具箱中的“智能绘图工具”按钮，此时鼠标指针显示为形状。

（2）在绘图区中按住鼠标左键并拖动鼠标，绘制一个不规则的椭圆形，释放鼠标后，系统根据智能平滑率可自动地将图形调整为椭圆形，效果如图 3.3.26 所示。

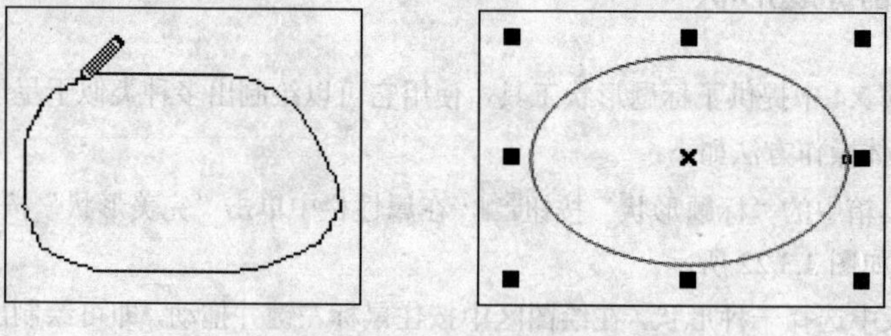

图 3.3.26 使用智能绘图工具绘制椭圆形

若在绘图区中按住鼠标左键并拖动鼠标，绘制一个不规则的直角梯形，释放鼠标后，系统根据智能平滑率可自动地将图形调整为直角梯形，效果如图 3.3.27 所示。

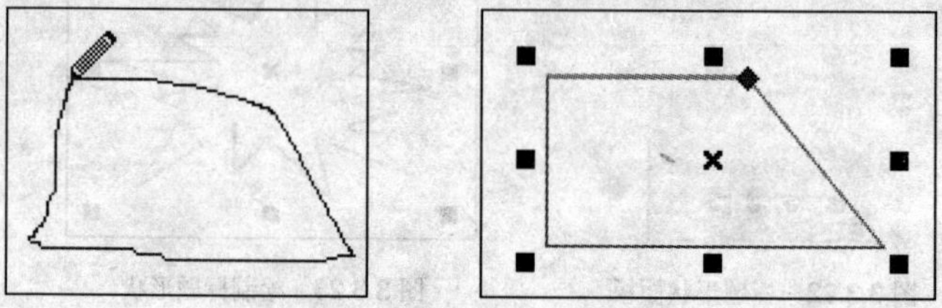

图 3.3.27 使用智能绘图工具绘制直角梯形

3.3.14　标注图形

在进行设计制作时，常常需要在设计的图纸上标注出图形的垂直、水平、倾斜和角度的测量数值。对图形进行标注主要通过度量工具来完成。

单击工具箱中的“度量工具”按钮，其属性栏如图 3.3.28 所示。

图 3.3.28　“度量工具”属性栏

对图形进行垂直尺度标注的具体操作方法如下：

（1）单击工具箱中的“度量工具”按钮，在其属性栏中单击“垂直度量工具”按钮。

（2）在需要测量图形的最高点单击鼠标确定一点，再将鼠标移动到所要测量图形的最低点单击鼠标确定另一点。

（3）将鼠标移动到标注尺度的合适位置，释放鼠标即可，如图 3.3.29 所示。

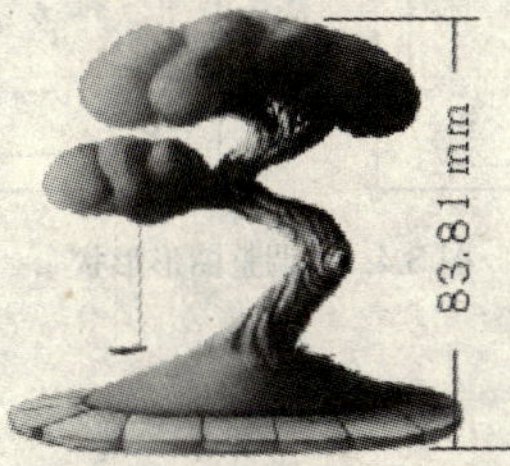

图 3.3.29　垂直尺度标注

对图形进行水平尺度标注的具体操作方法如下：

（1）单击工具箱中的“度量工具”按钮，在其属性栏中单击“水平度量工具”按钮。

（2）在需要测量图形的最左边单击鼠标确定一点，再将鼠标移动到所要测量图形的最右边，单击鼠标确定另一点。

（3）将鼠标移动到标注尺度的合适位置，释放鼠标即可，如图 3.3.30 所示。

对图形进行角度标注的具体操作方法如下：

（1）单击工具箱中的“度量工具”按钮，在其属性栏中单击“角度量工具”按钮。

（2）在需要测量的图形角度的顶点单击鼠标确定第一个点，再将鼠标移动到所要测量的角度所夹的一个边上单击鼠标确定第二个点，用同样的方法在角度所夹的另一边上单击鼠标确定第三个点。

（3）将鼠标移动到标注角度的合适位置，释放鼠标即可，如图 3.3.31 所示。

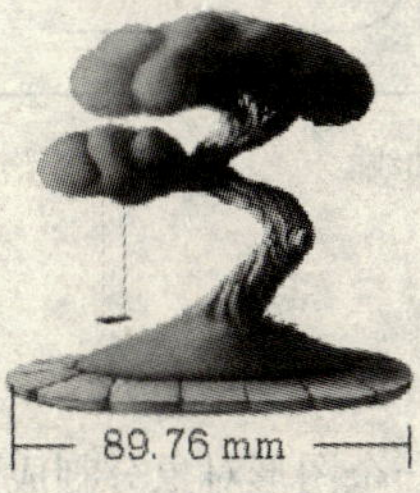

图 3.3.30　水平尺度标注

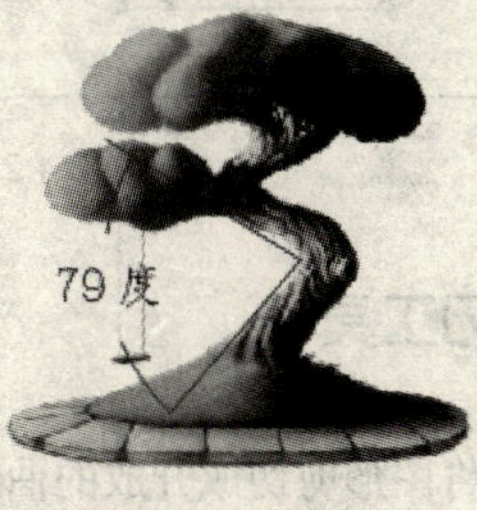

图 3.3.31　角度标注

3.4 编 辑 图 形

在 CorelDRAW X4 中提供了一系列用于编辑图形对象的工具，利用这些工具，用户可以灵活地编辑与修改图形对象，以满足设计需要。

3.4.1 使用形状工具

使用形状工具可以对绘制的图形节点进行调整。使用形状工具编辑图形的具体操作方法如下：

（1）在绘图区中选中要编辑的图形，单击工具箱中的“形状工具”按钮。

（2）当鼠标光标变为▶形状时，将其移动到所选择图形的任意节点处，单击鼠标并拖动，调整该节点位置，效果如图 3.4.1 所示。

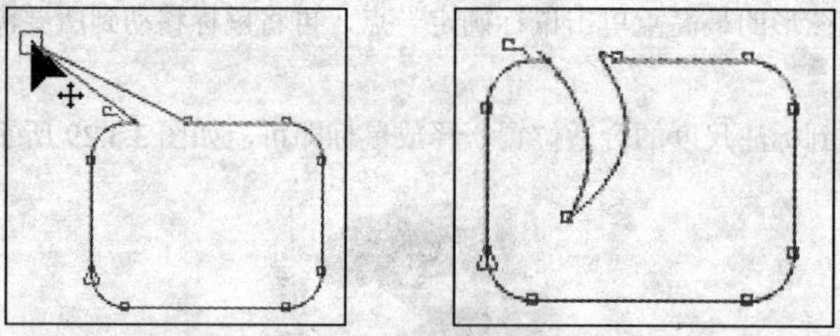

图 3.4.1　调整图形形状

3.4.2 使用橡皮擦工具

使用橡皮擦工具可将图形擦除为曲线，也可将一个图形擦除为两个闭合的图形。使用橡皮擦工具擦除图形，然后在图形内部沿着擦除的轨迹生成一段曲线，这样，擦除的部分便会自动生成闭合曲线。具体的操作方法如下：

（1）在绘图区中选中要编辑的图形，单击工具箱中的“橡皮擦工具”按钮。

（2）将鼠标指针移至基本形状上单击，再移动鼠标指针至图形的内部单击，此时，指针经过的区域将被擦除，而图形也会自动变为曲线，效果如图 3.4.2 所示。

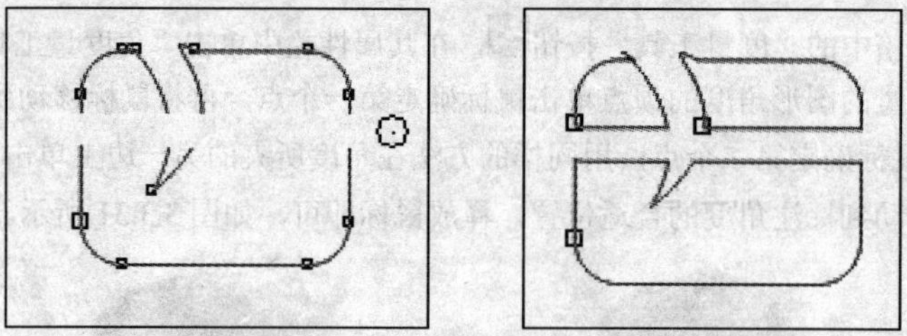

图 3.4.2　擦除图形为曲线

3.4.3 使用刻刀工具

使用刻刀工具可以将图形剪切成开放的曲线，也可将一个图形对象分割成两个图形对象。如果要将图形对象变成开放的曲线，除了使用形状工具外，还可以使用刻刀工具来完成，具体的操作方法如下：

（1）使用多边形工具在绘图区中绘制一个五边形。

（2）单击工具箱中的“刻刀工具”按钮，并在属性栏中单击“成为一个对象”按钮。

（3）将鼠标光标移至五边形的任意一个节点处单击，此时实质上已经将图形剪切为开放的曲线了，但从图中无法看出有什么变化，只是节点变大了一些。

（4）为了观察分割的结果，可使用形状工具选择分割的节点，按住鼠标左键拖动，释放鼠标，其分割后的效果如图 3.4.3 所示。

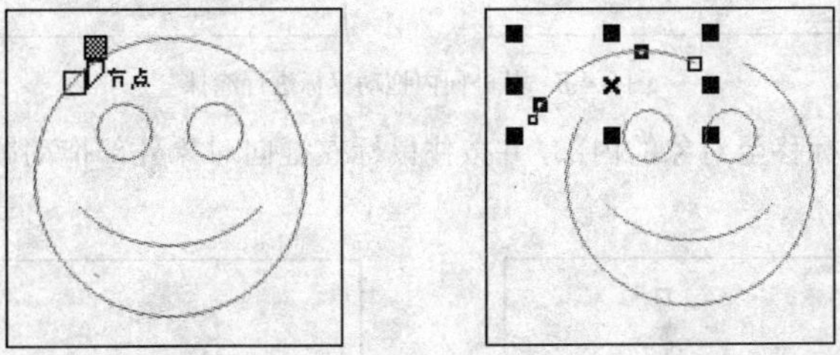

图 3.4.3　切割图形为开放曲线

3.4.4　使用虚拟段删除工具

使用虚拟段删除工具，可以调整已绘制的图形，将多余的图形线条删除。使用虚拟段删除工具编辑图形的具体操作方法如下：

（1）选中要编辑的图形，单击工具箱中的“虚拟段删除”按钮。

（2）将鼠标光标移动到要删除的图形线条上，当光标变为直立的刻刀图标时，单击将多余的图形线条删除，效果如图 3.4.4 所示。

图 3.4.4　使用虚拟段删除工具删除图像

3.4.5　使用涂抹笔刷工具

使用涂抹笔刷工具可以编辑使用手绘工具、贝塞尔工具绘制的或转为曲线后的基本图形，它只适用于曲线对象。使用涂抹笔刷工具编辑图形的方法有两种：一种是从图形外部向图形内部拖动鼠标；另一种是从图形内部向外部拖动鼠标。使用涂抹笔刷工具编辑图形的具体操作方法如下：

（1）在绘图区中绘制图形后，单击工具箱中的“涂抹笔刷工具”按钮。

（2）将鼠标光标移至对象的外部，按住鼠标左键并拖动至图形内部，释放鼠标，此时的效果如图 3.4.5 所示。

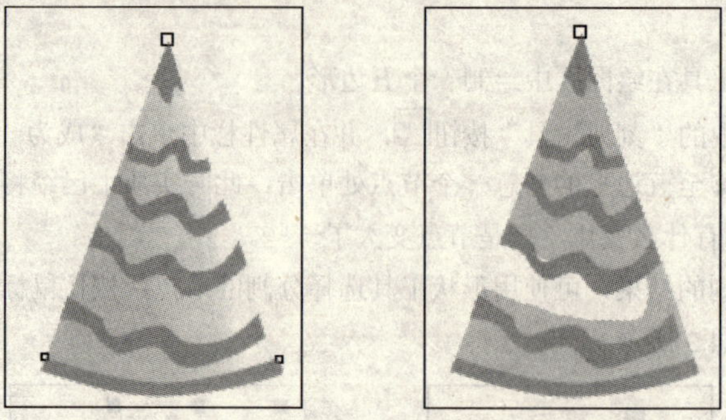

图 3.4.5　从外向内拖动鼠标进行涂抹

（3）也可将鼠标光标移至对象的内部，并按住鼠标左键向对象外部拖动鼠标，涂抹效果如图 3.4.6 所示。

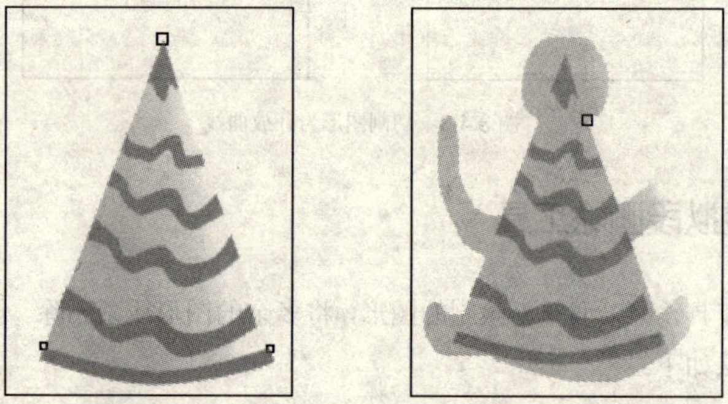

图 3.4.6　从内向外拖动鼠标进行涂抹

3.4.6　使用粗糙笔刷工具

粗糙笔刷工具是一种多变的扭曲变形工具，它可用来改变矢量图形对象中曲线的平滑度，从而产生粗糙的变形效果。使用粗糙笔刷工具编辑图形的具体操作方法如下：

（1）使用挑选工具选中需要处理的图形对象，然后从工具箱中的形状工具组中选择粗糙笔刷工具。

（2）将光标移至图形对象上，此时鼠标光标变成了形状，在矢量图形的轮廓线上单击鼠标并拖动，即可将其曲线粗糙化，如图 3.4.7 所示。

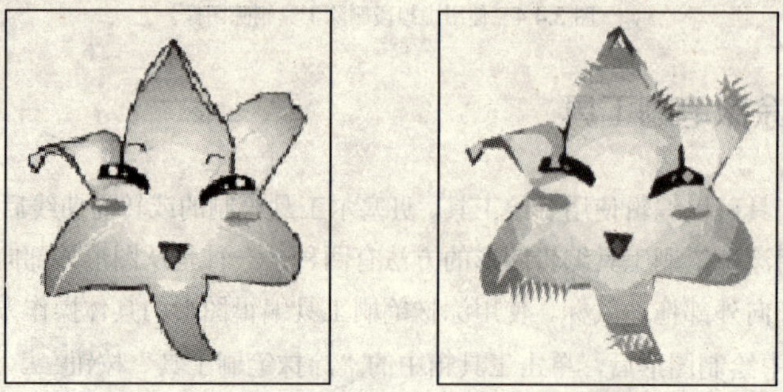

图 3.4.7　使用粗糙笔刷工具后的效果

当涂抹笔刷和粗糙笔刷应用于规则形状的矢量图形（矩形、椭圆和基本形状）时，会弹出“转换为曲线”提示框，如图 3.4.8 所示。此时可单击确定按钮或者可先按“Ctrl+Q”键将其转换成曲线后再应用这两个变形工具。

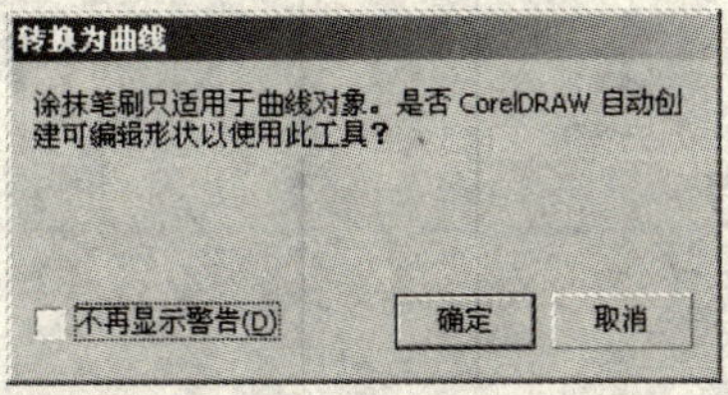

图 3.4.8　“转换为曲线”提示框

3.4.7　使用自由变换工具

选中需变形的对象，单击工具箱中的“自由变换工具”按钮，打开如图 3.4.9 所示的“自由变换工具”属性栏。

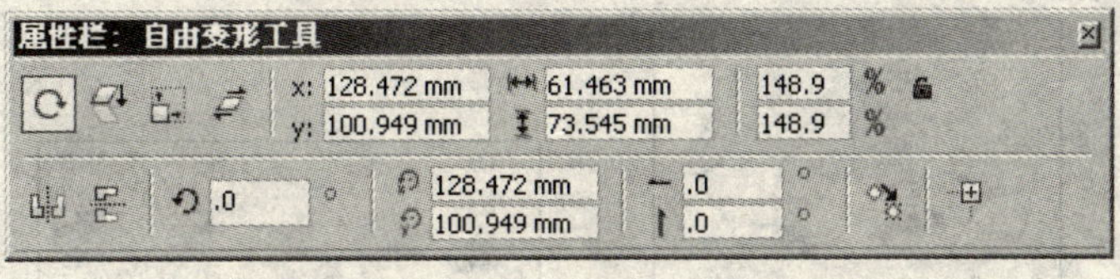

图 3.4.9　“自由变换工具”属性栏

该属性栏中各选项介绍如下：

“自由旋转工具”按钮：用于旋转对象。其使用方法如下：

（1）用挑选工具选中对象，然后选择自由变换工具，并单击其属性栏中的“自由旋转工具”按钮。

（2）将光标移至绘图区中的某处单击并拖动鼠标，则被选中的图形对象将以单击处为参考点，随着鼠标的移动而旋转，如图 3.4.10 所示。

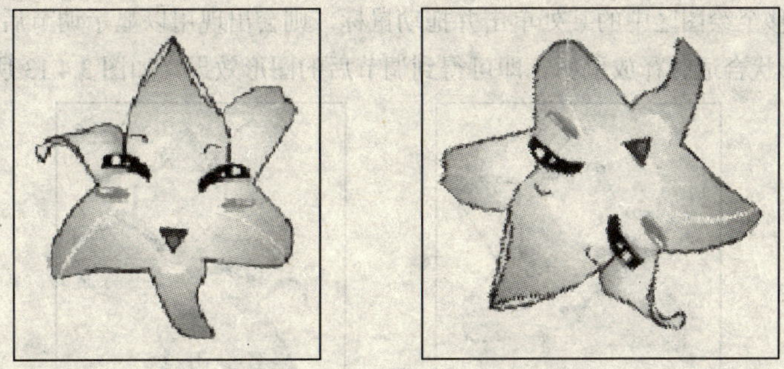

图 3.4.10　使用自由旋转工具后的效果

“自由角度镜像工具”按钮：用于将对象移动到它的映像位置。其使用方法如下：

（1）用挑选工具选中对象，然后选择自由变换工具，并单击其属性栏中的“自由角度镜像工具”按钮。

（2）将光标移至绘图区中的某处单击并拖动鼠标，则被选中的图形对象将以单击处为中心点，随着鼠标的移动而移动，如图 3.4.11 所示，蓝色虚线是对称轴，蓝色实线是镜像后对象的位置。

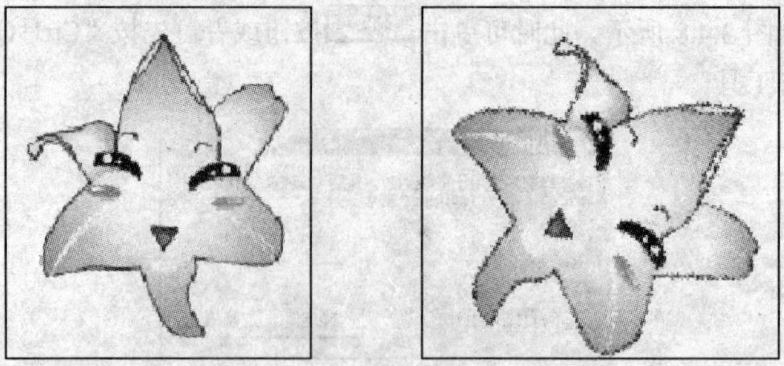

图 3.4.11　使用自由角度镜像工具后的效果

“自由调节工具”按钮：用于调节对象的尺寸大小。其使用方法如下：

（1）用挑选工具选中对象，然后选择自由变换工具，并单击其属性栏中的“自由调节工具”按钮。

（2）将光标移至绘图区中的某处单击并移动鼠标，则会出现用以显示调节后对象大小的蓝色线框，当其显示的大小合适时释放鼠标，即可得到调节后的图形效果，如图 3.4.12 所示。

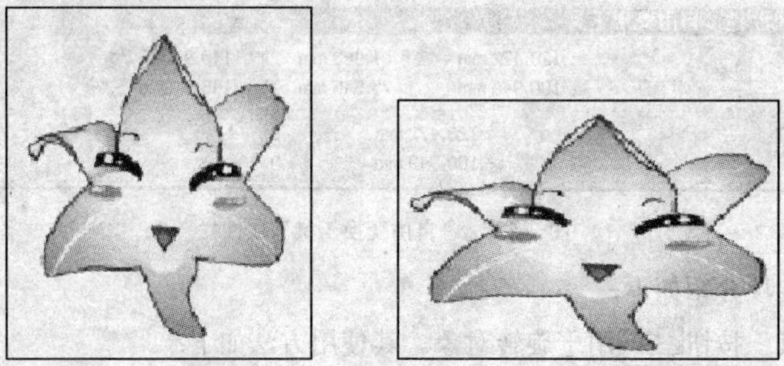

图 3.4.12　使用自由调节工具后的效果

“自由扭曲工具”按钮：用于将所选对象沿不同方向进行倾斜。其使用方法如下：

（1）用挑选工具选中对象，然后选择自由变换工具，并单击其属性栏中的“自由扭曲工具”按钮。

（2）将光标移至绘图区中的某处单击并拖动鼠标，则会出现用以显示调节后对象形状的蓝色线框，当其显示的形状合适时释放鼠标，即可得到调节后的图形效果，如图 3.4.13 所示。

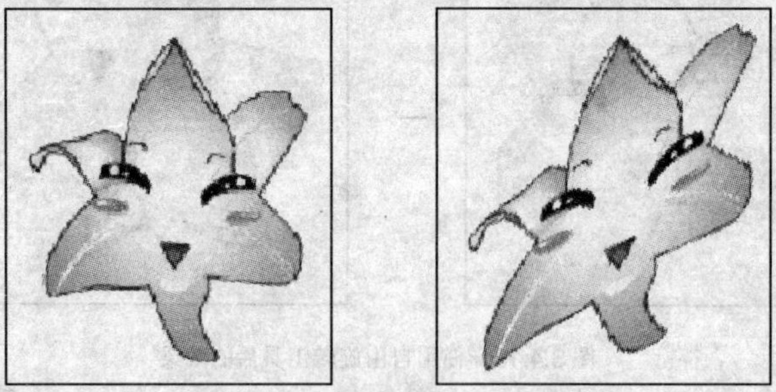

图 3.4.13　使用自由扭曲工具后的效果

3.5　课堂实训——绘制纸牌

本节将综合使用前面所学的知识绘制纸牌，最终效果如图 3.5.1 所示。

图 3.5.1 最终效果图

操作步骤

（1）新建一个图形文件，单击工具箱中的“矩形工具”按钮，在其属性栏中设置矩形的角圆滑度值为“20”，设置好参数后，在绘图区中拖动鼠标绘制圆角矩形，如图 3.5.2 所示。

（2）单击基本形状工具组中的“星形工具”按钮，在绘图区中拖动鼠标绘制默认状态下的星形图形，如图 3.5.3 所示。

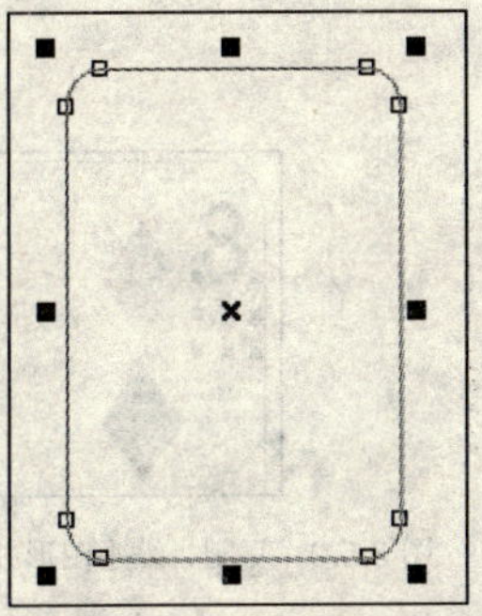

图 3.5.2 绘制圆角矩形

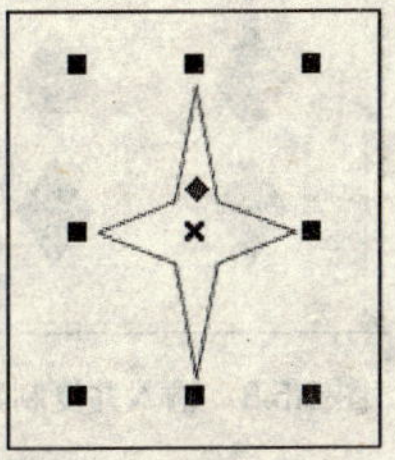

图 3.5.3 绘制星形图形

（3）将鼠标指针移至星形图形中的红色节点上，按住鼠标左键拖动，改变星形的形状，如图 3.5.4 所示。

（4）在调色板中单击红色色块，将改变形状后的星形填充为红色，并使用挑选工具将填充后的星形图形移至圆角矩形中的适当位置，如图 3.5.5 所示。

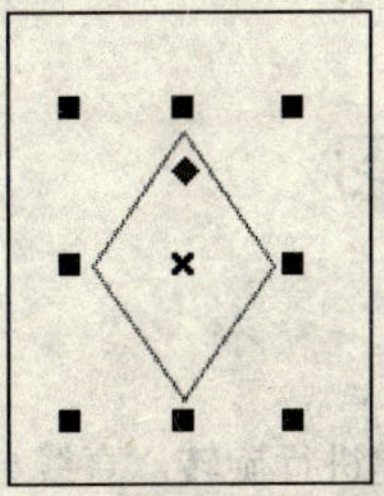

图 3.5.4 改变星形的形状

图 3.5.5 填充并移动星形

（5）在按住“Ctrl”键的同时使用挑选工具拖动星形图形水平向下移动，至适当位置后，单击鼠标右键可复制该图形，效果如图 3.5.6 所示。

（6）重复步骤（5）的操作，复制出其他 6 个星形图形，并移动到适当位置，如图 3.5.7 所示。

图 3.5.6　移动并复制图形

图 3.5.7　复制图形效果

（7）单击工具箱中的“文本工具”按钮，在圆角矩形的左上角输入数字“8”，然后将输入的数字“8”复制到圆角矩形的右下角并旋转，效果如图 3.5.8 所示。

（8）在圆角矩形中选择任意一个星形图形，将其复制并缩小，移动到如图 3.5.9 所示的位置。

图 3.5.8　输入并复制数字

图 3.5.9　复制、缩小图形并排放位置

（9）再将缩小的星形复制到圆角矩形右下角的适当位置，最终效果如图 3.5.1 所示。

本 章 小 结

本章主要介绍 CorelDRAW X4 中线条与图形的绘制方法与编辑技巧，包括线条的绘制、线条的编辑、图形的绘制以及图形的编辑等。通过本章的学习，可使读者掌握各种绘图工具的使用方法与技巧，并能尽快地将学到的知识应用到实际操作中。

操 作 练 习

一、填空题

1. 在 CorelDRAW X4 中，调整直线时按住“Ctrl”键进行旋转，直线会以________角增减。
2. 使用椭圆工具绘制圆时需按住________键。
3. 使用________可以绘制平滑的曲线，也可绘制直线。
4. 在绘制曲线的过程中，按住________键，可编辑曲线线段，可以进行节点的转换、移动和调整等操作。

5. 节点的类型共有3种，即________、________与________。

6. 使用螺旋形工具可以绘制两种不同的螺旋形，即________螺纹与________螺纹。

7. 使用________工具可以将图形剪切成开放的曲线，也可将一个图形对象分割成两个图形对象。

二、选择题

1. 使用手绘工具绘制曲线后按住鼠标左键不放，并同时按住（　）键，再沿之前所绘曲线路径返回，则可将绘制曲线时经过的路径清除。

（A）Ctrl　　（B）Alt

（C）Shift+Ctrl　　（D）Shift

2. 下列（　）不属于艺术笔工具笔触的模式。

（A）画笔　　（B）压力

（C）书法　　（D）喷罐

3. 按住（　）键，拖动鼠标即可绘制出同一圆心的螺纹曲线。

（A）Alt　　（B）Esc

（C）Shift　　（D）Ctrl

4.（　）是指将一个节点分割成两个节点，使一条完整的线条成为两条断开的线条，但分割后仍然是一个整体。

（A）删除　　（B）分割

（C）连接　　（D）断开

5. 用智能绘图工具可以绘制（　）。

（A）方形　　（B）矩形

（C）圆形　　（D）多边形和折线

三、简答题

1. 简述如何使用书法工具绘制艺术笔触效果。

2. CorelDRAW X4 向用户提供的艺术笔工具的5种模式分别是什么？

3. 简述如何在曲线上添加节点。

四、上机操作题

1. 新建一个图形文件，练习使用手绘工具、贝塞尔工具、艺术笔工具在绘图区中分别绘制曲线、直线以及艺术线条。

2. 练习使用智能绘图工具绘制一个菱形。

第 4 章　图形对象的管理

在 CorelDRAW X4 中，可以对图形对象进行各种管理操作，如选取、排列、对齐与分布、变换、旋转、查找与替换以及群组与结合等。本章主要介绍图形对象的管理方法与技巧等。

知识要点

- 选取对象
- 对齐和分布对象
- 排列对象
- 控制对象
- 查找与替换对象
- 群组与结合对象

4.1 选 取 对 象

在 CorelDRAW X4 中，要对一个对象进行各种编辑操作，必须先选择该对象，其选取方法有多种，可以根据不同的需要使用不同的方法进行选择。

4.1.1 使用挑选工具

挑选工具用于选择一个或多个需要编辑的对象。使用挑选工具选择对象的方法有两种，即单击选取和拖动鼠标选取。

1. 单击选取

单击选取绘图区中的对象的具体操作方法如下：

（1）单击工具箱中的"挑选工具"按钮。

（2）将光标移至需要选择的对象上单击，此时对象周围将出现一些黑色的控制点，表明该对象已经被选中，如图 4.1.1 所示。

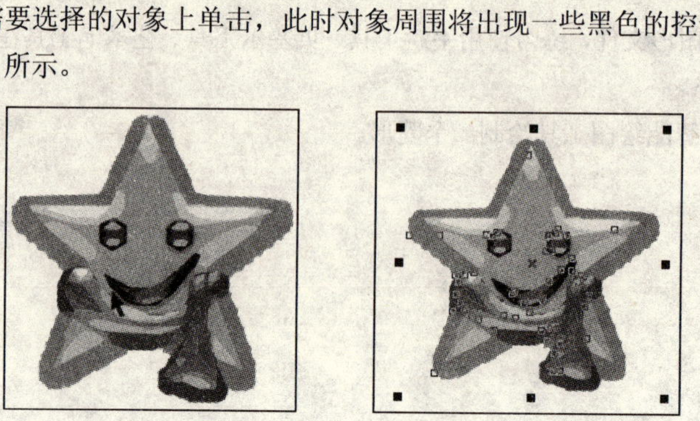

图 4.1.1　选取对象

用鼠标单击选取对象时，如果按住"Shift"键依次单击各对象，可以同时选择多个对象；如果需要从多个重叠在一起的对象中选择某一对象，可在按住“Alt”键的同时使用鼠标逐次单击最上层的对象，即可依次选择下面各层的对象；如果需要选择群组中的某个对象，只须在按住“Ctrl”键的同时，用鼠标单击需要选择的对象即可，此时对象周围的控制点为小黑圆点，如图 4.1.2 所示。

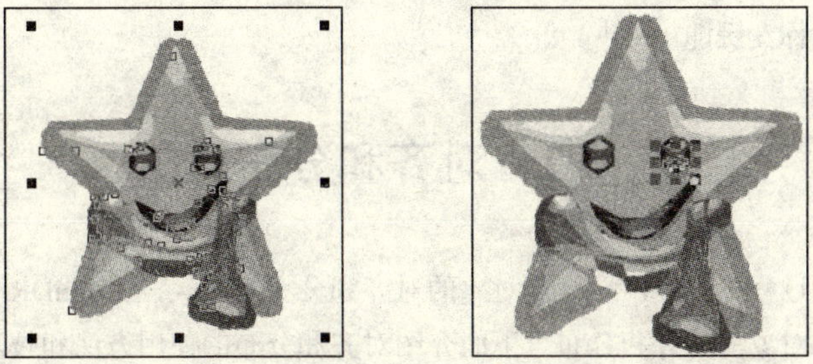

图 4.1.2　选取某个对象

2．拖动鼠标选取

在选取对象时，也可使用拖动鼠标的方式，其具体的操作方法如下：

（1）单击工具箱中的“挑选工具”按钮。

（2）将光标移至需要选择对象的左上角，按住鼠标左键拖动至对象的右下角以完全包含该对象，释放鼠标即可框选对象，如图 4.1.3 所示。

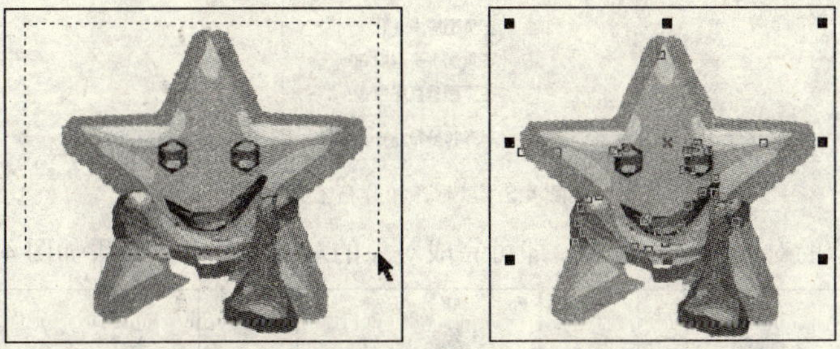

图 4.1.3　拖动鼠标框选对象

4.1.2　使用菜单中的命令

选择菜单栏中的 编辑(E) → 全选(A) 命令，弹出其子菜单，如图 4.1.4 所示。在该菜单中选择所需的命令，可将当前文档中的所有对象、文字、辅助线或节点全部选取。

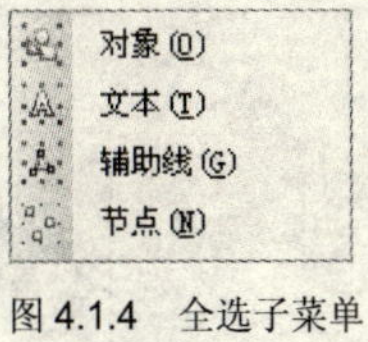

图 4.1.4　全选子菜单

选择 对象(O) 命令，可选择除锁定对象外的所有图形、位图以及文本对象。

选择 文本(T) 命令，可选择所有文本，即美术字与段落文本对象。

选择 辅助线(G) 命令，可选择所有辅助线。

选择 节点(N) 命令，选择的对象为线条或美术字时，即选择对象的所有节点。

4.1.3　创建对象时选取

当使用椭圆工具、多边形工具以及其他一些基本的绘图工具绘制对象时，系统会自动将所绘对象选择，此时即可直接对对象进行缩放、旋转以及移动等操作。

4.1.4 取消选取

在 CorelDRAW X4 中，选取了对象后，如果要取消对象的选取状态，只需将光标移至绘图区中的空白区域单击鼠标左键即可。

4.2 对齐和分布对象

在设计作品的过程中，经常要设置对象的对齐和分布方式，在 CorelDRAW X4 中提供了一些功能来帮助用户设置对象的对齐和分布。下面介绍对齐和分布的使用方法和技巧。

将对象对齐和分布在页面中合适的位置，其具体的操作步骤如下：

（1）使用挑选工具选中绘图区需要对齐和分布的图形对象。

（2）选择 排列(A) → 对齐和分布(A) 命令，弹出如图 4.2.1 所示的子菜单。

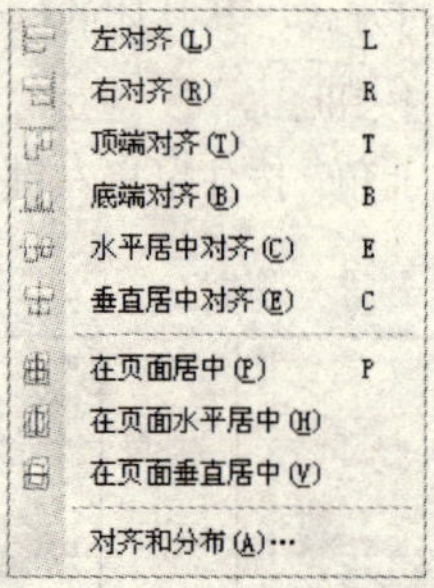

图 4.2.1 对齐和分布子菜单

（3）选择相应的对齐和分布命令，即可完成对象的对齐和分布，效果如图 4.2.2 所示。

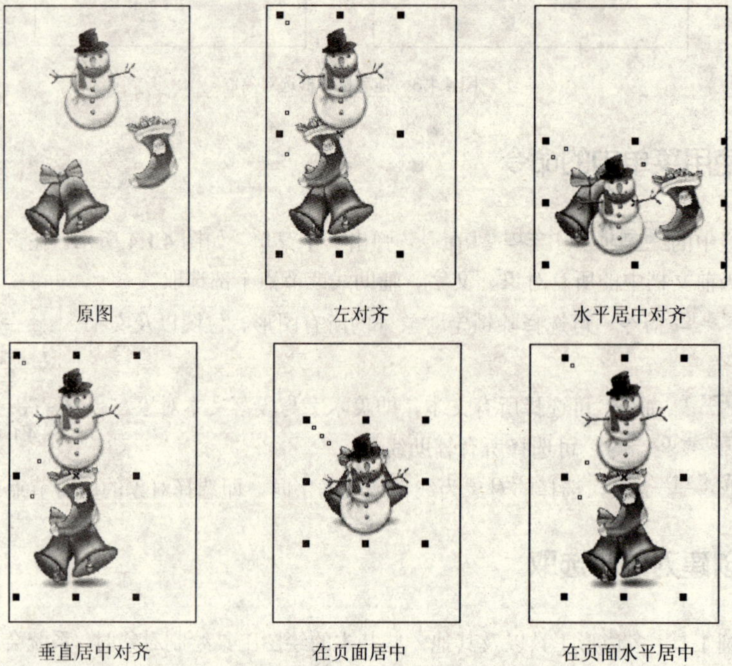

图 4.2.2 对齐和分布对象效果

也可以使用对话框设置对象的对齐和分布，具体操作步骤如下：

（1）使用挑选工具选中绘图区中需要对齐和分布的对象。

（2）选择 排列(A) → 对齐和分布(A) → 对齐和分布(A)... 命令，弹出如图 4.2.3 所示的“对齐与分布”对话框。

（3）在“对齐”选项卡中可以设置相应的对齐方式。

（4）单击“分布”标签，打开“分布”选项卡，如图 4.2.4 所示。

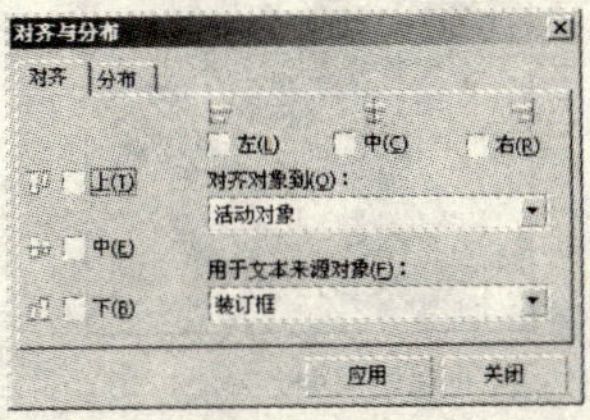

图 4.2.3　“对齐与分布”对话框

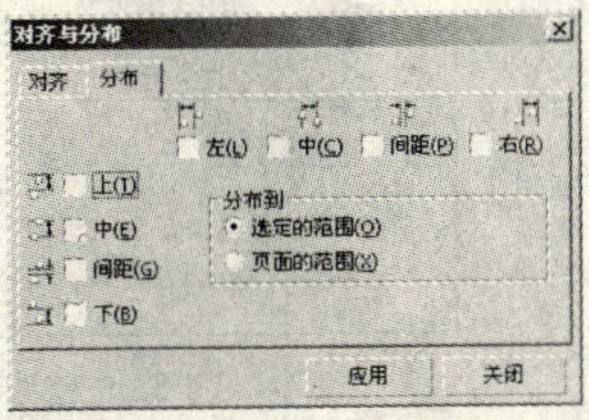

图 4.2.4　“分布”选项卡

（5）在该选项卡中进行相关参数设置，设置完毕后，单击 应用 按钮，效果如图 4.2.5 所示。

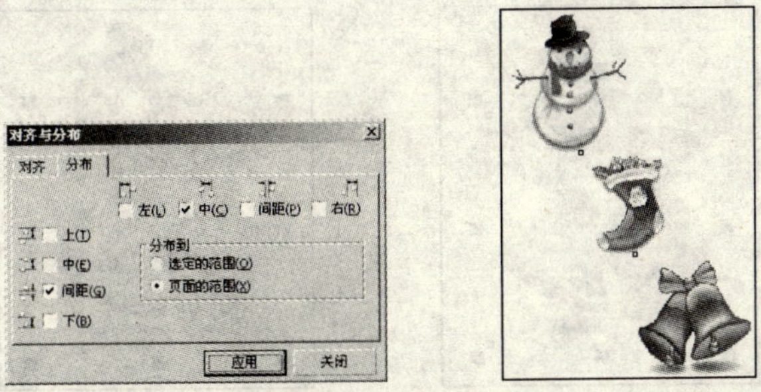

图 4.2.5　分布图形对象效果

4.3　排 列 对 象

在绘制图形的过程中，当两个对象重叠时，上一层对象将遮住下一层对象中与其重叠的部分。要改变对象的顺序，可选择菜单栏中的 排列(A) → 顺序(O) 命令，弹出如图 4.3.1 所示的子菜单，从中选择相应的命令可以轻松地调整对象的叠放顺序。

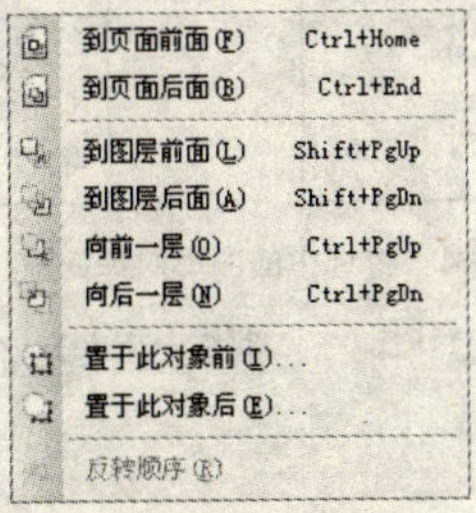

图 4.3.1　顺序子菜单

4.3.1　改变对象顺序

改变对象顺序就是将所选的对象上移一层、下移一层或移动到最顶层或最底层。

要调整对象的顺序，可先选择多个重叠在一起的对象中的某一个对象，然后选择菜单栏中的 排列(A) → 顺序(O) → 到页面前面(F) 命令，可将所选的图形对象置于所有对象的最前面，效果如图 4.3.2 所示。

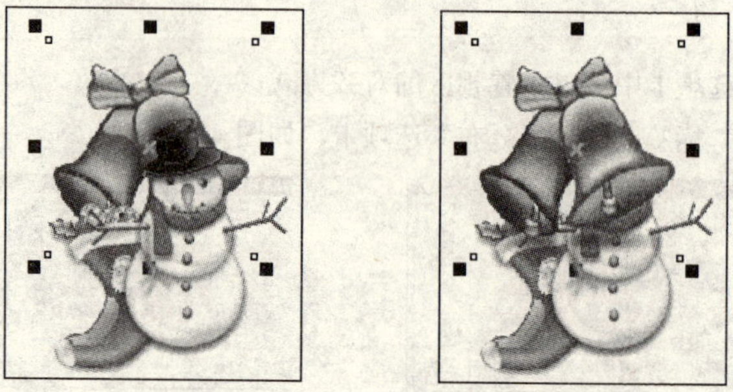

图 4.3.2 将选中的图形对象排列到最前面

选择重叠在一起的某一个对象后，选择菜单栏中的 排列(A) → 顺序(O) → 到页面后面(B) 命令，可将所选的对象置于所有对象的最后面，效果如图 4.3.3 所示。

图 4.3.3 将选中的图形对象排列到最后面

当选择多个对象中的某一个对象时，如果选择菜单栏中的 排列(A) → 顺序(O) → 向前一层(O) 命令，可将选中的对象向前移动一位，效果如图 4.3.4 所示。

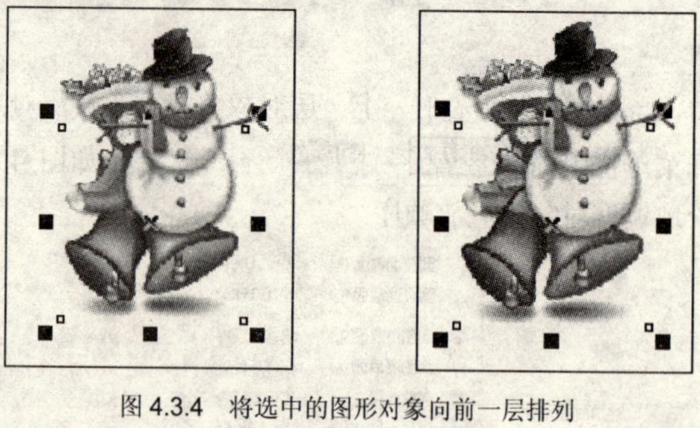

图 4.3.4 将选中的图形对象向前一层排列

选择菜单栏中的 排列(A) → 顺序(O) → 向后一层(N) 命令，可将选中的对象向后移动一位。

4.3.2 快速指定对象顺序

快速指定对象的顺序可以使用户自由地控制对象的排列顺序。在选择对象后，选择菜单栏中的 排列(A) → 顺序(O) → 置于此对象前(I)... 或 置于此对象后(E)... 命令，将鼠标指针移至绘图页面中，此时鼠标指针变为➡形状，单击目标对象，即可将所选的对象放置在目标对象的上一层或下一层位置。

若要在多个重叠在一起的对象中调整两个图形对象的顺序，可同时选择这两个对象，然后选择菜单栏中的排列(A)→顺序(O)→反转顺序(R)命令。

4.4 控制对象

在实际的设计制作过程中，需要对绘图对象进行控制，控制好绘图对象可以提高制作效率。

4.4.1 复制、剪切和粘贴对象

在 CorelDRAW X4 中制作图形时，经常需要将复制、剪切与粘贴命令结合使用，从而制作出图形对象的副本。

1. 复制命令

要复制所选的对象，可选择菜单栏中的编辑(E)→复制(C)命令，或在工具栏中单击“复制”按钮，即可将所选对象复制到剪贴板上。

2. 剪切命令

如果要将对象复制到剪贴板上并且从原位置清除，可选择菜单栏中的编辑(E)→剪切(T)命令，或在工具栏中单击“剪切”按钮即可。

3. 粘贴命令

选择菜单栏中的编辑(E)→粘贴(P)命令，或在工具栏中单击“粘贴”按钮，即可将剪贴板中的对象粘贴到绘图区中，效果如图 4.4.1 所示。

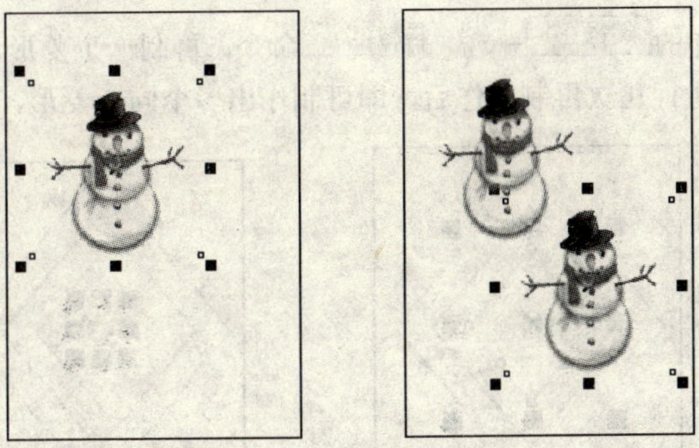

图 4.4.1 粘贴对象

4.4.2 再制对象

再制对象是快速创建对象的方式之一，再制对象与复制对象的区别在于它不需要经过剪贴板，而是直接进行粘贴。

使用再制命令不仅可以复制对象，还可复制对象的旋转、移动以及缩放等属性。

再制的对象与原对象之间有一个较小的位移，也就是说，再制的对象不直接出现在原对象的初始位置，而是距初始位置有一个指定的水平与垂直偏移。要再制对象，可使用挑选工具选择对象后，选

择菜单栏中的 编辑(E) → 再制(D) 命令，或按“Ctrl+D”键，即可将所选的对象再制一个副本，如图 4.4.2 所示。

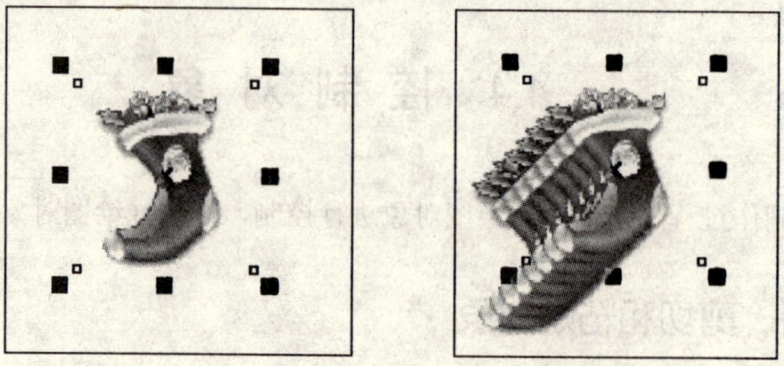

图 4.4.2　再制对象

通过再制命令制作同心的图形对象的具体操作方法如下：

（1）单击工具箱中的“多边形工具”按钮，在绘图区中绘制一个菱形，如图 4.4.3 所示。

（2）按小键盘中的“＋”键复制一个菱形，将光标移至菱形右上角的控制点上，在按住“Shift”键的同时拖动鼠标至适当位置，释放鼠标，即可将复制的菱形向中心缩小，如图 4.4.4 所示。

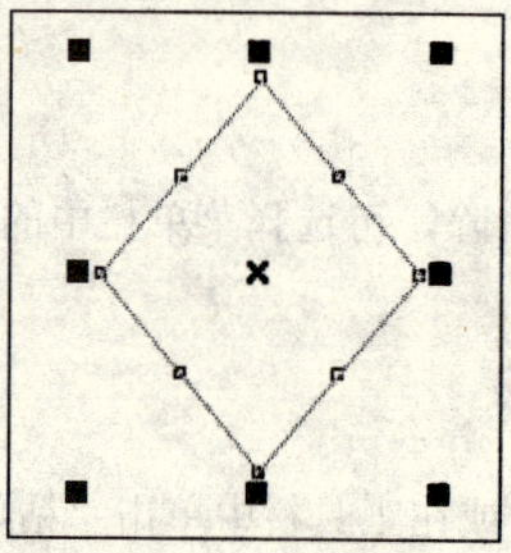

图 4.4.3　绘制菱形

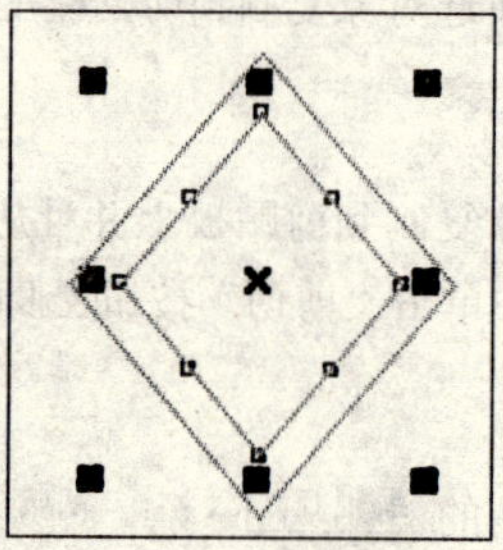

图 4.4.4　复制并缩小菱形

（3）选择菜单栏中的 编辑(E) → 再制(D) 命令，再制一个菱形，并且将该图形向中心缩小，如图 4.4.5 所示。反复执行几次再制操作后，即可制作出多个同心菱形，如图 4.4.6 所示。

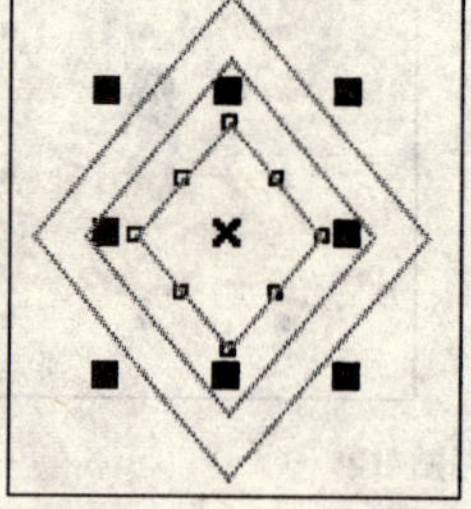

图 4.4.5　再制对象

图 4.4.6　制作的同心菱形

4.4.3　复制对象属性

复制对象属性功能可以将一个对象的属性复制到其他对象上，包括对象的轮廓线、轮廓色以及填充等。复制对象属性的具体操作方法如下：

（1）选择需要复制其他对象属性的对象后，选择菜单栏中的 编辑(E) → 复制属性自(M)… 命令，弹出“复制属性”对话框，如图 4.4.7 所示。

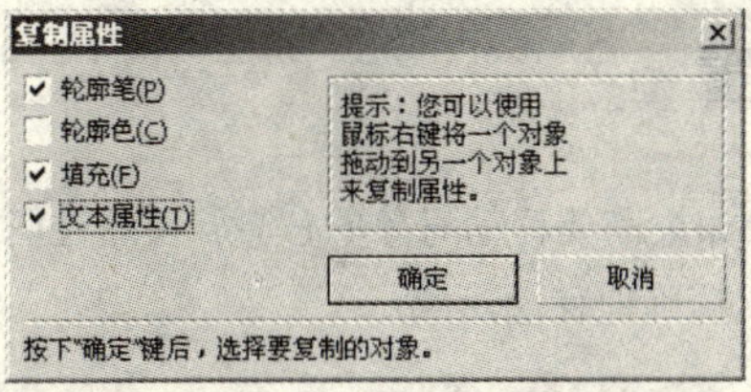

图 4.4.7　“复制属性”对话框

（2）在该对话框中选中相应的复选框，可确定要复制的属性。

（3）单击 确定 按钮，此时光标显示为➡形状，将光标移至其他对象上单击，即可将该对象的属性复制到所选对象上，如图 4.4.8 所示。

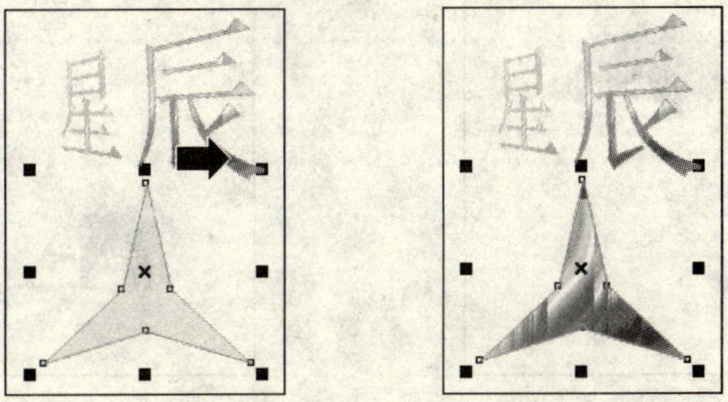

图 4.4.8　复制对象的填充属性

4.4.4　锁定对象

锁定对象是指将已制作好的图形锁定，防止对其进行误操作。如图 4.4.9 所示为锁定对象效果。

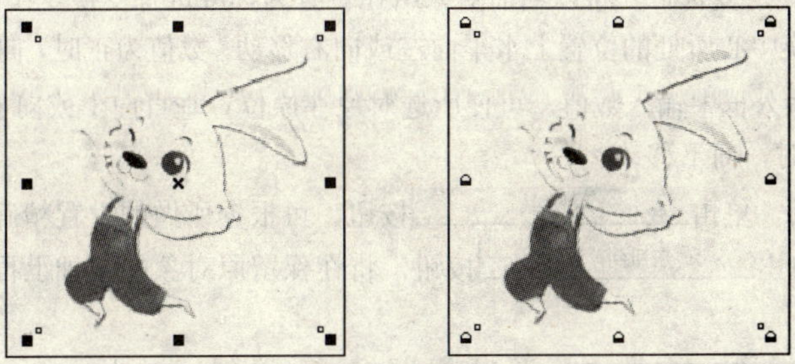

图 4.4.9　锁定对象

1．锁定对象

锁定对象的方法有以下两种：

（1）使用挑选工具选择要锁定的对象，选择 排列(A) → 锁定对象(L) 命令即可。

（2）在需要锁定的对象上单击鼠标右键，在弹出的快捷菜单中选择 锁定对象(L) 选项，也可以将该对象锁定。

2．解锁对象

解锁对象的方法有以下两种：

（1）选择要解锁的对象，选择 排列(A) → 解除锁定对象(K) 命令即可。

（2）在要解锁的对象上单击鼠标右键，在弹出的快捷菜单中选择 解除锁定对象(K) 选项。

4.4.5　移动对象的位置

在编辑图形对象的过程中，如果需要移动对象的位置，可通过两种方法来完成，即直接使用鼠标移动对象或通过“变换”泊坞窗精确地移动对象。

1．用鼠标移动对象

在绘图区中使用挑选工具选择需要移动的对象，将鼠标指针移至对象的中心位置，指针变为✥形状，按住鼠标左键拖动对象至适当位置后释放鼠标，即可移动对象，如图 4.4.10 所示。

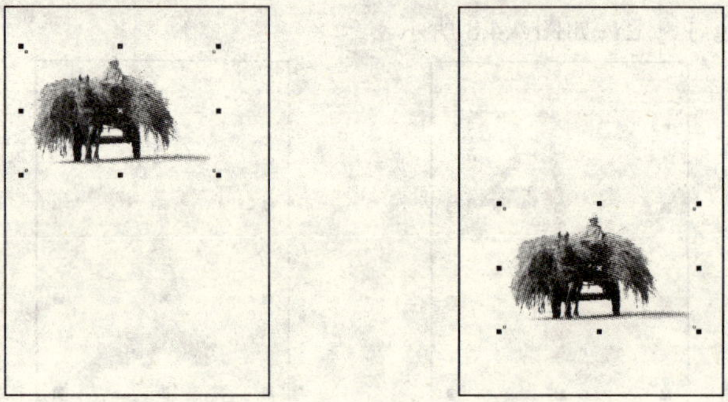

图 4.4.10　移动对象

2．精确移动对象

精确移动对象位置的具体操作步骤如下：

（1）在选择对象后，选择菜单栏中的 排列(A) → 变换(F) → 位置(P) 命令，打开 变换 泊坞窗。

（2）选中 ☑相对位置 复选框，将以当前对象所在位置为标准进行变换。在 水平： 输入框中输入数值，所选对象即在变换中心所处的位置上水平向左或向右移动，数值为正时，向右移动；数值为负时，向左移动。在 垂直： 输入框中输入数值，可使所选对象在原位置垂直向上或向下移动，数值为正时，向上移动；数值为负时，向下移动。

（3）设置完成后，单击 应用 按钮，可根据所做的设置精确地移动所选的对象，如图 4.4.11 所示。单击 应用到再制 按钮，将在保留原对象的基础上再根据设置复制出一个对象。

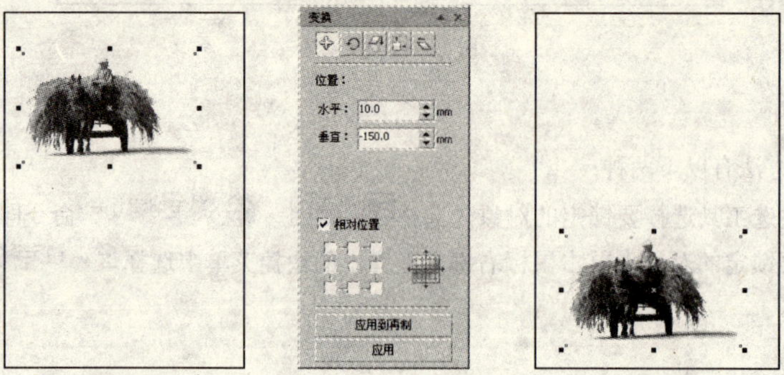

图 4.4.11　精确移动对象

此外，还可以通过键盘上的方向键来移动对象，操作方法是：选择对象后，按键盘上的“→，←，↑，↓”4 个方向键即可移动对象。

4.4.6　旋转对象

在 CorelDRAW X4 中，可以通过拖动鼠标的方法快速地旋转对象，也可以通过设置精确的数值来进行旋转。

1．用鼠标旋转对象

使用挑选工具双击需要旋转的对象，使其处于旋转模式，此时对象周围将出现 8 个双向箭头，并在中心位置出现一个小圆圈，也就是旋转中心，如图 4.4.12 所示。

将鼠标指针移至对象 4 个角的任意一个双向箭头符号上，此时鼠标光标变为形状，按住鼠标左键并拖动，即可将对象绕着旋转中心进行旋转，如图 4.4.13 所示。

图 4.4.12　使对象处于旋转模式

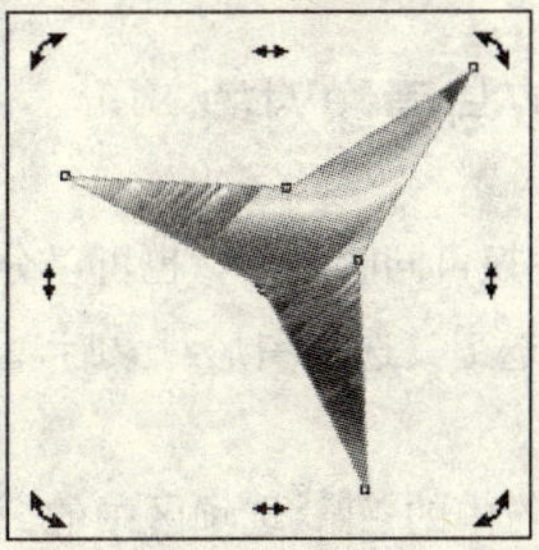

图 4.4.13　旋转对象

2．精确旋转对象

通过设置相应的数值，可以精确地旋转对象。具体的操作方法如下：

（1）使用挑选工具选择对象，然后选择菜单栏中的 排列(A) → 变换(F) → 旋转(R) 命令，打开 变换 泊坞窗。

（2）在该泊坞窗中的 角度: 输入框中输入数值，可设置所选对象要旋转的角度值；在 中心: 选项区中的两个输入框中可输入水平与垂直方向的数值，来确定对象旋转中心的位置；选中 相对中心 复选框，可在其下方的指示器中选择旋转中心的相对位置。

（3）单击 应用 按钮，可根据设置旋转对象。若单击 应用到再制 按钮，可保留原对象状态不变，将所做的设置应用到复制的对象上，如图 4.4.14 所示。

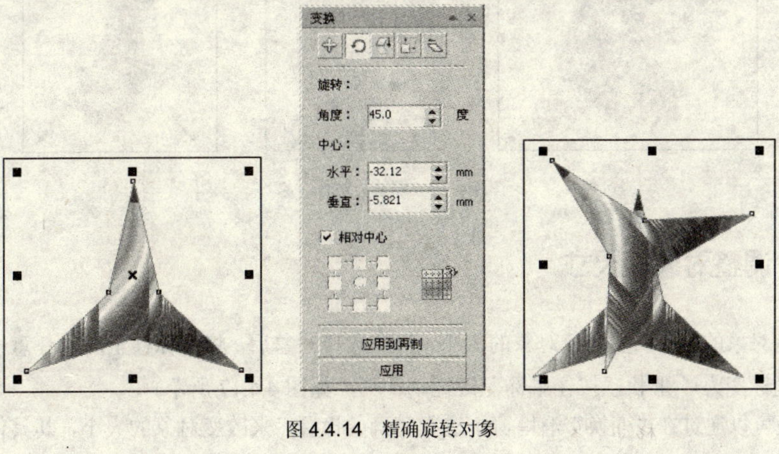

图 4.4.14　精确旋转对象

如果调整旋转中心的位置后，再旋转对象，可使对象绕着新的旋转中心进行旋转，如图 4.4.15 所示。

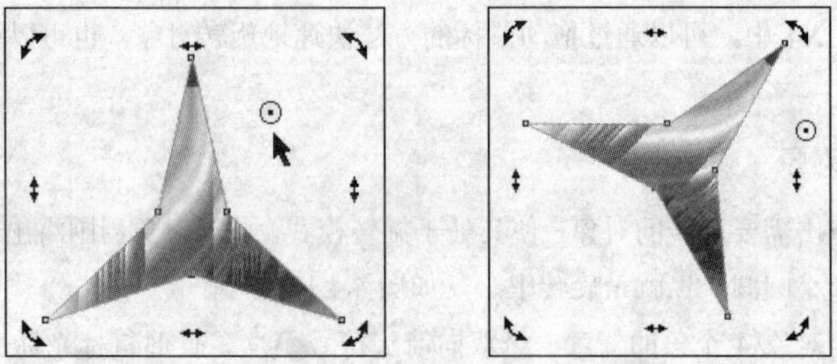

图 4.4.15　改变旋转中心位置后旋转对象

4.4.7　缩放与镜像对象

缩放和镜像变换可同时进行，也可以分开进行。缩放与镜像对象的具体操作步骤如下：

（1）使用挑选工具选择图形对象后，选择菜单栏中的 排列(A) → 变换(F) → 比例(S) 命令，打开 变换 泊坞窗。

（2）在泊坞窗中的 缩放： 选项区中的 水平： 与 垂直： 输入框中输入数值，可设置对象在水平与垂直方向上的缩放比例。在 镜像： 选项区中单击“水平镜像”按钮或“垂直镜像”按钮，可使所选对象在水平或垂直方向上镜像。选中 不按比例 复选框，则可以将对象进行不成比例的缩放。

（3）设置好参数后，单击 应用 按钮，即可缩放和镜像所选对象，如图 4.4.16 所示；如果单击 应用到再制 按钮，系统将保留原对象状态不变，而将所做的设置应用于复制对象。

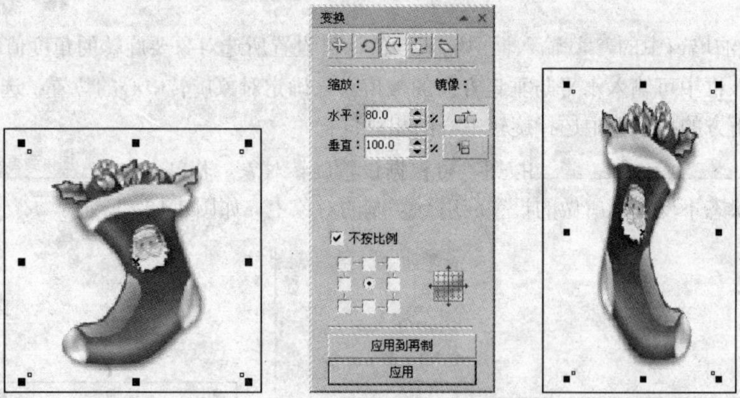

图 4.4.16　缩放与镜像对象

4.4.8　调整对象的尺寸

尺寸是指对象的大小，要调整对象的大小，可在选择对象后，将光标移至对象任意一个角的控制点上，此时光标变为↗形状，按住鼠标左键拖动即可，如图 4.4.17 所示。

此外，还可以通过在“变换”泊坞窗中进行精确的设置，来改变对象的大小，其具体的操作方法如下：

图 4.4.17　调整对象大小

（1）使用挑选工具选中要变换的图形对象。

（2）在变换泊坞窗中单击“大小”按钮，在大小:选项区中的水平:与垂直:输入框中输入数值，可设置对象的大小。

（3）单击应用按钮，可变换对象大小，单击应用到再制按钮，可保留原对象的大小与位置，并将所做的设置应用到复制的对象上，如图 4.4.18 所示。

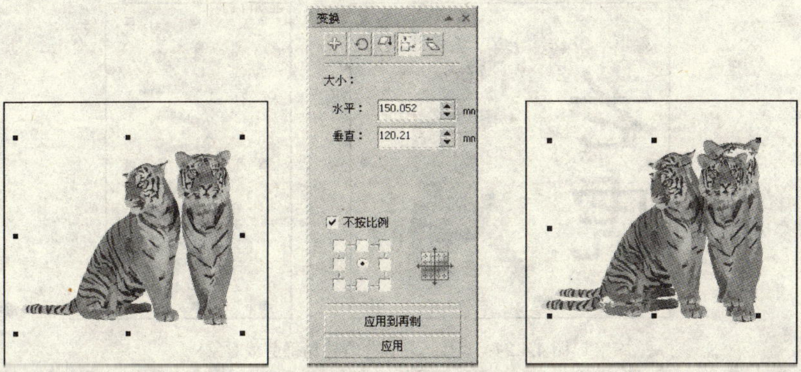

图 4.4.18　精确改变对象大小

4.4.9　精确剪裁对象

使用图框精确剪裁命令可将矢量图对象或位图图像放置到指定的图形对象中。选择菜单栏中的效果(C)→图框精确剪裁(W)命令，可弹出其子菜单，如图 4.4.19 所示。使用这些命令，可以将图形放置在其他对象中。

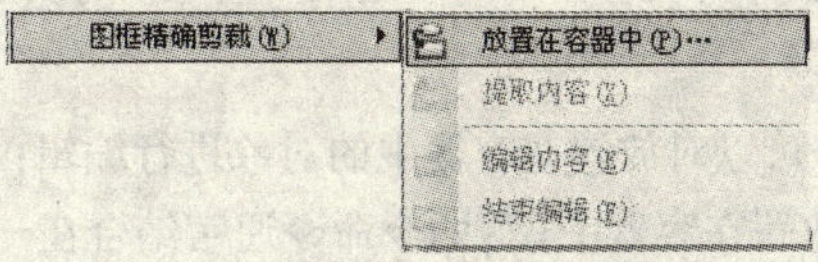

图 4.4.19　图框精确剪裁子菜单

1. 精确剪裁

如果要将对象放置在指定的容器中，可先使用挑选工具选择要置于容器中的对象，然后选择菜单栏中的效果(C)→图框精确剪裁(W)→放置在容器中(P)…命令，此时，鼠标指针显示为➡形状，将鼠标指针移至要置入对象的容器上并单击，即可完成图框精确剪裁，如图 4.4.20 所示。

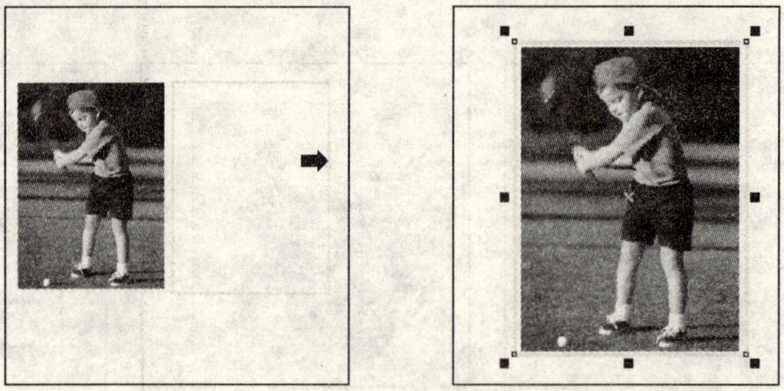

图 4.4.20　图框的精确剪裁

当放置在容器中的对象比容器大时，在容器外的内容就会被剪裁，以适应容器。此外，作为精确剪裁的容器必须是封闭的路径对象，如矩形、椭圆、美术字等。

如果要将美术字作为精确剪裁的容器，可先使用挑选工具选择要置入的对象，然后选择菜单栏中的效果(C)→图框精确剪裁(W)→放置在容器中(P)…命令，移动鼠标到美术字上并单击，即可将对象置入美术字中，如图 4.4.21 所示。

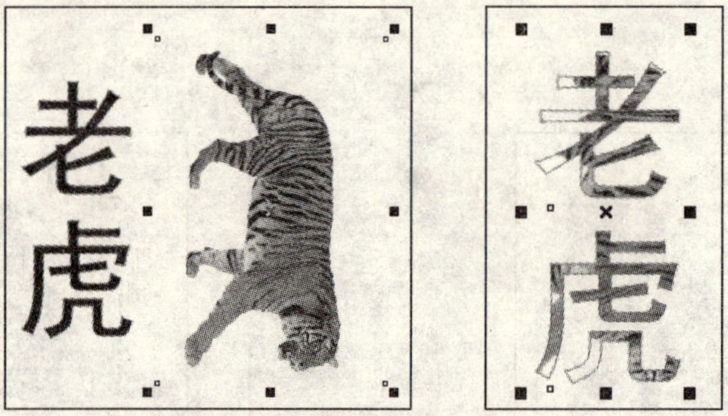

图 4.4.21　以美术字作为容器精确剪裁对象

2．提取内容

将对象放置在指定的容器中后，还可以将其提取出来。其操作方法很简单，只须要使用挑选工具选中容器与对象，再选择菜单栏中的效果(C)→图框精确剪裁(W)→提取内容(X)命令，即可将对象从精确剪裁的容器中提取出来，此时，内置的对象和容器又分为两个对象。

3．编辑内容与完成编辑

制作精确剪裁对象后，可以将其从容器中提取出来，也可以对其进行编辑操作，在删除或修改内容时不影响容器。

使用编辑内容(E)命令可以对放置在容器中的对象进行编辑；使用结束编辑(F)命令可以结束对对象的编辑，使对象重新放置在容器中。这两个命令通常结合在一起使用，具体的使用方法如下：

（1）使用挑选工具选中应用精确剪裁效果的图形。

（2）选择菜单栏中的效果(C)→图框精确剪裁(W)→编辑内容(E)命令，此时，放置在容器中的对象被完整地显示出来，容器将以灰色线框模式显示，如图 4.4.22 所示。

（3）对显示出来的对象进行编辑，即进行移动、放大或缩小等操作。编辑完成后，选择菜单栏中的效果(C)→图框精确剪裁(W)→结束编辑(F)命令，可结束对容器中对象的编辑，这时，将只显示包含在容器内的内容。

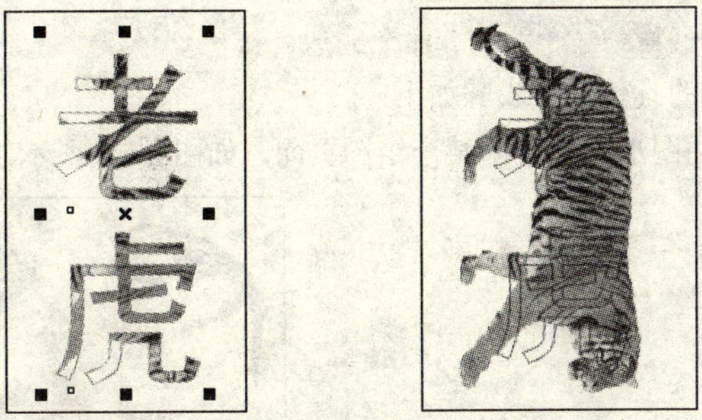

图 4.4.22　应用编辑内容命令后的效果

4.4.10　转换对象

在 CorelDRAW X4 中，除了可以将对象转换为曲线，还可以将对象的轮廓分离出来，转换为单独的轮廓线对象。

要将对象的轮廓转换为对象，可在选择对象后，选择菜单栏中的 排列(A)→将轮廓转换为对象(E) 命令，即可将所选的图形对象的轮廓分离出来。为了观察效果，可使用挑选工具将分离后的轮廓线从原对象中移动出来，如图 4.4.23 所示。

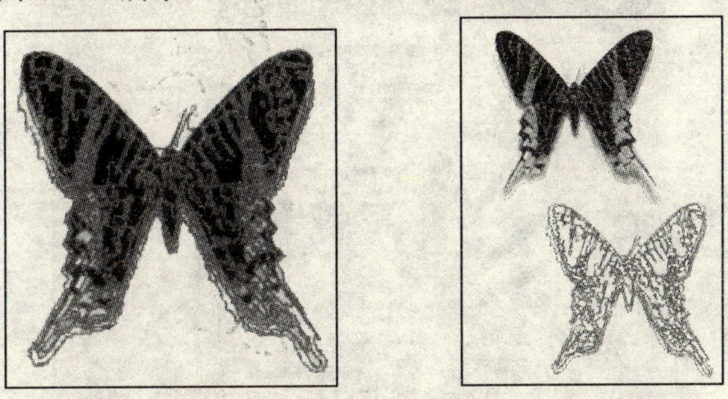

图 4.4.23　转换对象的轮廓为对象

4.4.11　删除对象

在绘制图形的过程中，可以将绘图区中不需要的对象删除，从而保持页面整齐。

要删除对象，可在选择对象后，选择菜单栏中的 编辑(E)→删除(L) 命令，或按“Delete”键即可。

4.5　查找与替换对象

选择菜单栏中的 编辑(E)→查找和替换(F) 命令，弹出其子菜单，如图 4.5.1 所示，根据需要从中选择相应的命令可对其进行查找或替换。

4.5.1　对象的查找

在 CorelDRAW X4 中绘制图形时，如果需要查找符合某些特性的对象，可选择菜单栏中的编辑(E) → 查找和替换(F) → 查找对象(O)… 命令完成。

在绘图区中查找对象的具体操作步骤如下：

（1）打开需要查找的图形文件中的某个绘图页面，如图 4.5.2 所示。

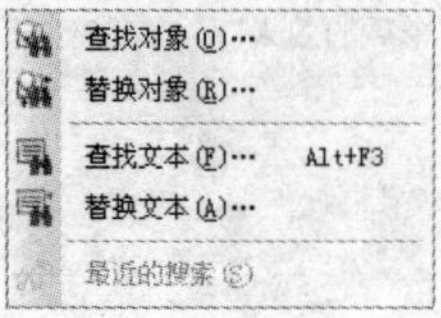

图 4.5.1　查找和替换子菜单

图 4.5.2　需要查找的绘图页面

（2）选择菜单栏中的编辑(E) → 查找和替换(F) → 查找对象(O)… 命令，将弹出“查找向导”对话框（一），如果只查找当前所打开图形文件中的对象，可选中 ⊙ 开始新的搜索(B) 单选按钮，如图 4.5.3 所示。

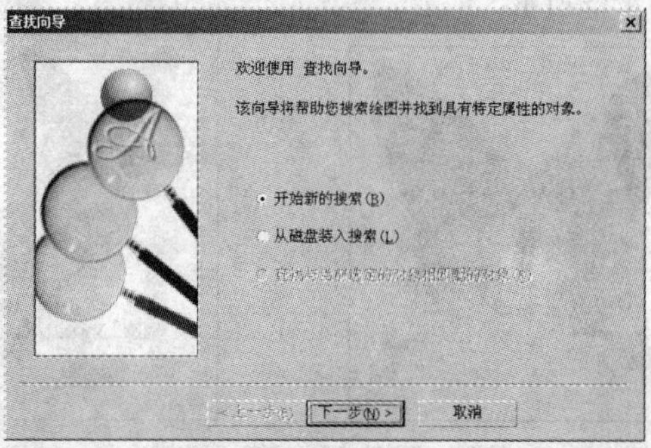

图 4.5.3　“查找向导”对话框

（3）单击 下一步(N) > 按钮，进入“查找向导”对话框（二），如图 4.5.4 所示，在该对话框中包含 4 个选项卡，可设置需要查找的对象属性。

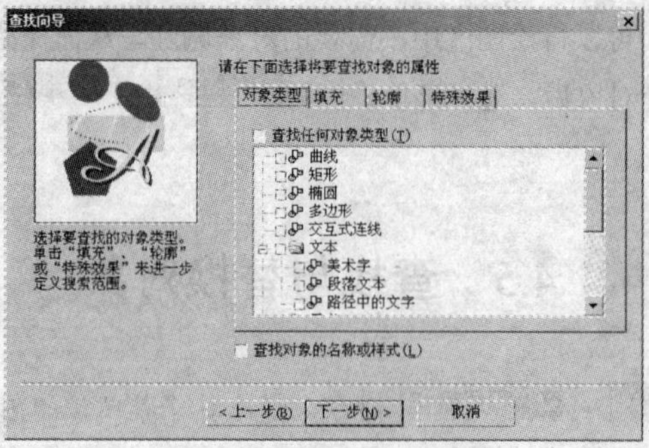

图 4.5.4　设置对象属性

1）在 对象类型 选项卡中可设置将要查找的对象类型，此处选中 ☑ 椭圆形 复选框，表示要查找图形对象中的椭圆对象。

2）在 填充 选项卡中可设置查找对象所使用的填充颜色。

3）在 轮廓 选项卡中可设置查找对象所具有的轮廓特征。

4）在 特殊效果 选项卡中可设置查找对象所具有的特殊效果。

5）选中 ☑ 查找对象的名称或样式(L) 复选框，可以根据对象的名称或具有的样式来查找。

（4）设置完参数后，单击 下一步(N) > 按钮，进入“查找向导”对话框（三），如图 4.5.5 所示。

（5）在该对话框中的 请选择查找以下对象： 列表框中显示了将要查找的对象；在 查找内容(W)： 列表框中显示了查找对象所满足的条件；如果要更精确地设置查找对象，可单击 指定属性(S) 椭圆形... 按钮，从弹出的“指定的椭圆形”对话框中对查找对象做更为精确的设置，如图 4.5.6 所示。

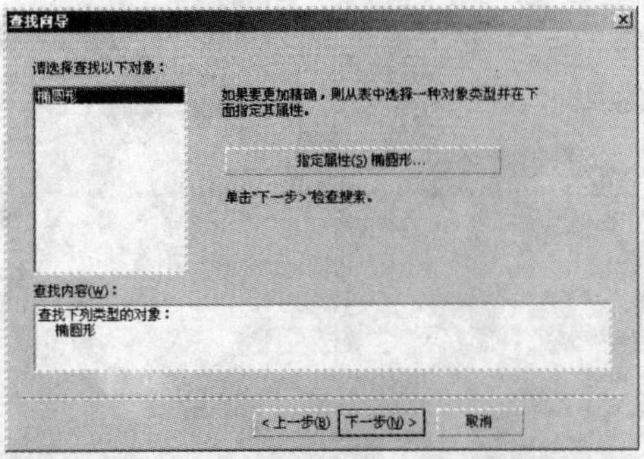

图 4.5.5　显示查找对象

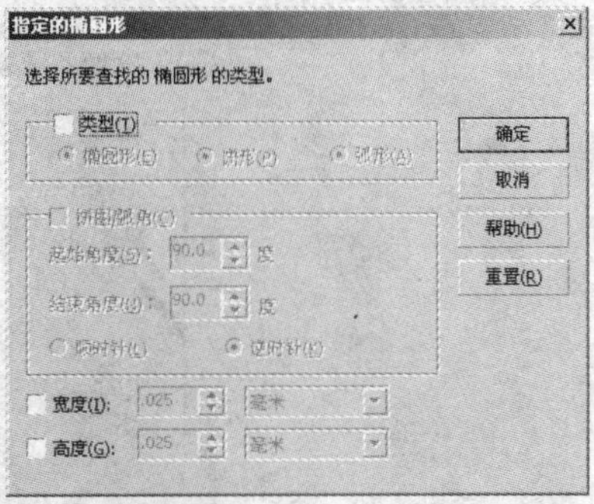

图 4.5.6　设置查找对象属性

（6）单击 确定 按钮，弹出“查找向导”对话框（四），在该对话框中显示查找对象满足的属性，如图 4.5.7 所示。

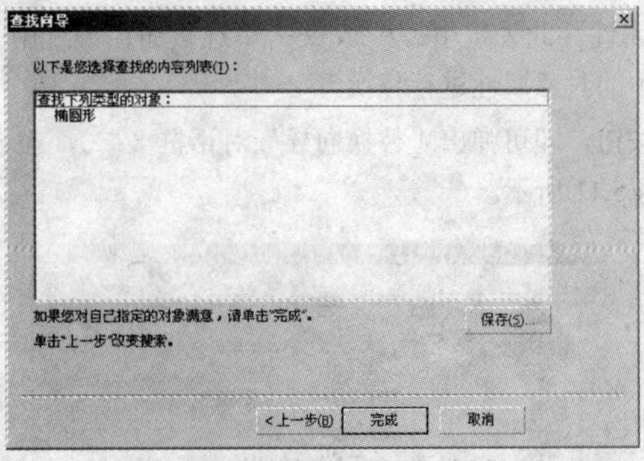

图 4.5.7　显示查找对象满足的属性

（7）单击 完成 按钮，将显示如图 4.5.8 所示的“查找”对话框，此时如果查找到满足条件的对象，则该对象会处于选中状态，如图 4.5.9 所示。

图 4.5.8　“查找”对话框

图 4.5.9　查找对象的结果

4.5.2 对象的替换

在当前打开的文档中，如果要查找并更改对象的属性，可通过选择菜单栏中的编辑(E)→查找和替换(F)→替换对象(R)…命令来完成。

替换对象的具体操作步骤如下：

（1）选择菜单栏中的编辑(E)→查找和替换(F)→替换对象(R)…命令，弹出“替换向导”对话框（一），如图 4.5.10 所示。

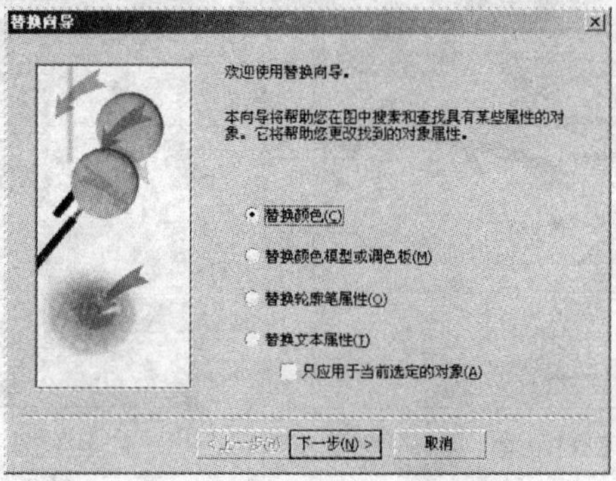

图 4.5.10 “替换向导”对话框（一）

（2）在该对话框中有 4 种替换属性特征可供选择，如替换颜色、替换颜色模型或调色板、替换轮廓笔属性以及替换文本属性，此处选中替换颜色(C)单选按钮；当选中只应用于当前选定的对象(A)复选框时，则只能对当前选中的对象属性进行替换。

（3）单击下一步(N) >按钮，即可弹出“替换向导”对话框（二），在该对话框中可选择要查找的颜色和替换的颜色，如图 4.5.11 所示。

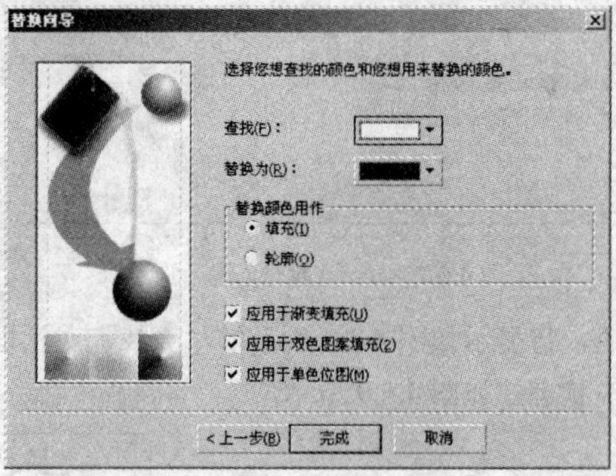

图 4.5.11 “替换向导”对话框（二）

（4）单击完成按钮，即可弹出如图 4.5.12 所示的“查找并替换”对话框，单击替换(R)按钮即可完成替换操作；如要替换多个对象的相同属性，可单击全部替换(L)按钮，一次性替换所有符合替换条件的对象的颜色。

图 4.5.12 “查找并替换”对话框

4.6　群组与结合对象

在 CorelDRAW X4 中绘制好图形后，不仅可以使用对齐或分布功能将对象有序地进行排列，也可以将多个独立的对象进行群组或结合，使其成为一个整体对象。

4.6.1　群组

若图层中的图形对象过多，对图形对象的选择和调整操作就会变得非常复杂，这时用户可以将多个图形对象群组，这样可以对一组对象一起进行移动、缩放和填充等操作，如图 4.6.1 所示。

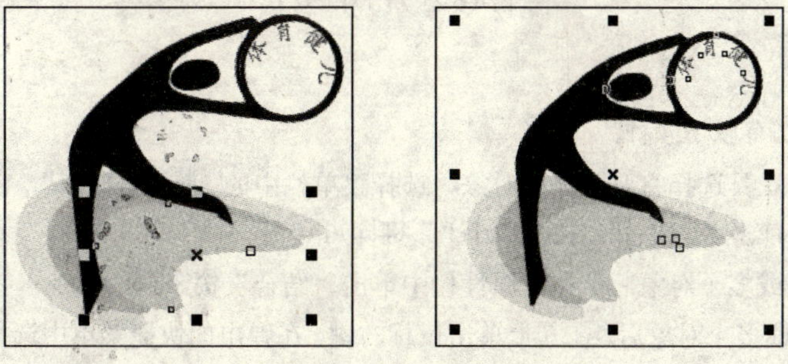

图 4.6.1　群组对象效果

1．群组对象

群组对象的方法有以下 4 种：

（1）使用选择工具，在按住“Shift”键的同时选择要群组的所有对象，再选择 排列(A) → 群组(G) 命令，即可将所选择的对象群组。

（2）选择多个图形对象后，按“Ctrl+G”键即可。

（3）选择多个图形对象后，单击工具属性栏中的“群组”按钮。

（4）选择多个图形对象后，在其上单击鼠标右键，在弹出的快捷菜单中选择 群组(G) 选项。

群组后的对象也可以与其他对象再次进行群组，这时的群组对象成为嵌套式的群组关系，从而方便对多个对象进行统一的管理。

2．取消群组

取消群组的方法有以下 4 种：

（1）使用挑选工具选择群组对象，选择菜单栏中的 排列(A) → 取消群组(U) 命令，即可取消对象的群组。

（2）使用挑选工具选择群组对象，按“Ctrl+U”键即可。

（3）使用挑选工具选择群组对象，单击其属性栏中的“取消群组”按钮。

（4）使用挑选工具选择群组对象，在其上单击鼠标右键，在弹出的快捷菜单中选择 取消群组(U) 选项。

4.6.2　结合

结合对象就是将两个或两个以上的对象进行合并。如图 4.6.2 所示为选择 5 个对象进行结合后的效果。

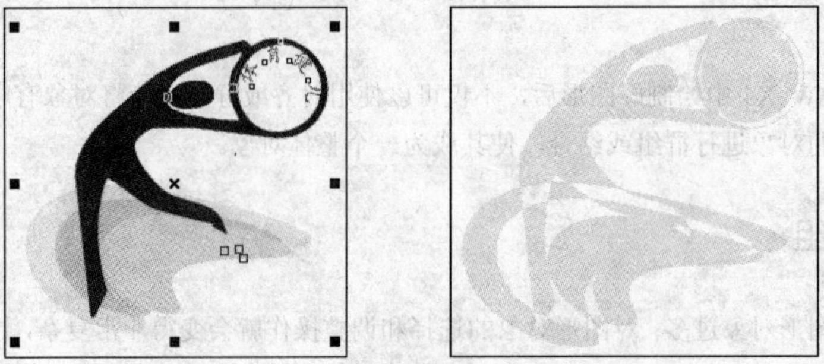

图 4.6.2　结合对象效果

1．结合对象

结合对象的方法有以下 4 种：

（1）使用挑选工具选择将要合并的对象，选择菜单栏中的 排列(A) → 结合(C) 命令即可。

（2）选择两个或多个对象后，按“Ctrl+L”键即可。

（3）选择两个或多个对象后，在其属性栏中单击“结合”按钮。

（4）选择两个或多个对象后，在其上单击鼠标右键，在弹出的快捷菜单中选择 结合(C) 选项。

2．打散结合对象

打散结合的对象有以下 4 种方法：

（1）使用挑选工具选择将要打散的对象，选择菜单栏中的 排列(A) → 打散曲线(B) 命令即可。

（2）选择要打散的对象，按“Ctrl+K”键即可。

（3）选择要打散的对象，单击工具属性栏中的“打散”按钮。

（4）选择要打散的对象，在其上单击鼠标右键，在弹出的快捷菜单中选择 打散曲线(B) 选项。

4.7　课堂实训——绘制信纸

本节将综合使用前面所学的知识绘制信纸，最终效果如图 4.7.1 所示。

图 4.7.1　最终效果图

操作步骤

（1）在菜单栏中选择 文件(F) → 新建(N) 命令，新建一个文件。

（2）单击工具箱中的“矩形工具”按钮，在绘图页面中绘制一个矩形，如图 4.7.2 所示。

（3）选中该矩形，在调色板中的粉蓝色色块上单击鼠标左键，为该矩形填充颜色。

（4）单击工具箱中的“贝塞尔工具”按钮，在绘制的矩形上方绘制一个如图 4.7.3 所示的图形。

图 4.7.2　绘制矩形

图 4.7.3　绘制图形

（5）分别使用鼠标左键单击调色板中的绿色色块和黄色色块，将绘制的图形对象填充为绿色和黄色，然后使用鼠标右键单击白色色块，将绘制的图形轮廓填充为白色，效果如图 4.7.4 所示。

（6）选择 文件(F) → 导入(I)… 命令，导入两幅图形，并将其置于矩形的右上角和左下角，效果如图 4.7.5 所示。

（7）单击工具箱中的“文本工具”按钮，在绘图页面中输入文字，并将其填充为红色，将文字的轮廓填充为黄色，效果如图 4.7.6 所示。

图 4.7.4　填充图形对象

图 4.7.5　导入图像

（8）选择 排列(A) → 对齐和分布(A) → 在页面水平居中(H) 命令，将文字水平居中，效果如图 4.7.7 所示。

（9）单击工具箱中的“钢笔工具”按钮，按住“Shift”键的同时在矩形上方绘制一条白色的水平直线。

（10）确认直线为选中状态，选择 排列(A) → 变换(F) → 位置(P) 命令，打开“变换”泊坞窗，设置其对话框参数如图 4.7.8 所示。

图 4.7.6　输入文字

图 4.7.7　对齐文字效果

（11）设置好参数后，单击 应用到再制 按钮 18 次，效果如图 4.7.9 所示。

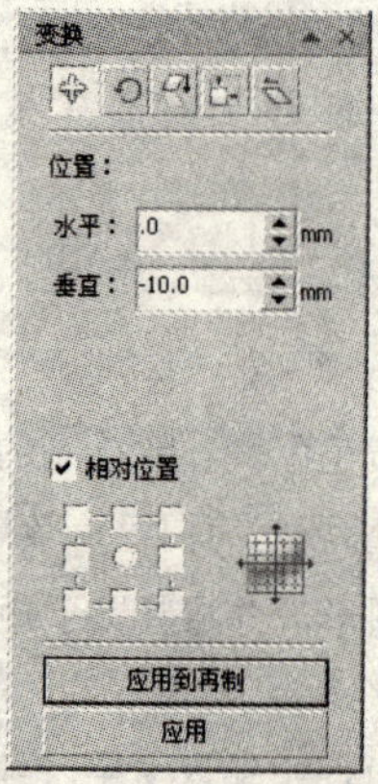

图 4.7.8　“变换”泊坞窗

图 4.7.9　变换图形对象效果

（12）选中所有再制的对象，选择 排列(A) → 群组(G) 命令，将其群组，如图 4.7.10 所示。

图 4.7.10　群组对象

（13）重复步骤（8）的操作，将群组后的直线在页面中水平居中对齐，最终效果如图 4.7.1 所示。

本 章 小 结

本章主要介绍了对象的选取、对齐和分布、排列、控制、查找与替换以及群组与结合等内容。通过本章的学习，可使读者熟练掌握各种对象操作的方法与技巧。

操 作 练 习

一、填空题

1．使用__________功能，可以使两个或多个对象在水平或垂直方向上根据所做设置均匀地分布。

2．移动的方法有两种：一种使用鼠标进行移动；另一种使用__________进行移动。

3．旋转的方法有两种：一种使用__________进行旋转；另一种使用泊坞窗进行旋转。

4．使用__________命令将保留来源对象与目标对象重叠的部分，去掉不重叠的部分。

5．使用__________命令可将矢量图对象或位图图像放置到指定的图形对象中。

6．按__________键，即可将选择的多个图像对象结合为一体。

7．按__________键，即可将选择的多个图形对象进行群组。

8．按__________键，即可将选中的对象进行打散。

二、选择题

1．按（　）键，可以将目前选择的对象前移一位。

（A）Ctrl+Page UP　　（B）Shift+Page Up

（C）Ctrl+Page Down　　（D）Shift+Page Up

2．对齐和分布对象要（　）对象才可以执行。

（A）3 个　　（B）2 个或 2 个以上

（C）1 个　　（D）4 个以上

3．将所选的对象从绘图窗口中删除，同时把它放在剪贴板上，这种操作是（　）。

（A）复制　　（B）仿制

（C）再制　　（D）剪切

4．下列（　）选项可以防止用户对图形对象进行误操作。

（A）锁定　　（B）群组

（C）结合　　（D）前减后

5．在 CorelDRAW X4 中，再置对象的快捷键是（　）。

（A）Ctrl+D　　（B）Ctrl+U

（C）Ctrl+K　　（D）Ctrl+G

6．在 CorelDRAW X4 中可以将对象转换为（　）进行编辑。

（A）曲线　　（B）轮廓线

（C）排列　　（D）分布

7．在标准属性栏中，按钮是（　）按钮。

（A）群组　　（B）取消群组

（C）结合　　（D）取消全部群组

三、简答题

1．在“对齐与分布”对话框中，分布的方式有两种，分别是什么？

2．简述如何对齐和分布图形对象。

3．简述在群组中添加或移出对象的操作方法。

4．如何对选中的多个图形对象进行群组和取消群组？

四、上机操作题

1．使用旋转对象、斜切对象以及轮廓线转换为对象的方式来制作如题图 4.1 所示的效果。

题图 4.1

2．使用本章所学的知识制作如题图 4.2 所示的效果。

题图 4.2

第5章 文本的应用

CorelDRAW X4 不仅具有强大的图形处理功能，而且具有很强的文本编排功能。本章主要介绍文本的应用，包括输入文本、编辑文本以及文本的特殊编辑等。

知识要点

- 输入文本
- 编辑文本
- 文本的特殊编辑

5.1 输入文本

在 CorelDRAW X4 中，输入的文本可分为美术字文本和段落文本两大类，它们之间可以互相转换。美术字文本是指单个文字对象，而段落文本是指大块区域的文本，对其进行编辑可通过 CorelDRAW X4 的编辑和排版功能来实现。

5.1.1 美术字文本

在 CorelDRAW X4 中，美术字是被作为曲线对象来处理的，因此既可以将其作为图形对象，也可以将其作为文本对象。

要在绘图区中输入美术文本，只须单击工具箱中的“文本工具”按钮，然后在绘图区单击鼠标并输入文字即可，如图 5.1.1 所示。

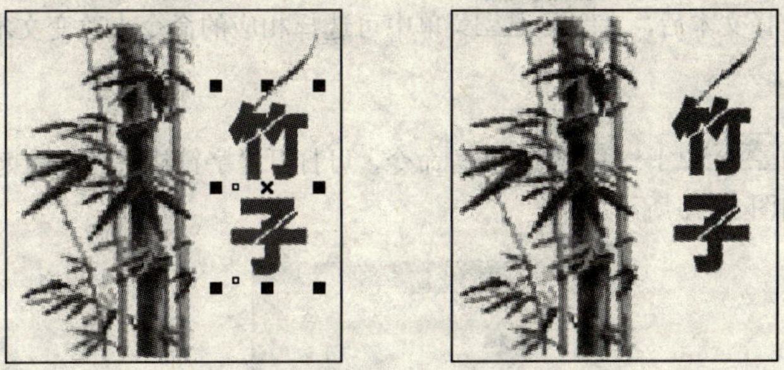

图 5.1.1 创建美术文本

使用形状工具单击各字符左下方的控制点，逐个选择字符，然后在调色板中选择所需的颜色即可改变所选字符的颜色，通过“文本工具”属性栏也可改变字符的字体类型与大小等属性。

5.1.2 段落文本

段落文本是指在创建的文本框中输入文本，文本中的文字受文本框大小的限制，若输入的文本超出了文本框的范围，那么超出的部分将被自动隐藏。

创建段落文本的具体操作方法如下：

（1）新建图形文件，在工具箱中单击“文本工具”按钮字。

（2）将鼠标指针移至绘图区中，按住鼠标左键拖动，即可创建一个文本框，如图 5.1.2 所示。

（3）在文本框中输入文字即可，如图 5.1.3 所示。

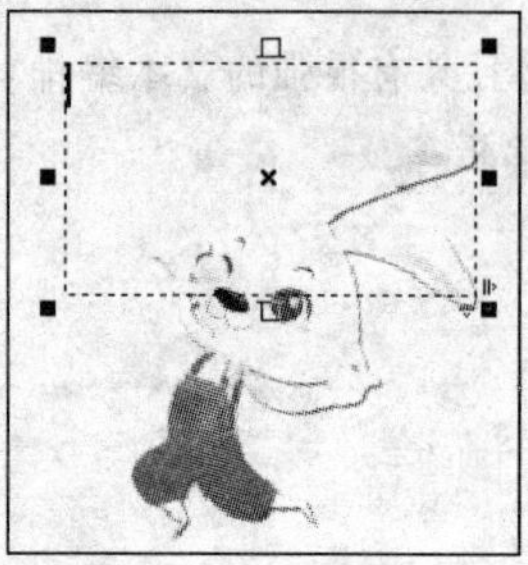

图 5.1.2　创建的文本框

图 5.1.3　输入的段落文本

选择菜单栏中的 文本(T) → 段落文本框(X) → 显示文本框(X) 命令，可以使段落文本在没有选中的情况下显示或隐藏文本框。

技巧：按“Ctrl+F8”键，可以实现美术字文本与段落文本的互换。

5.2　编 辑 文 本

输入美术字与段落文本后，可以对文本进行格式设置，包括文本的字体、大小、上标或下标以及对齐等，可以对美术字文本与段落文本进行编辑。

5.2.1　格式化文本

使用挑选工具选择文本后，在 文本(T) 菜单中可选择相应的命令来改变文本的属性。

1. 设置字符

选择菜单栏中的 文本(T) → 字符格式化(F) 命令，可打开“字符格式化”泊坞窗，在其中显示设置字符的相关选项，如图 5.2.1 所示。

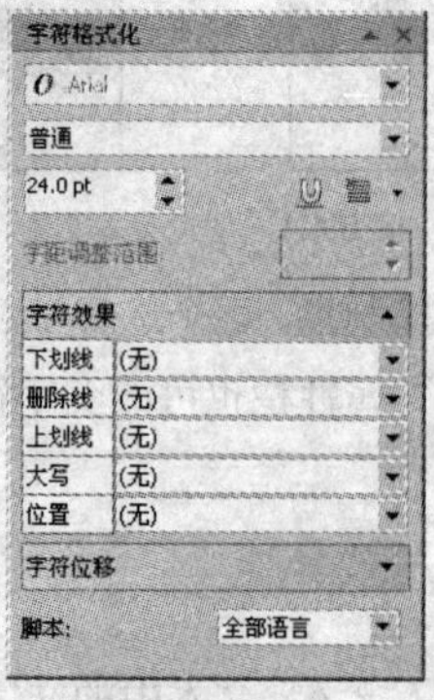

图 5.2.1　“字符格式化”泊坞窗

在 Arial 下拉列表中可设置文本的字体。

在 24.0 pt 输入框中输入数值，可设置文本字体的大小。

在 普通 下拉列表中可设置字体的样式。

在 字符效果 列表框中提供了 5 种可设置字符属性的选项，如图 5.2.2 所示。

在 下划线 、删除线 或 上划线 右侧单击 (无) 下拉列表框，可弹出相应的下拉列表，如图 5.2.3 所示。从中可选择相应的线型对文本对象添加下画线、删除线以及上画线等。

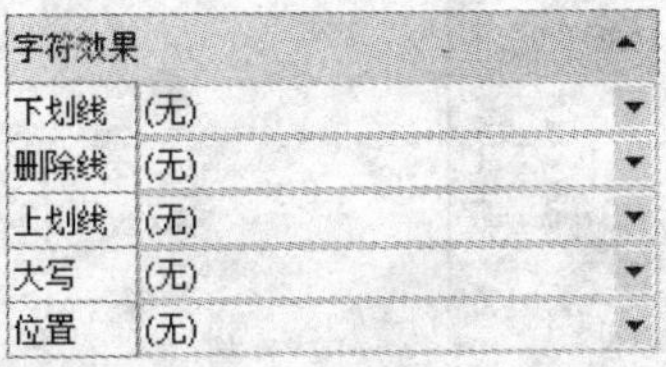

图 5.2.2 字符效果列表框

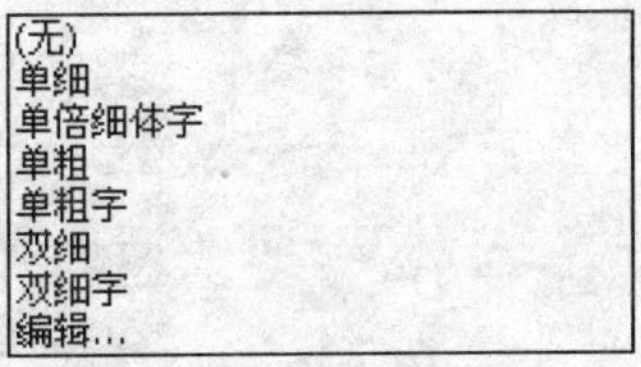

图 5.2.3 下画线下拉列表

在 大写 右侧的 (无) 下拉列表中可以选择相应的选项来设置字母的大小写。

在 位置 右侧的 (无) 下拉列表中可以选择相应的选项来设置所选文本的上下标，如图 5.2.4 所示。

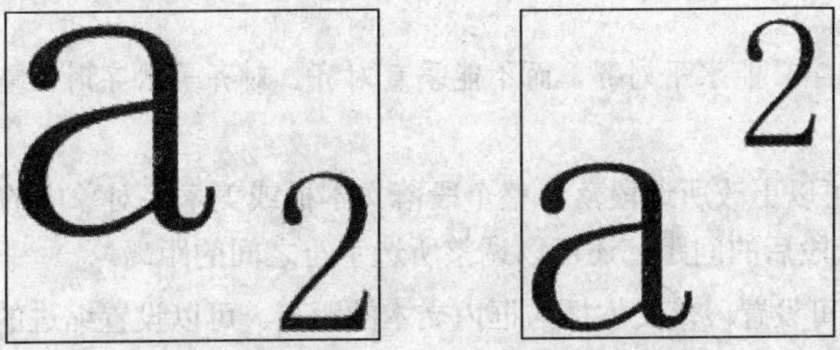

图 5.2.4 设置文字的位置

在 字符位移 下拉列表中可设置字符的角度、水平与垂直偏移的方向。在 角度 输入框中输入正数，可使字符逆时针旋转，输入负数，可使字符顺时针旋转；在 水平位移 输入框中输入正数，字符向右移动，输入负数，字符向左移动；在 垂直位移 输入框中输入正数，字符向上移动，输入负数，字符向下移动，效果如图 5.2.5 所示。

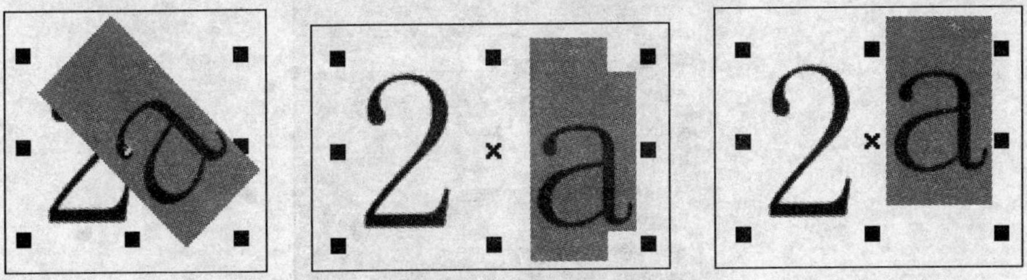

旋转　　水平位移　　垂直位移

图 5.2.5 字符位移

在 脚本: 下拉列表框 全部语言 中可设置文本的属性，如亚洲、拉丁文、中东文等。

2. 设置段落

选择菜单栏中的 文本(T) → 段落格式化(P) 命令，打开“段落格式化”泊坞窗，如图 5.2.6 所示。

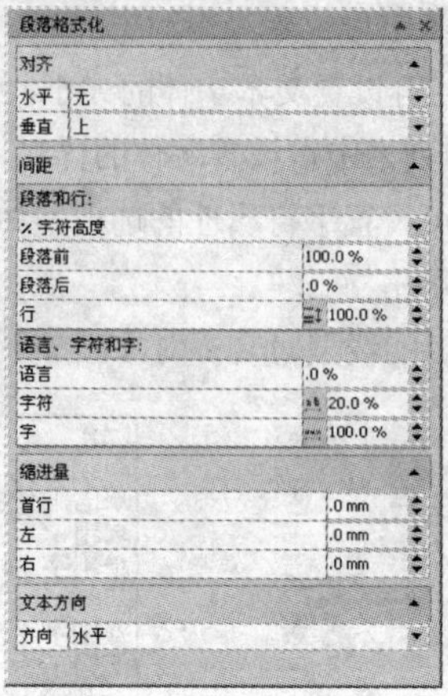

图 5.2.6 “段落格式化”泊坞窗

在对齐下拉列表中可以选择文字的对齐方式。在水平右侧单击无下拉列表框，可从弹出的下拉列表中选择相应的选项来设置段落文本在水平方向上的对齐方式；在垂直右侧单击上下拉列表框，可从弹出的下拉列表中选择相应的选项来设置段落文本在垂直方向上的对齐方式。

注意: 美术字只能水平对齐，而不能垂直对齐。对齐美术字时，整个文本对象相对于边框对齐。

在间距列表框中可以更改所选段落、整个段落文本框或美术字对象中的字符和字间距，也可以更改段落文本中段前或段后的间距，还可以调整所选字符之间的距离。

在缩进量列表框中可设置段落文本框与框内文本的距离。可以设置缩进的对象包括整个段落、段落的首行以及除段落首行外的其他各行（即悬挂式缩进），也可以设置从文本框的右侧缩进。

在文本方向列表框中可以设置文本的排列方向。

3. 添加项目符号

选择菜单栏中的 文本(T) → 项目符号(U)... 命令，弹出“项目符号”对话框，如图 5.2.7 所示。

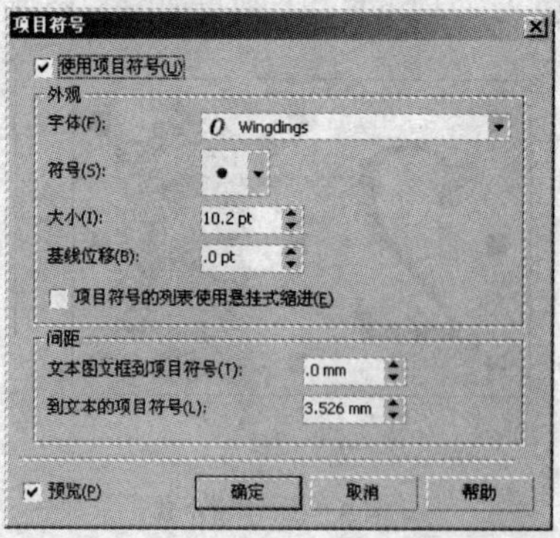

图 5.2.7 “项目符号”对话框

在外观选项区中的字体(F):与符号(S):下拉列表中可选择需要的项目符号的类型与符号；在大小(I):输入框中输入数值，可设置项目符号的大小；在基线位移(B):输入框中输入数值，可设置项目符号从基线位移的距离。

在间距选项区中可设置项目符号和文本之间或与文字框之间的距离。

设置好参数后，单击确定按钮，可为文本添加项目符号，如图 5.2.8 所示。

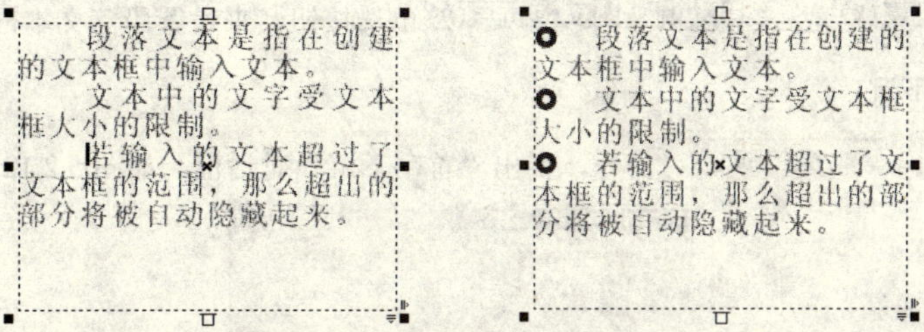

图 5.2.8 添加项目符号

4. 设置制表位

选择菜单栏中的文本(T)→制表位(B)...命令，弹出“制表位设置”对话框，如图 5.2.9 所示。

在制表位位置(T):输入框中输入数值，单击添加(A)按钮，可插入一个制表位。如果要删除某个制表位，可先选中要删除的制表位，然后单击移除(R)按钮；如果要删除所选段落中所有的制表位，则单击全部移除(E)按钮。

单击前导符选项(L)...按钮，可弹出“前导符设置”对话框，如图 5.2.10 所示。

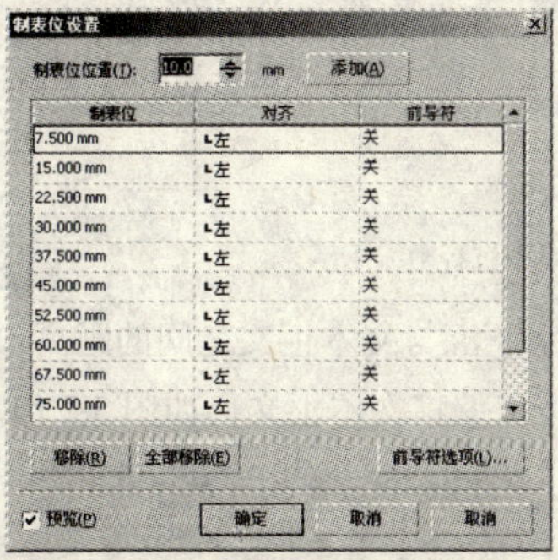

图 5.2.9 “制表位设置”对话框

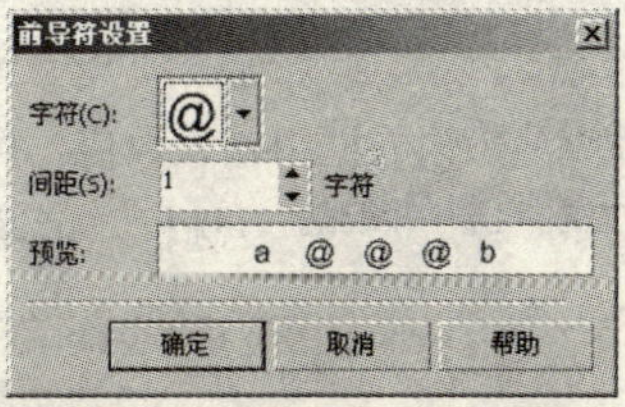

图 5.2.10 “前导符设置”对话框

在字符(C):右侧单击@下拉列表框，可从弹出的下拉列表中选择填充制表位的字符，在间距(S):输入框中输入数值，可设置制表位填充字符之间的空隙。

5. 设置栏

选择菜单栏中的文本(T)→栏(O)...命令，弹出“栏设置”对话框，如图 5.2.11 所示。

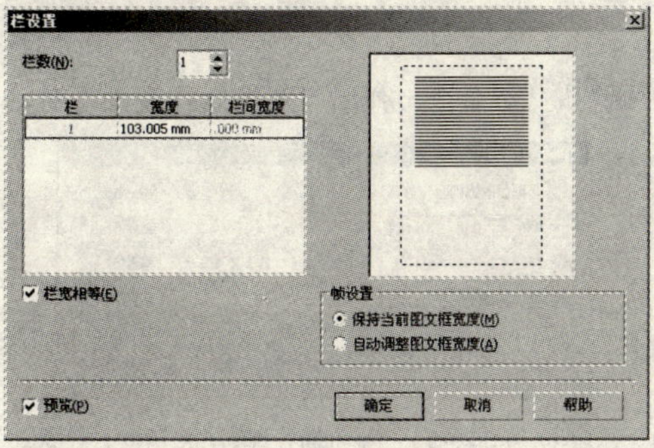

图 5.2.11 “栏设置”对话框

在栏数(N):输入框中输入数值，可设置分栏的数目。

在“栏设置”对话框中也可对栏号、栏的宽度以及栏与栏之间的宽度进行设置，如果选中栏宽相等(E)复选框，可为所选文本创建栏宽和栏间距离相等的栏；也可根据需要选中保持当前图文框宽度(M)或自动调整图文框宽度(A)单选按钮，来设置段落文本框的宽度。

6. 设置首字下沉

选择文本(T)→首字下沉(D)...命令，弹出“首字下沉”对话框，如图 5.2.12 所示。

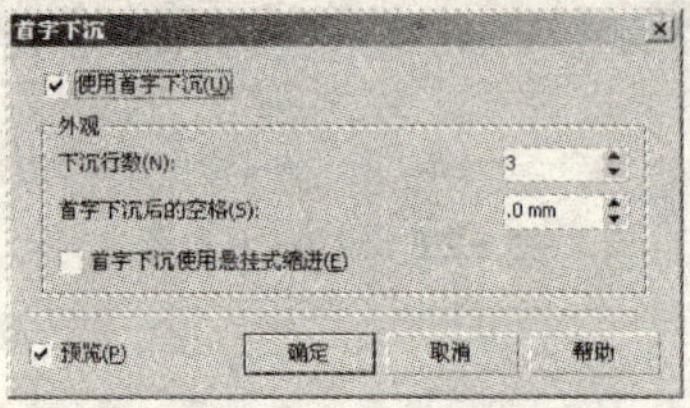

图 5.2.12 “首字下沉”对话框

在外观选项区中的下沉行数(N):输入框中输入数值，可设置首字下沉的行数，如图 5.2.13 所示。

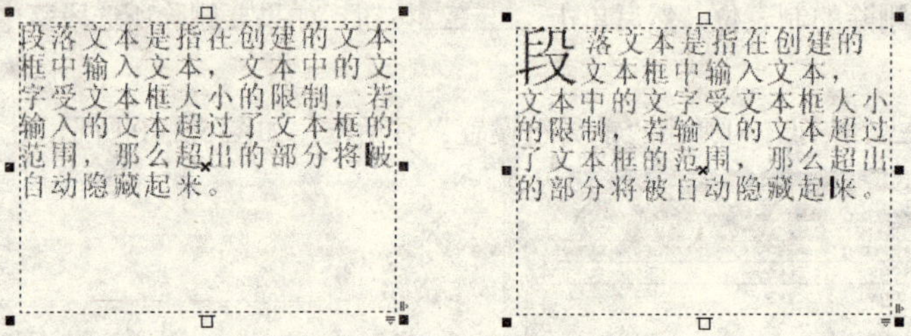

图 5.2.13 设置首字下沉行数

在首字下沉后的空格(S):输入框中输入数值，可设置首字下沉与文本正文之间的距离。

选中首字下沉使用悬挂式缩进(E)复选框，可设置首字下沉偏移文本正文，如图 5.2.14 所示。

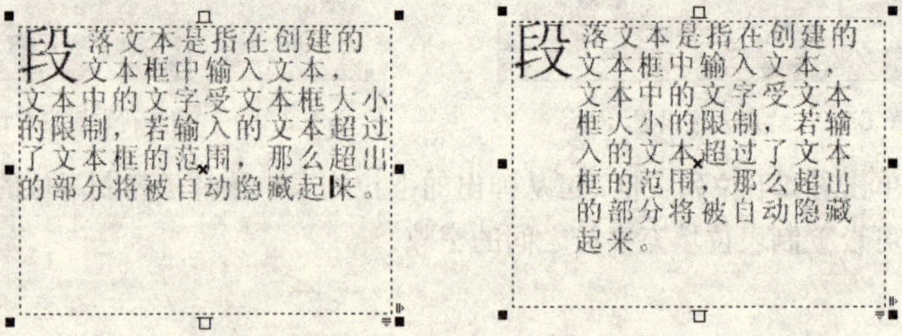

图 5.2.14 设置悬挂式缩进

7. 设置断行规则

选择文本(T)→断行规则(K)...命令，弹出“亚洲断行规则”对话框，如图 5.2.15 所示。

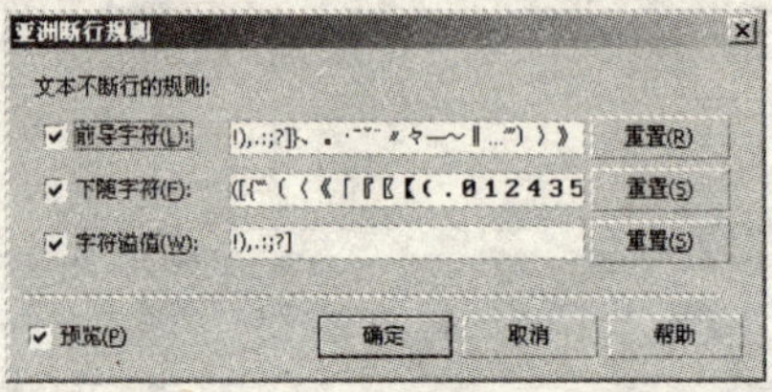

图 5.2.15 “亚洲断行规则”对话框

在该对话框中可以根据需要对选择的段落文本的字符进行编辑。设置完成后，单击 确定 按钮即可。

5.2.2　设置文本间距

文本的间距包括字间距、行间距和段间距。创建文本后，可以根据需要使用形状工具或挑选工具调整文本的字、行、段间距。

1. 调整文本的字间距

字间距是指一行中两个文字之间的距离，增加或减少字间距可影响文本的外观和可读性。

使用形状工具调整文本字间距的具体操作方法如下：

（1）使用文本工具在绘图区中输入美术字，并设置好字体与大小，如图 5.2.16 所示。

（2）单击工具箱中的“形状工具”按钮，此时美术字对象中每个文字的左下角显示一个控制点，同时显示垂直箭头符号与水平箭头符号，如图 5.2.17 所示。

图 5.2.16　输入文字内容并设置字体和大小

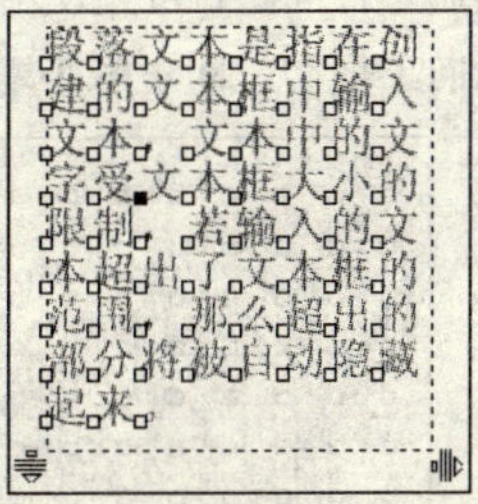

图 5.2.17　使用形状工具选择文本

（3）将鼠标指针移至水平箭头符号上，向右或向左拖动，即可增加或减小文本对象中所有字的字间距，如图 5.2.18 所示。

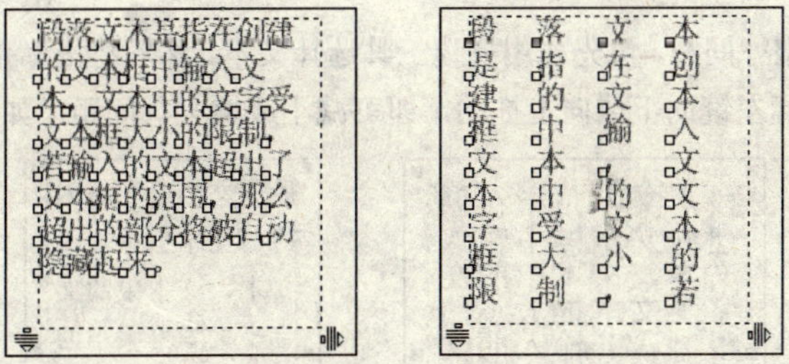

图 5.2.18　调整文本的字间距

（4）如果使用形状工具拖动所选字符左下方的控制点，可调整文本字符的位置，从而改变文本整体的形状，如图 5.2.19 所示。

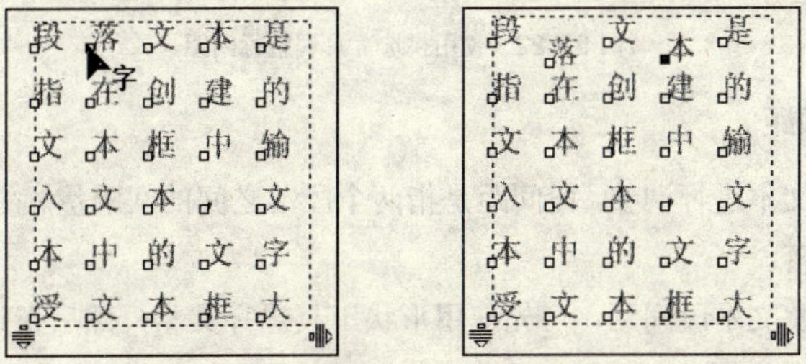

图 5.2.19　使用形状工具调整文本字符的位置

要使用挑选工具调整字间距，可先使用挑选工具选择文本，将鼠标指针移至交互式水平间距箭头符号⊪上，按住鼠标左键向右或向左拖动，即可增大或减小文字间距，如图 5.2.20 所示。

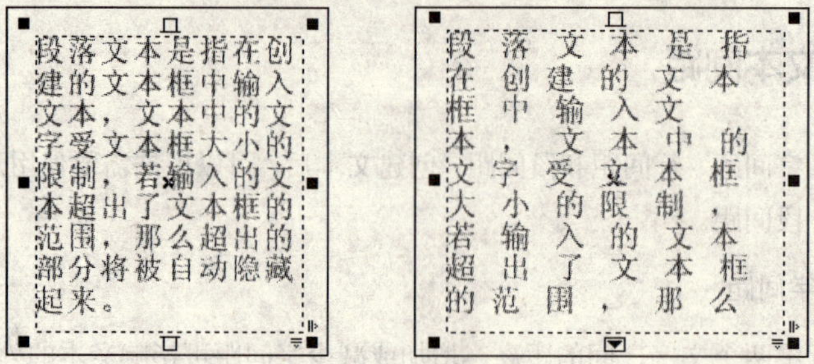

图 5.2.20　使用挑选工具调整文字间距

2．调整文本的行间距

行间距是指两个相邻文本行与行基线之间的距离。

要使用形状工具调整行间距，可先使用形状工具选择文本，将鼠标指针移至垂直箭头符号⩧上，按住鼠标左键向下或向上拖动，即可减小或增大行间距，如图 5.2.21 所示。

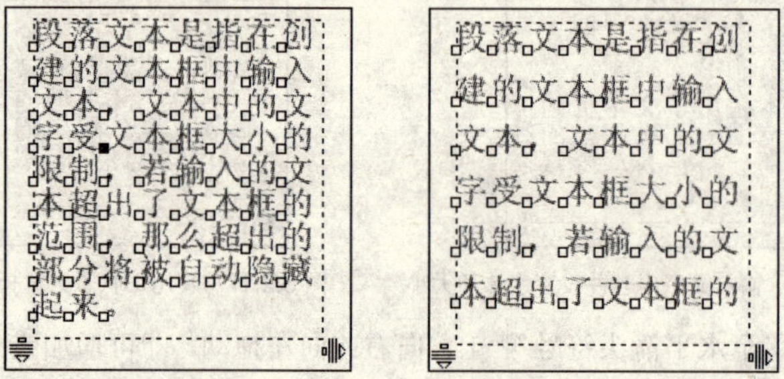

图 5.2.21　使用形状工具调整行间距

要使用挑选工具调整行间距，可先使用挑选工具选择文本，然后将鼠标指针移至交互式垂直间距箭头符号≑上，按住鼠标左键向下或向上拖动，即可减小或增大行间距，如图 5.2.22 所示。

图 5.2.22　使用挑选工具调整行间距

3．调整文本的段间距

段间距只针对段落文本进行调整，段间距是指两个段落之间的间隔量。在段落文本框中每按一次回车键就会创建一个段落。

要使用形状工具调整文本段间距，可先使用形状工具选择文本，然后在按住“Ctrl”键的同时向下或向上拖动垂直箭头符号⩧，即可调整段间距，如图 5.2.23 所示。

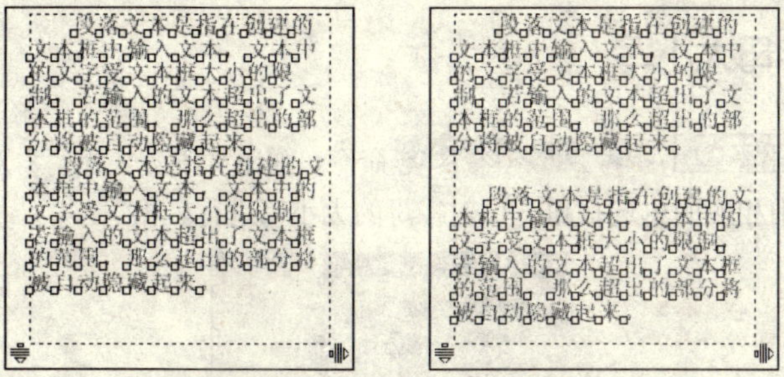

图 5.2.23 使用形状工具调整段间距

5.2.3 对齐文本

选择菜单栏中的 文本(T) → 编辑文本(X)... 命令，或者单击属性栏中的“编辑文本”按钮，都可弹出“编辑文本”对话框，如图 5.2.24 所示。

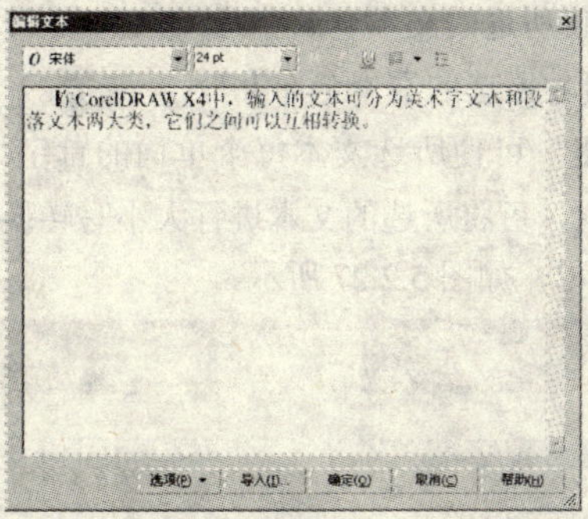

图 5.2.24 “编辑文本”对话框

在该对话框中单击按钮，弹出其下拉列表，从中可选择文本的对齐方式；单击“无”按钮，文本不产生任何对齐效果；单击“左”按钮，将使文本向左对齐；单击“中”按钮，将使文本居中对齐；单击“右”按钮，将使文本向右对齐；单击“全部调整”按钮，将使文本两端对齐；单击“强制调整”按钮，将使文本全部分散对齐，如图 5.2.25 所示。

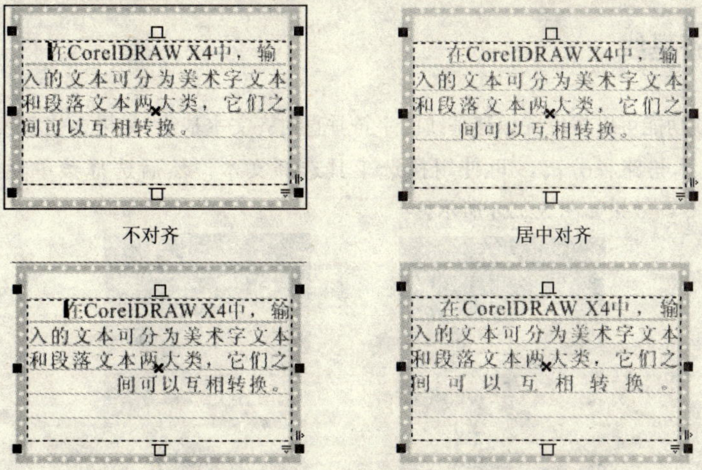

不对齐　　居中对齐

右对齐　　强制全部对齐

图 5.2.25 对齐文本效果

5.2.4 设置字母大小写

选择菜单栏中的 文本(T) → aA 更改大小写(G)… 命令，弹出“改变大小写”对话框，如图 5.2.26 所示，在该对话框中选中相应的单选按钮，可对字母的大小写进行转换。

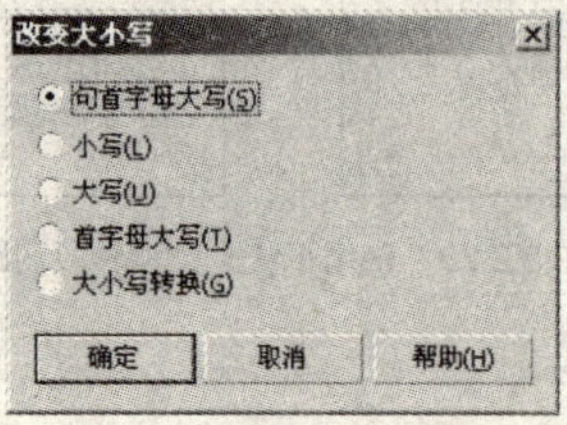

图 5.2.26 “改变大小写”对话框

该对话框中各选项的含义介绍如下：

选中 句首字母大写(S) 单选按钮，可使所选文本中每一个句子的第一个单词首字母大写。

选中 小写(L) 单选按钮，可使所选的文本全部小写。

选中 大写(U) 单选按钮，可使所选的文本全部大写。

选中 首字母大写(T) 单选按钮，可使所选文本每个单词的首字母大写。

选中 大小写转换(G) 单选按钮，可将所选的文本进行大小写转换，即将文本中的大写字母变为小写字母，将小写字母变为大写字母，如图 5.2.27 所示。

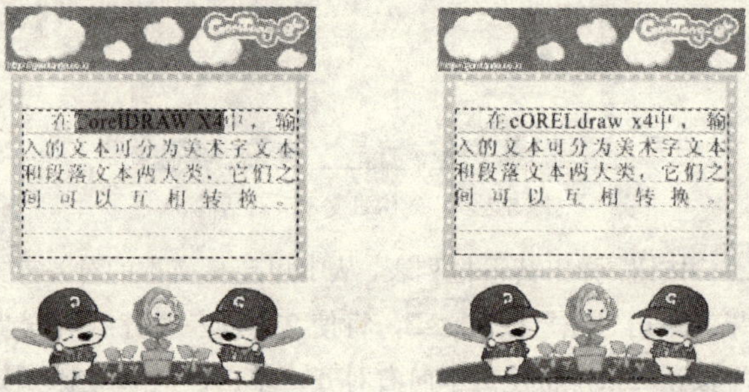

图 5.2.27 大小写转换效果

5.2.5 对齐基线

使用对齐基线功能可以将位置偏移基线的字符垂直对齐文本基线。如果要使填入路径的文本对齐基线，可先将文本与路径分离，再使用挑选工具选择文本，然后选择菜单栏中的 文本(T) → Aa 对齐基线(A) 命令，效果如图 5.2.28 所示。

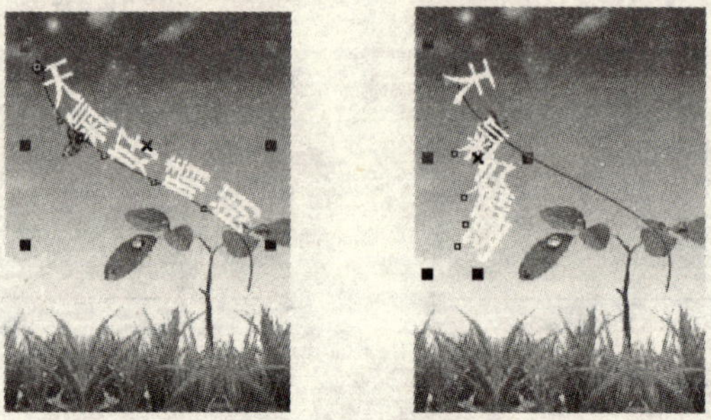

图 5.2.28 对齐基线效果

5.2.6　矫正文本

矫正文本功能与对齐基线功能相似，可以使错乱的文本排列得更整齐。使用挑选工具选择文本后，选择菜单栏中的 文本(T) → 矫正文本(S) 命令，可以使该文本变整齐，如图 5.2.29 所示。

图 5.2.29　矫正文本效果

5.2.7　查找和替换文本

选择菜单栏中的 编辑(E) → 查找和替换(F) 命令，弹出其子菜单，通过选择其中的 查找文本(F)… 与 替换文本(A)… 命令，可以对文本进行查找和替换操作。

1．查找文本

选择菜单栏中的 编辑(E) → 查找和替换(F) → 查找文本(F)… 命令，弹出“查找下一个”对话框，如图 5.2.30 所示。

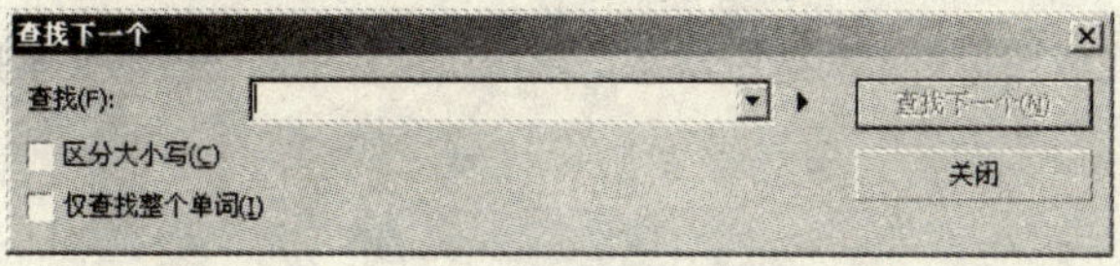

图 5.2.30　“查找下一个”对话框

在 查找(F): 输入框中输入要查找的文本，选中 区分大小写(C) 复选框，单击 查找下一个(N) 按钮，即可执行查找命令，单击 关闭 按钮，将显示出查找的结果。

2．替换文本

选择菜单栏中的 编辑(E) → 查找和替换(F) → 替换文本(A)... 命令，弹出“替换文本”对话框，如图 5.2.31 所示。

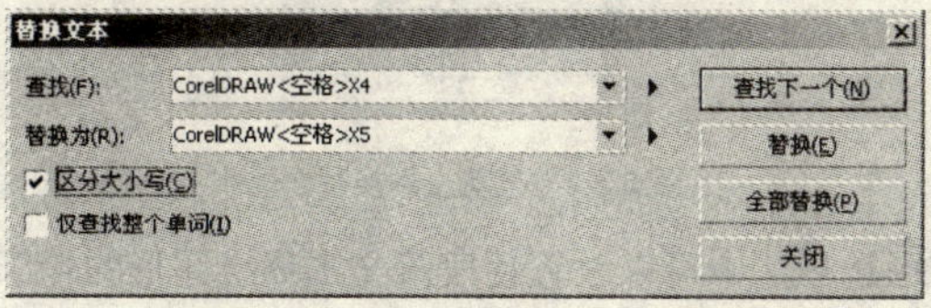

图 5.2.31　“替换文本”对话框

在查找(F):下拉列表框中输入要查找的文本，在替换为(R):下拉列表框中输入用来替换的文本，单击替换(E)或全部替换(P)按钮，即可显示替换的结果，如图 5.2.32 所示。

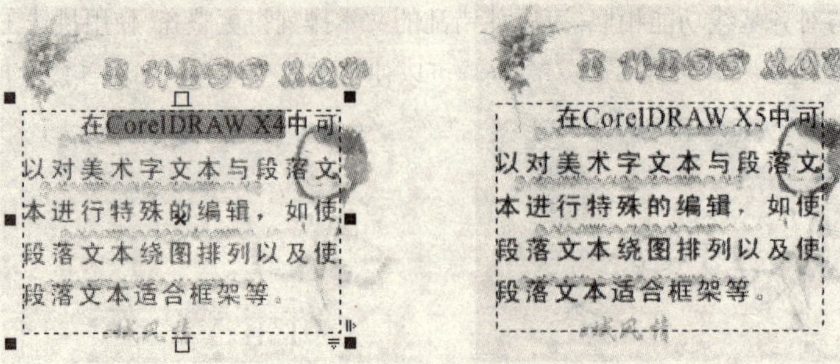

图 5.2.32　查找替换文本效果

5.3　文本的特殊编辑

在 CorelDRAW X4 中可以对美术字文本与段落文本进行特殊的编辑，如使段落文本绕图排列以及使段落文本适合框架等。

5.3.1　文本绕图

文本绕图是指使段落文本围绕图形对象的外框进行排列，此样式常见于杂志与报刊。具体的操作方法如下：

（1）单击工具箱中的“文本工具”按钮字，创建段落文本。

（2）导入一幅位图图像或创建一个图形对象。

（3）确定位图图像或图形对象为选中状态，单击属性栏中的“段落文本换行”按钮，弹出如图 5.3.1 所示的面板。

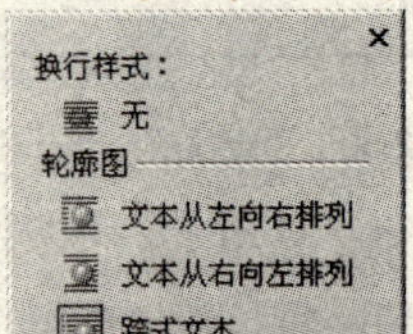

图 5.3.1　段落文本换行面板

（4）在该面板的轮廓图选项区中可以设置使段落文本环绕图形的轮廓进行换行，效果如图 5.3.2 所示。

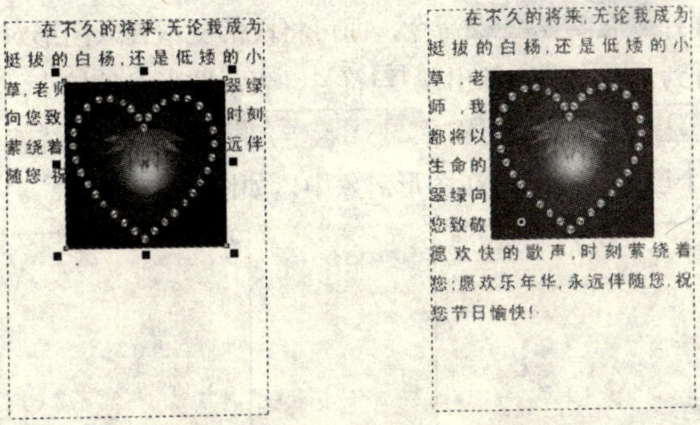

图 5.3.2　段落文本环绕图形轮廓换行

（5）在该面板的方形选项区中可以设置以方形的形式环绕图形进行换行，换行时不受图形轮廓的影响，如图 5.3.3 所示。

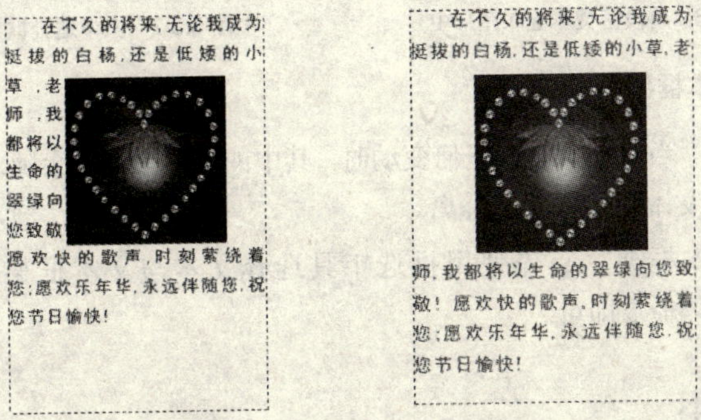

图 5.3.3　段落文本环绕图形方形换行

5.3.2　使文本适合框架

文本适合框架就是将段落文本置入矢量图形中，段落文本可随图形对象的形状自动调整段落文字的多少。

1. 文本适合框架

使文本适合框架的具体操作方法如下：

（1）使用手绘工具或基本绘图工具在绘图区中拖动鼠标绘制任意形状的封闭图形对象，然后使用文本工具在绘图区中输入一段段落文本，如图 5.3.4 示。

（2）单击工具箱中的“挑选工具”按钮，将鼠标指针移至段落文本上，按住鼠标右键拖动文本至图形对象上，释放鼠标，可弹出快捷菜单，如图 5.3.5 所示。

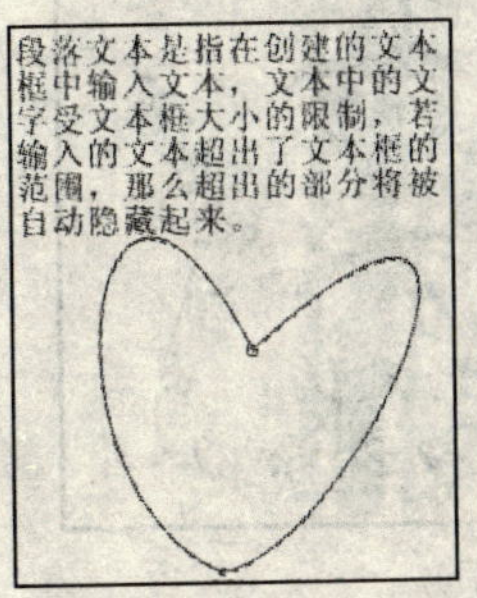

图 5.3.4　绘制图形并输入文本

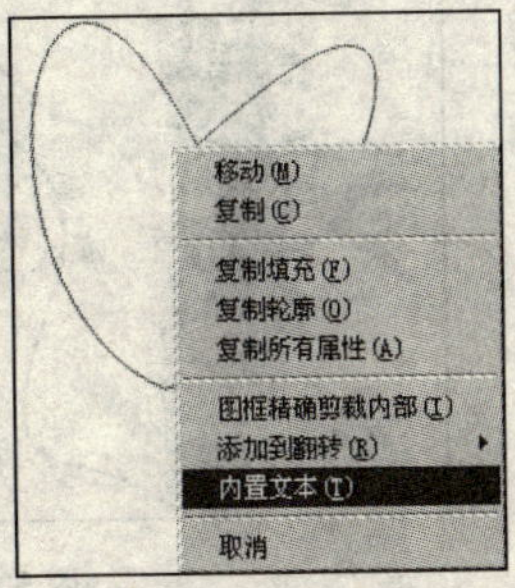

图 5.3.5　用鼠标右键拖动后弹出的快捷菜单

（3）从该菜单中选择 内置文本(T) 命令，即可将段落文本置入图形对象中，如图 5.3.6 所示。

（4）从图中可以看到，文本框底部出现 ▼ 符号，表示图形对象较小，未能显示出所有文字。此时选择菜单栏中的 文本(X) → 段落文本框(X) → 使文本适合框架(I) 命令，系统就会根据文本框的大小自动调整字体大小，以使整个段落文本呈现在图形对象中，如图 5.3.7 所示。

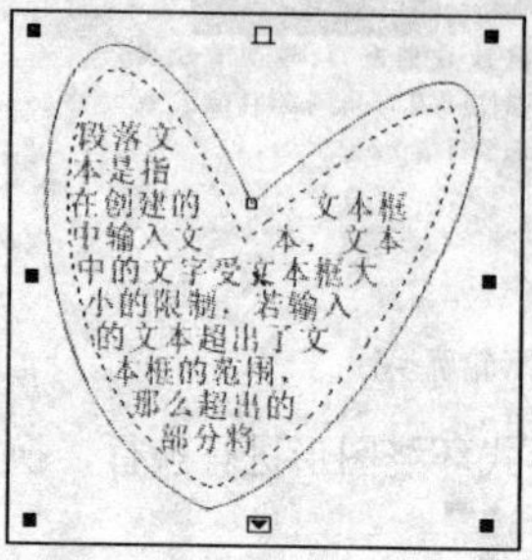

图 5.3.6　将段落文本置入图形中

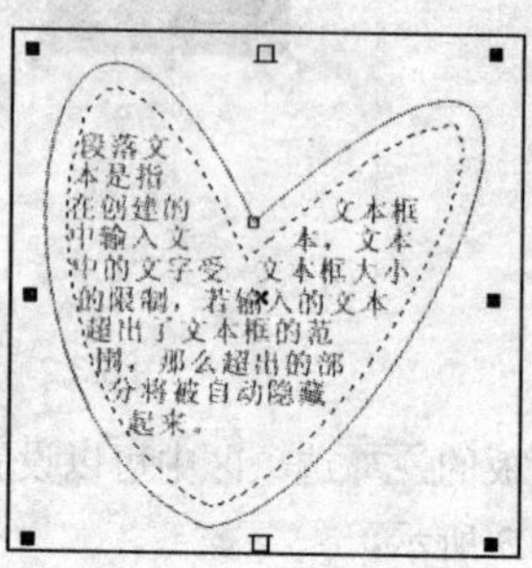

图 5.3.7　文本适合框架效果

2．分离文本与文本框架

将文本置入框架后，当对框架进行任何变动时，其中的段落文本也会随之变动，如果不希望文本随框架移动，则必须将文本与文本框架分离。

要分离文本与文本框架，首先使用挑选工具选择文本与文本框架，然后选择 排列(A) → 打散路径内的段落文本(B) 命令即可。

5.3.3　路径文本

使文本适合于路径后，可以修改其效果，如调整文本方向及距离、镜像适合路径的文本以及使文本分离路径等。

1．创建路径文本

创建路径文本就是将美术字文本沿着指定的对象（如曲线、椭圆以及多边形等）排列。通过属性栏还可以调整适合路径后的文本方向与形状。

在路径上添加文本的具体操作方法如下：

（1）使用挑选工具选择路径。

（2）选择菜单栏中的 文本(X) → 使文本适合路径(T) 命令，此时将在路径上插入文本光标。如果路径是开放的，文本光标插入到路径的起始位置；如果路径是闭合的，文本光标插入到路径的中央。

（3）沿路径输入所需的文本即可，效果如图 5.3.8 所示。

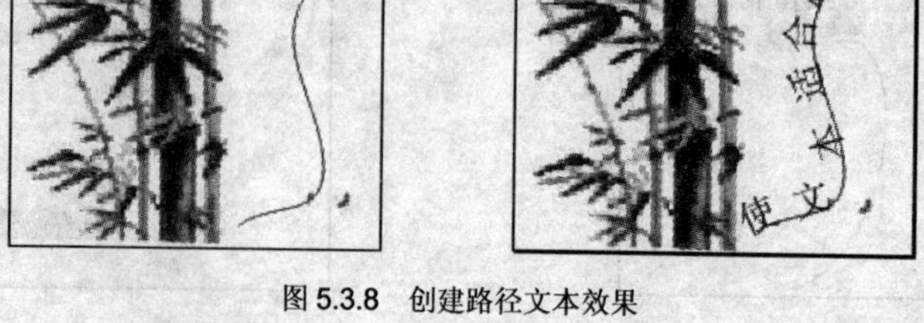

图 5.3.8　创建路径文本效果

2．调整文本的方向及距离

选择适合路径的文本，在属性栏中的文字方向下拉列表 中提供了 5 种选项，通过选择相应的选项，可设置文本在路径上放置的角度，如图 5.3.9 所示。

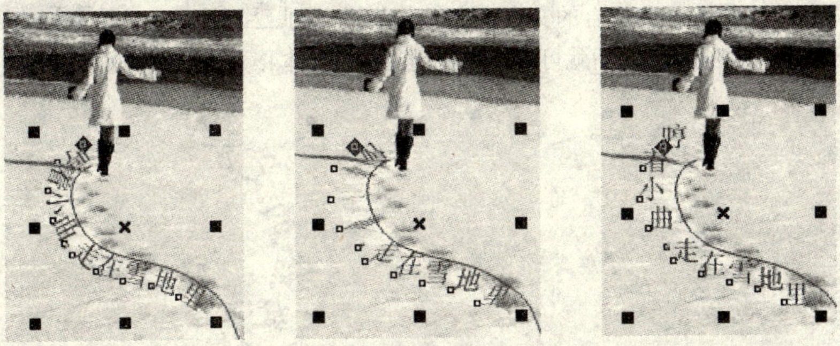

图 5.3.9　更改文本方向

在“文本工具”属性栏中，通过调节路径距离值和水平偏移值可以改变文字的位置，具体的操作方法如下：

（1）使用挑选工具选择适合于路径的美术字对象与曲线。

（2）在属性栏中的与路径距离输入框 .0 mm 中输入数值，可设置文本与路径之间的距离，此处输入 10 mm；在水平偏移输入框 .0 mm 中输入数值，可设置文本沿着路径的水平偏移位置，此处输入 10 mm，调整文字与路径的距离和水平偏移前后的效果对比如图 5.3.10 所示。

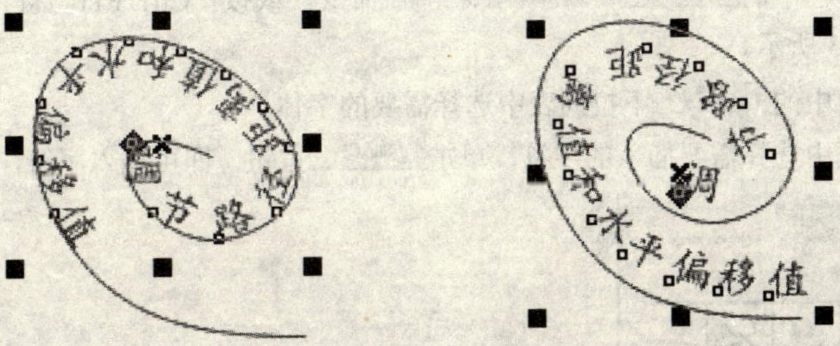

图 5.3.10　调整文本与路径的距离和水平偏移前后效果对比

3．镜像适合路径的文本

使用挑选工具选择适合路径的文本，在属性栏中的镜像文本: 区域中单击“水平镜像”按钮，可从左向右翻转文本字符；单击“垂直镜像”按钮，可从上向下翻转文本字符，如图 5.3.11 所示。

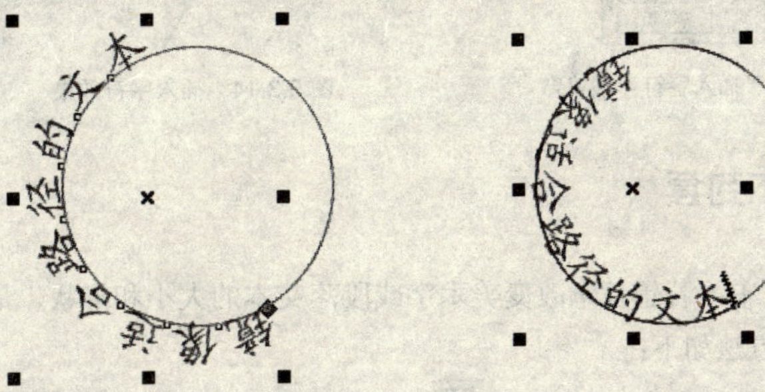

图 5.3.11　垂直镜像文本

4．使文本分离路径

CorelDRAW 将适合路径的文本视为一个对象。如果不需要使文本成为路径的一部分，也可以将文本与对象分离，且分离后的文本将保持它适合于路径时的形状。

使用挑选工具选择路径和适合的文本，选择菜单栏中的 排列(A) → 打散在一路径上的文本(B) 命令，即可拆分文本与路径，分离后就可以使用挑选工具将文本移开，如图 5.3.12 所示。

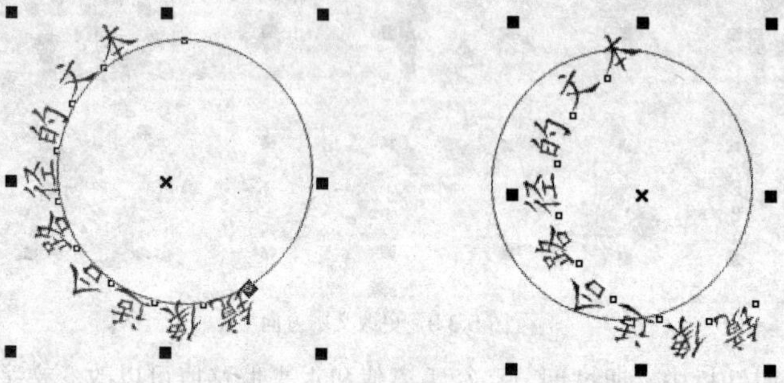

图 5.3.12　将文本与路径分离

5.3.4　插入字符

在 CorelDRAW X4 中提供了“插入字符”泊坞窗，用户可以很方便地插入特殊字符。插入字符的具体操作方法如下：

（1）选择菜单栏中的 文本(X) → 插入符号字符(H) 命令，或按“Ctrl+F11”键，弹出“插入字符”泊坞窗，如图 5.3.13 所示。

（2）在泊坞窗中的 字体(F): 下拉列表中选择需要的字体。

（3）在列表框中选择需要插入的字符，单击 插入(I) 按钮，即可插入字符，如图 5.3.14 所示。

图 5.3.13　“插入字符”泊坞窗

图 5.3.14　插入字符效果

5.3.5　添加文本封套

在 CorelDRAW X4 中，若想任意改变美术字或段落文本的大小和形状，最好使用文本封套。添加文本封套的具体操作方法如下：

（1）单击工具箱中的“文本工具”按钮，在绘图页面中输入段落文本。

（2）选择菜单栏中的 窗口(W) → 泊坞窗(D) → 封套(E) 命令，或按“Ctrl+F7”键，弹出“封套”泊坞窗，如图 5.3.15 所示。

（3）若要使用系统内置的封套效果，单击 添加预设 按钮，可以从样式封套列表中选择所需的封套样式。

（4）单击 应用 按钮，即可将封套样式应用到所选择的文本框中，使用挑选工具拖曳文本框的节点即可改变封套文本框的形状，如图 5.3.16 所示。

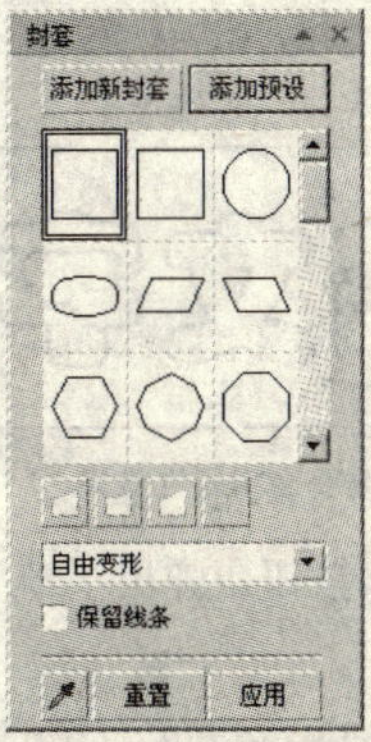

图 5.3.15 “封套“泊坞窗

图 5.3.16 添加封套效果

（5）若要自定义封套，可选择段落文本，然后单击“封套”泊坞窗中的 添加新封套 按钮，文本框轮廓将变成蓝色的虚线，并显示 8 个控制点，如图 5.3.17 所示。

（6）单击“封套”泊坞窗中的“双弧”按钮，将鼠标指针移至文本框的节点上，当鼠标指针呈形状时，按住鼠标左键并向上拖动鼠标，即可改变封套的形状，如图 5.3.18 所示。

图 5.3.17 添加封套

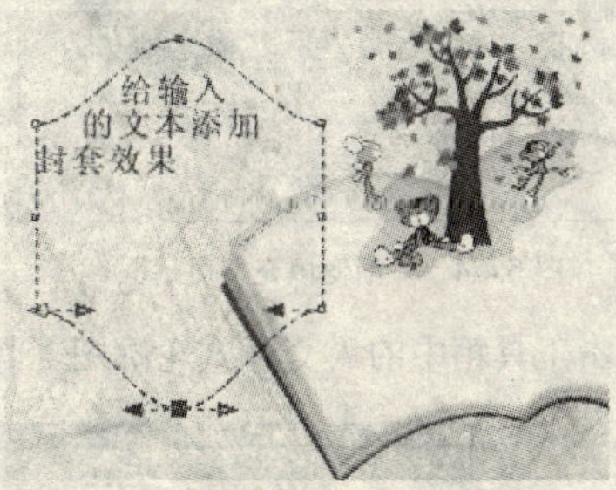

图 5.3.18 改变封套形状

5.4 课堂实训——制作特效字

本节将综合使用前面所学的知识制作特效字，最终效果如图 5.4.1 所示。

图 5.4.1 最终效果图

操作步骤

（1）新建一个图形文件，单击工具箱中的“文本工具”按钮字，在绘图区中输入文字，如图 5.4.2 所示。

（2）选择菜单栏中的文本(T)→字符格式化(F)命令，在打开的“字符格式化”泊坞窗中设置文本的字体为“华文彩云”，字号为“72”，效果如图 5.4.3 所示。

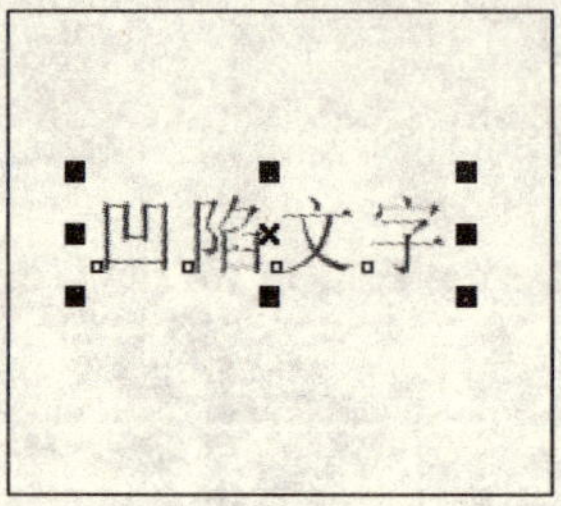

图 5.4.2　输入文字

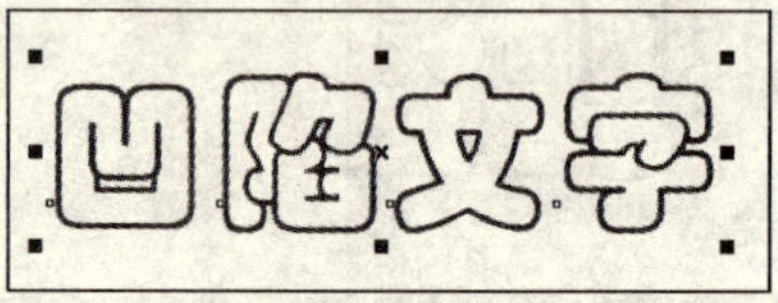

图 5.4.3　改变文字属性效果

（3）使用挑选工具选中文字，单击工具箱中的渐变填充...按钮，弹出“渐变填充”对话框，设置其对话框参数如图 5.4.4 所示。

（4）设置好参数后，单击确定按钮，效果如图 5.4.5 所示。

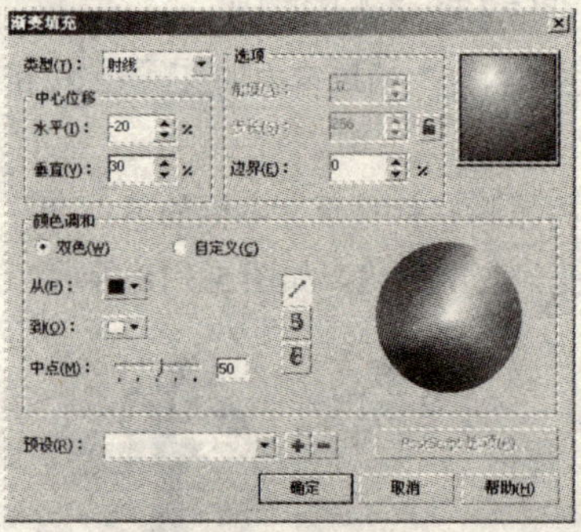

图 5.4.4　“渐变填充”对话框

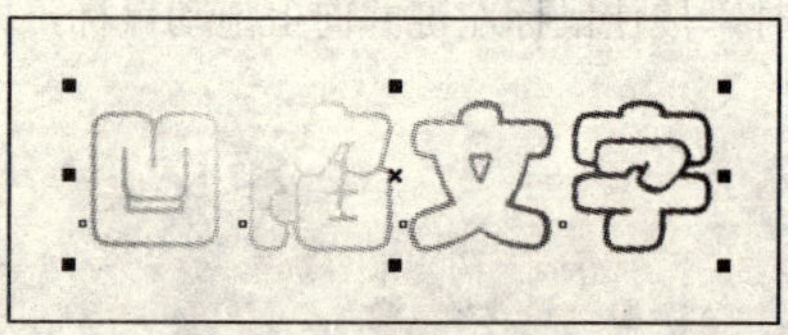

图 5.4.5　应用渐变填充效果

（5）单击工具箱中的“交互式轮廓图工具”按钮，设置其属性栏参数如图 5.4.6 所示。

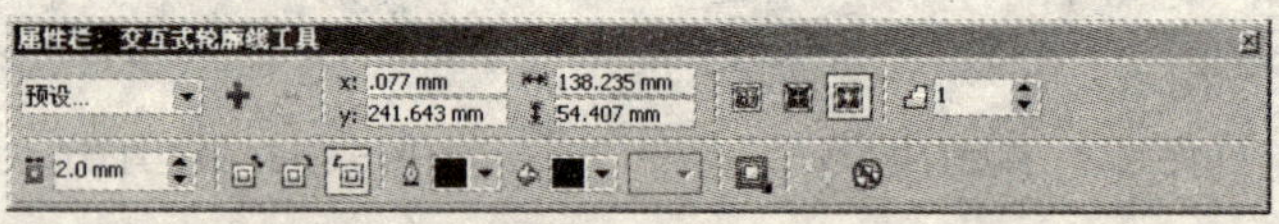

图 5.4.6　“交互式轮廓图工具”属性栏

（6）设置好参数后，按住鼠标左键向外拖曳鼠标，效果如图 5.4.7 所示。

（7）选择菜单栏中的排列(A)→打散轮廓图群组(B)命令，可打散轮廓图与对象，使用挑选工具选择后面的文本对象，将其排放到前面，并与填充为渐变后的文本对象组合，效果如图 5.4.8 所示。

图 5.4.7　应用交互式轮廓图效果

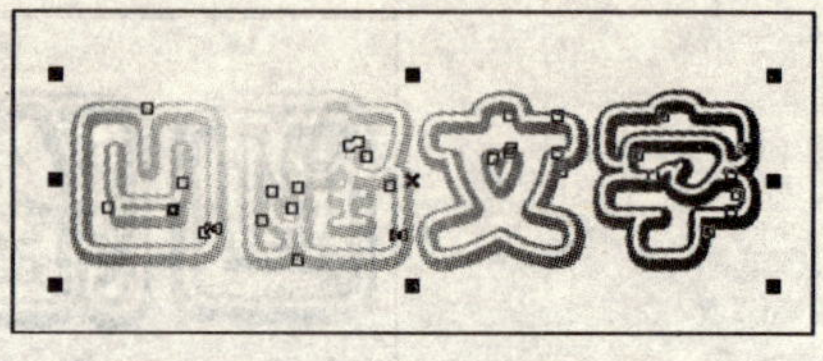

图 5.4.8　打散并组合对象效果

（8）使用挑选工具选中文本，对组合后的文本进行底纹填充，最终效果如图 5.4.1 所示。

本章小结

本章主要介绍了 CorelDRAW X4 强大的文本功能，主要包括输入文本、编辑文本以及文本的特殊编辑等。通过本章的学习，可使读者掌握这些功能的使用方法与技巧，以在今后的文字处理、编辑、排版与设计中得心应手。

操作练习

一、填空题

1. 在 CorelDRAW X4 中可创建两种类型的文本，即__________文本与__________文本。

2. 美术字文本与段落文本之间可以相互__________。

3. 文本的间距包括__________间距、__________间距与__________间距。

4. 以__________方式输入的文字，都会包含在文本框内，可以移动、缩放文本框，使它符合版面的需求。

5. 使用__________功能，可以将美术字文本沿着指定的对象（如曲线、椭圆、矩形以及多边形等）排列。

6. 使用__________命令，可以将创建的文本适合路径效果中的文本与路径分离。

7. __________是指图文混排时文字围绕图形排列，而遮盖图片或不会被图片遮盖。

8. 在 CorelDRAW X4 中，若想任意改变美术字或段落文本的大小和形状，最好的方法就是给文本添加__________效果。

二、选择题

1. 要编排大量的文本，应选择（ ）。

   （A）段落文本　　　　（B）路径文本

   （C）美术字文本　　　（D）宋体

2. 使用（ ）功能可以使段落文本围绕图形对象的外框进行排列，此样式常见于杂志与报刊。

   （A）精确剪裁　　　　（B）文本适合框架

   （C）文本绕图　　　　（D）文本适合路径

3. 使用（ ）功能可以将段落文本置入矢量图形中，段落文本可随图形对象的形状自动调整段落文字的多少。

   （A）文本适合框架　　（B）对齐基线

   （C）文本环绕图形　　（D）文本适合路径

4. 按（ ）键可以快速地将美术字文本转换成段落文本。

   （A）Ctrl+B　　　　（B）Ctrl+O

   （C）Ctrl+Q　　　　（D）Ctrl+F8

5. 在 CorelDRAW X4 中可对文字进行（ ）。

   （A）将文本转换为曲线　　（B）对齐文本

   （C）文本填入框架　　　　（D）文本适配路径

6．若想任意改变美术字或段落文本的大小和形状，最好使用（　）。

（A）文本封套效果　　（B）文本适配路径

（C）文本环绕图形外框　　（D）格式化文本

三、简答题

1．如何为段落文本添加项目符号？

2．简述文本绕路径排列的过程。

3．如何创建文本适合框架效果？

四、上机操作题

练习使用本章所学的知识，制作如题图 5.1 所示的文本效果。

题图　5.1

第 6 章　轮廓线的设置与色彩填充

在 CorelDRAW X4 中使用各种绘图工具绘制图形对象后，可以设置图形的轮廓颜色、线型、样式、箭头等属性，也可以为所绘制的图形对象填充颜色、图案、底纹以及其他属性，从而使绘制的图形对象更加丰富多彩。

知识要点

- 轮廓线的设置
- 图形的填充
- 交互式填充
- 图形的其他填充方式

6.1　轮廓线的设置

单击工具箱中的“轮廓工具”按钮，在弹出的工具组中包含着一些轮廓宽度及轮廓颜色的预设工具，如图 6.1.1 所示。

先使用绘图工具绘制好线条或图形，然后单击轮廓工具组中的“轮廓笔对话框”按钮，可弹出“轮廓笔”对话框，如图 6.1.2 所示。在该对话框中可设置线条或图形轮廓线的颜色、线宽、样式与箭头等属性，下面将分别进行介绍。

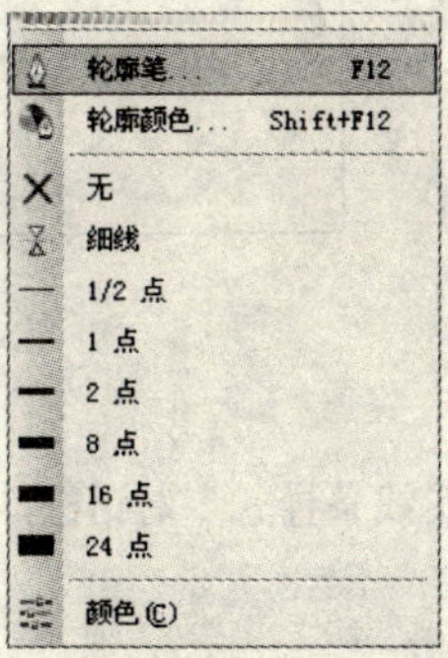

图 6.1.1　轮廓工具组

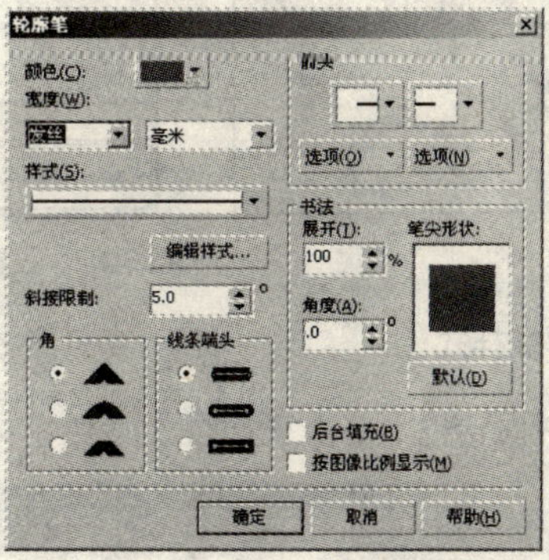

图 6.1.2　“轮廓笔”对话框

6.1.1　设置宽度

要设置所选对象轮廓线的宽度，可在 宽度(W): 下方单击 发丝 下拉列表框，从弹出的下拉列表中选择轮廓线的宽度，也可直接在该下拉列表框中输入数值来设置对象轮廓线的宽度，效果如图 6.1.3 所示。

在轮廓线宽度下拉列表框右侧单击 毫米 下拉列表框，可根据自己的习惯从中选择轮廓线宽度的单位。

图 6.1.3　设置轮廓线的宽度

6.1.2　设置样式

CorelDRAW X4 中有多种轮廓线样式可供选择，当提供的样式不能满足要求时，用户还可以通过编辑样式功能编辑轮廓线样式。

1. 使用预设轮廓线样式

使用预设的轮廓线样式的方法是：在“轮廓笔”对话框中单击 样式(S): 下拉列表框，在弹出的下拉列表中选择所需的样式，单击 确定 按钮，即可改变所选对象的轮廓线样式，效果如图 6.1.4 所示。

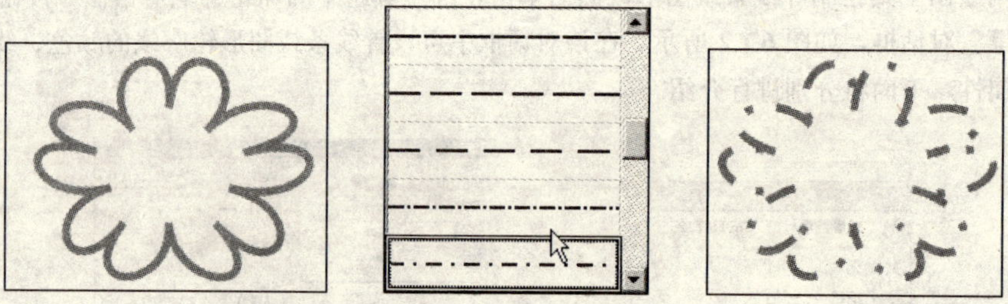

图 6.1.4　设置轮廓线样式

2. 编辑轮廓线样式

在“轮廓笔”对话框中单击 编辑样式... 按钮，可弹出“编辑线条样式”对话框，如图 6.1.5 所示。

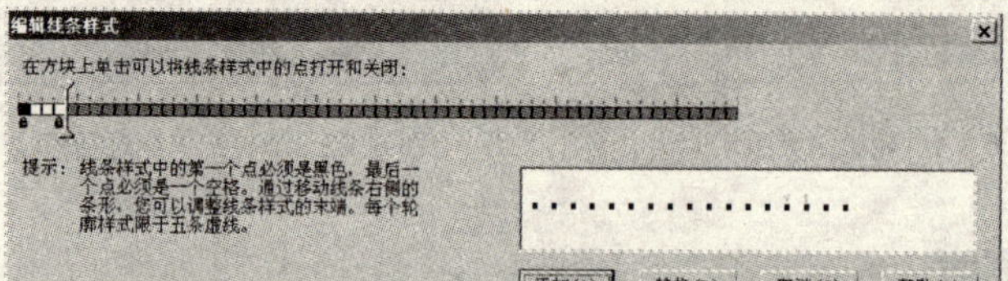

图 6.1.5　“编辑线条样式”对话框

在该对话框中可以编辑新的轮廓线样式，具体的操作方法如下：

（1）使用鼠标移动调节杆的滑块，可调整线条样式的端点，并调整端点之间的间隔，但线条样式第一点必须是黑色，而最后一点必须是白色，其中黑色在线条中表示可见，白色表示不可见，这样就形成了虚线。

（2）在白色区域单击可使其变为黑色，也可通过拖动鼠标的方式快速将连续的白色区域变为黑色，如图 6.1.6 所示。

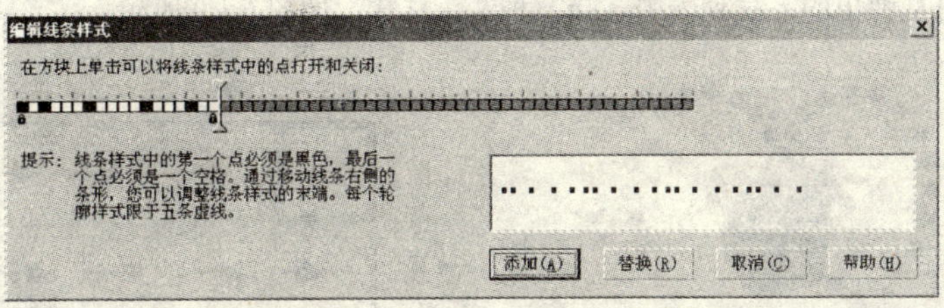

图 6.1.6　编辑线条样式

（3）编辑完成后，单击添加(A)按钮，可将编辑的线条样式添加到样式(S):下拉列表中，并位于列表的最下方。

（4）返回“轮廓笔”对话框，在样式(S):下拉列表中选择编辑的样式，即可将其应用于对象上。

6.1.3　设置转角样式

在“轮廓笔”对话框中可以设置转角的样式，如锐角、圆角或梯形角，但转角的样式只能应用于两边都是直线的转角。如要将矩形的转角样式设为梯形角，具体的操作方法如下：

（1）单击工具箱中的“矩形工具”按钮，在绘图区中拖动鼠标绘制矩形。

（2）设置矩形对象的轮廓线宽度为 10 mm，然后在轮廓工具组中单击“轮廓笔对话框”按钮，弹出“轮廓笔”对话框，在角选项区中选中单选按钮，单击确定按钮，即可设置矩形的转角为梯形角，如图 6.1.7 所示。

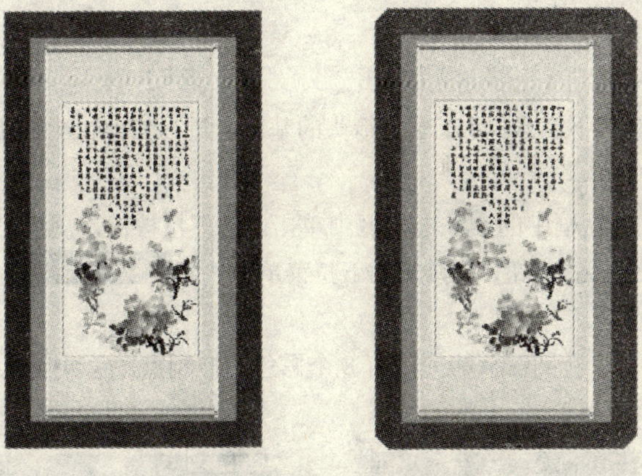

图 6.1.7　设置矩形转角为梯形角

6.1.4　设置线端与箭头

线端样式与箭头样式只针对线条对象而言，对于闭合图形对象则不产生任何效果。设置线端与箭头样式的具体操作方法如下：

（1）单击工具箱中的“钢笔工具”按钮，在绘图区中拖动鼠标绘制曲线，设置曲线的宽度，如图 6.1.8 所示。

（2）单击工具箱中的“轮廓笔对话框”按钮，弹出“轮廓笔”对话框。

（3）在线条端头选项区中选中单选按钮，使曲线端头呈圆滑状，在箭头选项区中单击下拉按钮，可从弹出的下拉列表中选择一种箭头样式，如图 6.1.9 所示。

图 6.1.8　绘制曲线

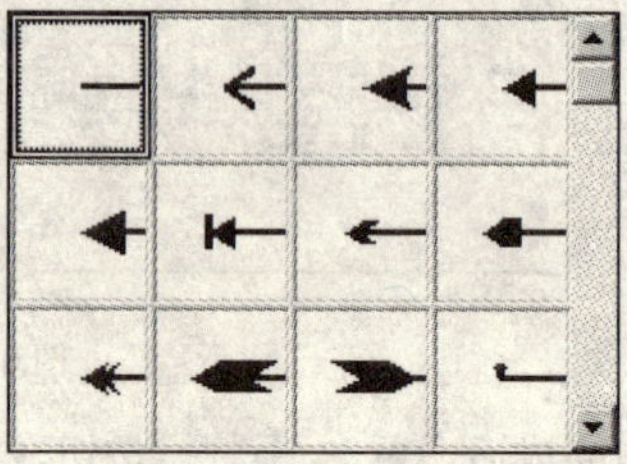

图 6.1.9　箭头样式下拉列表

（4）单击确定按钮，即可在曲线的末端添加箭头，如图 6.1.10 所示。

如需要在曲线的起点位置添加箭头，而末端为圆滑状，可通过反转曲线方向的方法来完成，方法是：单击工具箱中的“形状工具”按钮，并在属性栏中单击“反转子路径的曲线方向”按钮，即可反转曲线的方向，效果如图 6.1.11 所示。

图 6.1.10　在曲线末端添加箭头

图 6.1.11　反转曲线方向

如果对预设的箭头样式不满意，可在原有箭头的基础上进行修改，如将箭头缩小、放大或压扁等，具体的操作方法如下：

（1）在“轮廓笔”对话框中的箭头选项区中单击下拉按钮，从弹出的下拉列表中选择一种箭头样式，然后单击选项(N)按钮，在弹出的下拉菜单中选择编辑(E)…命令，弹出“编辑箭头尖”对话框，如图 6.1.12 所示。

（2）在该对话框中可以看到箭头的周围有 8 个黑色的控制点，拖动控制点可以改变箭头的形状，如图 6.1.13 所示。

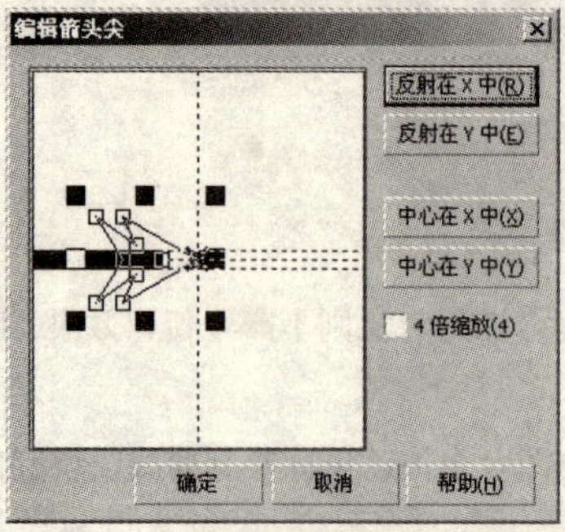

图 6.1.12　“编辑箭头尖”对话框

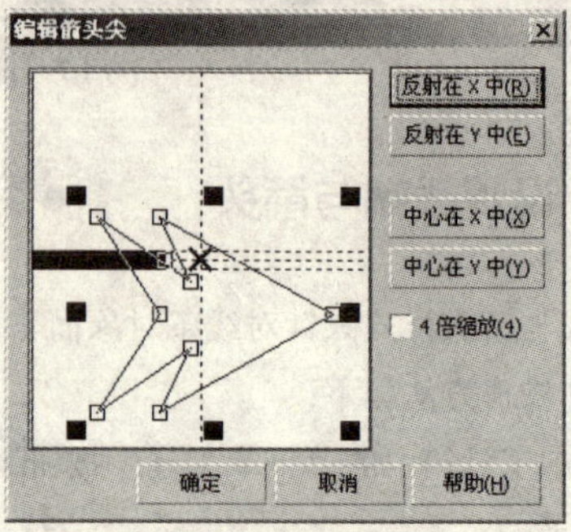

图 6.1.13　设置箭头的形状

（3）单击反射在X中(R)按钮，可水平翻转箭头；单击反射在Y中(E)按钮，可垂直翻转箭头；单击中心在X中(X)按钮，可将箭头的中心置于 X 轴的 0 点；单击中心在Y中(Y)按钮，可将箭头的中心置于 Y 轴的 0 点；选中☑4倍缩放(4)复选框，可将箭头图形放大 4 倍显示。

（4）编辑完成后，单击确定按钮，即可在绘图区中看到改变形状后的箭头。

提示：如果不理解设置线条端头的作用，可将线条放大显示来查看，也可将轮廓宽度设置得大一些。

6.1.5　设置对象的书法轮廓

设置对象的书法轮廓的具体操作方法如下：

（1）使用钢笔工具在绘图区中拖动鼠标绘制曲线对象。

（2）在轮廓工具组中单击"轮廓笔对话框"按钮，弹出"轮廓笔"对话框，设置轮廓线的宽度为"3"，在书法选项区中的笔尖形状:设置框中按住鼠标左键拖动，即可调整对象的书法轮廓，此时对应的展开(T):与角度(A):微调框中的数值也会随之改变。

（3）设置好参数后，单击确定按钮，效果如图 6.1.14 所示。

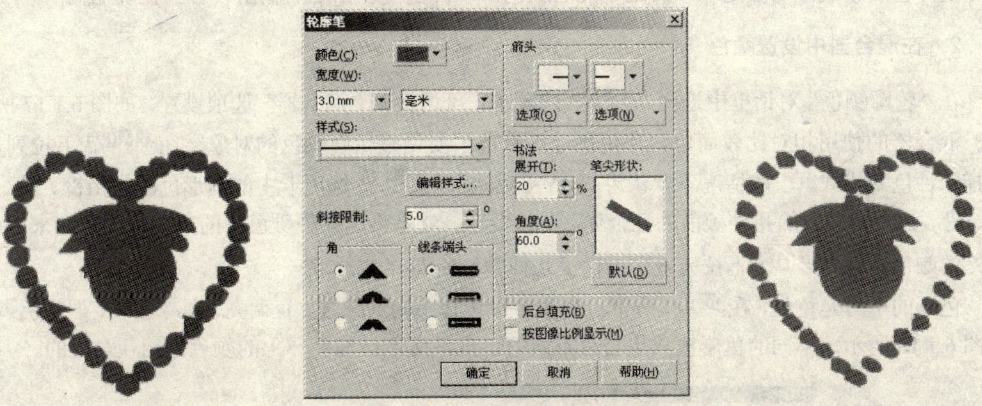

图 6.1.14　设置对象的书法轮廓

提示：在"轮廓笔"对话框中选中☑按图像比例显示(M)复选框，可使曲线或图形的轮廓宽度按比例缩放。

6.1.6　填充轮廓线的颜色

利用"轮廓颜色"对话框与"颜色"泊坞窗，可以设置线条与轮廓线的颜色。单击轮廓工具组中的轮廓颜色...按钮，可弹出"轮廓颜色"对话框，如图 6.1.15 所示。

1．在模型中选择颜色

在"轮廓颜色"对话框中默认显示为模型选项卡，从颜色查看器窗口可以选择颜色。在颜色查看器窗口中有一个小方框，此方框内的颜色就是当前选择对象的轮廓颜色，将鼠标移至小方框上单击并按住鼠标左键拖动，即可改变轮廓颜色，也可以直接在颜色查看器窗口中的其他颜色区域单击，来改变轮廓的颜色。

颜色查看器窗口中的颜色是以色系显示的，因此，可以通过单击或拖动颜色查看器窗口右侧的颜色条，来改变选用颜色的色系。

单击模型(E):右侧的下拉列表框，可从弹出的下拉列表中选择不同的色彩模式，如图 6.1.16 所示，由于矢量图通常要用于打印或印刷，因此，必须采用基于标准印刷输出设备的模式，即 CMYK。

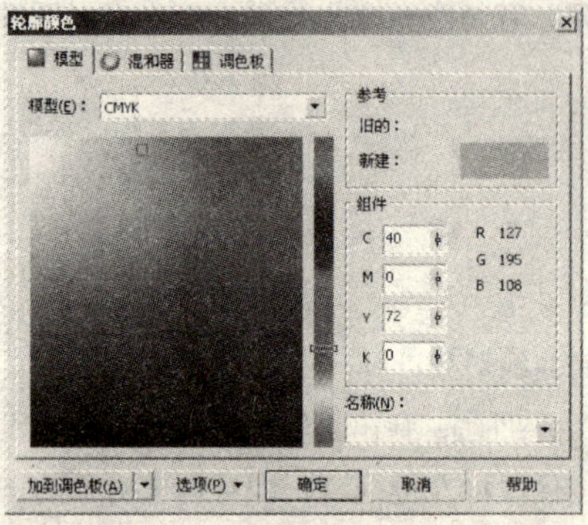

图 6.1.15 “轮廓颜色”对话框

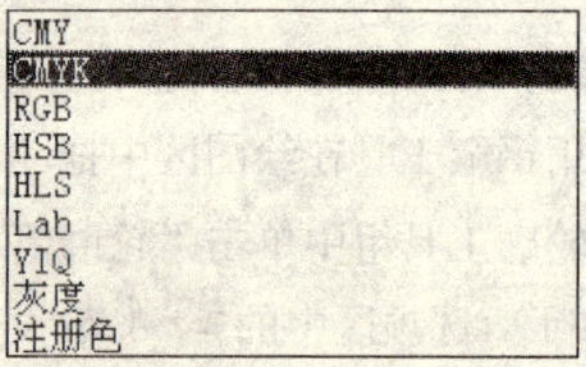

图 6.1.16 模型下拉列表

选择色彩模式最主要是可以启用不同的颜色系统，以便在相应的输出设备上正确地输出。

2．在混合器中设置颜色

在“轮廓颜色”对话框中选择混和器选项卡，可切换到“混合器”选项设置，如图 6.1.17 所示。

混合器的使用相对比较简单，使用挑选工具选中要调整轮廓颜色的对象，在模型(E):下拉列表中选择一种色彩模式，一般情况下默认为 CMYK 模式。混和器选项卡中的圆形色环是由橙、黄、红、绿、青、蓝、紫形成的几种颜色的混合体。所谓混合，就是将这几种颜色中的某几种混合起来而得到最终的颜色。在色度(H):下拉列表中提供了几种颜色的混合方式。

色环的下方是色盘，在变化(V):下拉列表中可选择不同的选项，有调亮、调冷色调、调暖色调等，如图 6.1.18 所示。不同的色彩模式也会有不同的色盘，而色盘与色环上的颜色是相互对应的。

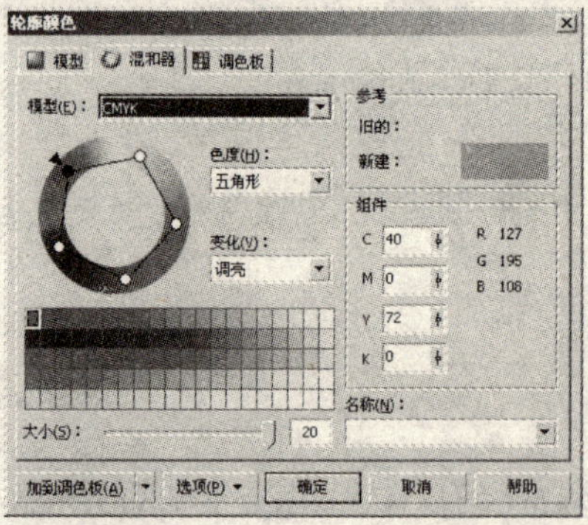

图 6.1.17 “混合器”选项卡

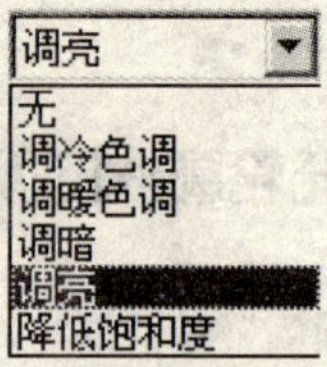

图 6.1.18 变化下拉列表

设置完参数后，将鼠标光标移至色环上的小黑圈处，光标将变成一个旋转的提示符号，如图 6.1.19 所示，按住鼠标左键拖动进行旋转，此时，在参考选项区中将同步显示旧的:与新建:颜色，以便更好地调整颜色。同时，在组件选项区中也同步显示了相应模式的参数值，如图 6.1.20 所示。

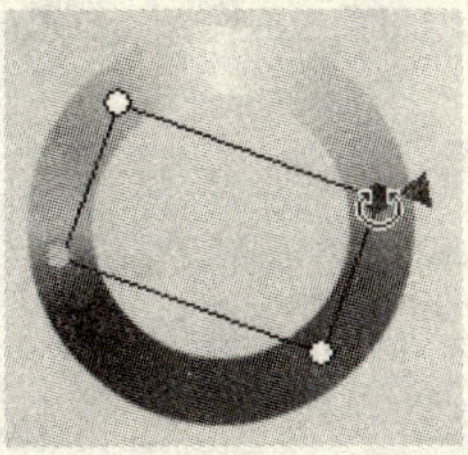

图 6.1.19　旋转混合颜色

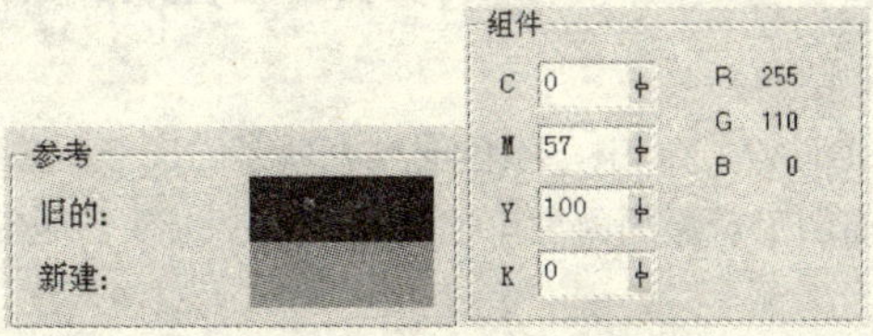

图 6.1.20　同步显示颜色参数值

3. 在调色板中选择颜色

在“轮廓颜色”对话框中选择 调色板 选项卡，即可切换到该选项，如图 6.1.21 所示。

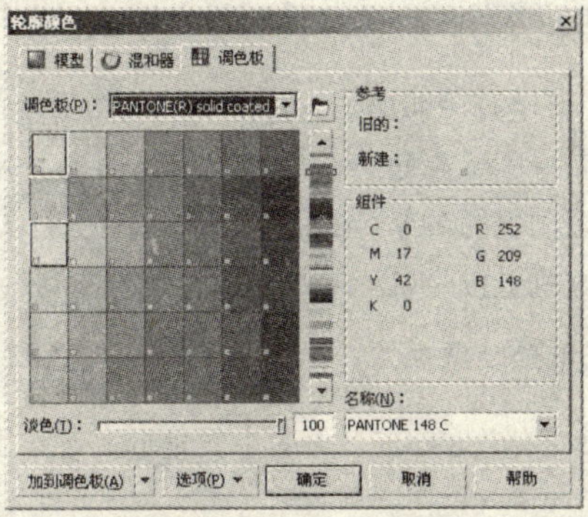

图 6.1.21　“调色板”选项卡

CorelDRAW X4 为许多领域预设了各种不同的调色板，通常这些调色板都具有一定的名称。单击 调色板(P): 右侧的 PANTONE(R) solid ... 下拉列表框，可从弹出的下拉列表中看到不同的调色板名称，因此，可以根据需要选择相应的调色板。

在 调色板 选项卡中还提供了一个竖向的调节柄，通过此调节柄可调节调色板的颜色色系。

4. 使用“颜色”泊坞窗

单击轮廓工具组中的 颜色(C) 按钮，打开“颜色”泊坞窗，在此泊坞窗中也可精确设置轮廓线的颜色。分别单击该泊坞窗中的“显示颜色滑块”按钮、“显示颜色查看器”按钮或“显示调色板”按钮，可使“颜色”泊坞窗以不同的形式显示，如图 6.1.22 所示。

显示颜色滑块　　显示颜色查看器　　显示调色板

图 6.1.22　“颜色”泊坞窗

6.2 图形的填充

在 CorelDRAW X4 中，颜色的填充就是对图形对象的轮廓和内部的填充。图形对象的轮廓只能填充单色，而图形对象的内部可以进行单色、渐变、图案以及纹理等多种方式的填充。

6.2.1 均匀填充

均匀填充是一种最简单的填充方式，可在封闭的图形对象内填充单一的颜色，用户可以方便地通过调色板、对话框或泊坞窗方式实现均匀填充。

1. 通过调色板均匀填充对象

在 CorelDRAW X4 的工作窗口右侧的调色板是多个纯色的集合，如果调色板未打开，可以选择菜单栏中的 窗口(W) → 调色板(L) → 默认 CMYK 调色板(C) 命令，即可打开调色板。

使用挑选工具选择需要填充颜色的对象，然后单击右侧调色板中的色彩方块，即可将所选颜色应用到对象上。此外，在所选的颜色上按住鼠标左键不放，可弹出其近似色。

2. 通过“均匀填充”对话框均匀填充

单击工具箱中的“填充工具”按钮右下角的小三角形，可弹出隐藏的工具组，其中包括多种填充工具，如图 6.2.1 所示。

单击填充工具组中的 均匀填充... 按钮，可弹出“均匀填充”对话框，如图 6.2.2 所示。

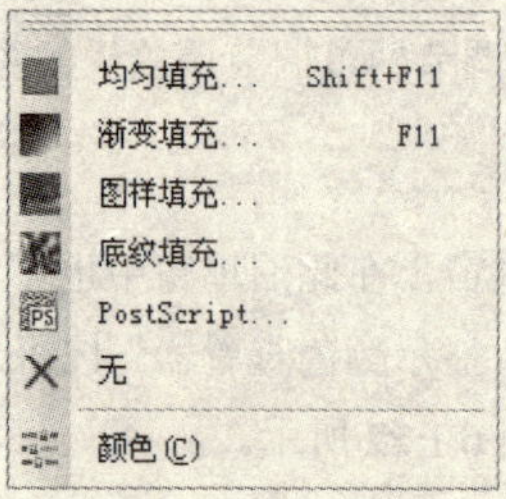

图 6.2.1 填充工具组

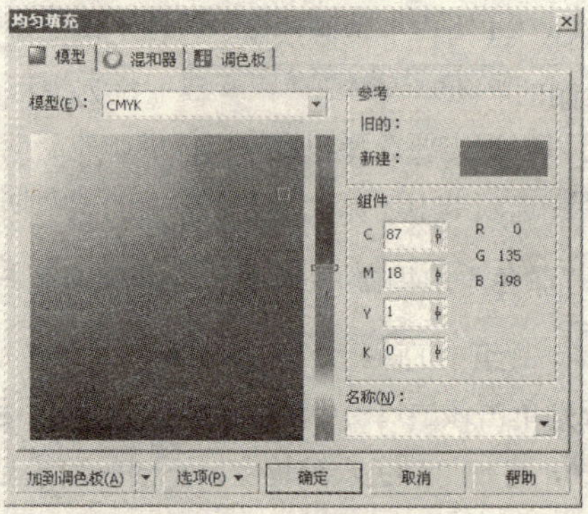

图 6.2.2 “均匀填充”对话框

在该对话框的中间有一个色带与滑块，上下拖动色带上的滑块可选择需要填充的大致色彩范围；在左侧的色彩选择区中，有一个用于选择色彩的小方框，拖动此方框可以精确地选择需要的色彩。也可直接在“均匀填充”对话框右侧的 组件 选项区中的相应色彩模式输入框中输入数值来设置所要填充的色彩。

单击 确定(O) 按钮，即可对所选的对象进行均匀填充。

3. 通过“颜色”泊坞窗均匀填充

均匀填充与轮廓颜色的填充相似，可以通过“颜色”泊坞窗来进行均匀填充。首先使用挑选工具选择要填充的对象，然后在填充工具组中单击 颜色(C) 按钮，可打开“颜色”泊坞窗，如图 6.2.3 所示。

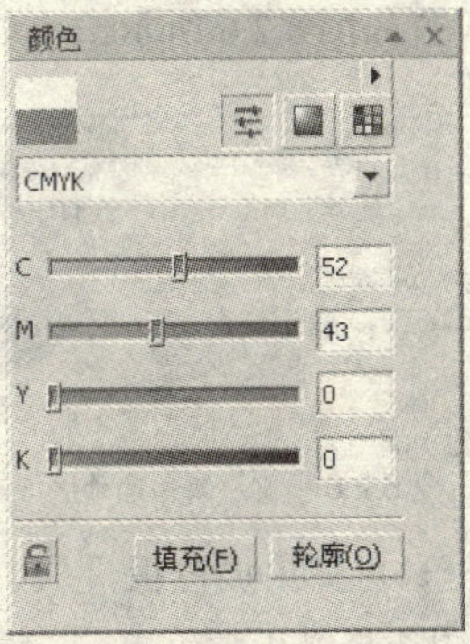

图 6.2.3　“颜色”泊坞窗

在该泊坞窗中拖动色带上的滑块，可选择需要填充的大致色彩范围；在色彩选择区中拖动用于选择色彩的小方框，可精确地选择需要的颜色；最后单击填充(F)按钮，即可完成均匀填充。

6.2.2　渐变填充

CorelDRAW X4 中提供了线性、射线、圆锥和方角 4 种渐变填充方式，利用渐变填充工具可以制作出多种渐变效果。

在工具箱中的填充工具组中单击渐变填充...按钮，弹出“渐变填充”对话框，如图 6.2.4 所示。

在类型(T):右侧的射线下拉列表中提供了 4 种渐变类型，如图 6.2.5 所示，从中可选择所需的渐变类型。

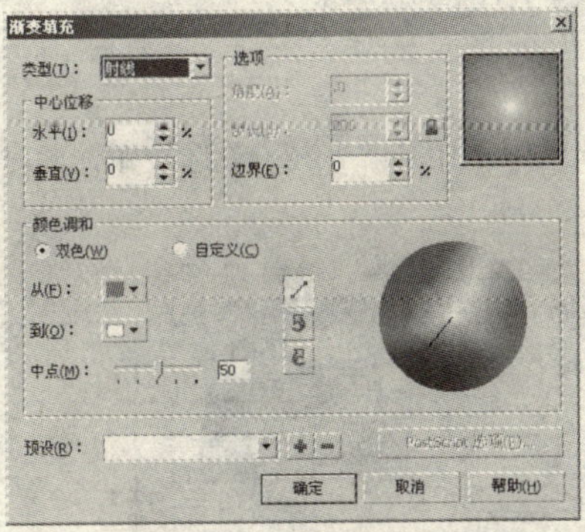

图 6.2.4　“渐变填充”对话框

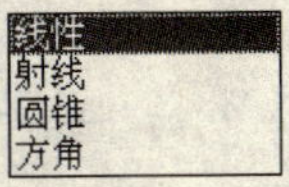

图 6.2.5　类型下拉列表

线性：可将选择的颜色分别置于混合颜色的两边，然后逐渐向中心调和两种颜色，默认的两种调和色为黑色和白色。

射线：由对象的边缘向中心辐射，可用来制作球体的反光效果。

圆锥：由对象的中心引出两条射线，将调和颜色分列两端，从而产生圆锥形的渐变效果。

方角：此渐变填充与射线渐变填充的原理类似，但它产生的是星光效果。

1. 双色渐变填充

在 CorelDRAW X4 中，可以用两种颜色来调和渐变色。在“渐变填充”对话框中的颜色调和选项

区中选中 双色(W) 单选按钮，其参数设置如图 6.2.6 所示。

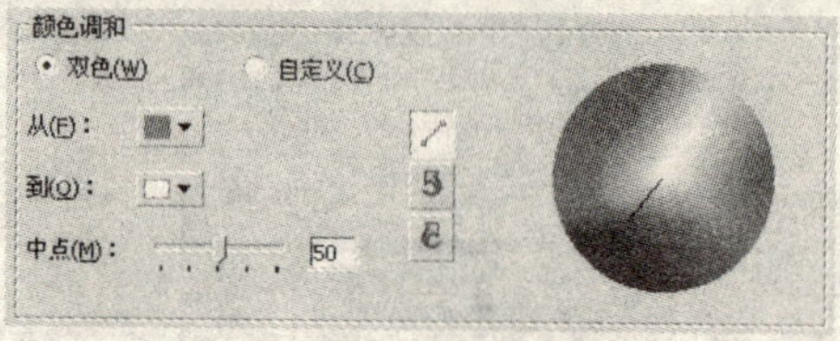

图 6.2.6　颜色调和选项区 1

单击 从(F): 右侧的下拉列表框，可弹出调色板，从中可选择起始颜色；单击 到(O): 右侧的下拉列表框，可从弹出的调色板中选择终止颜色。

设置好颜色后，便可在“渐变填充”对话框右上角的渐变预览框中预览最终效果。

在 颜色调和 选项区中单击“直线”按钮，用两种在色轮上呈直线变化的颜色来填充图形；单击“顺时针”按钮，用两种在色轮上呈顺时针变化的颜色来填充图形；单击“逆时针”按钮，用两种在色轮上呈逆时针变化的颜色来填充图形。

在 中点(M): 输入框中输入数值或拖动滑块，可改变渐变填充的中心位置，如图 6.2.7 所示。

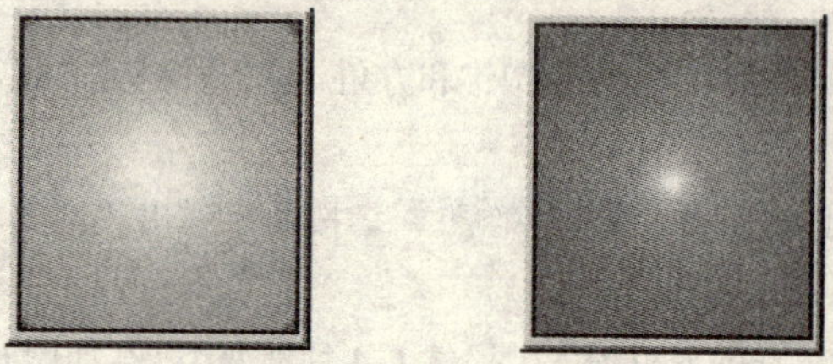

输入数值为 1　　　　输入数值为 80

图 6.2.7　调节中点值后的效果

2．自定义渐变样式

在“渐变填充”对话框中的 颜色调和 选项区中选中 自定义(C) 单选按钮，此时的 颜色调和 选项区如图 6.2.8 所示。

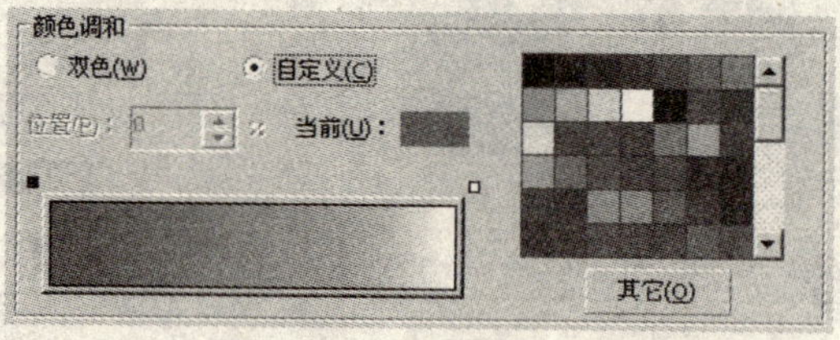

图 6.2.8　颜色调和选项区 2

在如图 6.2.8 所示选项区左下方的渐变预览条上方有两个小方块色标，黑色即为选中状态，在右侧的调色板中选择颜色，即可改变选中的小方块处的颜色（即起始处的颜色）。

在渐变条上单击右上方的小方块色标，然后在右侧的调色板中选择颜色，即可改变终止颜色。

在渐变预览条上的两个小方块色标中间的任意位置处双击，即可添加一个新的色标，如图 6.2.9 所示。

使新的色标处于选中状态，然后在调色板中选择需要的颜色，即可在色标处添加所选的颜色，如图 6.2.10 所示。

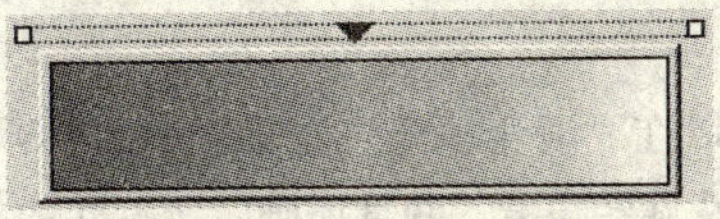

图 6.2.9　添加色标

图 6.2.10　设置色标颜色

在 位置(P): 微调框中输入数值，可改变被选中色标在渐变预览条上所处的位置。最左边为 0，最右边为 100%。

在渐变预览条上方再次双击，可继续添加色标，并可在右侧的调色板中选择相应的颜色来改变所选中的色标处的颜色。

如果对新增的颜色不满意，在渐变预览条上方双击所添加的色标，即可将添加的色标删除。

3. 设置渐变选项

在“渐变填充”对话框中的 选项 选项区中可设置渐变的角度、步长与边界数值。

在 角度(A): 微调框中输入数值，可设置线性、圆锥形或矩形填充渐变颜色的角度，当输入正值时，按逆时针旋转；输入负值时，可按顺时针旋转。在此，输入数值 60，渐变效果如图 6.2.11 所示。

图 6.2.11　改变角度值后的旋转效果

在 步长(S): 微调框的右侧单击 按钮，可使该微调框处于可用状态，即可以设置步长值。增加步长值，可以使色调更平滑，但会延长打印时间；减少步长值，可以提高打印速度，但会使色调变得粗糙，且使颜色的过渡明显不平滑，效果如图 6.2.12 所示。

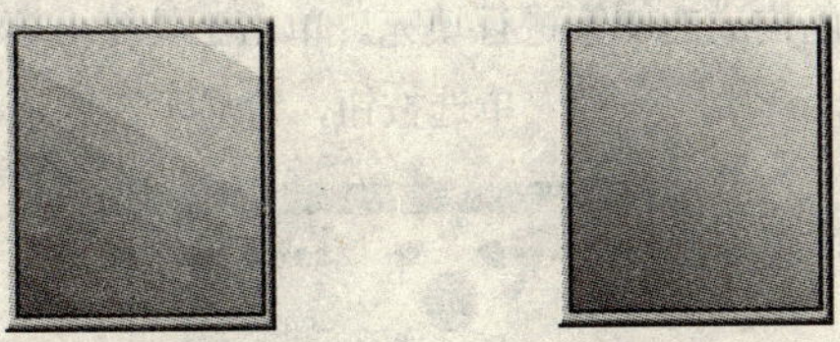

步长值为 10　　步长值为 300

图 6.2.12　改变步长值后的效果

在 边界(E): 微调框中输入数值，可设置线性、射线、矩形填充的渐变色调和比例，其取值范围为 0～49，数值越小，边界颜色的影响范围就越小。设置数值为 50 时，渐变色将变为起始颜色和终止颜色控制的实色块。不同边界值的填充效果如图 6.2.13 所示。

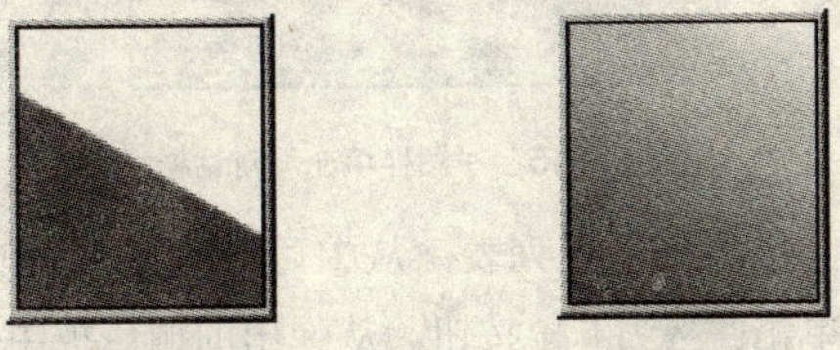

边界值为 50　　边界值为 2

图 6.2.13　设置边界值后的效果

4．选择预设渐变样式

CorelDRAW X4 中提供了多种预设渐变样式，可以在“渐变填充”对话框中的 预设(R): 下拉列表中进行选择，这些样式预先设置了颜色、中心位置以及旋转角度，并且还确定了旋转的类型，用户可以根据需要进行调整。

在 预设(R): 右侧单击 01 - 异域天空 下拉列表框，可弹出其下拉列表，从中可以选择一种预设样式，此时可在预设框与渐变预览条中看到相应的渐变样式。选择好预设的渐变样式后，也可在“渐变填充”对话框中对所选预设渐变样式的类型、中心位置以及角度进行修改，单击 确定 按钮，可完成渐变填充，如图 6.2.14 所示。

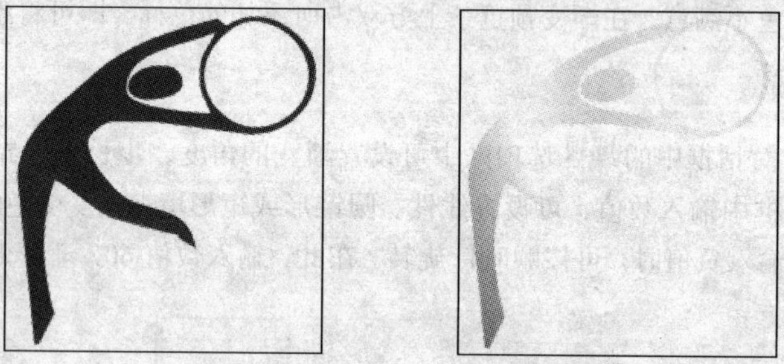

图 6.2.14　填充预设渐变样式

6.2.3　图样填充

CorelDRAW X4 中提供了图样填充功能，此填充方式可将预设图案以平铺的方式填充到图形中，使用图样填充可以设计出多种特殊的填充效果。图样填充包括双色填充、全色填充和位图填充。

1．双色填充

双色填充可使用由两种颜色构成的图案进行填充。单击工具箱中填充工具组中的 图样填充... 按钮，弹出“图样填充”对话框，选中 双色(C) 单选按钮，可显示该选项参数，如图 6.2.15 所示。

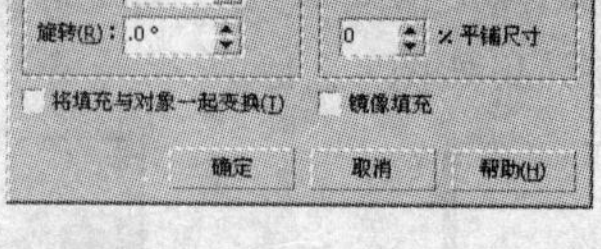

图 6.2.15　“图样填充”对话框

单击图案下拉列表框，弹出其下拉列表，从中可以选择预设的图案，如图 6.2.16 所示。

在 前部(F): 与 后部(K): 右侧单击下拉按钮，从弹出的调色板中可选择双色图案所需的颜色。

在 原点 选项区中，通过设置 X，Y 微调框中的数值，可设置填充中点所在的坐标位置。

在 大小 选项区中，通过设置 宽度(W) 与 高度(I) 数值，可以设置图案的大小。

在行或列位移选项区中，选中 行(O) 单选按钮，可设置行平铺尺寸的百分比；选中 列(U) 单选按钮，可设置列平铺尺寸的百分比；调节平铺尺寸数值，可指定行或列错位的百分比。

在变换选项区中，通过设置倾斜(S):与旋转(R):数值，可以改变图案的倾斜角度与旋转角度。

设置好各选项参数后，单击确定按钮，填充双色图案后的效果如图 6.2.17 所示。

图 6.2.16　图案下拉列表

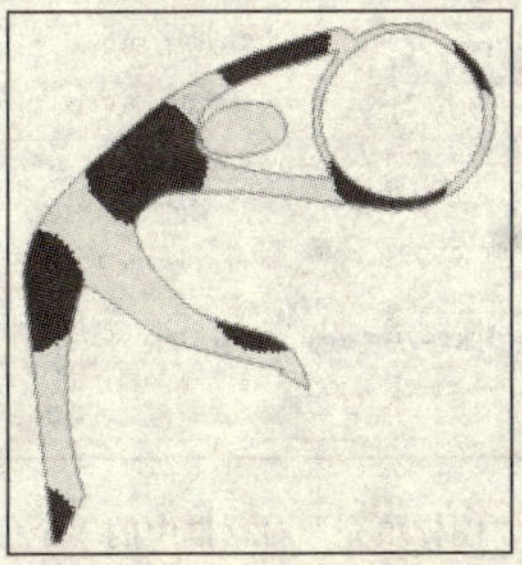

图 6.2.17　填充双色图案后的效果

如果预设的双色图案不能满足要求，则可在“图样填充”对话框中单击创建(A)...按钮，弹出“双色图案编辑器”对话框，在该对话框中可根据需要绘制图案。在空网格中单击并拖动鼠标左键，可使空网格填充为黑色，而在黑色网格内单击鼠标右键将恢复网格为空网格，如图 6.2.18 所示。绘制好图案后，单击确定按钮，返回到“图样填充”对话框，即可在图案下拉列表中显示编辑的图案效果，如图 6.2.19 所示。

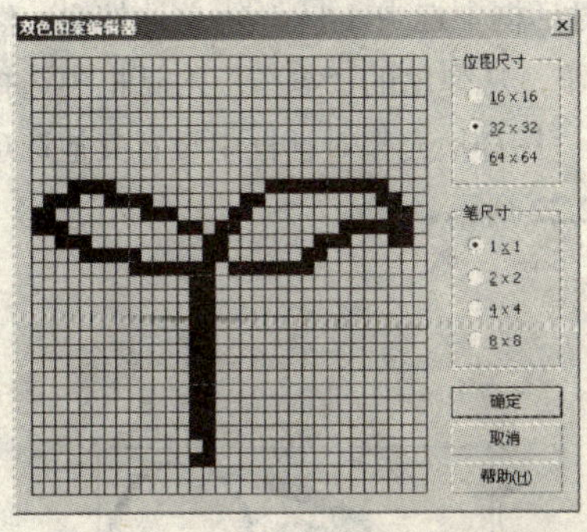

图 6.2.18　“双色图案编辑器”对话框

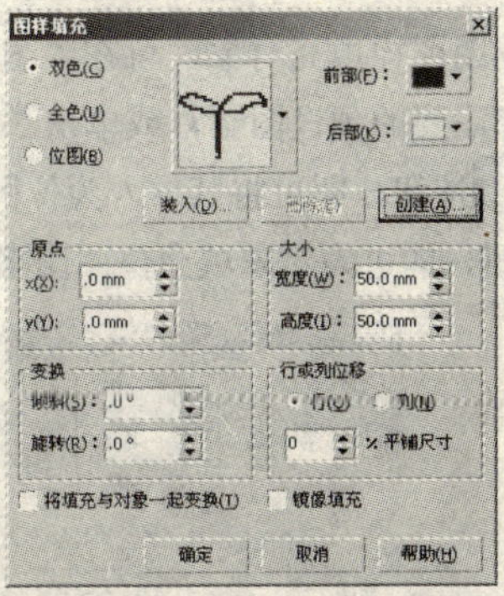

图 6.2.19　显示编辑的图案

2. 全色填充

全色填充与双色填充非常相似，全色图案支持更多的颜色，它使用两种以上的颜色和灰度填充对象。全色图案可以是矢量图案也可以是位图图案。在“图样填充”对话框中选中 全色(F) 单选按钮，可显示出该选项参数，如图 6.2.20 所示。

单击图案下拉列表框，可从弹出的下拉列表中选择预设的全色图案。设置其他选项的参数，单击确定按钮，即可将所选的全色图样填充到对象中，如图 6.2.21 所示。

用户也可以从外部导入一幅图像，将其转换为全色图样填充到图形对象中，具体的操作步骤如下：

（1）在“图样填充”对话框中选中 全色(F) 单选按钮，单击装入(D)...按钮，弹出“导入”对话框，从中选择一幅需要导入的图像。

（2）单击导入按钮，在“图样填充”对话框中的图案下拉列表中可显示导入的图案，单击确定按钮，即可将该图样填充到所选的图形对象中。

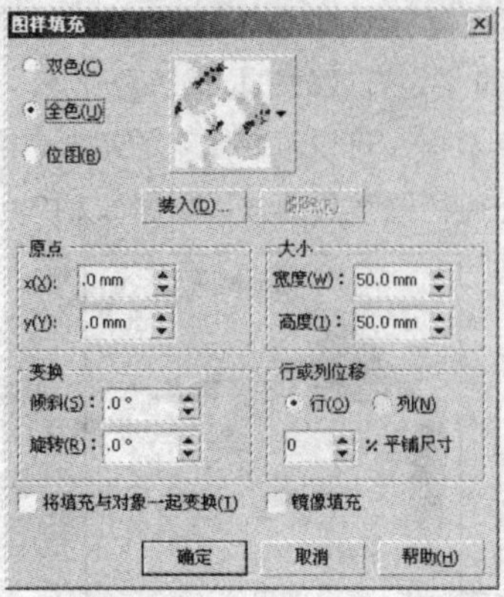

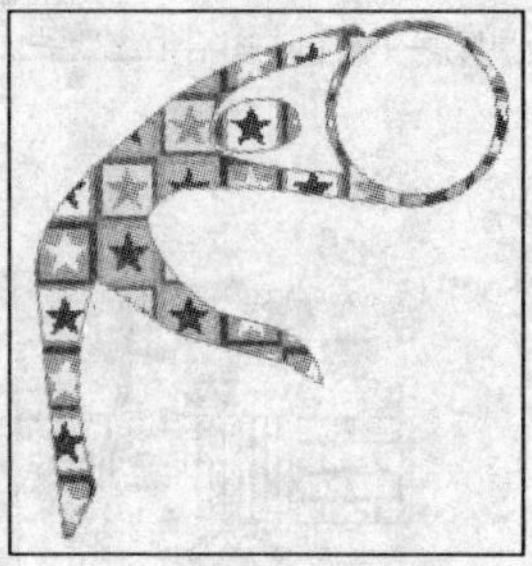

图 6.2.20 “图样填充”对话框中的“全色”选项　　图 6.2.21 全色图样填充

技巧：全色填充与双色填充不同，导入的全色图案不能被保存在图案下拉列表中，预设的全色图案也不能被删除。

3．位图填充

位图填充可使用预设的或导入的位图图像来填充对象，与全色填充不同的是，位图填充能使用位图进行填充，而不能使用矢量图填充，且位图图案可以被保存或删除。

要使用位图图样填充对象，可在“图样填充”对话框中选中 位图(B) 单选按钮，然后在图案下拉列表中选择需要的预设图案，或单击 装入(D)... 按钮，从弹出的“导入”对话框中选择位图图像，单击 导入 按钮，即可将其导入为位图图案。在“图样填充”对话框中设置其他选项参数，单击 确定 按钮，即可为对象填充位图图案，如图 6.2.22 所示。

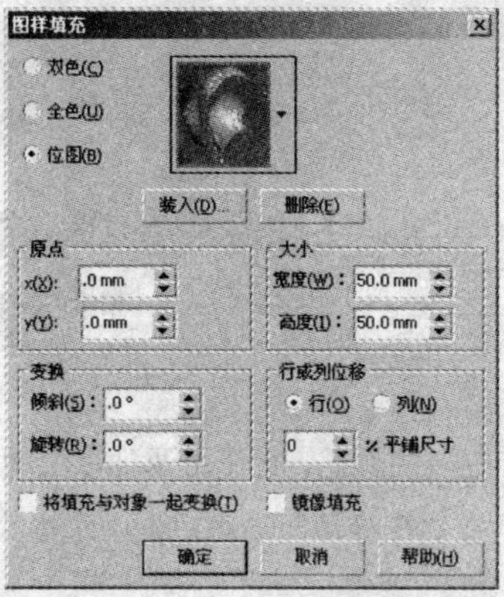

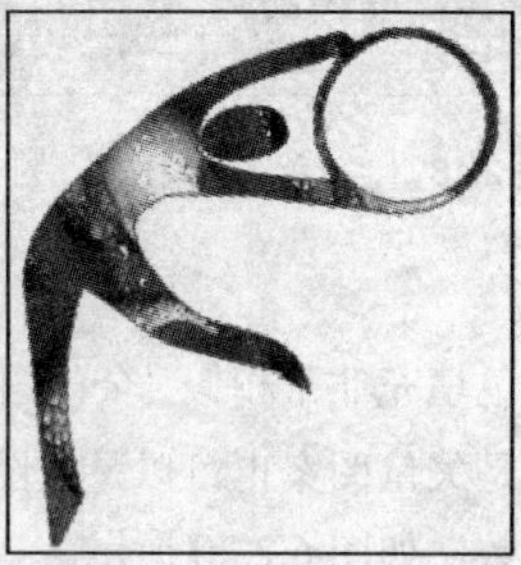

图 6.2.22 位图图样填充

6.2.4 底纹填充

底纹填充可以将各种材料底纹、材质或纹理填充到对象中。在工具箱中单击填充工具组中的 底纹填充... 按钮，弹出“底纹填充”对话框，如图 6.2.23 所示。

在 底纹库(L): 下拉列表中可以选择不同的底纹库；在 底纹列表(T): 下拉列表中选择底纹样式，并可根据所选的底纹样式在对话框右侧设置底纹的亮度以及密度等参数，以产生各种不同的底纹图案。

在“底纹填充”对话框中选择并设置好底纹样式后，单击选项(O)...按钮，弹出“底纹选项”对话框，如图 6.2.24 所示，在位图分辨率(R):下拉列表中可选择所需的分辨率，也可直接在输入框中输入数值来改变位图的分辨率。

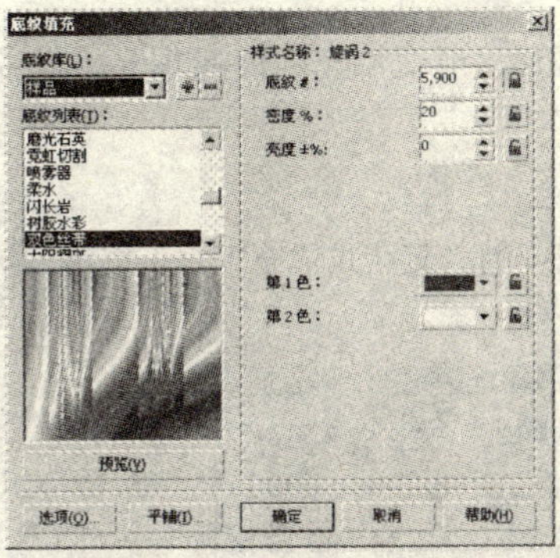

图 6.2.23　“底纹填充”对话框

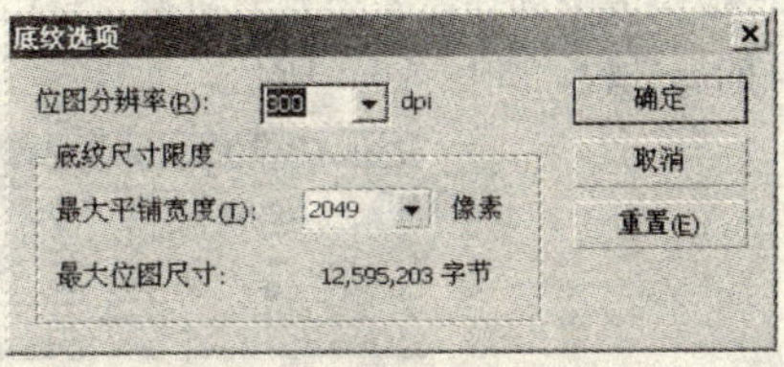

图 6.2.24　“底纹选项”对话框

在“底纹填充”对话框中单击预览(V)按钮，所选的底纹样式也会随机发生变化。设置完成后，单击确定按钮，即可将所选的底纹填充到所选对象中。

6.2.5　PostScript 底纹填充

PostScript 底纹是由 PostScript 语言编写出的一种特殊底纹。在填充工具组中单击 PostScript... 按钮，弹出“PostScript 底纹”对话框，如图 6.2.25 所示。

在该对话框中选中☑预览填充(P)复选框，以方便选择底纹样式。在该对话框左侧的下拉列表中选择填充样式，然后在参数选项区中设置 PostScript 底纹的相关参数，单击刷新(R)按钮，可预览设置后的效果。设置完成后，单击确定按钮，即可将所选的 PostScript 底纹填充到所选对象中，如图 6.2.26 所示。

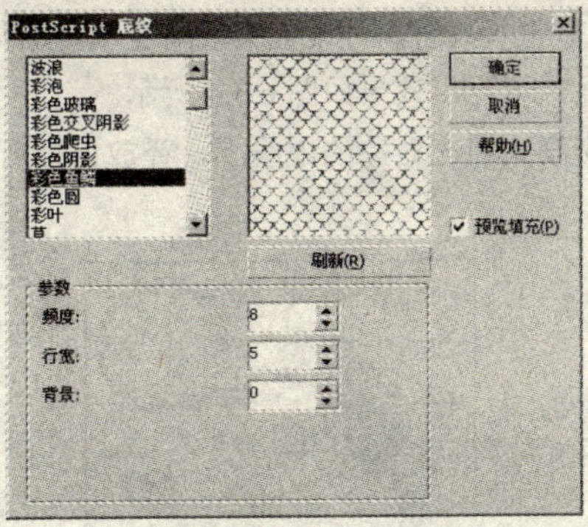

图 6.2.25　“PostScript 底纹”对话框

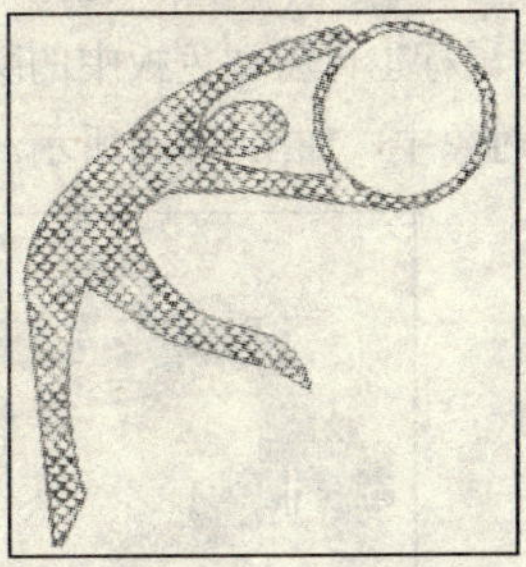

图 6.2.26　PostScript 底纹填充

6.3　交互式填充

在 CorelDRAW X4 中提供了两种交互式填充工具，即交互式填充工具与交互式网状填充工具，使用这两种填充工具可以对所选对象进行特殊填充。

6.3.1 交互式填充工具

使用交互式填充工具可以对所选对象进行均匀填充、渐变填充、图案填充、底纹填充以及PostScript填充等操作，因此使填充变得简单直观。

使用交互式填充工具填充对象的具体操作方法如下：

（1）在绘图区中选择需要填充的对象，单击工具箱中的“交互式填充工具”按钮，此时可显示出该工具的属性栏，如图6.3.1所示。

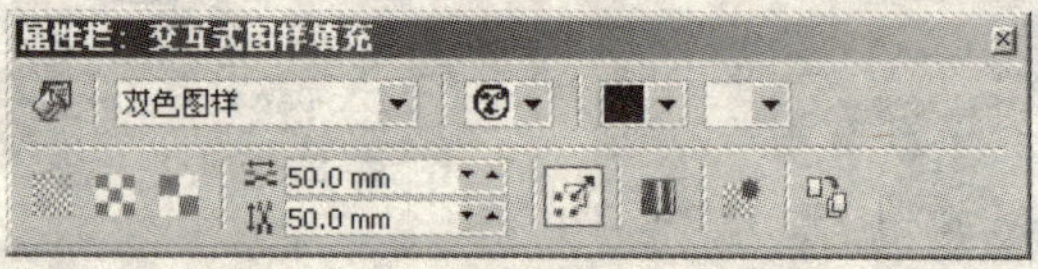

图6.3.1 “交互式填充工具”属性栏

（2）在属性栏中单击填充类型下拉列表框双色图样，可弹出如图6.3.2所示的下拉列表，在该下拉列表中选择一种填充类型。

（3）如果选择圆锥选项，此时属性栏如图6.3.3所示。

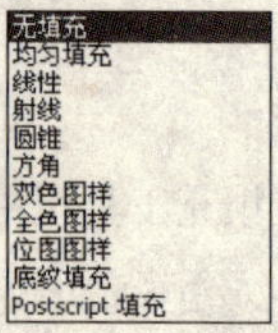

图6.3.2 填充类型下拉列表

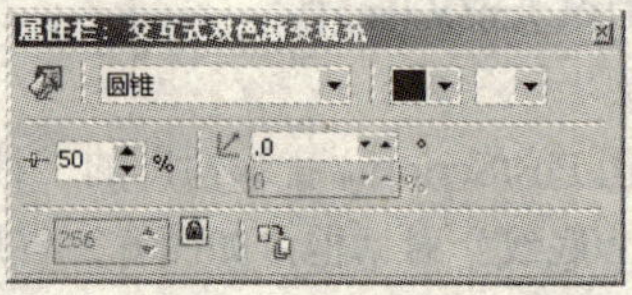

图6.3.3 选择“圆锥”选项后的属性栏

1）单击下拉按钮，可从打开的调色板中选择一种颜色，设置圆锥填充的起点颜色。

2）单击下拉按钮，可从打开的调色板中选择一种颜色，设置圆锥填充的终点颜色。

3）在渐变填充中心点输入框中输入数值，可设置渐变颜色的分布状态。

4）在渐变式填充角输入框中输入数值，可设置圆锥渐变填充的角度。

（4）设置好参数后，按回车键即可应用交互式填充，效果如图6.3.4所示。

（5）使用鼠标也可将调色板中的颜色拖至交互式填充对象的虚线上，释放鼠标后，即可将所选的颜色添加到对象中，如图6.3.5所示。

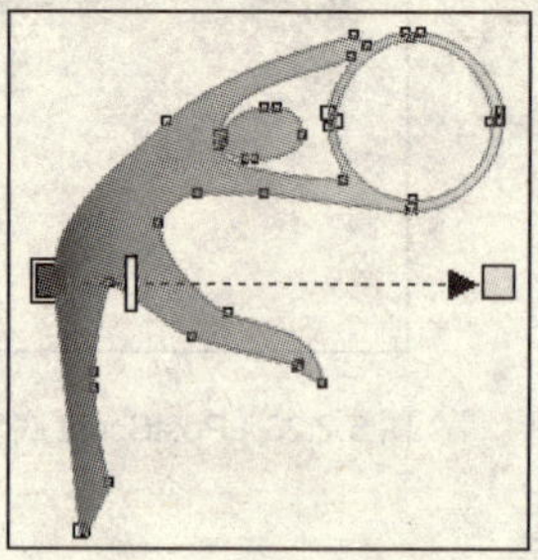

图6.3.4 交互式填充效果

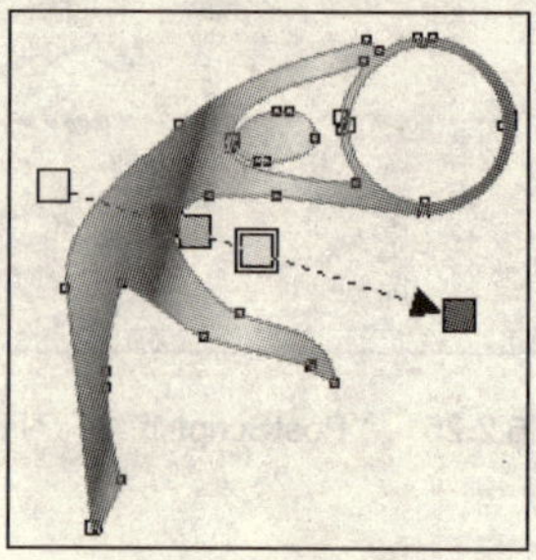

图6.3.5 添加颜色

提示： 在“交互式填充工具”属性栏中的填充类型下拉列表中选择一种填充类型后，其属性栏中的参数也会随之改变，通过调整参数，可设置交互式填充的属性。

6.3.2　交互式网状填充工具

使用交互式网状填充工具可以更容易地对图形对象进行变形和多样色彩的填充，从而突破均匀填充与渐变填充的限制，达到一种新的填充效果。

使用交互式网状填充工具填充对象的具体操作方法如下：

（1）使用基本绘图工具在绘图区中绘制一个图形对象。

（2）在交互式填充工具组中单击"交互式网状填充工具"按钮，此时可在绘制的图形对象上显示网格，如图 6.3.6 所示。

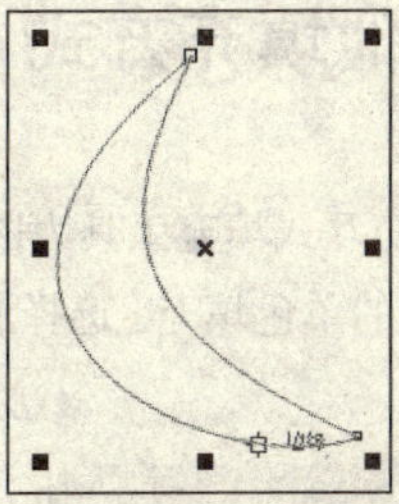

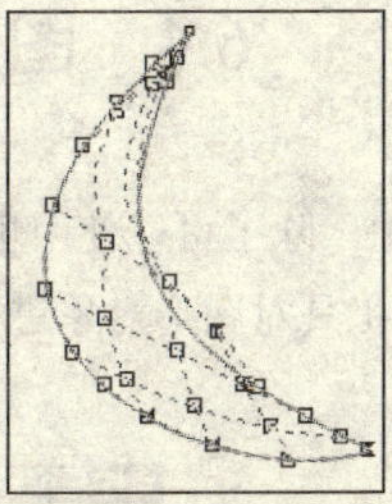

图 6.3.6　使用交互式网状填充工具选择对象

（3）在"交互式网状工具"属性栏中的网格大小输入框中输入数值，可设置网格的列数与行数，此处输入行数为 3，列数为 5，按回车键确认，效果如图 6.3.7 所示。

（4）将光标移至图形对象上的任意一个网格中单击，即可选中该网格，如图 6.3.8 所示。

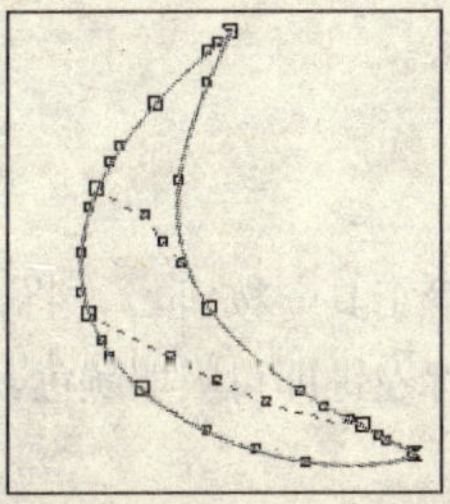

图 6.3.7　设置网格行数与列数

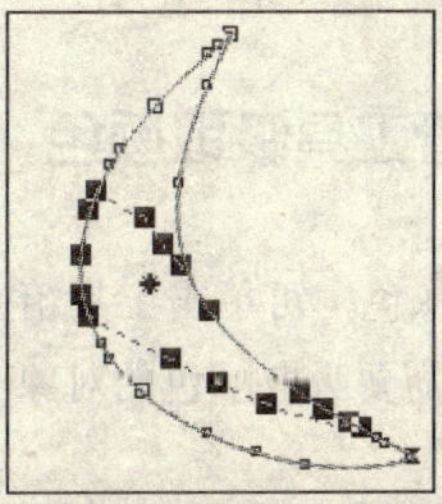

图 6.3.8　选中网格

（5）在调色板中单击任意一种颜色色块，可将其填充到选中的网格中，并可以看到填充效果是以网格为中心向外分散进行填充的，效果如图 6.3.9 所示。

（6）如果需要进行精确的填充，可将鼠标移至对象网格上的任意一个节点上单击，选择该节点，此时可显示出与编辑曲线相同的控制柄，调整控制柄，并在调色板中单击相应的颜色色块，可围绕该节点向外分散填充，如图 6.3.10 所示。

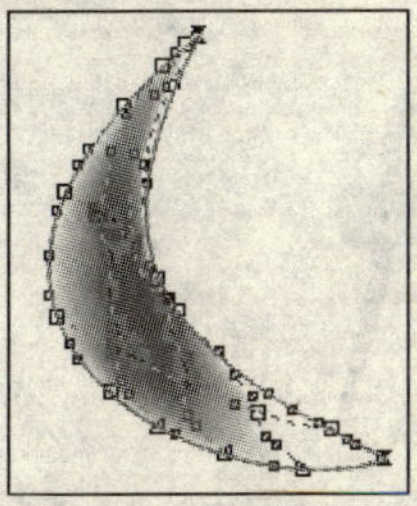

图 6.3.9　交互式网状填充效果

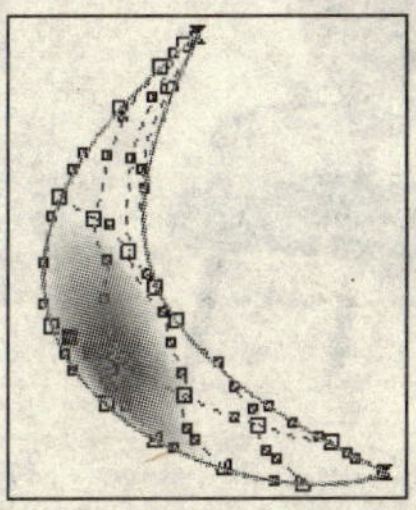

图 6.3.10　交互式网状的精确填充

（7）用鼠标拖动网格上的节点，可改变填充区域的颜色，如图 6.3.11 所示。

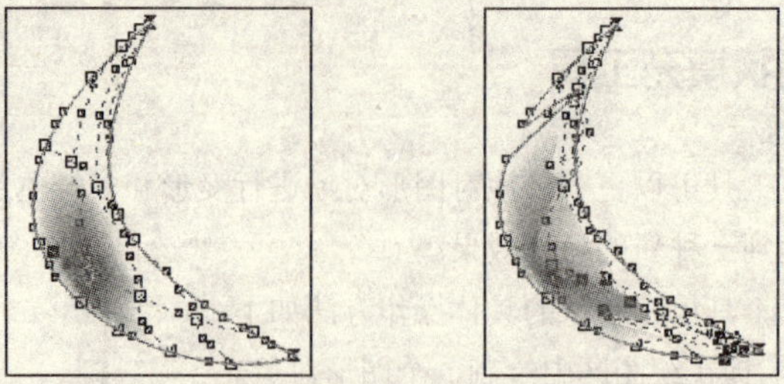

图 6.3.11　改变填充区域颜色

6.4　图形的其他填充方式

在 CorelDRAW X4 中，除了可以使用填充工具与交互式填充工具为图形对象填充色彩外，还可以使用滴管工具与颜料桶工具对图形对象进行简单快速的单色填充。选择滴管和颜料桶工具后，其属性栏显示如图 6.4.1 所示。

图 6.4.1　“滴管和颜料桶工具”属性栏

在填充过程中，滴管工具用于吸取指定对象的颜色，而颜料桶工具用于将吸取的颜色填充到指定的对象中。

6.4.1　使用滴管工具吸取颜色

要用滴管工具吸取颜色，可单击工具箱中的“滴管工具”按钮，将光标移至绘图区中，此时光标显示为形状，在需要吸取颜色的对象上单击鼠标左键即可吸取颜色。

6.4.2　使用颜料桶工具填充颜色

吸取颜色后，在滴管工具组中单击“颜料桶工具”按钮，将光标移至需要填充颜色的对象上，当光标变为形状时在对象内部单击，即可将所吸取的颜色填充到该对象中，如图 6.4.2 所示。

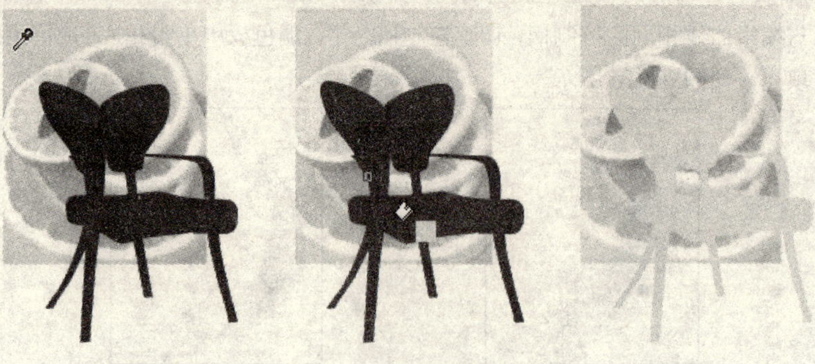

图 6.4.2　使用滴管和颜料桶工具填充对象

使用滴管工具吸取的颜色包括对象的填充颜色与轮廓线颜色，因此在使用颜料桶工具填充颜色时，也可将填充对象的轮廓线颜色应用到需要填充的对象上，如图 6.4.3 所示。

图 6.4.3　使用滴管和颜料桶工具填充对象的轮廓

6.5　课堂实训——绘制商标

本节将综合使用前面所学的知识绘制商标，最终效果如图 6.5.1 所示。

图 6.5.1　最终效果图

操作步骤

（1）新建一个图形文件，单击工具箱中的“椭圆形工具”按钮，按住“Ctrl”键，在页面中拖动鼠标，绘制一个圆形对象，如图 6.5.2 所示。

（2）单击工具箱中的“交互式变形工具”按钮，在其属性栏中选择“拉链变形”按钮，设置拉链失真振幅为“32”，拉链失真频率为“5”，然后在绘制的圆对象上拖曳鼠标变形对象，效果如图 6.5.3 所示。

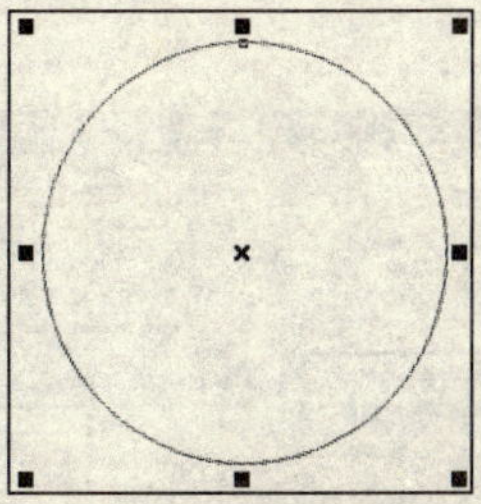

图 6.5.2　绘制圆形对象

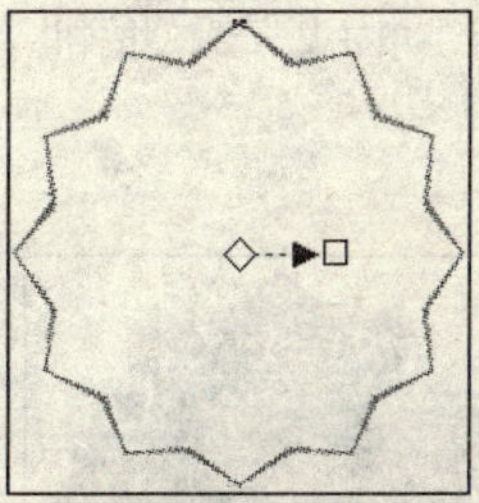

图 6.5.3　应用拉链变形效果

（3）选中变形对象，单击工具箱中的“渐变填充对话框”按钮，弹出“渐变填充”对话框，设置其对话框参数如图 6.5.4 所示。

（4）设置好参数后，单击确定按钮，应用填充，效果如图 6.5.5 所示。

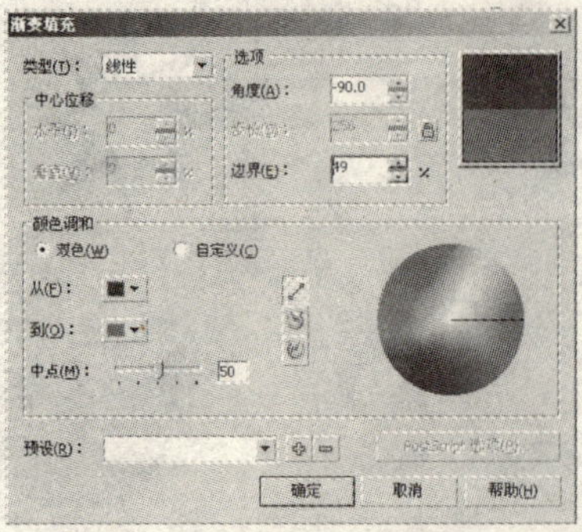

图 6.5.4 “渐变填充”对话框

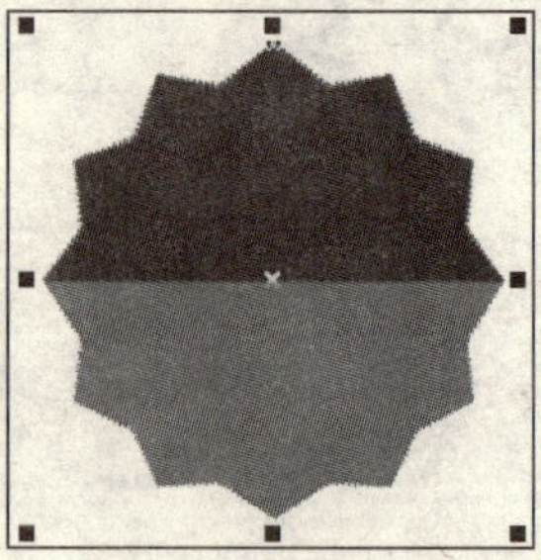

图 6.5.5 填充变形对象

（5）单击工具箱中的“椭圆形工具”按钮，按住“Ctrl”键，在变形对象的中央位置绘制一个圆形，然后使用文本工具在圆形的上方输入文本，选择 文本(X) → 使文本适合路径(T) 命令，将文字适合圆形对象的路径，效果如图 6.5.6 所示。

（6）重复步骤（5）的操作，在圆形的下方输入路径文本，效果如图 6.5.7 所示。

图 6.5.6 将文字适合路径 1

图 6.5.7 将文字适合路径 2

（7）单击工具箱中的“挑选工具”按钮，用鼠标拖动文字后，设置字号为“49”，其他的选项为默认值，调整文字的位置如图 6.5.8 所示。选择 排列(A) → 打散3 元素的复合对象(B) 命令，删除圆形。

（8）使用矩形工具在页面中绘制一个矩形对象，按“Ctrl+C”键复制矩形对象，再按“Ctrl+V”键粘贴，调整粘贴的矩形对象的大小，然后选中两个矩形对象和变形对象，选择 排列(A) → 对齐和分布(A) 命令，在弹出的对话框中设置三者在水平和垂直方向上中间对齐。

（9）选中较大的矩形对象，单击工具箱中的“轮廓工具”按钮，设置其对话框参数如图 6.5.9 所示。设置好参数后，单击 确定 按钮。

图 6.5.8 调整文字的位置

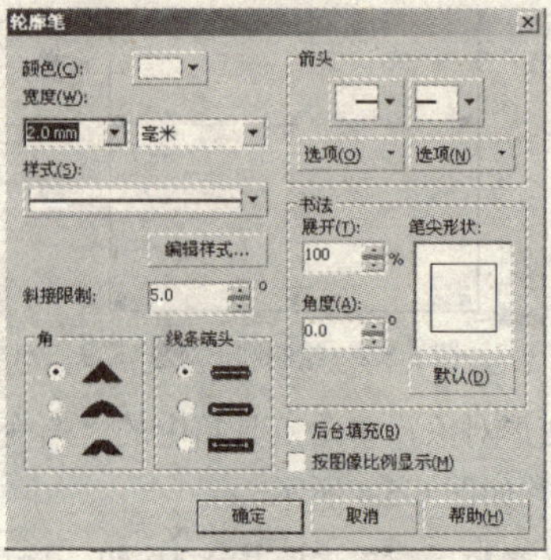

图 6.5.9 “轮廓笔”对话框

（10）重复步骤（9）的操作，设置另一个矩形对象的轮廓线属性，将其宽度设置为 1.0 mm，选择白色填充此矩形对象，然后使用矩形工具在此矩形对象上绘制 8 个小矩形，将其填充为粉红色，效果如图 6.5.10 所示。

图 6.5.10　对矩形对象进行编辑

（11）使用文本工具在绘图页面中输入其他文本信息，最终效果如图 6.5.1 所示。

本 章 小 结

本章主要介绍了轮廓线的设置、图形的填充、交互式填充以及图形的其他填充方式等内容。通过本章的学习，可使读者掌握轮廓线的属性设置方法，并能熟练应用调色板和填充工具填充图形对象，以制作出丰富多彩的图像效果。

操 作 练 习

一、填空题

1. 在“轮廓笔”对话框中提供了 3 种转角的样式，分别为________、________和________。
2. 在 CorelDRAW X4 中，调色板主要用于填充________的颜色。
3. 在 CorelDRAW X4 中除了可以使用“轮廓颜色”对话框中的工具设置颜色外，还可以使用________泊坞窗来精确设置颜色。
4. ________填充又称为单色填充、均匀填充，它只为对象填充单一的颜色。
5. 为图形填充了渐变或图案、纹理效果后，若想再对这些填充效果进行外观编辑时，可使用________工具。
6. ________填充是随机产生的填充，它使用小块的位图填充图形对象，可以给图形对象一个自然的外观。
7. 图样填充包括________、________和位图填充。
8. 使用________填充工具可以更方便、更容易地对图形对象进行变形或填充。

二、选择题

1. 工具箱中的图标表示的是（　）。

（A）钢笔工具　　　　（B）吸管工具

（C）填充工具　　　　（D）轮廓画笔工具

2．在“轮廓画笔”对话框中，线条端头有（　）。

（A）　　（B）

（C）　　（D）

3．“均匀填充”对话框中提供了（　）种设置颜色的方式。

（A）2　　（B）3

（C）4　　（D）5

4．（　）是利用 PostScript 语言设计出来的一种特殊的图案填充。

（A）图案填充　　（B）渐变填充

（C）特殊填充　　（D）PostScript 填充

5．在 CorelDRAW X4 中，提供了（　）种交互式填充方式。

（A）1　　（B）2

（C）3　　（D）4

三、简答题

1．如何设置线条或图形对象轮廓的颜色？

2．在“渐变填充”对话框中，渐变填充的类型有哪几种？

3．如何应用滴管工具和颜料桶工具填充对象？

四、上机操作题

1．在绘图区中绘制图形，然后设置图形的轮廓线粗细与颜色。

2．在绘图区中绘制图形，并分别使用各种填充工具对其进行填充。

第 7 章　对象的造形与交互式特效

CorelDRAW X4 提供了多种图形对象的造形与交互式效果的工具和命令，通过应用这些工具和命令，可以制作出多样的图形效果。

知识要点

- 对象的造形
- 交互式调和特效
- 交互式轮廓图特效
- 交互式变形特效
- 交互式阴影特效
- 交互式封套特效
- 交互式立体化特效
- 交互式透明特效

7.1　对象的造形

在绘制图形对象时，如果需要将两个图形进行焊接或用一个图形修剪另一个图形对象，就需要使用 CorelDRAW X4 提供的修整功能，来帮助完成这些操作，从而得到特殊的图形效果。选择菜单栏中的 排列(A) → 造形(P) 命令，弹出其子菜单，如图 7.1.1 所示。这些工具可以很方便地将多个相互重叠的图形对象创建成一个新的图形对象，但只适合于使用绘图工具绘制的图形对象。

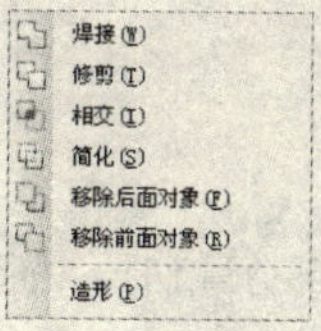

图 7.1.1　造形子菜单

7.1.1　焊接对象

焊接对象将两个或多个对象结合在一起，从而创建一个独立的对象，也就是将对象的交叉线取消形成一个图形对象。如果结合对象有重叠部分，则会形成拥有共同轮廓的对象；如果结合对象没有重叠部分，则会形成一个结合群组，可以将其视为一个独立的对象进行各种操作。焊接对象有以下两种方法：

（1）使用挑选工具选择要焊接的对象，然后选择菜单栏中的 排列(A) → 造形(P) → 焊接(W) 命令即可焊接选择的对象。

（2）使用挑选工具选择两个或两个以上的图形对象，然后单击其属性栏中的“焊接”按钮。

焊接后的图形属性由最后选择的图形的属性确定。如图 7.1.2 所示为焊接两个图形后的效果。

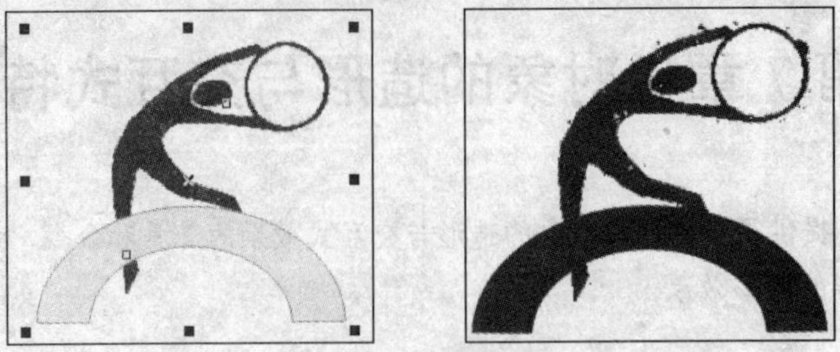

图 7.1.2 焊接对象效果

7.1.2 修剪对象

修剪对象是将目标对象与其他对象重叠的区域从目标对象中修剪掉，但目标对象仍保留着填充属性和轮廓属性。修剪对象有以下两种方法：

（1）使用挑选工具选择要修剪的对象，然后选择菜单栏中的 排列(A) → 造形(P) → 修剪(T) 命令即可修剪选择的对象。

（2）使用挑选工具选择两个或两个以上的图形对象，然后单击其属性栏中的“修剪”按钮。如图 7.1.3 所示为修剪对象并移除来源对象后的效果。

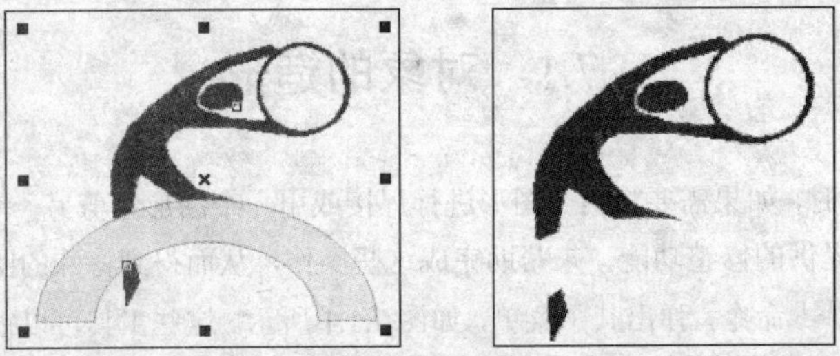

图 7.1.3 修剪对象效果

7.1.3 简化对象

简化对象是将两个或多个对象的重叠部分裁切掉。简化对象的方法有以下两种：

（1）使用挑选工具选择要简化的对象，然后选择菜单栏中的 排列(A) → 造形(P) → 简化(S) 命令即可将选择的对象进行简化。

（2）使用挑选工具选择两个或两个以上的图形对象，然后单击其属性栏中的“简化”按钮。如图 7.1.4 所示为将两个图形对象进行简化后的效果。

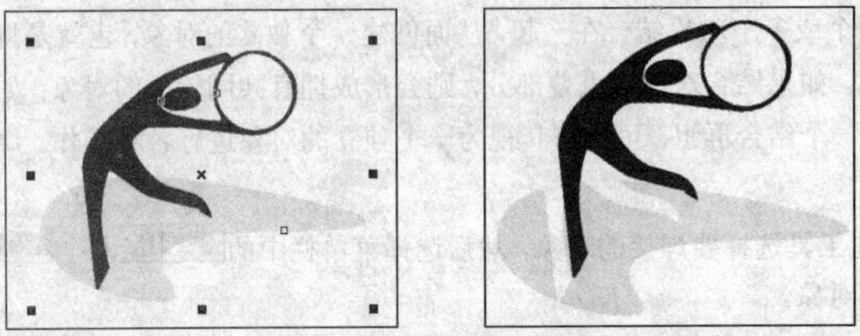

图 7.1.4 简化对象效果

7.1.4　相交对象

相交对象的效果与修剪对象的效果刚好相反，它保留来源对象与目标对象重叠的部分，去掉不重叠的部分。相交对象的方法有以下两种：

(1) 使用挑选工具选择要相交的对象，然后选择菜单栏中的 排列(A) → 造形(P) → 相交(I) 命令即可将选择的对象进行相交。

(2) 使用挑选工具选择两个或两个以上的图形对象，然后单击其属性栏中的“相交”按钮。

相交对象后，相交的对象会保留最后选择对象的填充和轮廓属性。如图 7.1.5 所示为将两个图形对象进行相交后的效果。

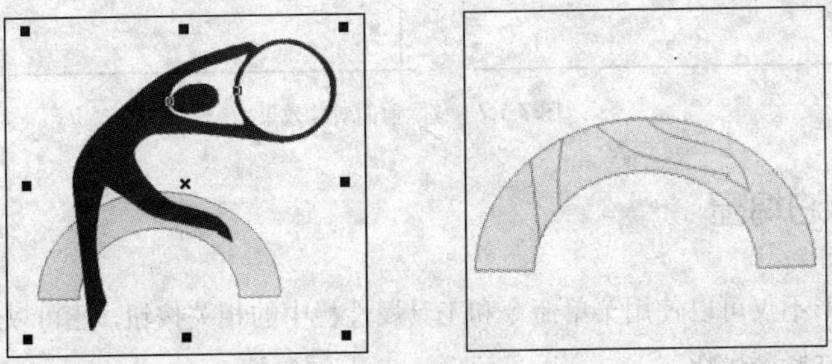

图 7.1.5　相交对象效果

7.1.5　移除后面对象

使用移除后面对象命令可用前面的图形对象减去后面的图形对象，并减去前后对象的重叠区域，保留前面的对象。移除后面对象的方法有以下两种：

(1) 使用挑选工具选择要移除后面的对象，然后选择菜单栏中的 排列(A) → 造形(P) → 移除后面对象(P) 命令即可移除后面对象。

(2) 使用挑选工具选择两个或两个以上的图形对象，然后单击其属性栏中的“移除后面对象”按钮。如图 7.1.6 所示为移除后面对象的效果。

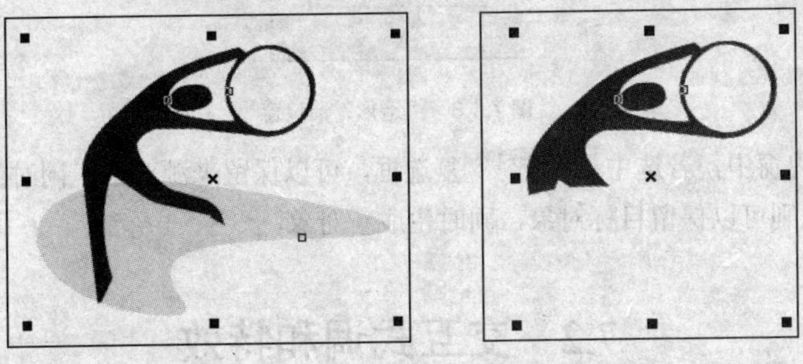

图 7.1.6　移除后面对象效果

7.1.6　移除前面对象

使用移除前面对象命令可以用后面的图形对象减去前面的图形对象，并减去前后对象的重叠区域，保留后面的对象。移除前面对象的方法有以下两种：

（1）使用挑选工具选择要移除前面的对象，然后选择菜单栏中的 排列(A) → 造形(P) → 移除前面对象(R) 命令即可移除前面对象。

（2）使用挑选工具选择两个或两个以上的图形对象，然后单击其属性栏中的“移除前面对象”按钮。如图 7.1.7 所示为移除前面对象的效果。

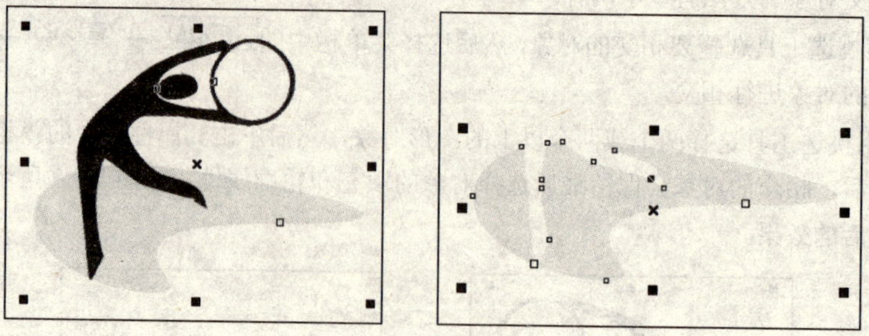

图 7.1.7 移除前面对象效果

7.1.7 造形泊坞窗

对图形对象整形不仅可以使用菜单命令和工具属性栏中的相关按钮，还可以通过“造形”泊坞窗来对选择的对象进行修整操作。

使用挑选工具在绘图页面中选择多个对象，然后选择 窗口(W) → 泊坞窗(D) → 造形(P) 命令，弹出“造形”泊坞窗，如图 7.1.8 所示。在该泊坞窗中的 焊接 下拉列表中选择相应的选项，然后单击相应的按钮，即可执行整形操作。

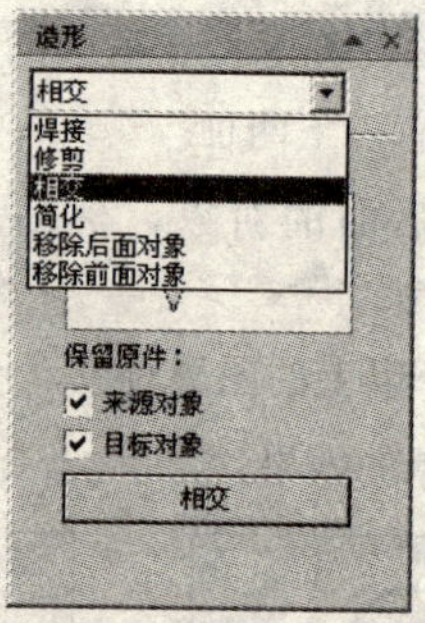

图 7.1.8 “造形”泊坞窗

在“造形”泊坞窗中，若选中 来源对象 复选框，可以保留来源对象，同时生成新对象；若选中 目标对象 复选框，则可以保留目标对象，同时生成新对象。

7.2 交互式调和特效

交互式调和工具是 CorelDRAW X4 中功能强大、用途广泛的工具之一。调和工具不仅能使图形之间产生渐变，还可使颜色产生渐变。单击工具箱中的“交互式调和工具”按钮右下角的三角形，弹出隐藏的交互式调和工具组，如图 7.2.1 所示。

使用交互式调和工具可以使两个分离的对象之间逐步产生调和化的叠影，中间的图形对象会有不同的颜色、轮廓线和填充效果。

单击工具箱中的“交互式调和工具”按钮，其属性栏如图 7.2.2 所示。

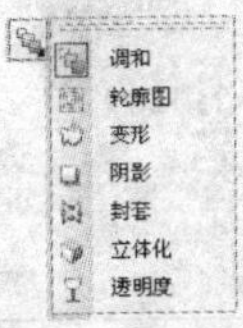

图 7.2.1　交互式调和工具组

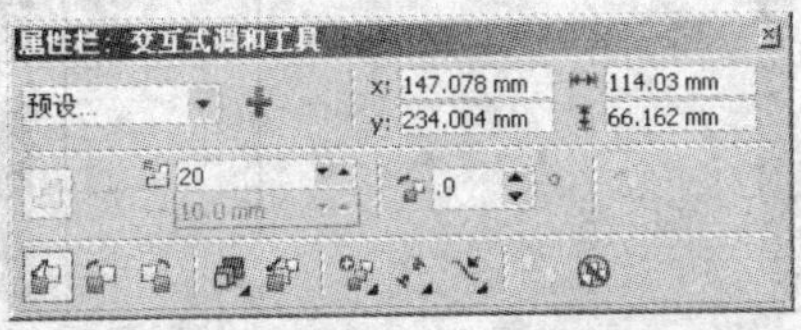

图 7.2.2　“交互式调和工具”属性栏

（1）在 预设... 下拉列表中可以选择 CorelDRAW X4 预设的调和效果。

（2）在 20 输入框中输入数值，可设置步长或调和形状之间的偏移量。

（3）在调和方向微调框 0.0 中输入数值，可调整调和对象的旋转角度。

（4）单击“直接调和”按钮，可直接调和对象的颜色。

（5）单击“顺时针调和”按钮，可按顺时针调和对象的颜色。

（6）单击“逆时针调和”按钮，可按逆时针调和对象的颜色。

（7）单击“对象和颜色加速”按钮，可打开如图 7.2.3 所示的加速面板。在 加速： 选项区中的 对象： 右侧拖动滑块，可设置调和对象中间对象的分布；在 颜色： 右侧拖动滑块，可设置调和对象颜色的渐变分布。

（8）在属性栏中单击“加速调和时的大小调整”按钮，可加大调和对象中每个图形对象间的距离。

（9）在属性栏中单击“起始和结束对象属性”按钮，可弹出如图 7.2.4 所示的下拉菜单。

1）选择 新起点(N) 命令，将光标移至调和对象的某一个端点的图形上单击，即可将此端点图形变为调和对象的起点图形。

2）选择 显示起点(S) 命令，系统将自动选中调和对象的起点图形。

3）选择 新终点 命令，可选择调和对象的终点图形。

4）选择 显示终点(H) 命令，系统将自动选中调和对象的终点图形。

（10）在属性栏中单击“路径属性”按钮，可弹出一个下拉菜单，如图 7.2.5 所示，在此菜单中可以设置路径的各个属性。

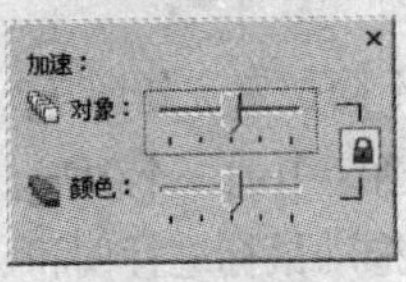

图 7.2.3　加速面板

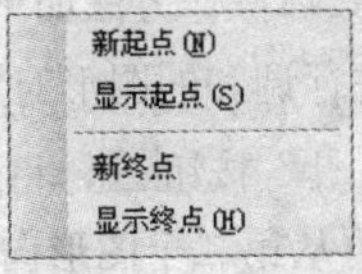

图 7.2.4　起始和结束对象属性下拉菜单

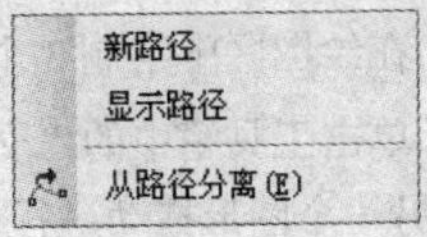

图 7.2.5　路径属性下拉菜单

7.2.1　直接调和

使用交互式调和工具可以使两个分离的对象之间逐步产生调和化的叠影，中间的图形对象会有不同的颜色、轮廓线和填充效果。直接调和的具体操作方法如下：

（1）在绘图区中创建两个不同的图形对象，如图 7.2.6 所示。

（2）单击工具箱中的“交互式调和工具”按钮，将鼠标移至要调和的两个对象中的其中一个图形对象上，按住鼠标左键拖动鼠标到另一个图形，当两个图形中均出现一个矩形时，释放鼠标即可得到调和效果，如图 7.2.7 所示。

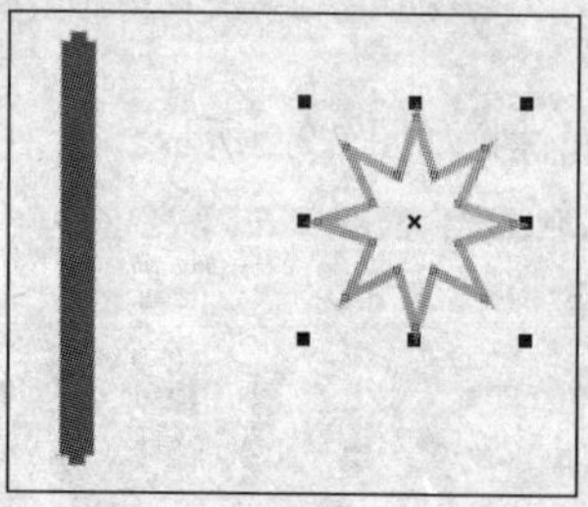

图 7.2.6　绘制的两个对象

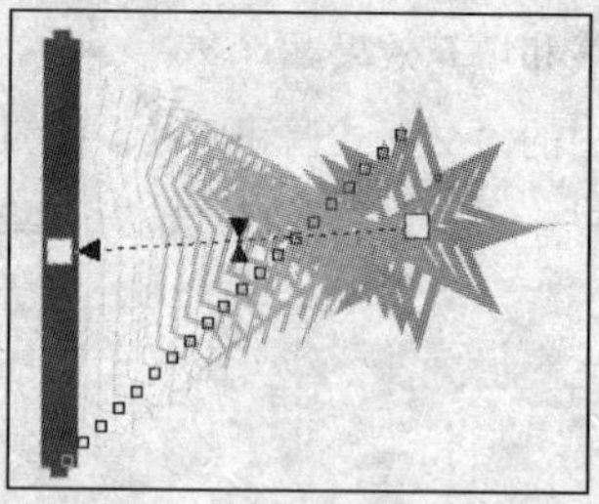

图 7.2.7　直接调和效果

7.2.2　沿路径调和

为图形对象使用调和效果时，可将需要调和的对象沿着一条指定的路径进行调和。具体的操作方法如下：

（1）使用手绘工具在绘图区中绘制一条曲线，如图 7.2.8 所示。

（2）选择需要调和的图形对象，在“交互式调和工具”属性栏中单击“路径属性”按钮，从弹出的下拉菜单中选择新路径命令，此时鼠标光标显示为形状，在曲线上单击鼠标左键，效果如图 7.2.9 所示。

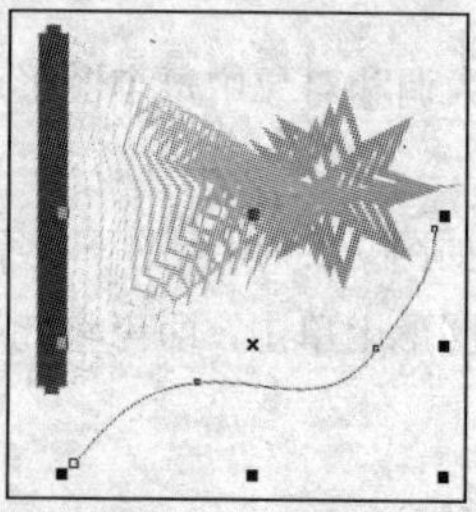

图 7.2.8　绘制曲线

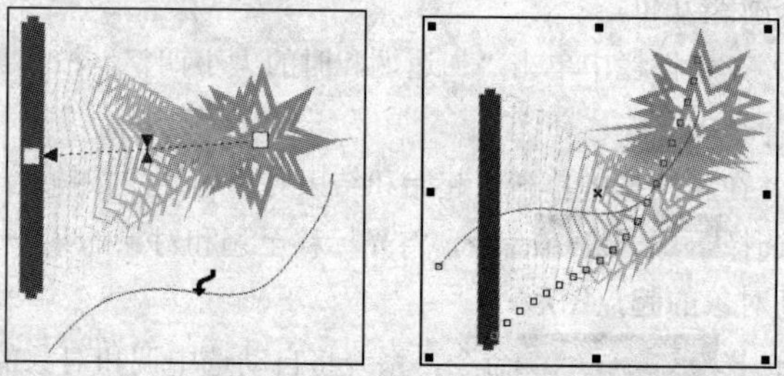

图 7.2.9　沿路径调和效果

7.2.3　多个物体间的调和

创建多个图形对象之间的调和效果的具体操作方法如下：

（1）在绘图区中绘制 3 个以上需要进行调和的图形对象，摆放到不同位置，如图 7.2.10 所示。

（2）单击工具箱中的“交互式调和工具”按钮，将光标移至绘图区中的一个图形上，按住鼠标左键向另一个图形拖动进行调和，然后再从第二个图形向第三个图形拖动鼠标进行调和，依次拖动鼠标直到最后一个图形，如图 7.2.11 所示。

图 7.2.10　绘制多个对象

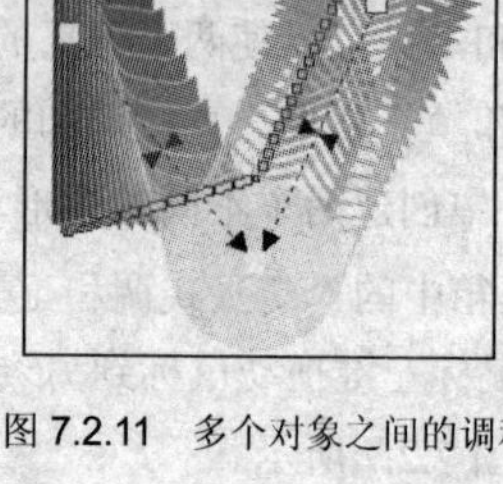

图 7.2.11　多个对象之间的调和

7.3　交互式轮廓图特效

交互式轮廓图工具可以使图形的轮廓线向内或向外增加，也可以指定增加到对象中的轮廓线数，这些轮廓线之间的距离是相等的。

单击调和工具组中的“交互式轮廓图工具”按钮，将鼠标移至对象上，按住鼠标左键并拖动，释放鼠标，即可为所选对象添加轮廓图效果，如图 7.3.1 所示。

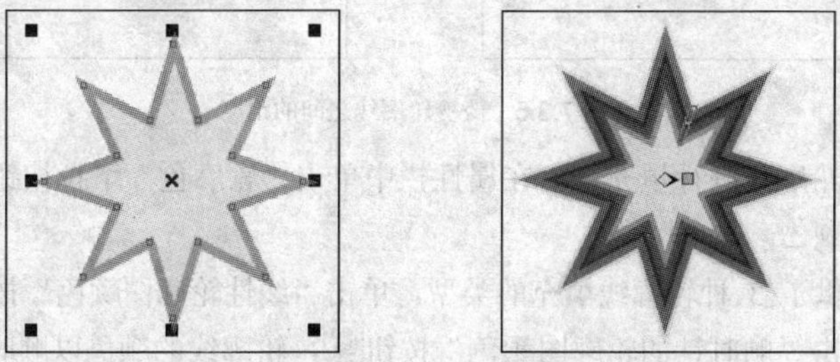

图 7.3.1　添加轮廓图效果

此时“交互式轮廓图工具”属性栏如图 7.3.2 所示，利用该属性栏，可以对图形的轮廓线间距、颜色与增加方式等进行相应的设置。

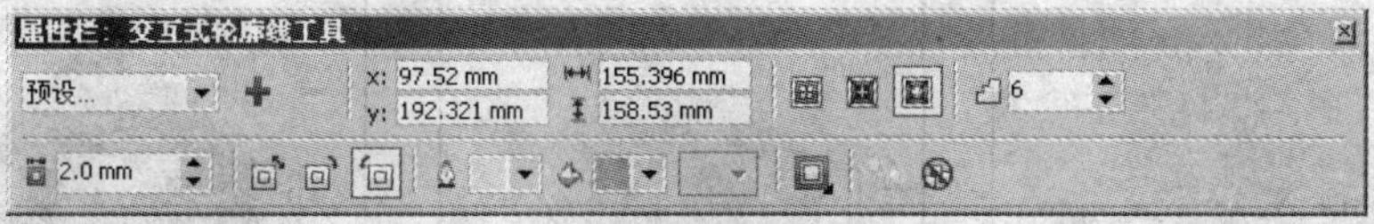

图 7.3.2　“交互式轮廓图工具”属性栏

在属性栏中单击“到中心”按钮，可以制作向中心的轮廓图效果；单击“向内”按钮，可以制作向内的轮廓图效果；单击“向外”按钮，可以制作向外的轮廓图效果，如图 7.3.3 所示。

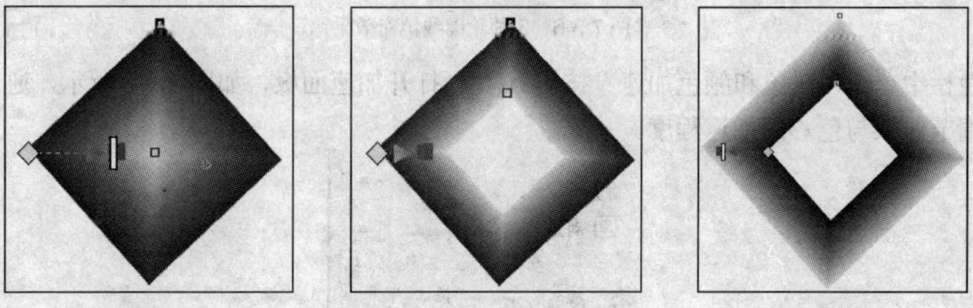

到中心　　向内　　向外

图 7.3.3　3 种轮廓图效果

在属性栏中的轮廓图步长微调框 6 中输入数值，可设置轮廓线条数，如图 7.3.4 所示。

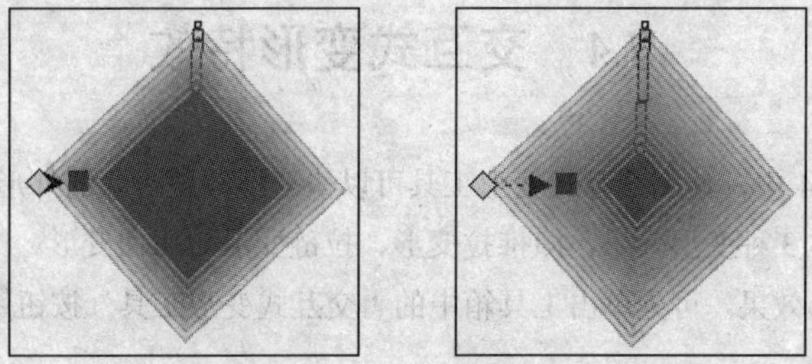

图 7.3.4　改变轮廓图的步长

在轮廓图偏移微调框中输入数值，可设置轮廓线之间的距离，如图7.3.5所示。

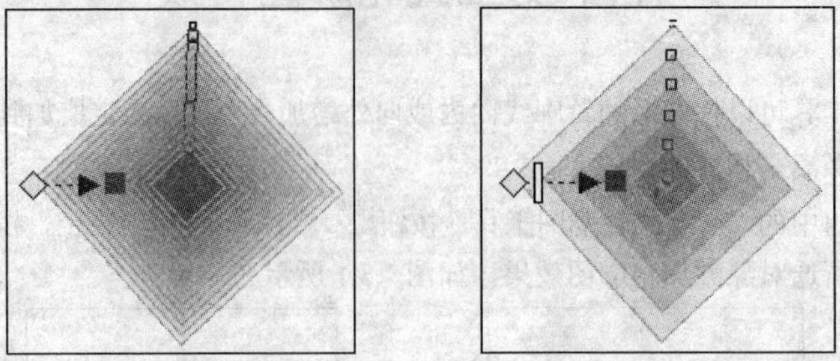

图7.3.5　改变轮廓线之间的距离

如果要对添加的轮廓线进行填充，可在属性栏中单击“轮廓色”下拉按钮，可从打开的调色板中选择需要的颜色。

在属性栏中还提供了3种轮廓线填充的类型，单击“线性轮廓图颜色”按钮，轮廓线的颜色以直线轮廓填充；单击“顺时针的轮廓图颜色”按钮，轮廓线的颜色以顺时针的方向进行填充；单击“逆时针的轮廓图颜色”按钮，轮廓线的颜色以逆时针的方向进行填充，3种轮廓线填充效果如图7.3.6所示。

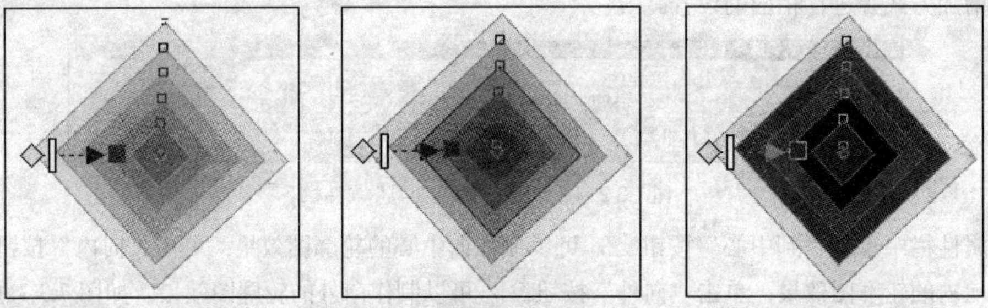

图7.3.6　3种轮廓线填充效果

在属性栏中单击“对象和颜色加速”按钮，可打开加速面板，如图7.3.7所示，通过拖动相应的滑块可调节对象与色彩的加速程度。

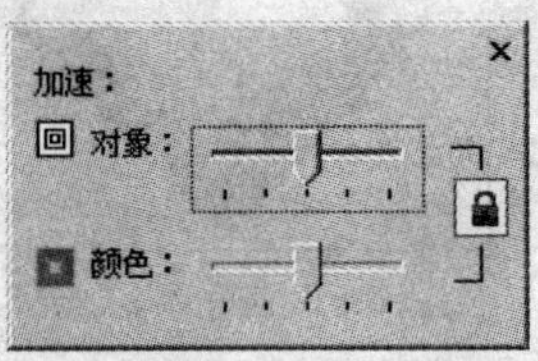

图7.3.7　加速面板

7.4　交互式变形特效

在CorelDRAW X4中，使用交互式变形工具可以快速地改变对象的外形，从而创建出各种特殊的效果，主要可以产生3种变形效果，即推拉变形、拉链变形与扭曲变形。

要创建交互式变形效果，可先单击工具箱中的“交互式变形工具”按钮，其属性栏如图7.4.1所示。

图 7.4.1　“交互式变形工具”属性栏

单击“推拉变形”按钮，可将图形进行左右上下拖动变形。

单击“拉链变形”按钮，可以使图形产生像拉链锯齿形状的变形。

单击“扭曲变形”按钮，可以将图形进行扭曲变形。

单击“添加新的变形”按钮，可以添加另外一个变形到所选对象上。

在推拉失真振幅微调框中输入数值，可以更精确地调整变形。

7.4.1　推拉变形

选中要变形的对象，然后选择交互式工具组中的“交互式变形工具”按钮，并单击属性栏中的“推拉变形”按钮，将鼠标移至所选对象上按住鼠标左键并拖动，此时光标当前位置产生一个菱形控制点，该图案就会随着起始点的位置、控制点的推拉方向以及位移大小而变形。因此，鼠标拖动的方向与位移的大小都会影响图案的变形情况，可得到不同的效果，如图 7.4.2 所示。

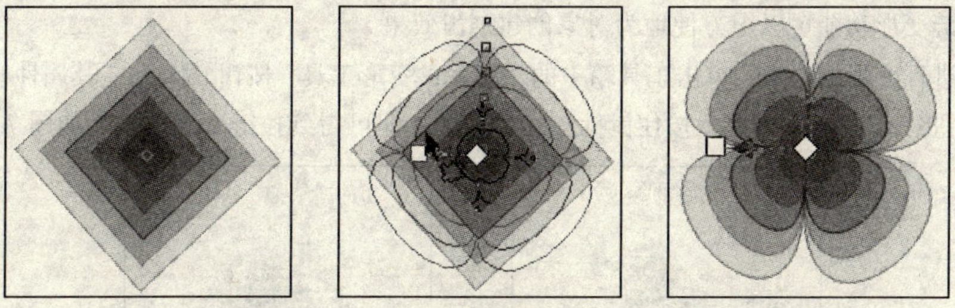

图 7.4.2　推拉变形

使用鼠标拖动起始处与终点处的控制点，可以对变形后的对象进行再次变形，如图 7.4.3 所示。

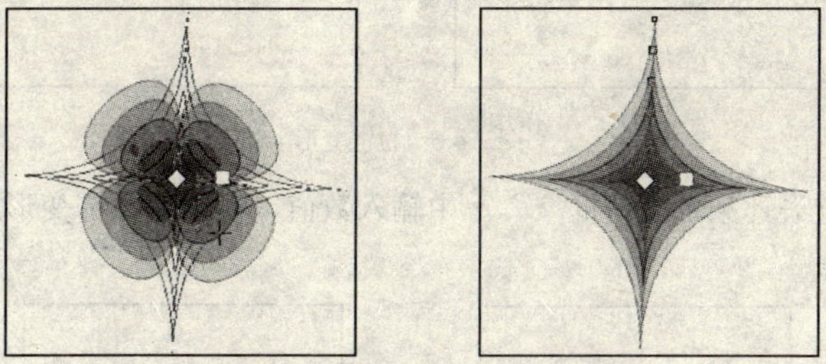

图 7.4.3　拖动控制点再次变形对象

在属性栏中单击“中心变形”按钮，可以将变形对象的起始点移到对象的中心，使对象的推拉变形从中心开始，从而变为比较对称的图形，如图 7.4.4 所示。

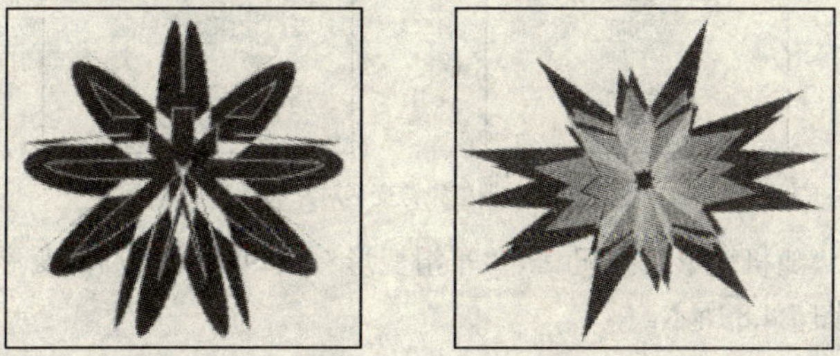

图 7.4.4　对称变形

如果要将一个推拉变形对象的属性应用到其他对象中，应先选中需要进行推拉变形的对象，在属性栏中单击“复制变形属性”按钮，此时光标显示为➡形状，移动鼠标到添加推拉变形效果的对象上单击，即可将该对象的推拉变形效果应用于选中的对象中，如图 7.4.5 所示。

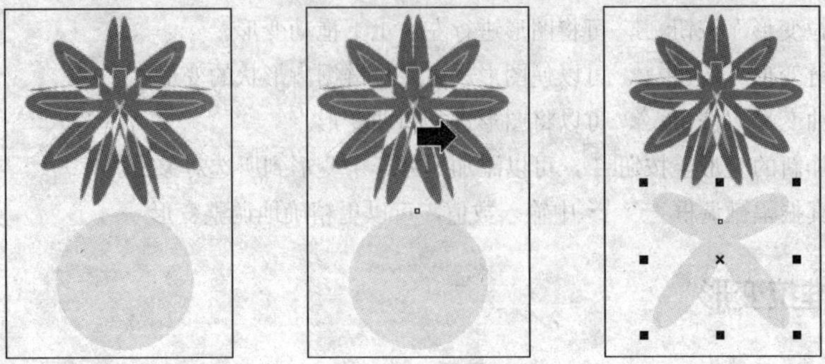

图 7.4.5　复制变形属性

7.4.2　拉链变形

使用拉链变形功能可以很方便地为对象创建锯齿效果。

选择要进行变形的对象，单击工具箱中的“交互式变形工具”按钮，并在其属性栏中单击“拉链变形”按钮，在图形对象上按住鼠标左键并拖动，即可得到拉链变形效果，如图 7.4.6 所示。

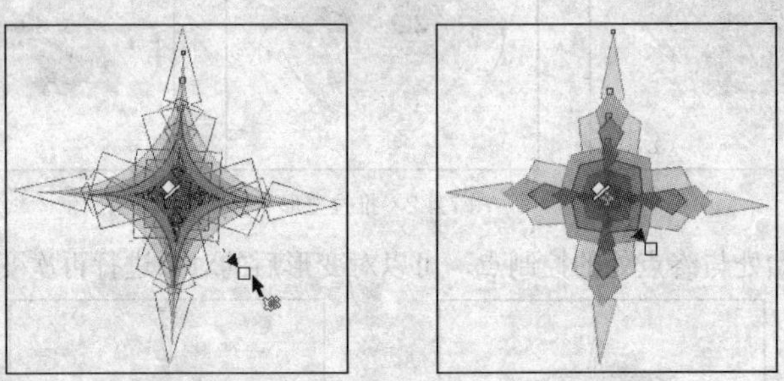

图 7.4.6　拉链变形

在属性栏中的拉链失真频率微调框中输入数值，可以对拉链变形所产生的波峰频率进行设置，如图 7.4.7 所示。

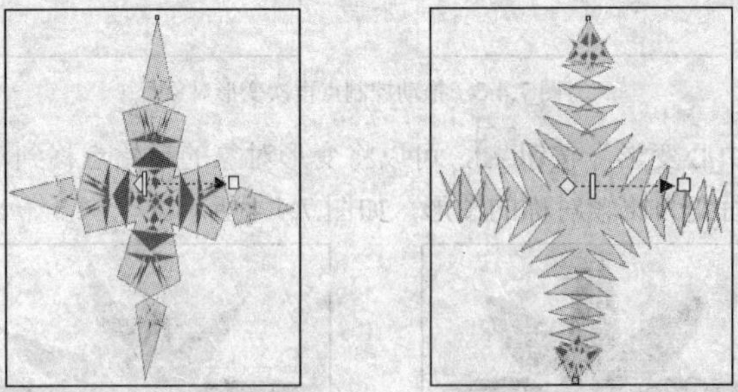

图 7.4.7　调整拉链变形对象的频率

单击属性栏中的“随机变形”按钮、“平滑变形”按钮或“局部变形”按钮，可以改变图形的变形效果，如图 7.4.8 所示。

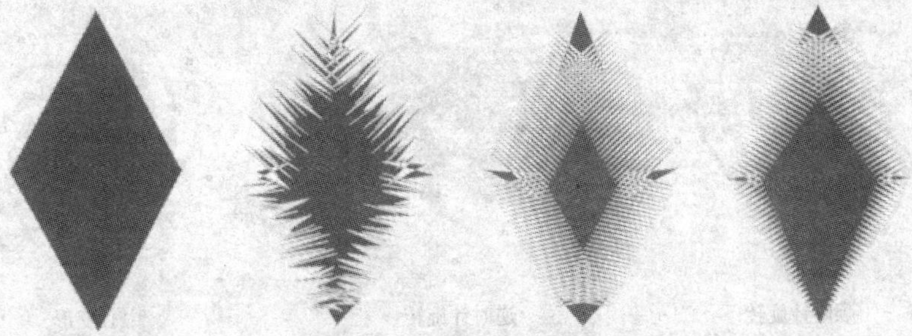

图 7.4.8　拉链变形的其他变形效果

7.4.3　扭曲变形

选中要变形的图形对象，然后单击工具箱中的“交互式变形工具”按钮，并在其属性栏中单击“扭曲变形”按钮，将光标移至图形对象上，按住鼠标左键并拖动，即可使图形按一定方向旋转变形，如图 7.4.9 所示。

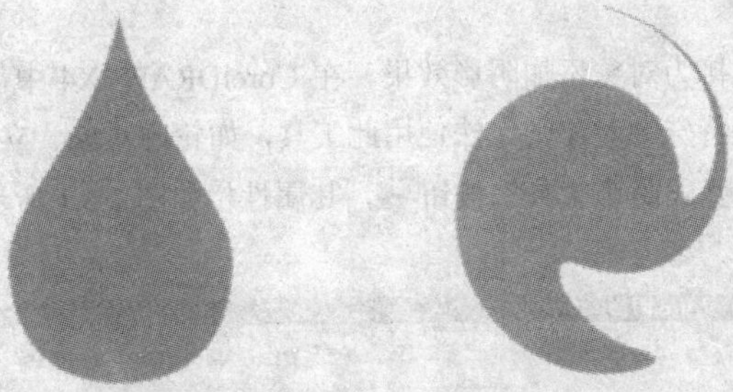

图 7.4.9　扭曲变形

在“交互式变形工具”属性栏中单击预设...下拉列表，可从弹出的下拉列表中为需要变形的对象选择一种预设的变形效果，如图 7.4.10 所示。

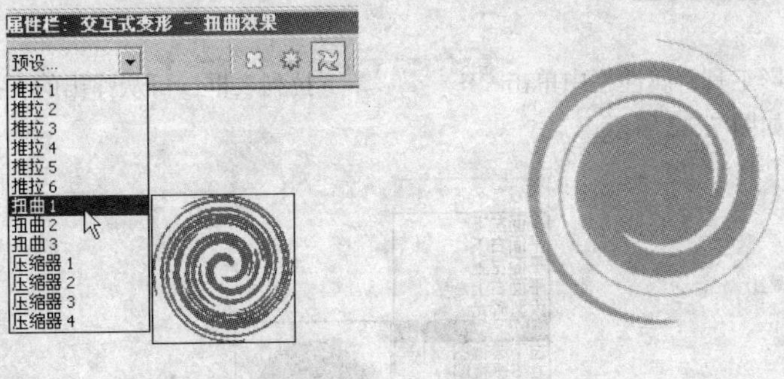

图 7.4.10　选择预设的变形效果

在属性栏中单击“顺时针变形”按钮，可将所选对象按顺时针进行旋转；单击“逆时针变形”按钮，可将所选对象按逆时针进行旋转；单击“中心变形”按钮，所选对象将以中心旋转，如图 7.4.11 所示。

在属性栏中的完全旋转微调框0中输入数值，可设置所选对象的旋转圈数；在附加角度微调框0中输入数值，可设置所选对象在原来旋转基础上再旋转的角度。

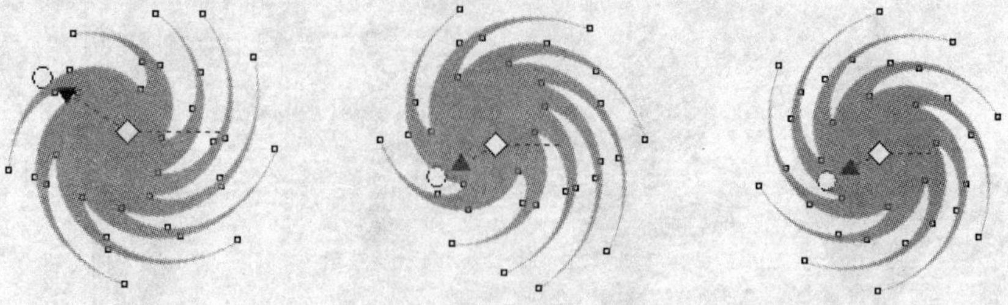

顺时针旋转　　　　逆时针旋转　　　　中心变形

图 7.4.11　3 种扭曲变形效果

此外，单击属性栏中的“添加预设”按钮，可在弹出的“另存为”对话框中保存新的变形样式，将其添加到预设列表中，以备后用；单击“删除预设”按钮，可将选中的预设变形样式删除。

如要将已经添加的变形效果清除，只要选中添加了变形效果的对象，单击“交互式变形工具”属性栏中的“清除变形”按钮即可。

7.5　交互式阴影特效

交互式阴影工具可直接为对象添加阴影效果。在 CorelDRAW X4 中创建的大部分对象都能使用此工具进行处理，而一些特殊的对象则无法使用此工具，如轮廓对象、立体化对象以及渐变对象。

单击工具箱中的“交互式阴影工具”按钮，其属性栏如图 7.5.1 所示。通过此属性栏可编辑对象的阴影效果。

图 7.5.1　“交互式阴影工具”属性栏

7.5.1　阴影透视类型

在“交互式阴影工具”属性栏中单击 预设... 下拉列表框，可从弹出的下拉列表中选择预设的阴影透视类型，如图 7.5.2 所示。

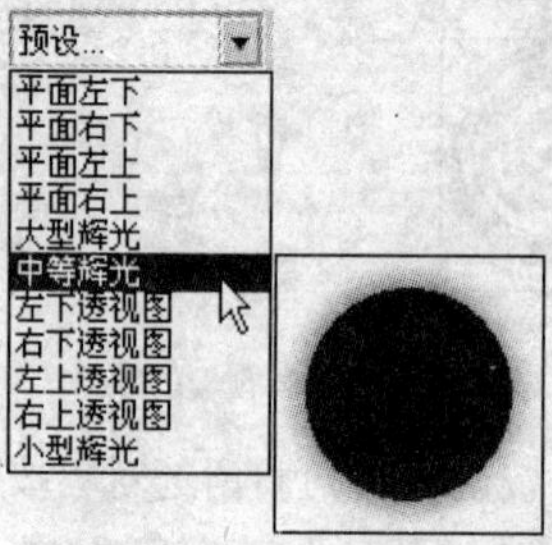

图 7.5.2　预设阴影透视类型

如果要为对象添加阴影效果，可先选择需要添加阴影的对象，然后单击工具箱中的“交互式阴影工具”按钮，将光标移至所选的对象上，按住鼠标左键并拖动，就可以以默认的参数生成一种阴影效果，如图 7.5.3 所示。

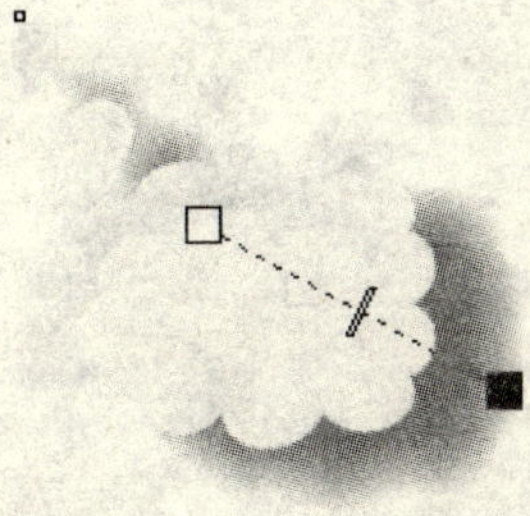

图 7.5.3　添加阴影效果

在 预设... 下拉列表中选择不同的阴影透视类型，可产生不同的阴影效果，如图 7.5.4 所示。

图 7.5.4　不同阴影透视类型的效果

7.5.2　阴影羽化设置

阴影羽化是表现对象阴影的清晰程度。在“交互式阴影工具”属性栏中单击“阴影羽化方向”按钮，可打开阴影羽化方向的设置面板，如图 7.5.5 所示，在此面板中可以为羽化的对象选择阴影的方向。

在“交互式阴影工具”属性栏中的阴影羽化输入框 5 中输入数值，可调整阴影边缘的模糊程度，其取值范围为 0～100。

单击属性栏中的“阴影羽化边缘”按钮，可从打开的阴影羽化边缘面板中选择不同的阴影羽化边缘的类型，如图 7.5.6 所示。

图 7.5.5　羽化方向设置面板

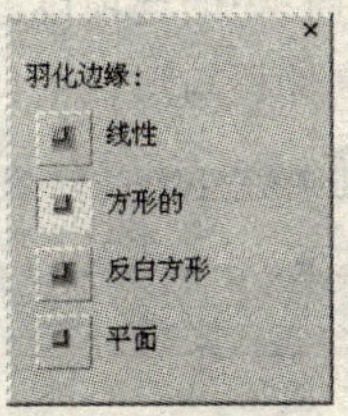

图 7.5.6　阴影羽化边缘面板

7.5.3　阴影透明度设置

在“交互式阴影工具”属性栏的阴影不透明度输入框 70 中输入数值，可设置下落式阴影的不透明度。其取值范围为 0～100，数值越大，阴影的不透明度就越强，对象的阴影将变得更深，如

图 7.5.7 所示。

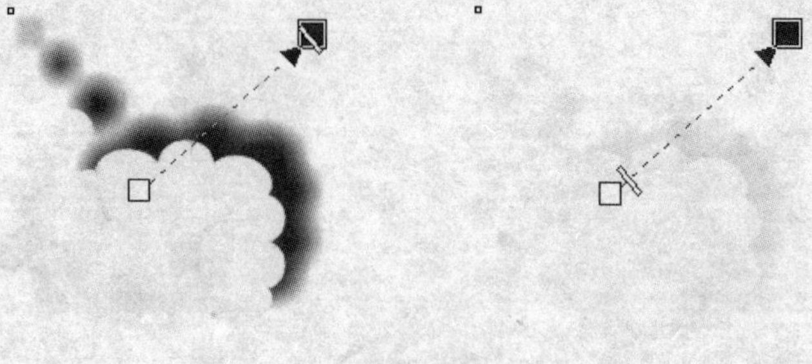

阴影不透明度为 100　　　　阴影不透明度为 10

图 7.5.7　改变阴影不透明度效果

7.5.4　阴影的颜色

在“交互式阴影工具”属性栏中单击下拉按钮，可从弹出的调色板中选择阴影的颜色，效果如图 7.5.8 所示。

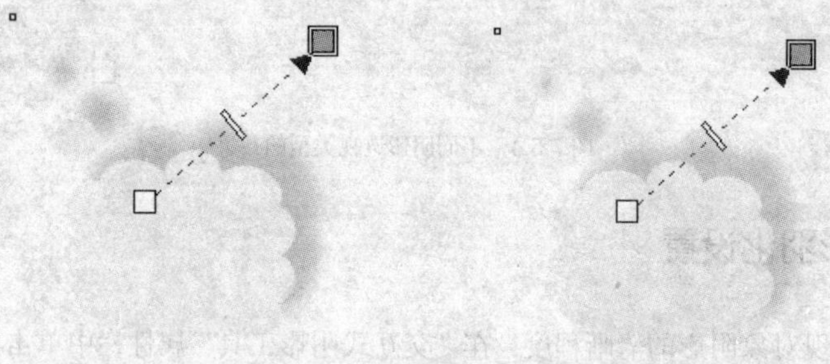

图 7.5.8　设置阴影颜色

7.6　交互式封套特效

交互式封套工具可用于同时改变对象多个节点的性质，例如位置的变化、受力大小的变化等。通过交互式封套工具以及属性栏中的选项设置，可以很方便地编辑封套，从而得到各种形状的图形。

“交互式封套工具”属性栏与形状工具的属性栏有很多相同的选项，如图 7.6.1 所示。

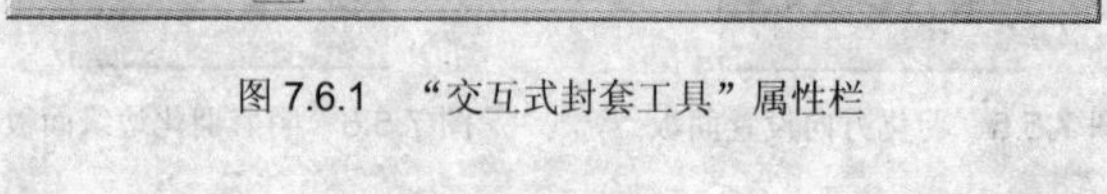

图 7.6.1　“交互式封套工具”属性栏

7.6.1　添加封套

为图形对象添加默认的封套和预置封套的方法很简单，具体操作步骤如下：

（1）使用挑选工具选择要添加封套效果的对象。

（2）在工具箱中单击“交互式封套工具”按钮，此时被选中的对象就会自动出现一个由节点控制的矩形封套，如图 7.6.2 所示。

（3）在属性栏中单击预设下拉列表框，可从弹出的下拉列表中选择预设封套，此时，原对象将受到所选封套的约束，如图 7.6.3 所示。

图 7.6.2 添加封套

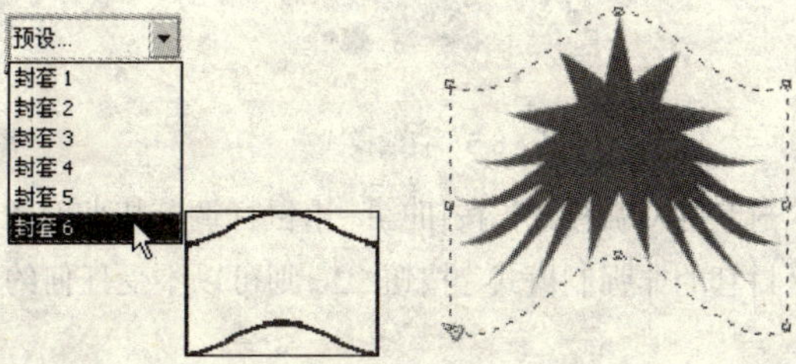

图 7.6.3 添加预设的封套

7.6.2 编辑封套节点

编辑封套节点的方法与编辑曲线节点的方法相似，都可以进行添加、删除、移动节点或改变节点的属性等操作。编辑图形对象封套节点的具体操作方法如下：

（1）将鼠标移至封套上的节点处，此时光标将变成形状，按住鼠标左键并拖动封套的节点，即可改变封套中对象的形状，如图 7.6.4 所示。

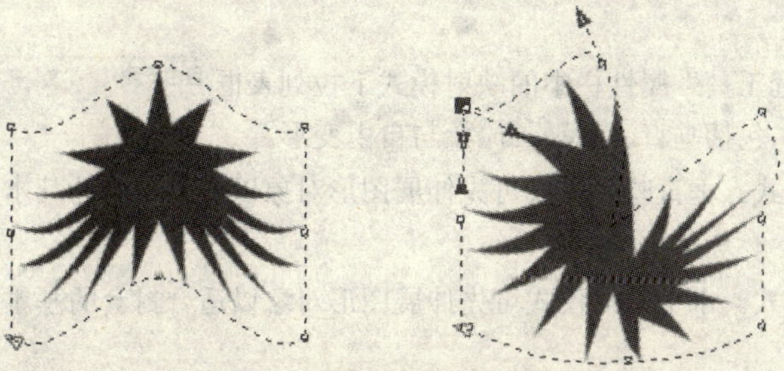

图 7.6.4 调节封套节点

（2）编辑封套节点也可以像编辑曲线节点一样，在某个位置增加一个节点或删除已经存在的节点。节点还可分为直线与曲线节点，通过属性栏中的“转换曲线为直线”按钮与“转换直线为曲线”按钮，可实现曲线与直线的相互转换。

（3）通过改变节点的尖突、平滑与对称属性，可以调节封套节点的控制点。用鼠标拖动封套节点的控制点，可以改变封套内部对象受力的大小，从而改变对象的形状。

7.6.3 封套的模式

在 CorelDRAW X4 中提供了直线模式、单弧模式、双弧模式以及非强制模式。

单击“交互式封套工具”属性栏中的“封套的直线模式”按钮，将鼠标指针移至封套节点上，调节封套节点扭曲对象时，将以直线进行扭曲，如图 7.6.5 所示。

单击“封套的单弧模式”按钮，用鼠标调节封套节点扭曲对象时，将以单一弧度进行扭曲，如图 7.6.6 所示。

图 7.6.5 直线模式

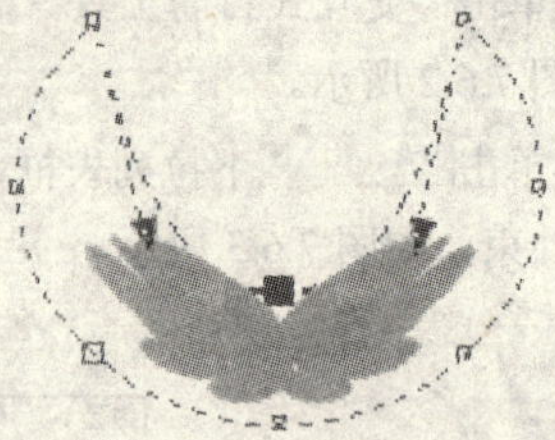

图 7.6.6 单弧模式

单击“封套的双弧模式”按钮，用鼠标调节扭曲对象时，将会以双弧度扭曲，如图 7.6.7 所示。

单击“封套的非强制模式”按钮，则可以不受任何约束进行对象节点的扭曲，如图 7.6.8 所示。

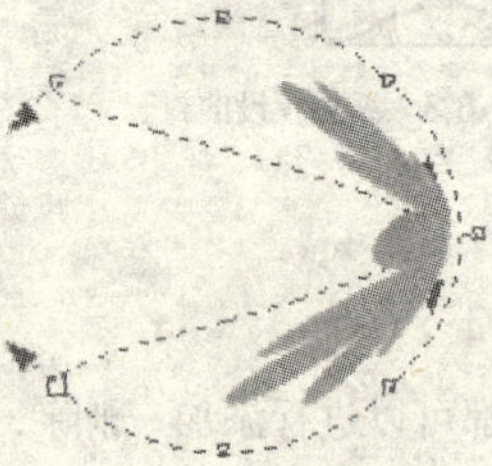

图 7.6.7 双弧模式

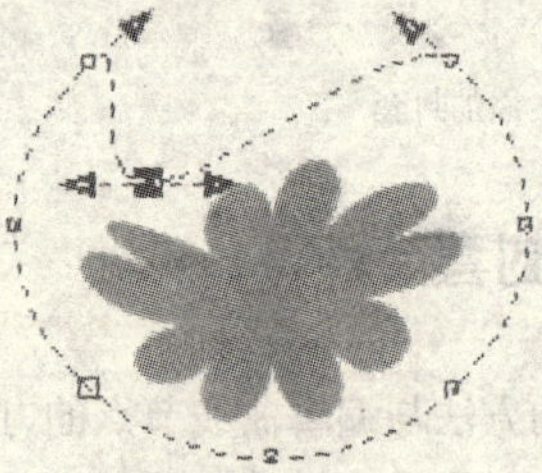

图 7.6.8 非强制模式

7.6.4 映射模式

单击“交互式封套工具”属性栏中的映射模式下拉列表框 自由变形 ，可从弹出的下拉列表中选择不同的映射模式，包括垂直、水平、原始与自由变形。

（1）垂直映射模式。垂直映射模式可先伸展图形对象以适合封套的基本尺寸，再垂直压缩它以适合封套的形状。

（2）水平映射模式。水平映射模式可先伸展图形对象以适合封套的基本尺寸，再水平压缩它以适合封套的形状。

（3）原始的映射模式。原始的映射模式先将图形边角的控制点映射到封套的边角节点上，然后再将其他节点沿图形的边缘线性映射。

（4）自由变形映射模式。自由变形映射模式只将图形边角的控制点映射到封套的边角节点上，其他节点都被忽略。自由变形映射模式产生的效果没有原始的映射模式产生的效果强烈。

在属性栏中单击“创建封套自”按钮，可以以一个指定对象的形状为依据建立一个新的封套，如图 7.6.9 所示。

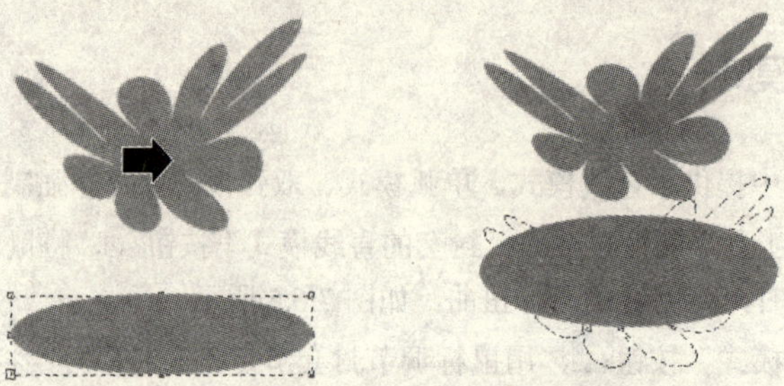

图 7.6.9 创建封套自效果

7.7　交互式立体化特效

交互式立体化工具可以为一个平面对象添加立体化效果。在 CorelDRAW X4 中创建的任何图形、文字或线条都可以进行立体化处理。

单击工具箱中的“交互式立体化工具”按钮，其属性栏显示如图 7.7.1 所示。

图 7.7.1　“交互式立体化工具”属性栏

在 x: 122.606 mm y: 102.916 mm 微调框中可显示出当前对象的中心在绘图区的位置。

在属性栏中单击 预设... 下拉列表框，可从弹出的下拉列表中选择预设的立体化效果。

在属性栏中单击立体化类型下拉列表框，在弹出的下拉列表中提供了 6 种预设的立体化类型。

在深度微调框 20 中输入数值，可改变立体化的深度。

单击灭点属性下拉列表框 锁到对象上的灭点，可从弹出的下拉列表中选择几种不同的灭点属性。

单击“VP 对象/VP 页面”按钮，可以相对于对象和页面设置灭点。

单击“立体的方向”按钮，通过输入数值可以调节对象的角度。

单击“颜色”按钮，可以为立体对象填充颜色。

单击“斜角修饰边”按钮，可以使立体化对象产生斜边倒角的效果。

单击“照明”按钮，可以为对象添加灯光，模拟灯光的仿真效果。

单击“清除立体化”按钮，可以删除立体化效果。

7.7.1　交互式立体化效果

选择要添加立体化效果的图形对象，单击工具箱中的“交互式立体化工具”按钮，再单击对象并按住鼠标左键拖动，即可使所选对象产生立体化效果，如图 7.7.2 所示。还可以通过鼠标拖动蓝色虚线尾部的 ✕ 形状来改变立体化的方向；拖动蓝色虚线上的矩形块则可调节立体化的深度。

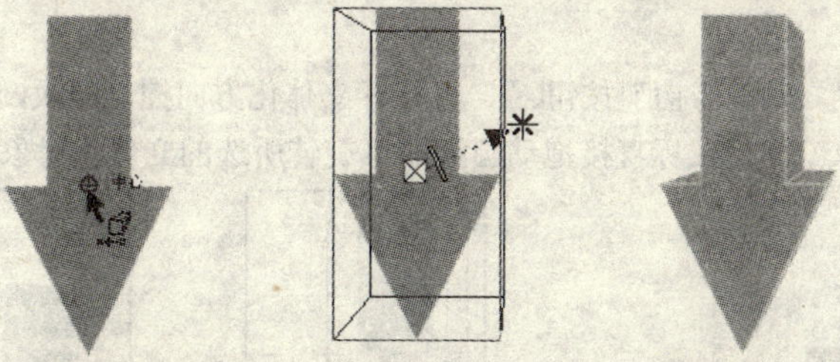

图 7.7.2　立体化效果

7.7.2　交互式立体化类型

为对象添加交互式立体化变形效果后，单击属性栏中的立体化类型下拉列表框，可从弹出的下拉列表中选择一种预设的立体化类型，如图 7.7.3 所示。

在属性栏中单击预设... 下拉列表框，可从弹出的下拉列表中选择一种预设的变形样式，如图 7.7.4 所示。

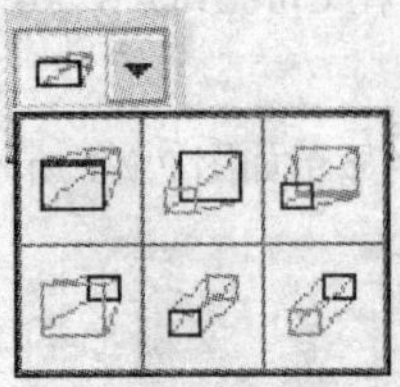

图 7.7.3　交互式立体化类型下拉列表

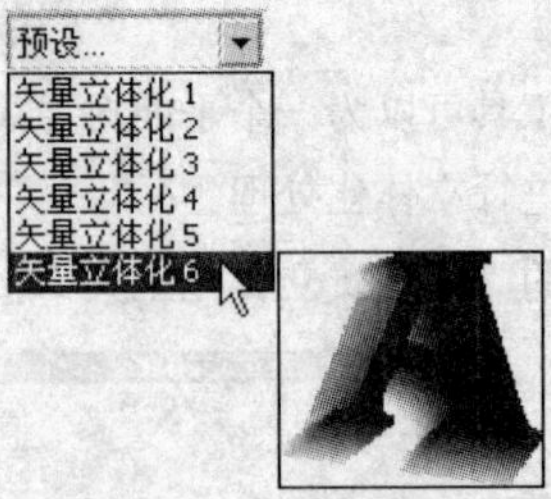

图 7.7.4　交互式立体化预设下拉列表

7.7.3　设置立体化深度

在“交互式立体化工具”属性栏中的深度微调框 20 中输入数值，可设置立体化的深度。输入的数值越大，对象的立体化深度就越大，如图 7.7.5 所示。

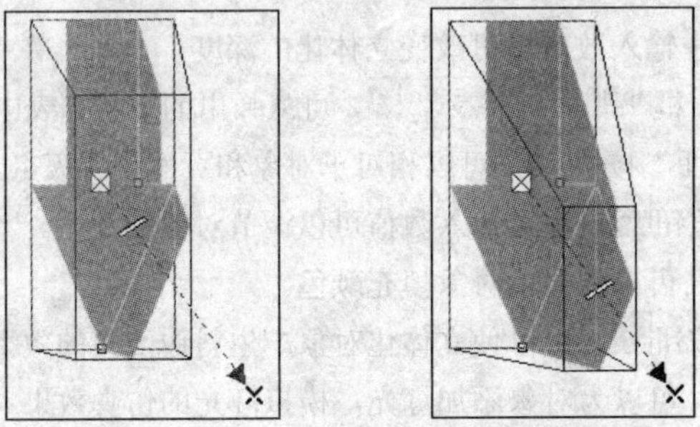

深度为 20　　深度为 50

图 7.7.5　改变对象立体化变形深度

在属性栏中的灭点坐标微调框 31.195 mm 135.863 mm 中输入数值，可设置灭点的位置。灭点是一个设想的点，它在对象后面的无限远处，在投影绘图区中用 ✕ 形状表示；如果对象向灭点变化，就会产生出透视感。

7.7.4　旋转立体化对象

单击属性栏中的“立体的方向”按钮，可打开立体化方向控制面板，如图 7.7.6 所示，通过该面板可旋转立体化对象。使用鼠标直接拖动圆盘即可旋转所选的立体化对象，效果如图 7.7.7 所示。

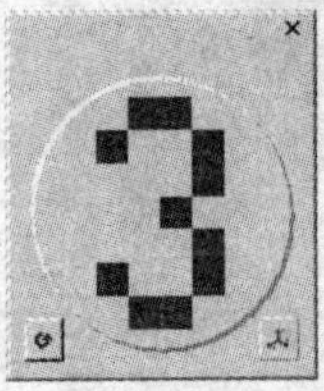

图 7.7.6　立体化方向控制面板

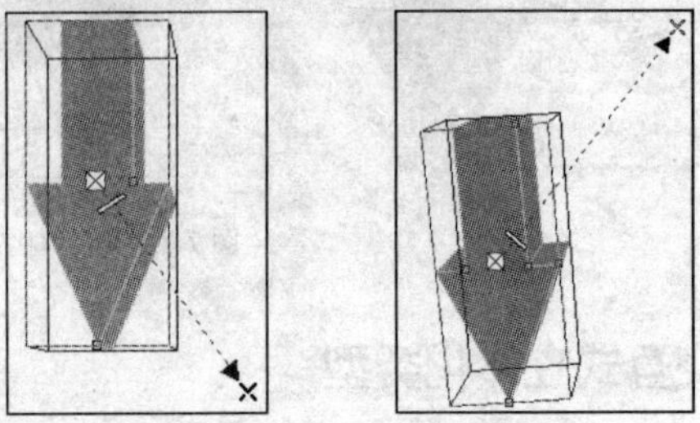

图 7.7.7　旋转立体化对象

使用鼠标单击处于选中状态的立体化对象，此时立体化对象上将出现一个圆形的旋转调节器，将光标移至旋转调节器 4 个控制点的任意一个上，按住鼠标左键并拖动，即可旋转立体化对象，如图 7.7.8 所示。将光标移至调节器内，光标变为形状，按住鼠标左键拖动，可以对立体对象进行任意角度的旋转。

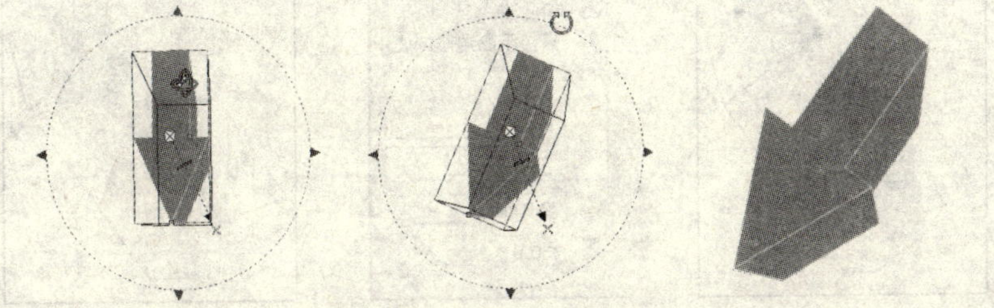

图 7.7.8　用鼠标旋转立体化对象

7.7.5　改变立体化对象的颜色

单击属性栏中的“颜色”按钮，可打开立体化颜色面板，如图 7.7.9 所示，可以在此面板中设置立体化对象的部分填充颜色。

在该面板中单击“使用纯色”按钮，可激活第一个颜色按钮，单击该按钮，可从打开的调色板中为立体化对象重新选择一种填充色，如图 7.7.10 所示。

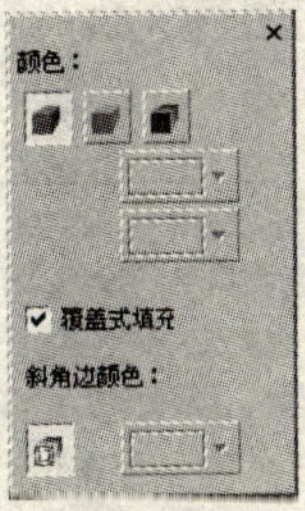

图 7.7.9　立体化颜色面板

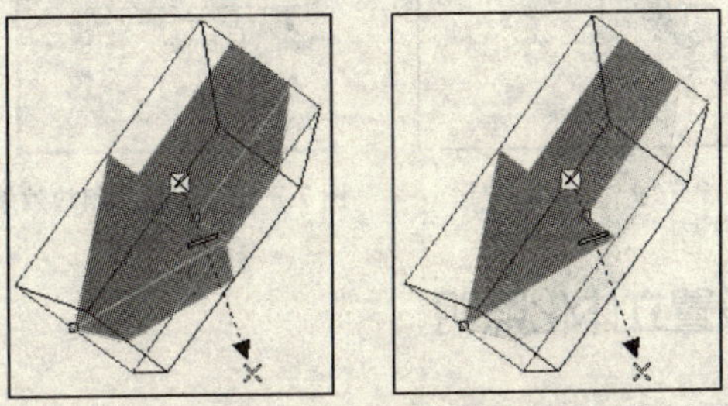

图 7.7.10　使用纯色填充立体化对象

在立体化颜色面板中单击“使用递减的颜色”按钮，可激活前两个颜色按钮，单击第一个颜色按钮，可从打开的调色板中选择一种立体化部分的填充色；单击下面的颜色按钮，可从打开的调色板中选择立体化对象的阴影颜色，从而制作出具有色彩变化的立体效果，如图 7.7.11 所示。

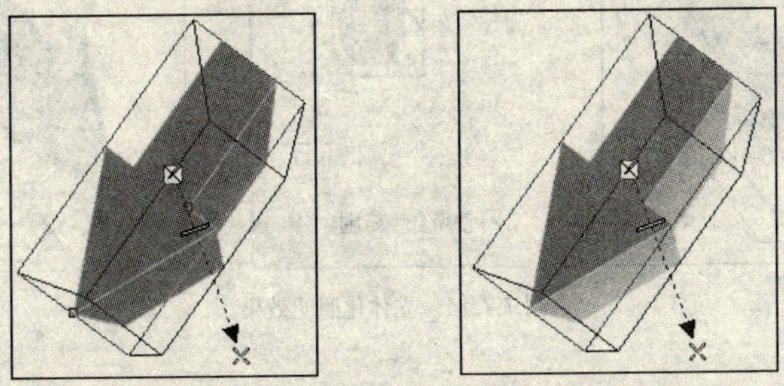

图 7.7.11　制作色彩明暗变化的立体效果

7.7.6　斜角立体化对象

在“交互式立体化工具”属性栏中单击“斜角修饰边”按钮，可打开斜角修饰边控制面板。

在此面板中的斜角修饰边深度与斜角修饰边角度微调框 45.0 中输入适当的值，可制作出带有斜边的立体效果，如图 7.7.12 所示。

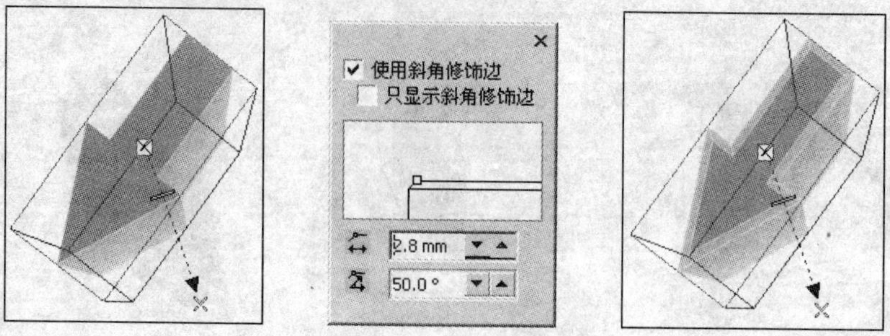

图 7.7.12　为立体化对象修饰斜边

如果选中 ☑ 只显示斜角修饰边 复选框，可得到一个仅有斜边而没有深度的立体效果，如图 7.7.13 所示。

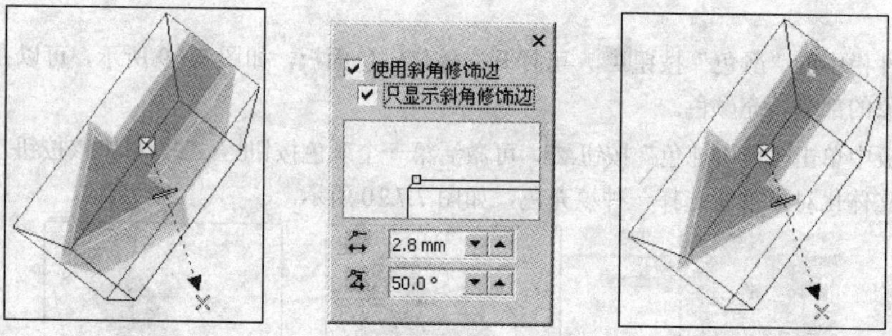

图 7.7.13　仅显示斜边效果

7.7.7　设置立体化照明

在“交互式立体化工具”属性栏中单击“立体照明”按钮，可打开立体化照明控制面板。从中选择光源的类型与光线的强度，可以制作出立体化光源效果，如图 7.7.14 所示。

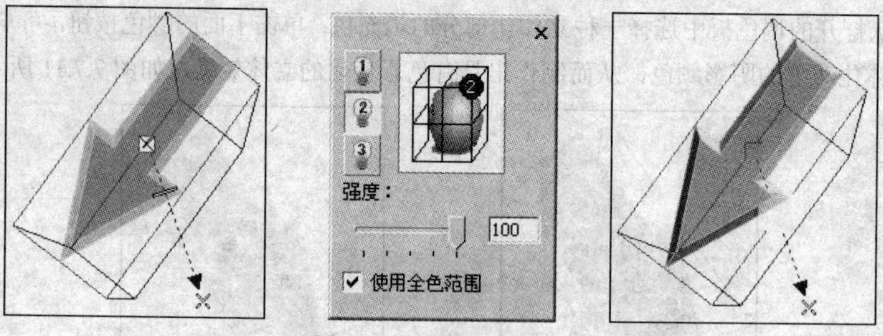

图 7.7.14　立体化照明效果

7.8　交互式透明特效

使用交互式透明工具可以对对象应用均匀、渐变、图案或底纹透明效果，其实质就是在对象当前的填充效果上应用一个灰度遮罩，效果与 Photoshop 中的图层蒙版类似。

7.8.1　标准透明度

单击工具箱中的“交互式透明工具”按钮，在其属性栏中的透明度类型下拉列表框 无 中选择 标准 选项，此时属性栏如图 7.8.1 所示。

图 7.8.1　“交互式均匀透明度”属性栏

在透明度操作 正常 下拉列表中，有多种不同的透明模式，可以根据需要选择。在开始透明输入框 34 中输入数值，可设置透明的程度，其取值范围为 0～100，0 表示无透明效果；100 表示完全透明，如图 7.8.2 所示。

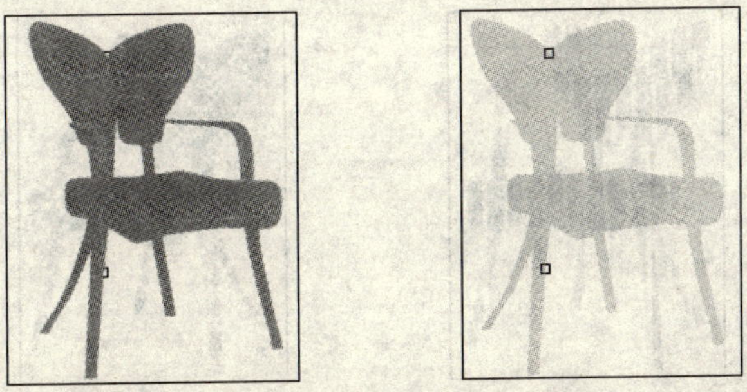

透明度为 20　　透明度为 70

图 7.8.2　改变透明度

在属性栏中的透明目标下拉列表框 全部 中，可设置透明度的范围，包括全部、填充与轮廓 3 个选项。

7.8.2　渐变透明度

渐变透明度与渐变填充一样，在属性栏中的透明度类型 无 下拉列表中提供了 4 种渐变过渡的方式，即线性、射线、圆锥和方角。因此，交互式渐变透明的使用与交互式填充是相同的。

在“交互式透明工具”属性栏中的透明度类型 线性 下拉列表中选择 线性 选项，此时所选的对象将变为交互式的模式，如图 7.8.3 所示，可以利用颜色控制色块直接对透明的效果进行调整。移动鼠标至白色控制色块时，光标显示为“十”字状态，在白色控制色块上单击，即可选中白色色块，直接在调色板中单击需要的颜色，即可直接改变渐变透明度的起始颜色，如图 7.8.4 所示。

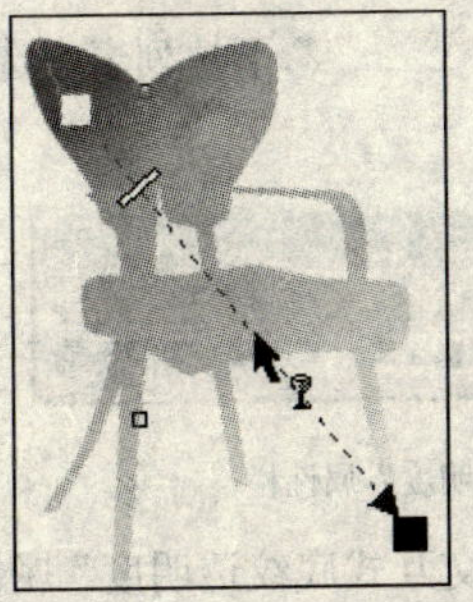

图 7.8.3　交互式线性透明模式

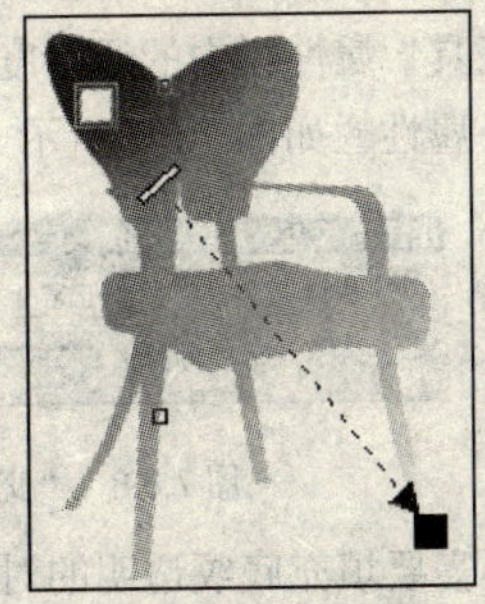

图 7.8.4　改变起始颜色

7.8.3 图样透明度

图样透明与图样填充一样，也有双色、全色与位图图样 3 种。在“交互式透明工具”属性栏中的透明度类型 标准 下拉列表中选择 双色图样 选项，其属性栏如图 7.8.5 所示。

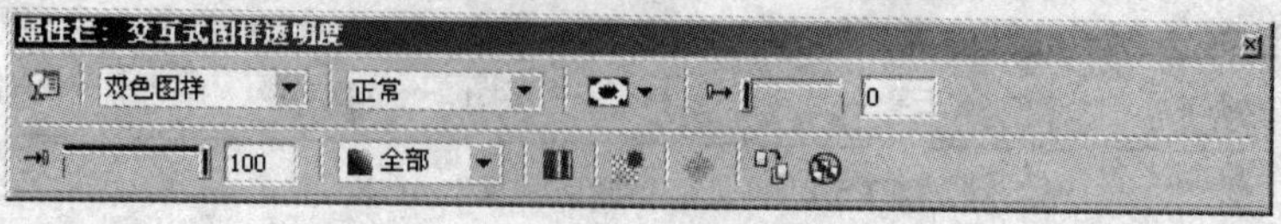

图 7.8.5 “交互式图样透明度”属性栏

在属性栏中单击 下拉按钮，从弹出的预设图案样式中选择一种所需的图案，即可应用于所选的对象，如图 7.8.6 所示。在属性栏中还可设置图样透明填充的起始与终止透明度、模式等。

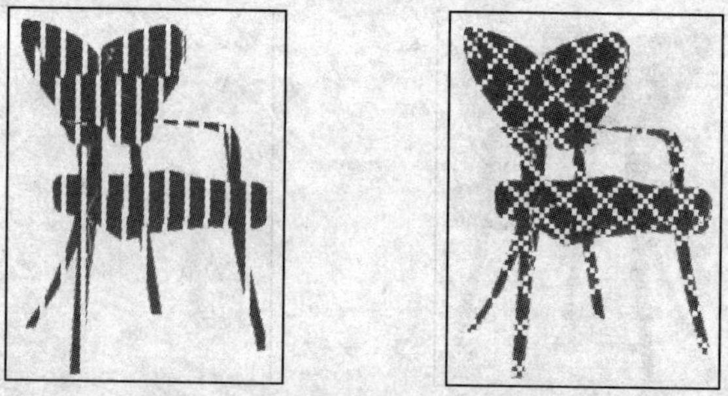

图 7.8.6 交互式图样透明度填充效果

将鼠标指针移至控制色块上，按住鼠标左键并拖动，即可旋转图样透明填充，如图 7.8.7 所示。

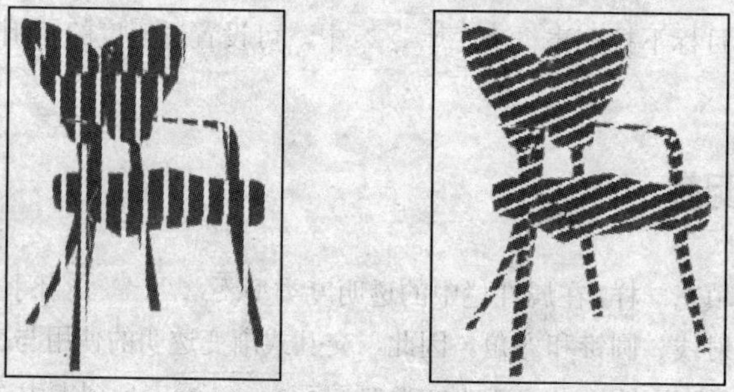

图 7.8.7 旋转图样透明填充

7.8.4 底纹透明度

在“交互式透明工具”属性栏中的透明度类型 无 下拉列表中选择 底纹 选项，此时“交互式底纹透明度”属性栏如图 7.8.8 所示。

图 7.8.8 “交互式底纹透明度”属性栏

使用挑选工具选择需要填充底纹透明的对象，在“交互式底纹透明度”属性栏中单击底纹库下拉列表框 样品 ，可从弹出的下拉列表中选择一种底纹的样本，然后在属性栏中单击 下拉列表框，从弹出的下拉列表中选择一种预设的底纹，此时即可为所选择的对象填充底纹透明的效果，如图 7.8.9 所示。

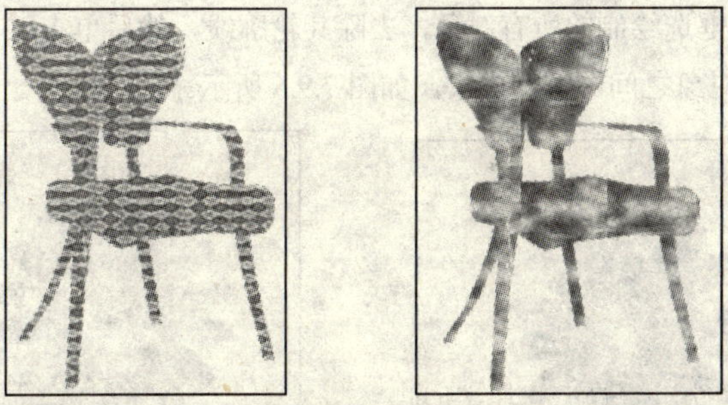

图 7.8.9　应用底纹透明度效果

7.9　课堂实训——绘制花朵

本节将综合使用前面所学的知识绘制花朵，最终效果如图 7.9.1 所示。

图 7.9.1　最终效果图

操作步骤

（1）新建一个图形文件，使用多边形工具在绘图区中绘制一个八边形，然后单击工具箱中的“交互式变形工具”按钮，对绘制的八边形进行推拉变形，效果如图 7.9.2 所示。

（2）在“交互式变形工具”属性栏中单击“中心变形”按钮，可设置变形效果为中心变形，然后在调色板中单击红色色块，将变形后的对象填充为红色，效果如图 7.9.3 所示。

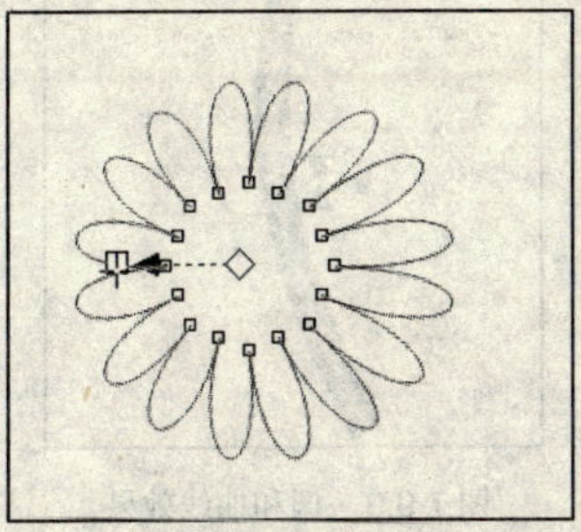

图 7.9.2　推拉变形对象

图 7.9.3　填充变形对象为红色

（3）使用挑选工具选择填充后的对象，将鼠标光标移至 4 个角的任意一个控制点上，在按住

"Shift"键的同时拖动控制点等比例缩小对象，至适当位置后单击鼠标右键可复制对象，再将其填充为黄色，效果如图 7.9.4 所示。

（4）使用挑选工具框选绘制的所有对象，去除其轮廓线，然后单击工具箱中的"交互式调和工具"按钮，创建两个对象之间的调和效果，如图 7.9.5 所示。

图 7.9.4　复制对象并填充

图 7.9.5　创建调和效果

（5）选中绘制的所有对象，按"Ctrl+G"键将其群组，然后单击工具箱中的"交互式变形工具"按钮，对群组后的对象进行扭曲变形，效果如图 7.9.6 所示。

（6）单击工具箱中的"贝塞尔工具"按钮，在绘图区中绘制一条曲线，将轮廓颜色设置为"绿色"，宽度设置为"3.8 mm"，效果如图 7.9.7 所示。

图 7.9.6　创建扭曲变形效果

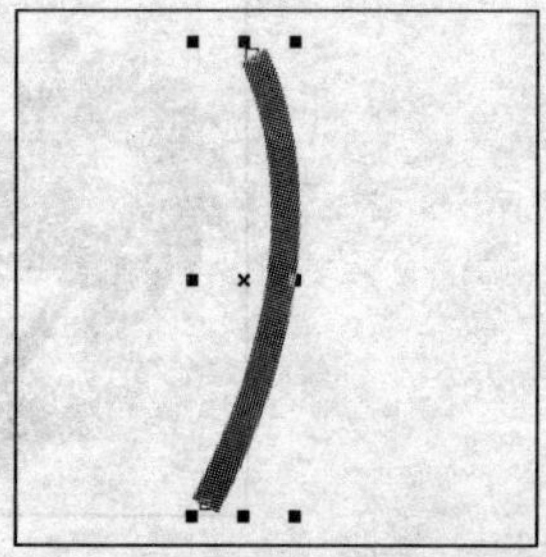

图 7.9.7　绘制线条并设置其属性

（7）按小键盘上的"＋"键，可在原位置复制曲线，设置复制曲线的宽度为"细线"，颜色为"淡绿色"，效果如图 7.9.8 所示。

（8）单击工具箱中的"交互式调和工具"按钮，在两个线条之间拖动鼠标创建调和效果，如图 7.9.9 所示。

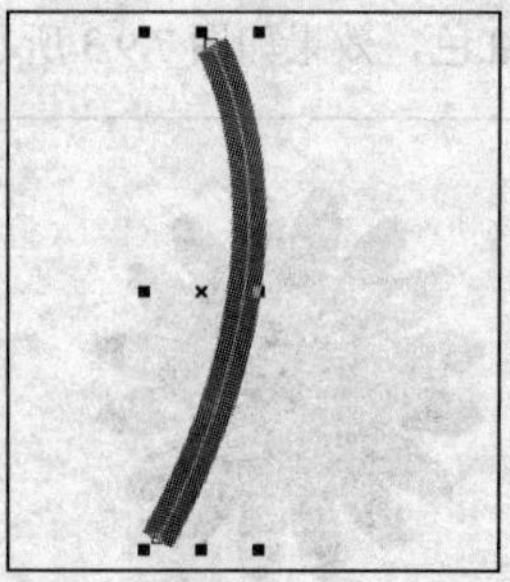

图 7.9.8　复制曲线并设置属性

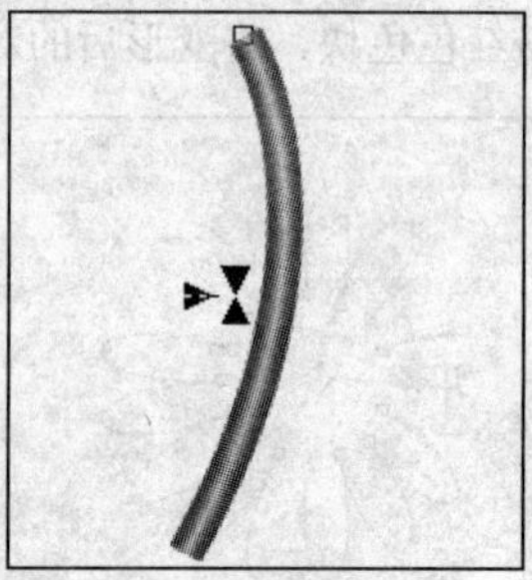

图 7.9.9　调和曲线效果

（9）单击工具箱中的"椭圆形工具"按钮，在绘图区中绘制椭圆，按"Ctrl+Q"键将其转换为曲线，然后使用形状工具调整其形状。

（10）在调色板中单击绿色色块，将步骤（9）绘制的图形填充为绿色，去除其轮廓线，单击工具箱中的“交互式透明工具”按钮，将鼠标光标移至绿色图形上，从下向上拖动鼠标填充透明效果，如图 7.9.10 所示。

（11）单击工具箱中的“交互式变形工具”按钮，对调整后的椭圆对象进行拉链变形，效果如图 7.9.11 所示。

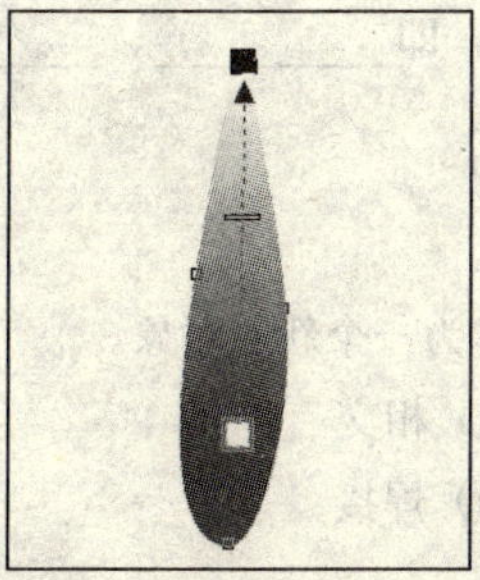

图 7.9.10　透明填充效果

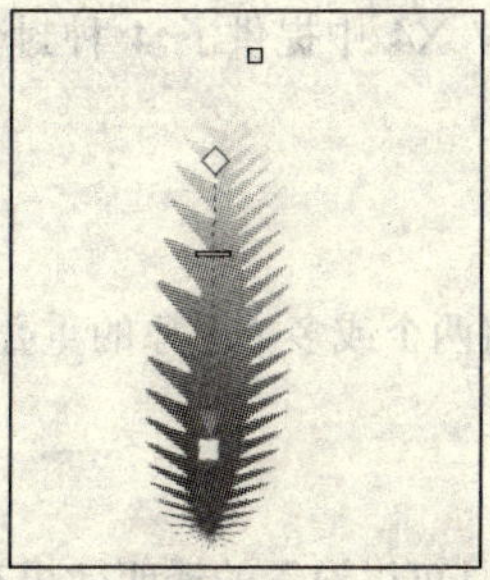

图 7.9.11　拉链变形后的效果

（12）将变形后的对象进行旋转，效果如图 7.9.12 所示，然后将绘制的所有图形移至适当的位置。

（13）再复制一个变形对象，放大并旋转至如图 7.9.13 所示的位置，然后对绘制的所有对象进行群组，按小键盘上的“＋”键两次，复制两个群组后的图形对象，并将其移至适当的位置，最终效果如图 7.9.1 所示。

图 7.9.12　旋转对象

图 7.9.13　复制并变换对象

本 章 小 结

本章主要介绍了 CorelDRAW X4 中对象的造形，包括对象的焊接、修剪以及相交等方法，还介绍了交互式特效的应用技巧。通过本章的学习，可使读者能够运用造形功能制作出多种特殊的图形形状，并可以熟练地使用交互式特效为对象添加特殊效果。

操 作 练 习

一、填空题

1．在绘制图形对象时，如果需要将两个图形进行焊接或用一个图形对象修剪另一个图形对象，需要使用 CorelDRAW X4 提供的__________功能。

2. 交互式工具组包括__________、__________、__________、__________、__________、__________

和__________7 种交互式特效工具。

3. 交互式调和工具可以用来创建对象之间的__________、__________、__________及__________的过渡效果。

4. 使用交互式变形工具可以对对象创建 3 种变形效果，即__________、__________和__________。

5. 在 CorelDRAW X4 中提供了 4 种封套的模式，即__________、__________、__________和__________。

二、选择题

1. (　) 对象是将两个或多个对象的重叠区域创建为一个新的对象。

(A) 修剪　　(B) 相交

(C) 前减后　　(D) 焊接

2. 交互式透明工具可以设置的透明效果有(　)。

(A) 均匀　　(B) 渐变

(C) 图案　　(D) 底纹

3. 在 CorelDRAW X4 中提供了(　)种交互式工具。

(A) 5　　(B) 6

(C) 7　　(D) 8

4. 在“交互式透明度工具”属性栏中的透明度类型中提供了(　)种渐变透明填充的方式。

(A) 1　　(B) 2

(C) 3　　(D) 4

三、简答题

1. 可以使用哪几种方法修整图形对象？

2. 如何将一个推拉变形对象的属性应用到其他对象上？

四、上机操作题

在绘图区中绘制一个正方形，为其添加立体化效果，并设置其立体化的颜色为淡蓝色到冰蓝色的渐变。

第 8 章　对象的特殊效果

在 CorelDRAW X4 中不仅可以对图形进行变形、编辑等操作，还可以对其进行一些特殊效果的处理，例如添加透镜与透视效果，调整图形的色调等。

知识要点

- 添加透镜效果
- 添加透视效果
- 调整图形的色调

8.1　添加透镜效果

使用“透镜”泊坞窗，可以为对象添加各种透镜效果，它是一种通过改变对象外观或改变观察透镜下对象的方式而得的特殊效果，但不会改变对象实际属性。透镜效果可以应用于 CorelDRAW X4 创建的各类封闭路径，如矩形、椭圆、多边形等封闭的形状和闭合曲线，以及手绘工具创建的对象。

应用透镜效果的具体操作方法如下：

（1）打开或导入一幅位图，选择菜单栏中的 效果(C) → 透镜(S) 命令，打开“透镜”泊坞窗，如图 8.1.1 所示。

（2）单击工具箱中的“椭圆形工具”按钮，在位图对象上绘制一个椭圆对象，将其作为透镜的镜头，如图 8.1.2 所示。

（3）在“透镜”泊坞窗中的 无透镜效果 下拉列表中选择 热图 选项，即对透镜对象颜色的冷暖度进行偏移。

（4）选中 冻结 复选框，可固定透镜中的内容，在移动透镜时不改变通过透镜显示的内容；选中 视点 复选框，可在透镜本身不移动的情况下，通过透镜显示绘图的任意部分；选中 移除表面 复选框，可设置只显示它下层存在对象时的透镜效果。

（5）设置好参数后，单击 应用 按钮，应用透镜效果如图 8.1.3 所示。

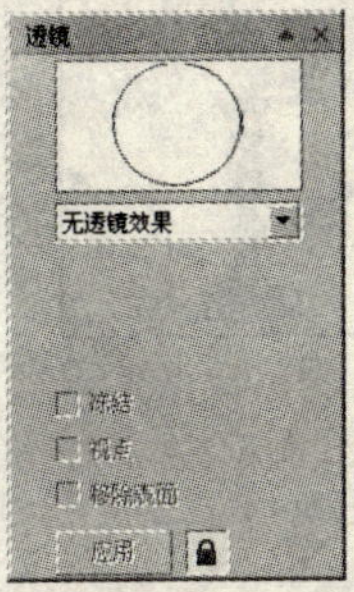

图 8.1.1　“透镜”泊坞窗

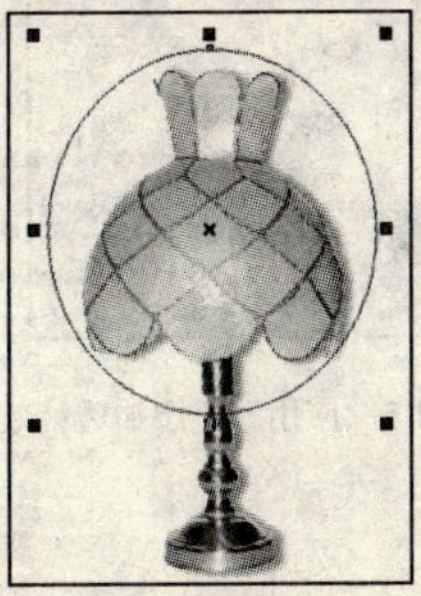

图 8.1.2　创建透镜的镜头

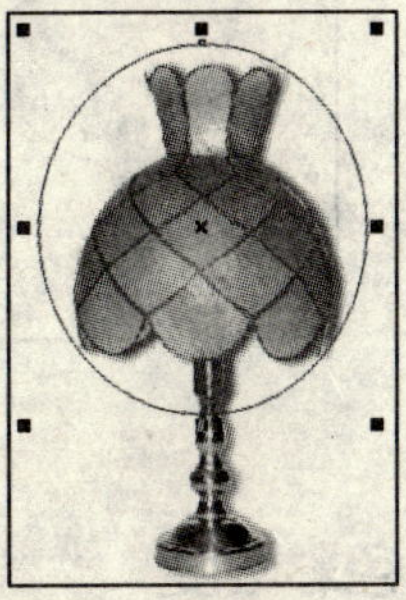

图 8.1.3　应用透镜效果

除了使用热图透镜效果外，在 CorelDRAW X4 中还提供了其他类型的透镜效果，下面分别对其进行介绍。

8.1.1 使明亮

使明亮透镜可以使对象区域变亮或变暗，并可设置对象区域亮度或暗度的比率。

在“透镜”泊坞窗中的 无透镜效果 下拉列表中选择 使明亮 选项，即为镜头添加明亮透镜效果，在 比率(E): 输入框中输入数值，可设置图像的明暗比例，输入的数值范围为-100%～100%，输入负数时透镜下方的对象变暗；输入正数时透镜下方的对象变亮。单击 应用 按钮，应用使明亮透镜效果如图 8.1.4 所示。

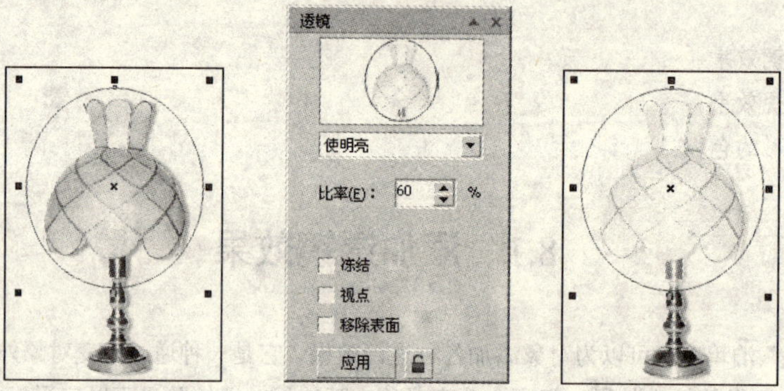

图 8.1.4 应用使明亮透镜效果

8.1.2 颜色添加

颜色添加透镜可模拟加色光线模式，从而使透镜对象区域变为其他颜色。

在“透镜”泊坞窗中的 无透镜效果 下拉列表中选择 颜色添加 选项，在 比率(E): 输入框中输入数值可设置颜色添加程度，数值越大，效果越明显；单击 颜色: 下拉按钮，可从打开的调色板中选择一种颜色添加到透镜的颜色，单击 应用 按钮，应用颜色添加透镜效果如图 8.1.5 所示。

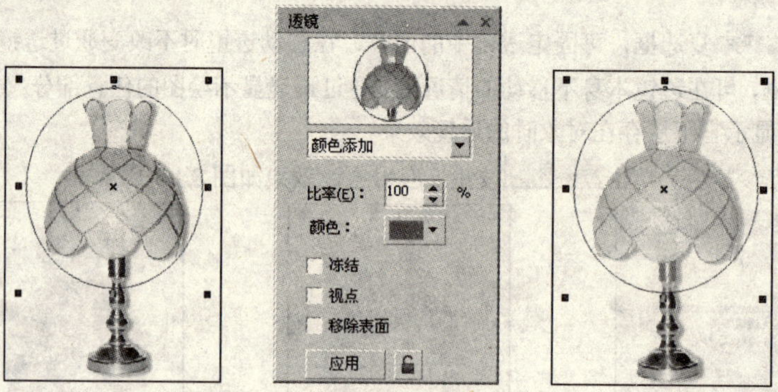

图 8.1.5 应用颜色添加透镜效果

8.1.3 色彩限度

色彩限度透镜只显示透镜本身的颜色与黑色，而其他的颜色将被转换成透镜的颜色，也就是说，经过它的光线，都会被它上面的颜色过滤。

在“透镜”泊坞窗中的 无透镜效果 下拉列表中选择 色彩限度 选项，在 比率(E): 输入框中输入数值可设置透镜的深度，单击 颜色: 下拉按钮，选择透镜的颜色，单击 应用 按钮，应用色彩限度透镜效果如图 8.1.6 所示。

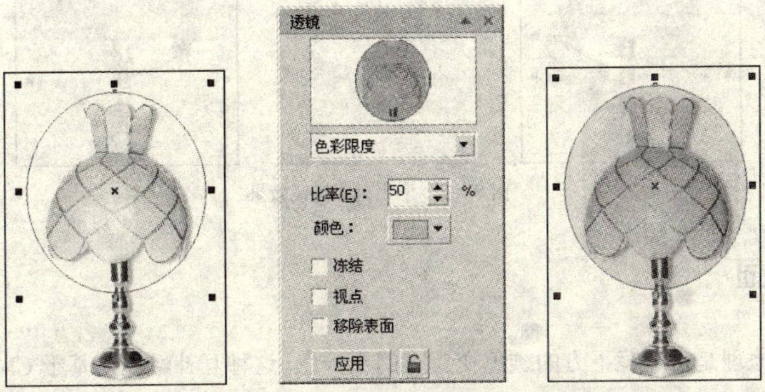

图 8.1.6　应用色彩限度透镜效果

8.1.4　自定义彩色图

自定义彩色图透镜可使透镜对象颜色按照所设置的颜色范围显示。

在“透镜”泊坞窗中的 无透镜效果 下拉列表中选择 自定义彩色图 选项，通过设置 从: 与 到: 的颜色可指定透镜的颜色范围，而在 直接调色板 下拉列表中提供了两种颜色的 3 种变化过程，即直接调色板、向前的彩虹以及反转的彩虹。选择从黄色到白色的变化，并设置这两种颜色的变化为反转的彩虹，单击 应用 按钮，应用自定义彩色图透镜效果如图 8.1.7 所示。

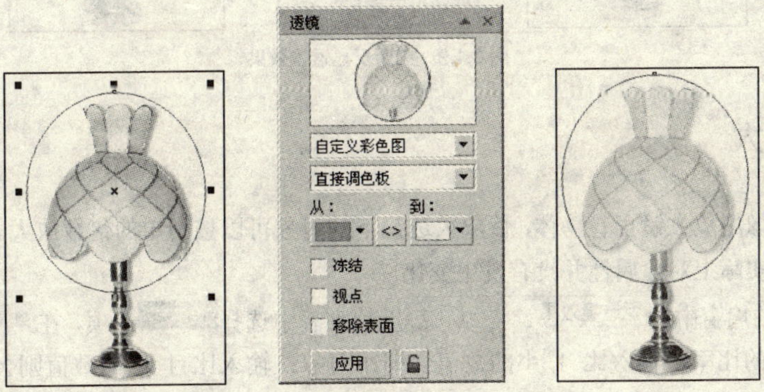

图 8.1.7　应用自定义彩色图透镜效果

8.1.5　鱼眼

鱼眼透镜是模拟鱼眼效果来显示透镜对象的区域，从而使透镜后面的对象产生缩小或放大的特殊效果。

在“透镜”泊坞窗中的 无透镜效果 下拉列表中选择 鱼眼 选项，在 比率(E): 输入框中输入数值，可设置鱼眼的程度，即透镜后面的对象是放大或缩小，其数值范围为-1 000%～1 000%，正值为放大，负值为缩小。单击 应用 按钮，应用鱼眼透镜效果如图 8.1.8 所示。

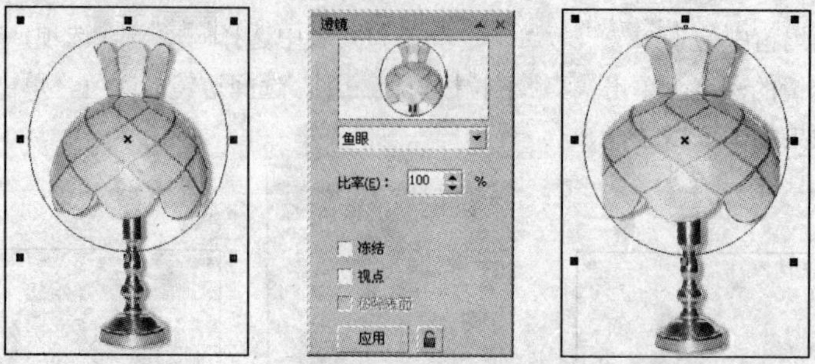

图 8.1.8　应用鱼眼透镜效果

8.1.6　反显

反显透镜的原理是将透镜下方的颜色变为它的互补色，这种互补颜色是基于 CMYK 颜色模式的，原始色和它的互补色处于调色板中的相对位置。

在“透镜”泊坞窗中的 无透镜效果 下拉列表中选择 反显 选项，单击 应用 按钮，得到的效果如图 8.1.9 所示。

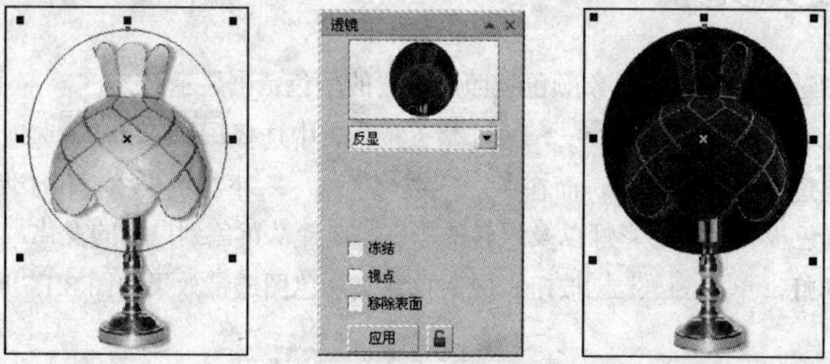

图 8.1.9　应用反显透镜效果

8.1.7　放大

放大透镜就像用放大镜查看物体，使放大透镜下的对象可以按指定的倍数放大。但这种放大只是一种视觉效果，实际上对象属性并没有发生变化。

在“透镜”泊坞窗中的 无透镜效果 下拉列表中选择 放大 选项，在 数量(U): 输入框中输入数值可设置放大的比率，输入比 1 小的数值会缩小对象；输入比 1 大的数值则会放大对象。单击 应用 按钮，应用放大透镜效果如图 8.1.10 所示。

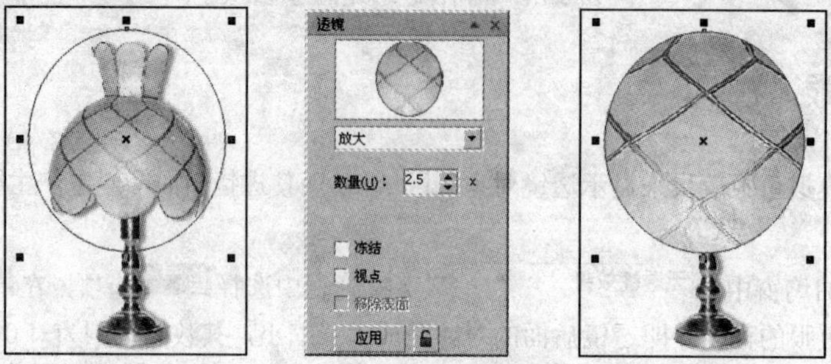

图 8.1.10　应用放大透镜效果

8.1.8　灰度浓淡

灰度浓淡透镜可用指定的颜色将透镜对象区域的颜色替换为等值的灰度。

在“透镜”泊坞窗中的无透镜效果下拉列表中选择灰度浓淡选项，在颜色：下拉列表中可设置灰度浓淡透镜处理后对象的颜色。设置完成后，单击应用按钮，应用灰度浓淡透镜效果如图 8.1.11 所示。

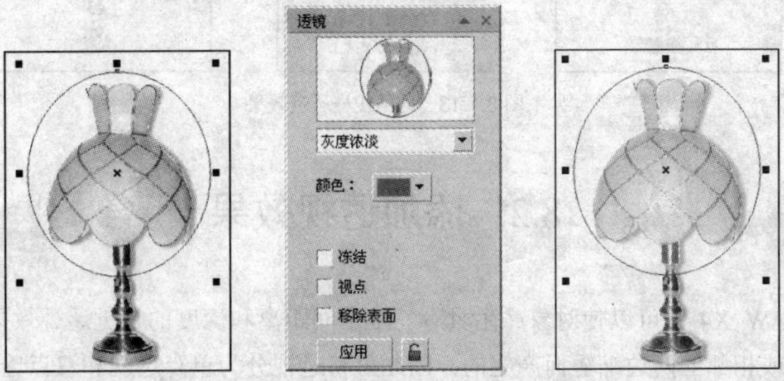

图 8.1.11　应用灰度浓淡透镜效果

8.1.9　透明度

透明度透镜可为对象添加透明的透镜效果，使透镜区域的颜色像透过一层有色玻璃进行显示一样。

在“透镜”泊坞窗中的无透镜效果下拉列表中选择透明度选项，在比率(E)：输入框中输入数值可设置透明的程度，数值越大透明效果越明显；在颜色：下拉列表中可选择一种颜色作为透明度透镜的颜色。单击应用按钮，应用透明度透镜效果如图 8.1.12 所示。

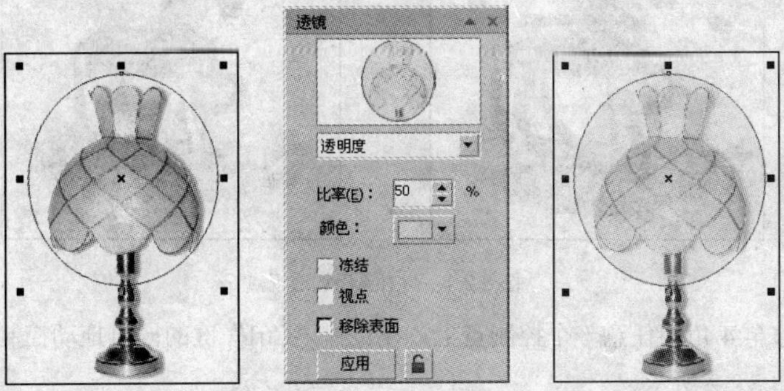

图 8.1.12　应用透明度透镜效果

8.1.10　线框

线框透镜可用指定的轮廓色或填充颜色来显示透镜对象区域。使用线框透镜效果时，透镜对象下方的对象应为矢量图。

在“透镜”泊坞窗中的无透镜效果下拉列表中选择线框选项，分别在☑轮廓：与☑填充：右侧的下拉列表中选择需要的轮廓颜色与填充颜色，也可以只选择轮廓颜色或填充颜色。单击应用按钮，应用线框透镜效果如图 8.1.13 所示。

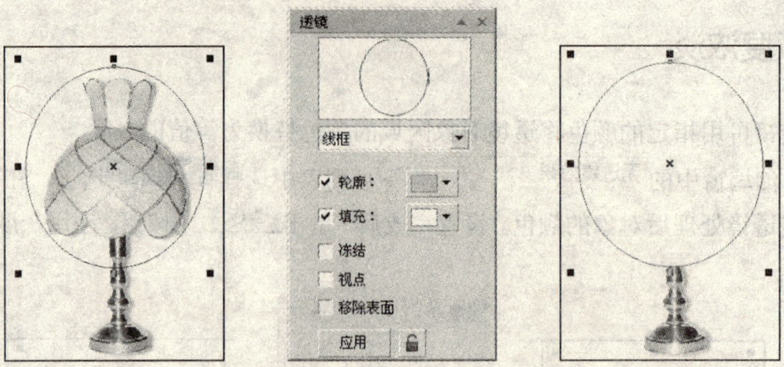

图 8.1.13　应用线框透镜效果

8.2　添加透视效果

在 CorelDRAW X4 中可以使对象产生具有三维空间距离和深度的视觉透视效果。透视效果是将一个对象的一边或相邻的两边缩短而产生的，因此可将透视分为单点透视和双点透视。

8.2.1　单点透视

单点透视通过改变对象一条边的长度，使对象呈现出向一个方向后退的效果。

在绘图区选择需要进行单点透视的对象，选择菜单栏中的 效果(C) → 添加透视(P) 命令，此时所选的对象周围出现一个虚线外框和 4 个小黑控制点，如图 8.2.1 所示。

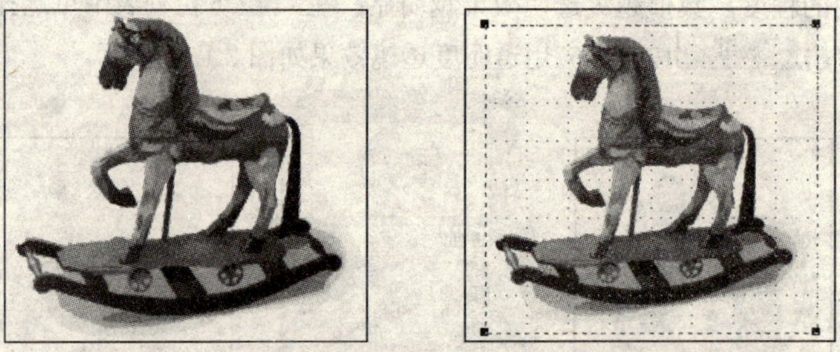

图 8.2.1　为对象添加透视点

将鼠标光标移至 4 角的任意一个控制点上，在按住“Ctrl”键的同时拖动控制点，即可创建出单点透视效果，如图 8.2.2 所示。

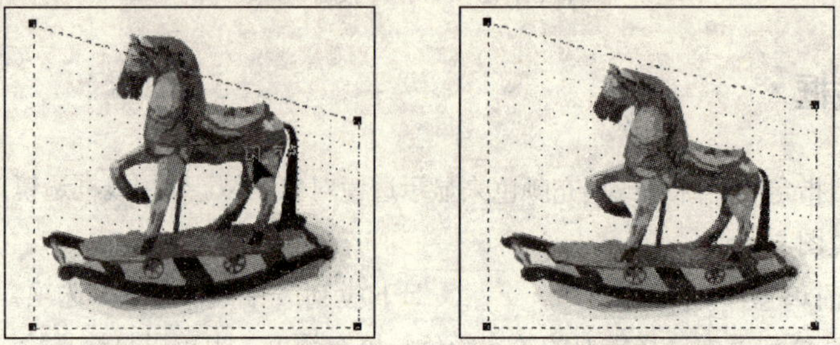

图 8.2.2　单点透视效果

如果在按住“Ctrl+Shift”键的同时拖动控制点，则可将相邻的一组节点进行相向方向的移动，如图 8.2.3 所示。

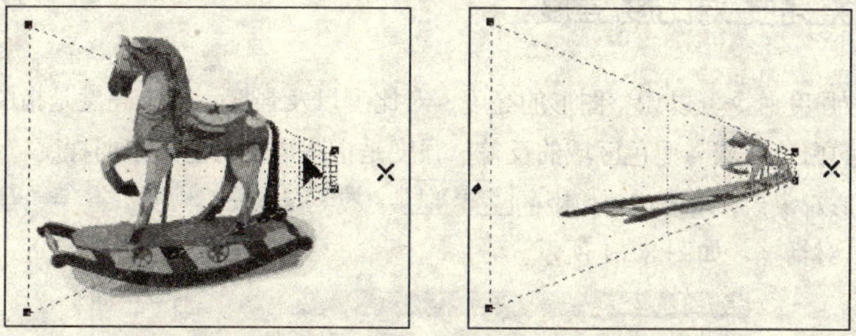

图 8.2.3　创建相邻节点的相向移动单点透视效果

在创建透视效果时，可将鼠标光标移至消失点 ✕ 上，按住鼠标左键拖动，也可创建出各种角度的透视效果。

8.2.2　双点透视

双点透视就是改变对象两条边的长度，从而使对象呈现出向两个方向后退的效果。

添加双点透视的具体操作方法如下：

（1）创建需要进行双点透视的对象，并使用挑选工具选择该对象。

（2）选择菜单栏中的 效果(C) → 添加透视(P) 命令，此时所选的对象周围出现一个虚线外框和 4 个黑控制点。

（3）将鼠标光标移至任意一个控制点上，按住鼠标左键沿着图形的对角线方向拖动，即可创建出双点透视效果，如图 8.2.4 所示。

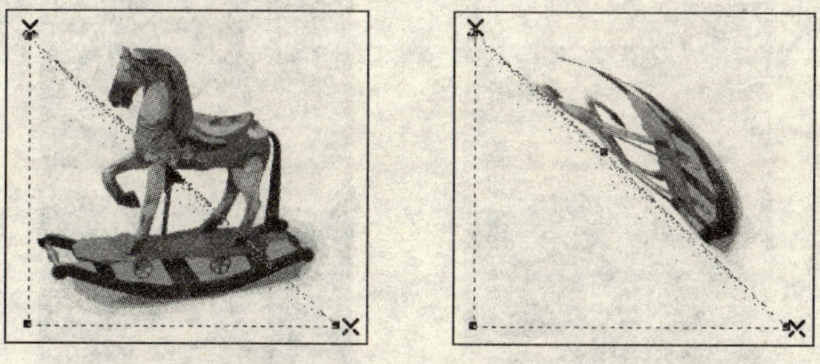

图 8.2.4　双点透视效果

如果要修改透视效果，可在选择对象后，使用形状工具调整控制点或消失点即可修改透视效果。

此外，如果要取消透视效果，可选择菜单栏中的 效果(C) → 清除透视点(R) 命令，即可使对象恢复为原始状态。

8.3　调整图形的色调

在 CorelDRAW X4 中，使用 效果(C) → 调整(A) 子菜单中的命令，可以对图形对象进行色调的调整，下面具体介绍如何调整图形的色调。

8.3.1 调整亮度/对比度/强度

亮度/对比度/强度命令可以调整图形的亮度、对比度以及强度。其中亮度是指图形的明亮度；对比度是指图形中的白色区域与黑色区域的反差；强度是指图形中的色彩强弱程度。

打开一个图形对象后，选择菜单栏中的 效果(C) → 调整(A) → 亮度/对比度/强度(I)… 命令，弹出“亮度/对比度/强度”对话框，如图 8.3.1 所示。

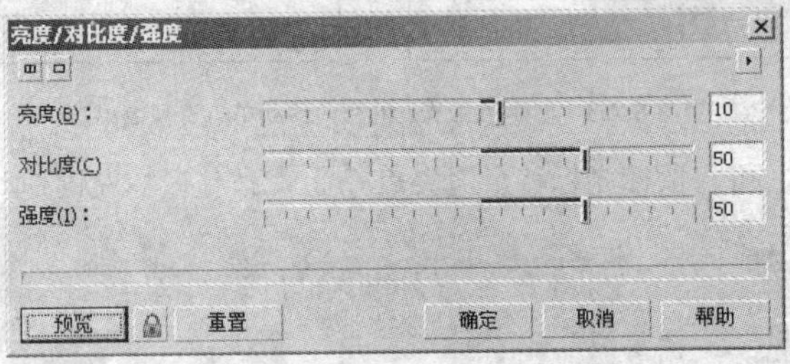

图 8.3.1 “亮度/对比度/强度”对话框

在 亮度(B): 输入框中输入数值，可改变图形的亮度，也可直接用鼠标拖动滑块进行调整，其取值范围为-100～100。

在 对比度(C): 输入框中输入数值，可调整图形颜色的对比度，也就是调整最深或最浅颜色之间的差异。

在 强度(I): 输入框中输入数值，可调整图形浅色区域的亮度，同时不降低深色区域的亮度。

设置好参数后，单击 预览 按钮，可预览色调的调整效果。预览满意后，单击 确定 按钮，效果如图 8.3.2 所示。

图 8.3.2 调整亮度/对比度/强度效果

8.3.2 调整颜色平衡

颜色平衡命令可以将青色或红色、品红色或绿色、黄色或蓝色添加到图形对象选定的色调中。

打开一个图形对象后，选择菜单栏中的 效果(C) → 调整(A) → 颜色平衡(L)… 命令，弹出“颜色平衡”对话框，如图 8.3.3 所示。

在 范围 选项区中可选择图像的调整范围，选中 ☑ 阴影(S) 复选框，可以对图形阴影区域的颜色进行调整；选中 ☑ 中间色调(M) 复选框，可以对图形中间色调的颜色进行调整；选中 ☑ 高光(H) 复选框，可以对图形高光区域的颜色进行调整；选中 ☑ 保持亮度(P) 复选框，可以在调整图形颜色的同时保持图形的亮度不受影响。

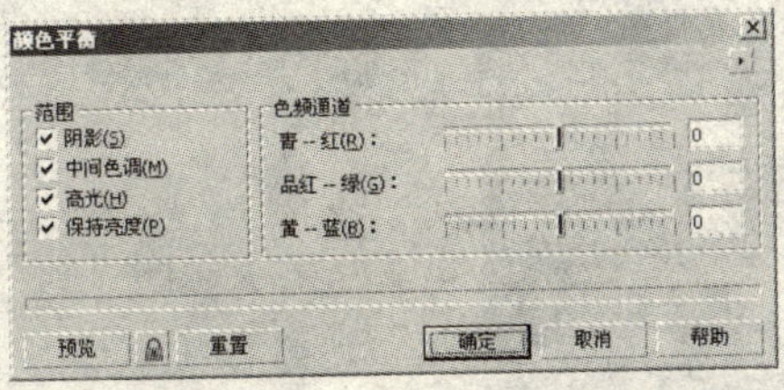

图 8.3.3　“颜色平衡”对话框

在 色频通道 选项区中拖动各项的滑块，即可对图形需要调整的颜色范围进行精细的调整。拖动 青 -- 红(R)： 滑块，可以在图形中添加青色和红色，用来校正该图形中不均衡的颜色，向右移动滑块可添加红色，向左移动滑块可添加青色；拖动 品红 -- 绿(G)： 滑块，可在图形中添加品红色和绿色，用于校正图形中不均衡的颜色，向右移动滑块可添加绿色，向左移动滑块可添加品红色；拖动 黄 -- 蓝(B)： 滑块，可在图形中添加黄色和蓝色，用于校正图形中不均衡的颜色，向右移动滑块可添加蓝色，向左拖动滑块可添加黄色。

设置好参数后，单击 确定 按钮，效果如图 8.3.4 所示。

图 8.3.4　调整颜色平衡效果

8.3.3　调整伽玛值

调整伽玛值是一种校正方法，它影响图形对象中所有的颜色范围，但主要是调整图形对象的中间值，对于深色和浅色区域影响较小。

打开一个图形对象后，选择菜单栏中的 效果(C) → 调整(A) → 伽玛值(G)… 命令，弹出“伽玛值”对话框，如图 8.3.5 所示。

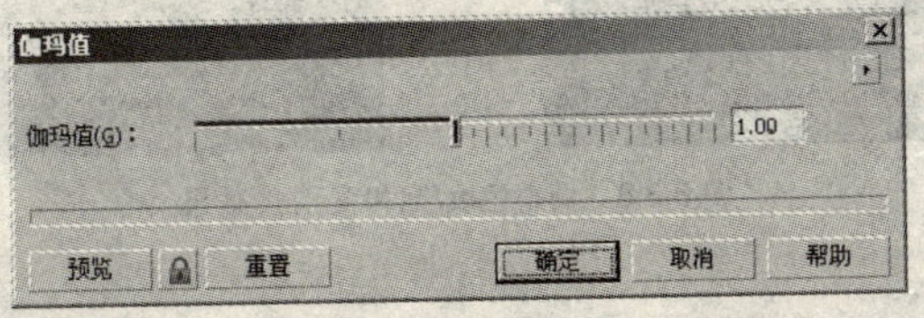

图 8.3.5　“伽玛值”对话框

通过调节 伽玛值(G)： 参数，可设置中间色调的偏移，数值越大，其中间色调越浅；数值越小，中间色调越深。

预览满意后，单击 确定 按钮，效果如图 8.3.6 所示。

图 8.3.6　调整伽玛值效果

8.3.4　调整色度/饱和度/亮度

色度/饱和度/亮度命令可以通过改变 HLS 值来调整图形对象的色调。

打开一个图形对象后，选择菜单栏中的 效果(C) → 调整(A) → 色度/饱和度/亮度(S)… 命令，弹出“色度/饱和度/亮度”对话框，如图 8.3.7 所示。

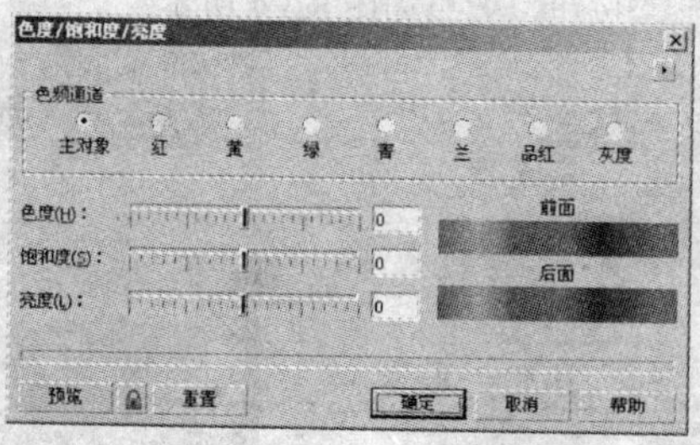

图 8.3.7　“色度/饱和度/亮度”对话框

在 色度(H)：、饱和度(S)：和 亮度(L)：输入框中输入数值，可调整所选的颜色；在 色频通道 选项区中可选择一种颜色作为需要调整的颜色。当选中“主对象”单选按钮时，可整体设置图形的效果。

预览满意后，单击 确定 按钮，效果如图 8.3.8 所示。

图 8.3.8　调整色度/饱和度/亮度效果

8.4　课堂实训——绘制透视图

本节将综合使用前面所学的知识绘制透视图，最终效果如图 8.4.1 所示。

图 8.4.1　最终效果图

操作步骤

（1）新建一个图形文件，按“Ctrl+I”键导入一幅位图，如图 8.4.2 所示。

（2）单击工具箱中的“挑选工具”按钮，选中左边的对象，选择 效果(C) → 透镜(S) 命令，打开“透镜”泊坞窗，设置其泊坞窗参数如图 8.4.3 所示。

图 8.4.2　导入位图

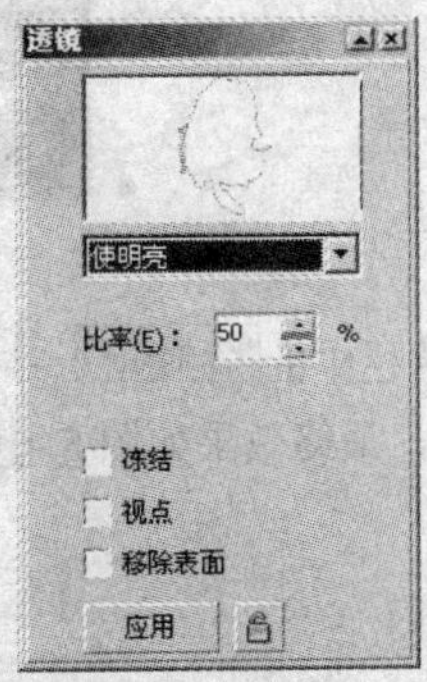

图 8.4.3　“透镜”泊坞窗

（3）设置完参数后，单击 应用 按钮，得到的效果如图 8.4.4 所示。

（4）使用挑选工具选中右边的对象，选择 效果(C) → 透镜(S) 命令，打开“透镜”泊坞窗，设置其泊坞窗参数如图 8.4.5 所示。

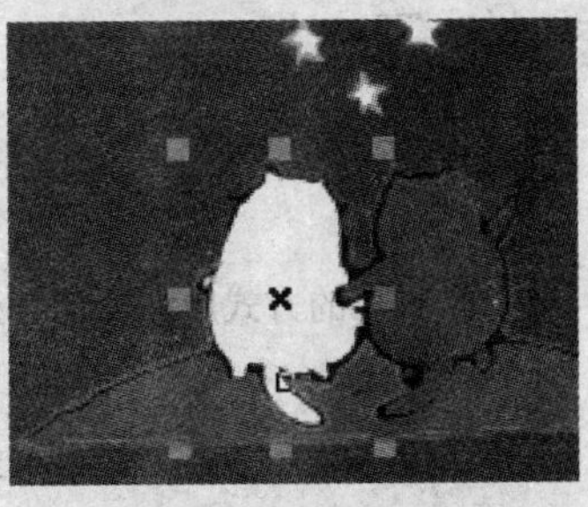

图 8.4.4　应用使明亮透镜效果

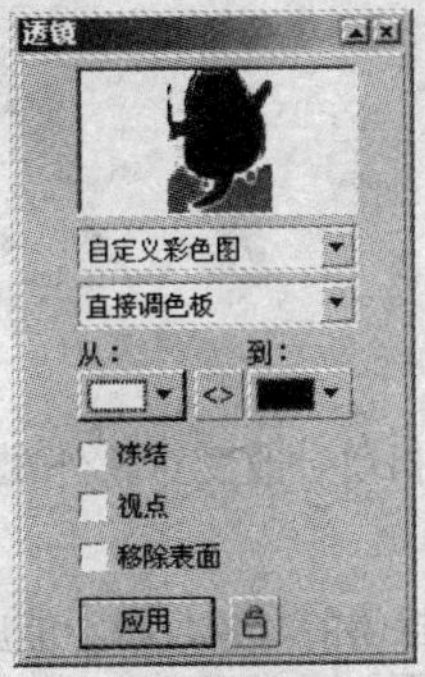

图 8.4.5　“透镜”泊坞窗

（5）设置完参数后，单击 应用 按钮，得到的效果如图 8.4.6 所示。

（6）使用挑选工具选中星星图形，对其进行复制与粘贴操作，选择 效果(C) → 添加透视(P) 命令，为星星图形添加透视点，然后用鼠标拖动控制点，编辑透视效果，如图 8.4.7 所示。

（7）单击工具箱中的“文本工具”按钮，在绘图区中输入美术字，并单击调色板中的黄色方块，将文字填充为黄色，效果如图 8.4.8 所示。

图 8.4.6　应用自定义彩色图透镜效果

图 8.4.7　应用透视效果

图 8.4.8　图案文字效果

（8）选择菜单栏中的 效果(C) → 添加透视(P) 命令，为文字添加透视点，然后用鼠标拖动控制点，编辑透视效果，最终效果如图 8.4.1 所示。

本 章 小 结

本章主要介绍了 CorelDRAW X4 中透镜、透视效果的应用以及图形对象色调的调整。通过本章的学习，可使读者对透镜、透视效果与图形对象色调的调整有一个基本的了解，并通过反复的实践，在实际的设计和制作中能够灵活应用，以创作出独特的作品。

操 作 练 习

一、填空题

1．透镜效果是指通过改变对象外观或改变____________的方式所取得的特殊效果，而不改变对象实际属性。

2．透镜可用于封闭的对象，而不能应用于____________、____________或____________的对象。

3．选择 效果(C) → 透镜(S) 命令，或者按下____________快捷键，就可以打开“透镜”泊坞窗。

4．如果要为照片创建底片效果，可使用____________透镜。

5．使用____________透镜可以使透镜下面的对象按设置的倍数放大。

6．使用____________透镜可以将对象的颜色与透镜的颜色当成光线，将这些光线混合起来就产生了透镜的新增色效果。

7．____________命令可以调整对象的色彩，从而使其达到平衡的效果。

二、选择题

1．（　）透镜是对透镜对象颜色的冷暖度进行偏移。

（A）热图　　（B）反显

（C）放大　　（D）鱼眼

2．使用（　）透镜时，就像透过有色玻璃看物体一样。

（A）色彩限度　　（B）使明亮

（C）透明度　　（D）灰度浓淡

3．为对象添加透视点后，按住（　）键的同时拖动控制点，即可创建出单点透视效果。

（A）Alt　　（B）Shift

（C）Ctrl　　（D）Alt+Ctrl

4．为对象添加透视点后，按住（　）键的同时拖动控制点，可将相邻的一组节点进行相向方向的移动。

（A）Ctrl　　（B）Ctrl+Shift

（C）Alt　　（D）Alt+Ctrl

三、简答题

1．如何为对象添加放大透镜效果？

2．如何为对象添加双点透视？

四、上机操作题

1．新建一个图形文件，导入一幅位图，再使用多边形工具在位图上绘制一个多边形，并为其添加透镜效果。

2．导入一幅位图，对其进行各种色调的调整。

第 9 章　位图的应用

图形按照存储方式可分为矢量图和位图，本章主要介绍 CorelDRAW X4 编辑位图的强大功能及使用方法。

知识要点

- 位图的编辑
- 位图模式的转换
- 调整位图颜色
- 变换位图色彩
- 位图的滤镜效果

9.1　位图的编辑

在 CorelDRAW X4 中，除了可以绘制与编辑矢量图对象外，还可以直接对位图进行各种编辑，如裁剪位图、跟踪位图、重新取样以及转换矢量图为位图等。

9.1.1　导入位图

导入位图的方法很简单，具体操作步骤如下：

（1）选择 文件(F) → 导入(I)... 命令，弹出“导入”对话框，如图 9.1.1 所示。

图 9.1.1　“导入”对话框

（2）在该对话框中的 查找范围(I): 下拉列表中选择导入位图的范围；在 文件类型(T) 下拉列表中选择导入位图的类型。

（3）选中☑预览(P)复选框，当选中导入的位图时，在预览框中将显示位图的预览效果，如图 9.1.2 所示。

（4）在“导入”对话框中单击 全图像 ▾ 右侧的下拉按钮，打开如图 9.1.3 所示的选项下拉列表。

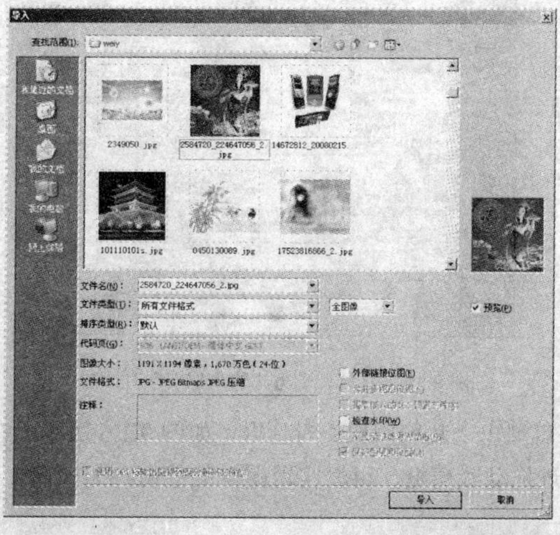

图 9.1.2　预览位图效果

（5）在如图 9.1.3 所示的选项下拉列表中，可选择导入时执行的操作，系统默认的选项是 全图像 ▾，表示将导入整个位图图像。

（6）设置完成后，单击 导入 按钮，当光标在绘图区变为⌜形状时，在绘图页面中单击或拖动鼠标，当形成合适大小的矩形框后，释放鼠标左键，位图将导入到绘图区中，如图 9.1.4 所示。

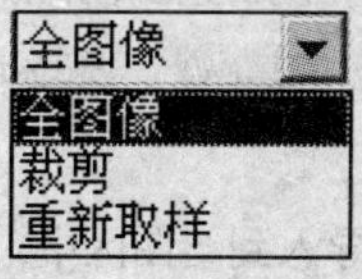

图 9.1.3　选项下拉列表

图 9.1.4　导入的位图

提示： 在导入位图图像时，也可导入多个位图，在“导入”对话框中按住“Ctrl”键可以同时选中多个文件对象，单击 导入 按钮，可以将对象依次导入到绘图区中，完成多个位图的导入。

9.1.2　裁剪位图

在导入位图时，有时只需要其中一部分，此时就要将图像多余的部分裁剪掉。利用图片的裁剪功能，可以自由地裁剪位图。

单击工具栏中的“导入”按钮，弹出“导入”对话框，从中选择需要的位图，在 全图像 ▾ 下拉列表中选择裁剪方式导入图像，如图 9.1.5 所示。

图 9.1.5　选择裁剪方式的“导入”对话框

单击导入按钮，可弹出“裁剪图像”对话框，如图 9.1.6 所示。在该对话框中有一个由裁剪框包围的图像缩览图，通过拖动裁剪框，可以实现图像的裁剪，如图 9.1.7 所示。

图 9.1.6　“裁剪图像”对话框

图 9.1.7　拖动裁剪框裁剪图像

如果要精确裁剪图像，可在“裁剪图像”对话框中的上(T)、宽度(W)、左(L)和高度(E)微调框中输入具体的数值。

设置好参数后，单击确定按钮，即可将裁剪后的位图导入到绘图区中。

9.1.3　编辑位图

在 CorelDRAW X4 中提供了附加程序 Corel PHOTO-PAINT X4，利用它可以对位图进行编辑。

编辑位图的具体操作方法如下：

（1）使用挑选工具在绘图区中选择位图对象。

（2）选择菜单栏中的位图(B)→编辑位图(E)…命令，可启动附加程序 Corel PHOTO-PAINT X4，如图 9.1.8 所示。

提示： 使用挑选工具在绘图区中选择位图对象后，在属性栏中单击编辑位图(E)...按钮，也可启动 Corel PHOTO-PAINT X4 应用程序。

（3）在 Corel PHOTO-PAINT X4 应用程序中选择适当的绘图工具，在图像中添加一些特殊效果或进行其他的编辑工作，此处为位图对象填充背景颜色。

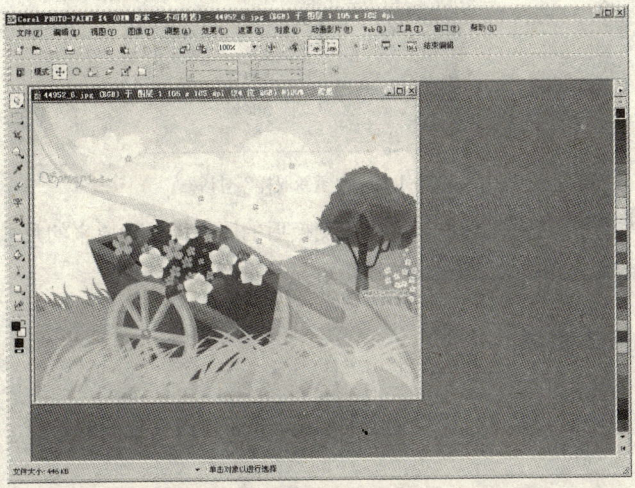

图 9.1.8　Corel PHOTO-PAINT X4 应用程序窗口

（4）设置完成后，选择菜单栏中的 文件(F) → 保存(S) 命令，可保存编辑后的结果，然后关闭 Corel PHOTO-PAINT X4 应用程序窗口，返回到 CorelDRAW X4 中。此时可看到对位图对象所填充的背景颜色效果，如图 9.1.9 所示。

图 9.1.9　用 Corel PHOTO-PAINT X4 编辑的效果

9.1.4　重新取样

重新取样位图可以改变图像的属性，即重新设置位图的尺寸大小和分辨率。

进行重新取样的具体操作方法如下：

（1）使用挑选工具选择需要重新取样的图像。

（2）选择菜单栏中的 位图(B) → 重新取样(R)… 命令，弹出“重新取样”对话框，如图 9.1.10 所示。

1）在 图像大小 选项区中的 宽度(W): 与 高度(H): 输入框中可设置图像的尺寸以及使用的单位。

2）在 分辨率 选项区中的 水平(Z): 与 垂直(V): 输入框中可设置图像水平与垂直方向的分辨率。

3）选中 光滑处理(A) 复选框，可以光滑图像的边缘。

4）选中 保持纵横比(M) 复选框，可以在变换的过程中保持原图像的大小比例；如果取消选中此复选框，可激活 相同值(I) 复选框，选中此复选框，可保持图像水平与垂直方向上的分辨率一致。

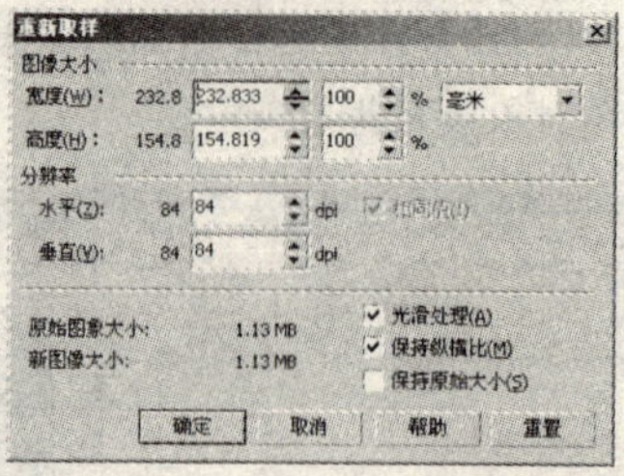

图 9.1.10 “重新取样”对话框

5）选中 ☑ 保持原始大小(S) 复选框，可以使变换后的图像仍保持原来的尺寸。

（3）设置好参数后，单击 确定 按钮，可显示重新取样结果。

9.1.5 位图颜色遮罩

处理位图时，可以隐藏或显示位图中指定的颜色，也可以改变位图的外观，从而产生一些特殊的效果。

遮罩位图颜色的具体操作步骤如下：

（1）使用挑选工具选择位图，然后选择菜单栏中的 位图(B) → 位图颜色遮罩(M) 命令，可打开“位图颜色遮罩”泊坞窗，如图 9.1.11 所示。

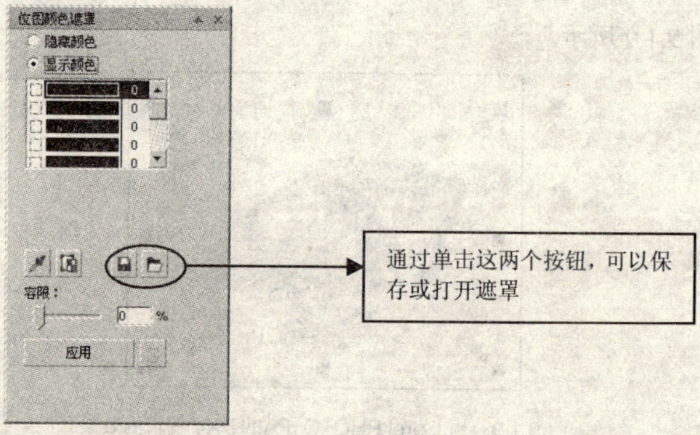

图 9.1.11 “位图颜色遮罩”泊坞窗

（2）在此泊坞窗中选中 隐藏颜色 单选按钮，单击“颜色选择”按钮，在图像上吸取要隐藏的颜色；也可以单击“编辑颜色”按钮，从弹出的“选择颜色”对话框中选择要隐藏的颜色。

（3）通过设置 容限: 输入框中的数值，可调整所选位图颜色的敏感度。

（4）单击 应用 按钮，所选位图即可显示色彩遮罩效果，如图 9.1.12 所示。

图 9.1.12 应用颜色遮罩的隐藏颜色前后效果对比

在“位图颜色遮罩”泊坞窗中，选中 ⊙ 显示颜色 单选按钮，然后选择需要显示的颜色并设置 容限: 数值，单击 应用 按钮，图像将只显示所选的颜色，如图 9.1.13 所示。

图 9.1.13　应用颜色遮罩的显示颜色前后效果对比

9.1.6　位图链接

在 CorelDRAW X4 中，对输入的位图进行链接，可以减少文件占用的空间，从而提高工作效率。

1．外部链接位图

进行外部链接位图的具体操作步骤如下：

（1）选择 文件(F) → 导入(I)... 命令，弹出“导入”对话框，选择需导入的图像，并选中对话框中的 ☑ 外部链接位图(E) 复选框，如图 9.1.14 所示。

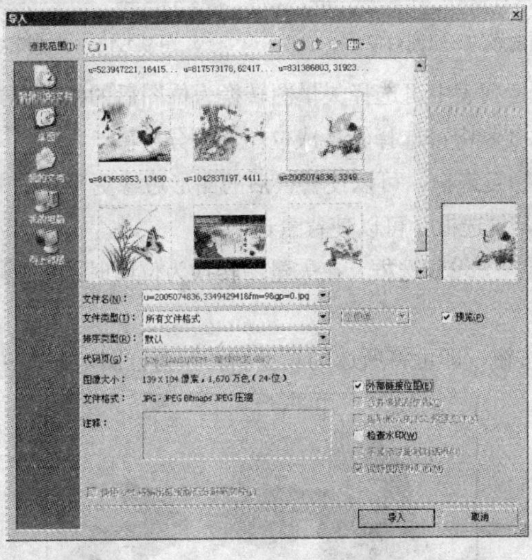

图 9.1.14　“导入”对话框

（2）单击 导入 按钮，可将选中的图像以链接的形式导入绘图区。

2．从链接更新

对于以外部链接的方式导入绘图区的位图图像，若要改变其外观，就必须在源文件中进行更改，若用户将链接的源文件进行了修改，可选择 位图(B) → 自链接更新(U) 命令，更新链接的位图，这时位图将以高分辨率的形式显示出来。

3. 取消链接

对于以外部链接方式导入到绘图区中的位图，可选择菜单栏中的 位图(B) → 中断链接(K) 命令，解除位图之间的链接。

9.1.7 将矢量图转换为位图

在某些情况下，可以对矢量图进行一些细节的编辑，CorelDRAW X4 提供的将矢量图转换为位图功能，可对矢量图进行转换。转换为位图后，就可以将各种不同的效果应用于位图。

将矢量图转换为位图的具体操作方法如下：

（1）使用挑选工具在绘图区中选择需要转换的矢量图对象，如图 9.1.15 所示。

（2）选择菜单栏中的 位图(B) → 转换为位图(_)… 命令，弹出“转换为位图”对话框，如图 9.1.16 所示。

图 9.1.15　选择的矢量图对象

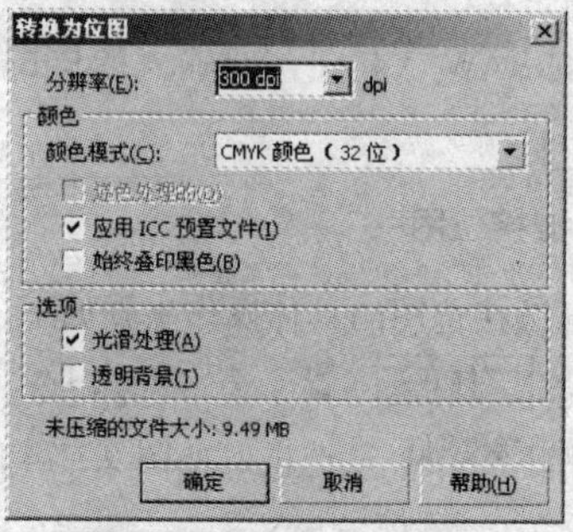

图 9.1.16　“转换为位图”对话框

1）在 颜色模式(C): 下拉列表中可选择矢量图转换为位图后的颜色模式。

2）在 分辨率(E): 下拉列表中可选择转换成位图后的分辨率。

3）选中 ☑ 光滑处理(A) 复选框，可以使转换后的图形边缘更平滑。

4）选中 ☑ 透明背景(T) 复选框，可以使背景透明。

5）选中 ☑ 应用 ICC 预置文件(I) 复选框，在矢量图转换为位图时，将使用 ICC 色彩描述文件进行色彩的转换。

（3）单击 确定 按钮，即可将所选的矢量图转换为位图，如图 9.1.17 所示。

图 9.1.17　转换为位图后的效果

9.1.8　将位图转为矢量图

在 CorelDRAW 中可以将位图矢量图化，例如照片或扫描的图像，都可将它们转换为可编辑、可缩放的矢量图形。从而，可以很轻松地将矢量图形融入图形设计中，还可以在 PowerTRACE 中跟踪位图，在其中预览和调整跟踪结果。

选择菜单栏中的 位图(B) → 描摹位图(T) 命令，可弹出其子菜单，如图 9.1.18 所示。

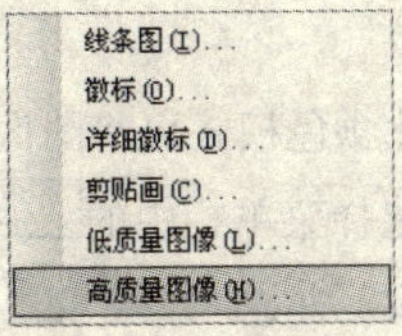

图 9.1.18　描摹位图子菜单

从该菜单中选择相应的命令，可以对位图进行矢量化处理。具体的操作方法如下：

（1）选择需要转换的位图对象。

（2）选择菜单栏中的 位图(B) → 描摹位图(T) → 高质量图像(H)... 命令，弹出 PowerTRACE 对话框，如图 9.1.19 所示。

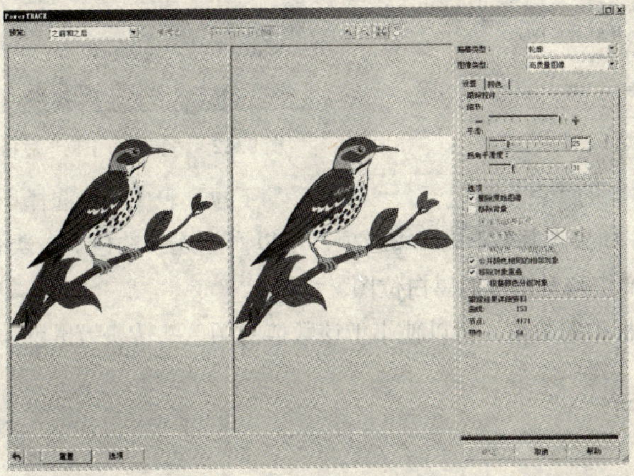

图 9.1.19　“Power TRACE”对话框

（3）在该对话框中可以设置转换后对象的颜色数量、平滑度以及细节等。设置好后，单击 确定 按钮，即可将位图转换为矢量图。此时可在属性栏中单击“取消群组”按钮，取消对象的群组，使用挑选工具可选择矢量图的每一部分进行编辑，如图 9.1.20 所示。

图 9.1.20　转换位图为矢量图

9.2 位图模式的转换

导入位图后，为了满足各种不同的需要，可以对位图对象的颜色模式进行转换。选择菜单栏中的位图(B)→模式(D)命令，弹出其子菜单，如图 9.2.1 所示。下面将对位图的模式进行具体介绍。

9.2.1 黑白模式

黑白模式是一种 1 位的颜色模式，此颜色模式可将图像保存为两种纯色，即黑色与白色。

使用挑选工具选择位图图像，然后选择菜单栏中的位图(B)→模式(D)→黑白（1 位）(B)…命令，可弹出转换为 1 位对话框，如图 9.2.2 所示。

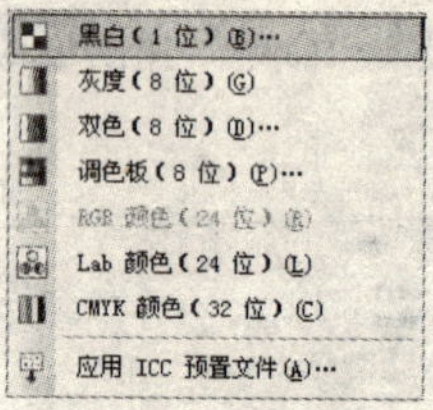

图 9.2.1 模式子菜单

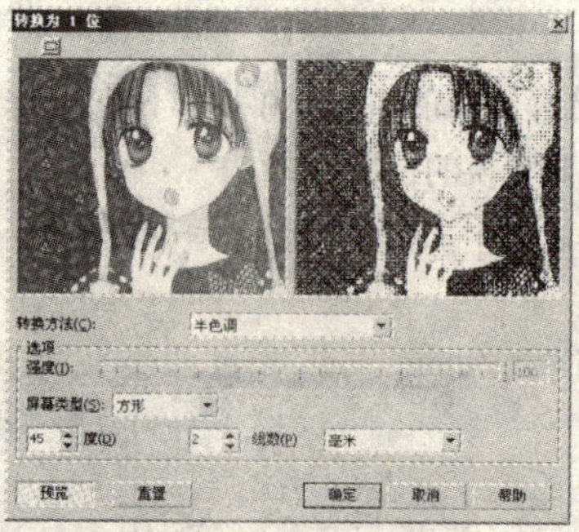

图 9.2.2 “转换为 1 位”对话框

在转换方法(C):右侧的半色调下拉列表中，可选择不同的转换方法，以使位图产生出不同的效果。如果选择半色调选项，可以产生连续的色调，类似于相片的效果；选择线条图选项，可以产生高对比度的黑白位图。

调整强度(I):输入框中的数值，可以使小于该数值的颜色都转换为黑色。

9.2.2 灰度模式

在灰度模式的图像中只有明暗的区分，没有色彩、饱和度等信息。在制作黑白印刷作品时，会经常用到灰度模式。若要将彩色模式转换为双色调模式，必须先将其转换为灰度模式，然后再由灰度模式转换为双色调模式。

使用挑选工具选择位图对象，然后选择菜单栏中的位图(B)→模式(D)→灰度（8 位）(G)命令，即可将位图图像的颜色模式转换为灰度模式，如图 9.2.3 所示。

图 9.2.3 使用灰度模式前后的效果对比

9.2.3　双色模式

双色模式是 8 位灰度的彩色位图模式。使用挑选工具选中要转换的位图图像，然后选择菜单栏中的 位图(B) → 模式(D) → 双色（8 位）(D)… 命令，弹出“双色调”对话框，如图 9.2.4 所示。

在 类型 右侧的 单色调 下拉列表中可选择所需的类型。如果选择 单色调 选项，只能创建一种颜色打印的灰度位图图像；选择 双色调 选项，可创建两种颜色打印的灰度位图图像，其中一种颜色为黑色，另一种颜色为彩色；选择 三色调 选项，可创建 3 种颜色打印的灰度位图图像，其中一种颜色为黑色，另外两种颜色为彩色；选择 四色调 选项，可创建 4 种颜色打印的灰度位图图像，其中一种颜色为黑色，另外 3 种颜色为彩色。

在“双色调”对话框中，用鼠标拖动曲线框中的曲线可改变位图图像的灰度色阶。

单击 装入(L) 按钮，可从弹出的“加载双色调文件”对话框中选择需要载入到当前文档的双色调文件。

单击 保存(S) 按钮，可在弹出的“保存双色调文件”对话框中保存当前的色调曲线设置。

9.2.4　调色板

调色板模式也是 8 位颜色模式，它最多可以使用 256 种颜色来保存和显示图像。该颜色模式的文件比较小，可以从许多预定义的调色板中选择一种类型的调色板，或者根据位图中的颜色创建自定义调色板。

使用挑选工具选择一幅位图图像，选择菜单栏中的 位图(B) → 模式(D) → 调色板（8 位）(P)… 命令，弹出“转换至调色板色”对话框，在该对话框中设置相关的参数后，可预览调整后的位图效果，如图 9.2.5 所示。

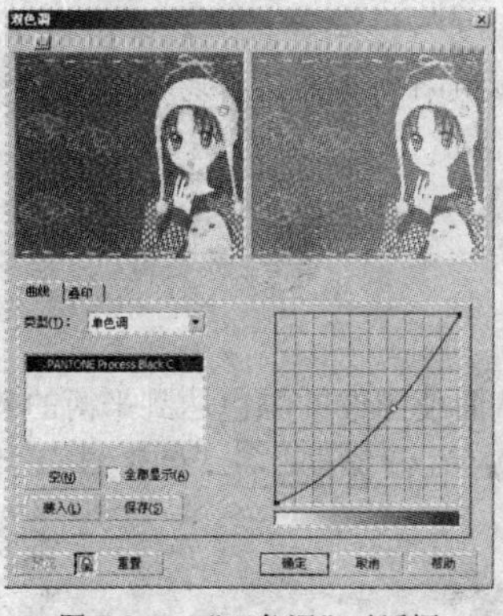

图 9.2.4　“双色调”对话框

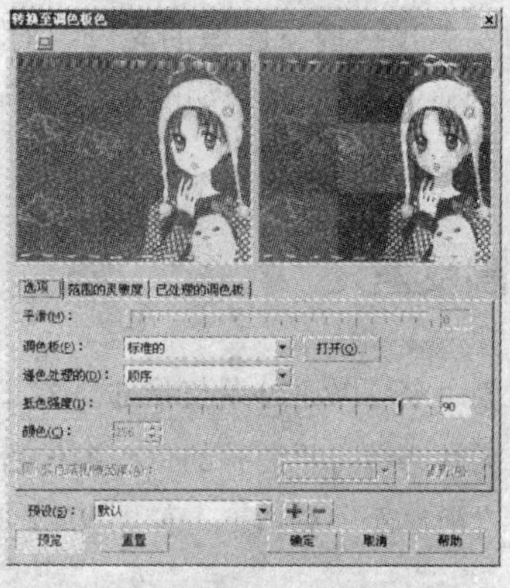

图 9.2.5　“转换至调色板色”对话框

9.2.5　RGB 颜色模式

RGB 颜色模式可将位图转换为 24 位色，根据红色、绿色、蓝色三原色的不同搭配百分比来显示各种颜色，此颜色中每一种原色都有 256 级浓度。因此，它可以创建多达 1 678 万种颜色，能够很好地表现现实生活中的各种颜色。

要将所选的位图对象转换为 RGB 颜色模式，首先使用挑选工具选择一幅位图图像，然后选择菜

单栏中的 位图(B) → 模式(D) → RGB 颜色(24 位)(R) 命令即可。

提示： RGB 颜色模式是基于光的颜色来表现的，混合的颜色越多，颜色越明亮。若 3 种颜色都以 0 阶混合就表现为黑色；若 3 种颜色都以 255 阶混合就会形成白色，因此，这种色彩模式称为加色模式。

9.2.6 Lab 颜色模式

Lab 颜色模式也是一种 24 位颜色模式，用它创建的位图与系统设置无关，并包含 RGB 与 CMYK 两种颜色模式的全部色谱。

首选使用挑选工具选择一幅位图图像，然后选择菜单栏中的 位图(B) → 模式(D) → Lab 颜色(24 位)(L) 命令，可以转换位图模式为 Lab 颜色模式。

9.2.7 CMYK 颜色模式

CMYK 颜色模式可将位图转换为 32 位色，此模式包含的 4 种颜色是基于四色打印中使用的墨水颜色。通过对青色、洋红、黄色与黑色 4 种颜色的调配，可以创建出丰富多彩的可打印颜色。

要将所选的位图图像转换为 CMYK 颜色模式，可选择菜单栏中的 位图(B) → 模式(D) → CMYK 颜色(32 位)(C) 命令即可。

9.3 调整位图颜色

调整位图颜色包括调整图像的亮度、对比度、饱和度与色泽等。选择菜单栏中的 效果(C) → 调整(A) 命令，可弹出其子菜单，如图 9.3.1 所示，使用该菜单中的命令可直接对图像的颜色进行调整，从而改善位图的质量。

9.3.1 高反差

使用高反差命令可以通过调整暗部与亮部的细节，从而使图像的颜色达到平衡的效果。

使用挑选工具选择需要调整的位图图像后，选择菜单栏中的 效果(C) → 调整(A) → 高反差(C)… 命令，可弹出“高反差”对话框，如图 9.3.2 所示。

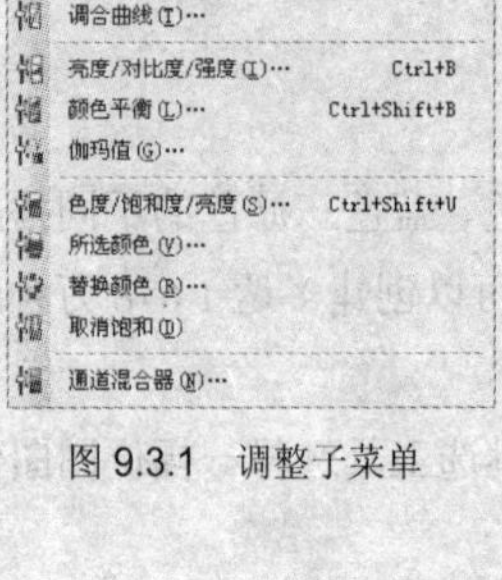

图 9.3.1 调整子菜单

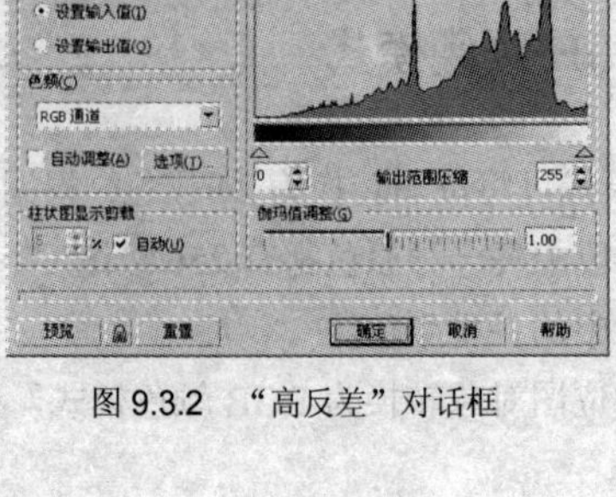

图 9.3.2 “高反差”对话框

该对话框中右侧的直方图是根据图像每个亮度值处像素点的多少来划分的，最黑的像素点在左边，最亮的像素点在右边。

单击对话框左上角的□或□按钮，可以打开预览窗口。

在滴管取样选项区中选中⊙设置输入值(I)单选按钮，然后在“高反差”对话框左上角单击“黑色滴管”按钮，再在图像中的某区域单击，可设置导入图像的最暗值；单击“白色滴管”按钮，再在图像中的某区域单击，可设置导入图像的最亮值。选中⊙设置输出值(O)单选按钮，同样可设置导出图像时的最暗值与最亮值。

单击RGB 通道下拉列表框，可从弹出的下拉列表中选择一种颜色通道。

单击选项(T)...按钮，弹出“自动调整范围”对话框，可在黑色限定(B):与白色限定(W):微调框中输入数值，设置黑色与白色的比例值。

在输入值剪裁左侧的微调框中输入的数值越大，图像越暗；在其右侧的微调框中输入的数值越小，图像越亮。

在输出范围压缩两侧的微调框中输入数值，都可改变图像的灰度，也可用滴管工具从所选择的图像中吸取颜色来改变图像的灰度。

在伽玛值调整(G)输入框中输入数值，可设置图像的伽玛值。通过改变伽玛值的大小，可改变图像中的明暗细节部分。

设置好参数后，单击确定按钮，图像效果如图 9.3.3 所示。

图 9.3.3　调整高反差前后效果对比

9.3.2　局部平衡

使用局部平衡命令可以使图像边缘的部分颜色平衡。

使用挑选工具选择需要调整的位图图像后，选择菜单栏中的效果(C)→调整(A)→局部平衡(O)...命令，弹出“局部平衡”对话框，如图 9.3.4 所示。

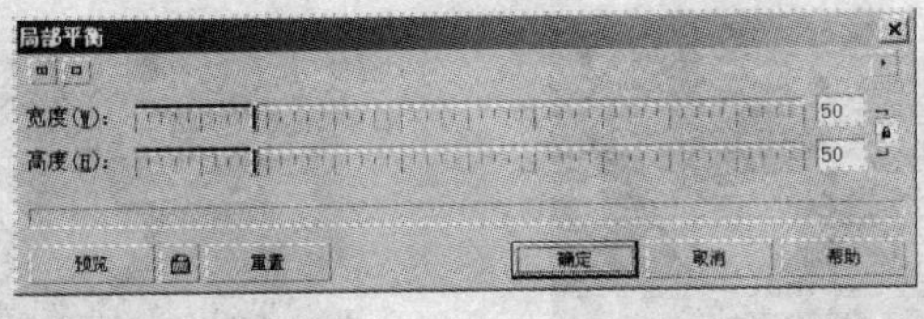

图 9.3.4　“局部平衡”对话框

单击宽度(W):与高度(H):输入框之间的按钮，使其呈现（即解除锁定）状态，可以随意调整宽度(W):与高度(H):的数值，从而使图像达到局部平衡效果。

设置好参数后，单击确定按钮，图像效果如图 9.3.5 所示。

图 9.3.5　调整局部平衡前后效果对比

9.3.3　取样/目标平衡

使用取样/目标平衡命令可以将所选的目标色应用于从图像中吸取的每一个样本色，从而使样本色与目标色达到平衡。

使用挑选工具选择需要调整的图像，选择菜单栏中的 效果(C) → 调整(A) → 取样/目标平衡(M)… 命令，弹出“样本/目标平衡”对话框，如图 9.3.6 所示。

在 通道(C): 右侧单击 RGB 通道 下拉列表框，可从弹出的下拉列表中选择一种颜色类型，有 RGB 通道、红色通道、蓝色通道和绿色通道 4 种。

利用“暗部”按钮、“中间”按钮和“亮部”按钮，或在图片中吸取样本颜色的暗部、中间与亮部的样本颜色，并通过单击 目标 按钮下的颜色条，可在弹出的“选择颜色”对话框中选择目标色的暗部、中间和亮部的颜色，如图 9.3.7 所示。

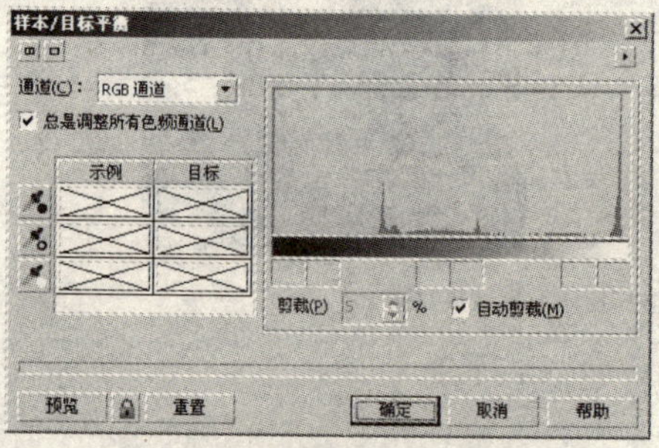

图 9.3.6　“样本/目标平衡”对话框

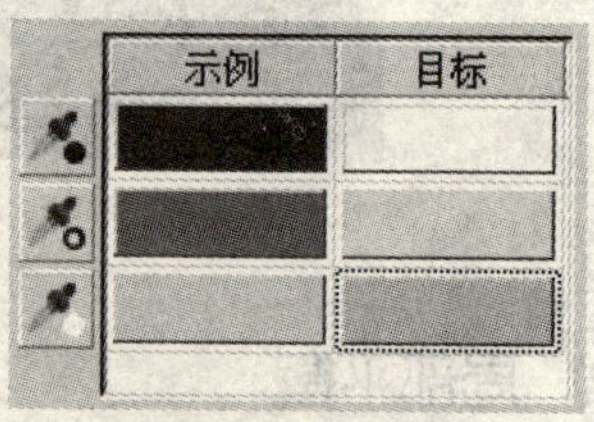

图 9.3.7　选择的颜色

在默认状态下，自动剪裁(M) 复选框处于选中状态，如果需要自定义修剪的方式，可取消选中此复选框，并在 剪裁(P): 微调框中输入需要调整的数值。

设置好参数后，单击 确定 按钮，图像效果如图 9.3.8 所示。

图 9.3.8　调整样本/目标平衡前后效果对比

9.3.4 调和曲线

使用调和曲线命令可以改变图像色彩的色调。

使用挑选工具选择需要调整的图像，选择菜单栏中的 效果(C) → 调整(A) → 调合曲线(T)… 命令，弹出“调和曲线”对话框，如图 9.3.9 所示。

单击 活动色频(C): 右侧的 RGB 下拉列表框，可从弹出的下拉列表中选择所需的颜色通道。

在 曲线选项 选项区中提供了 4 种曲线样式，单击 样式: 右侧的 曲线 下拉列表框，在弹出的下拉列表中选择相应选项，即可对平滑曲线进行调节。

在“调和曲线”对话框中单击 或 按钮，可以将曲线以设定的方式进行旋转；单击 平滑(M) 按钮，可以使曲线更平滑；单击 设置(S)... 按钮，弹出“自动调整范围”对话框，如图 9.3.10 所示，通过设置 黑色限定(B): 和 白色限定(W): 微调框中的数值，可调节图像的边界颜色。

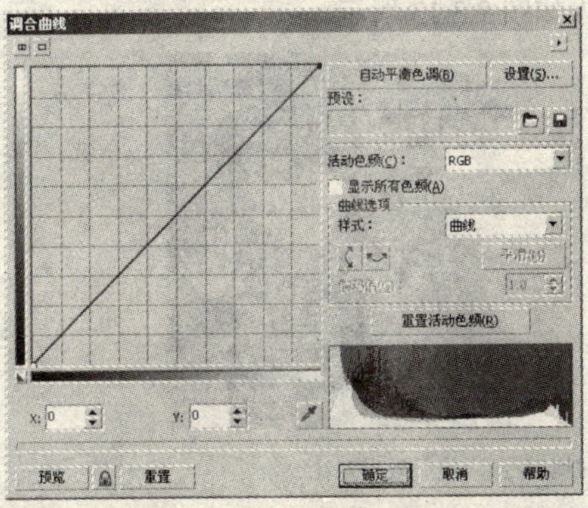

图 9.3.9 “调和曲线”对话框

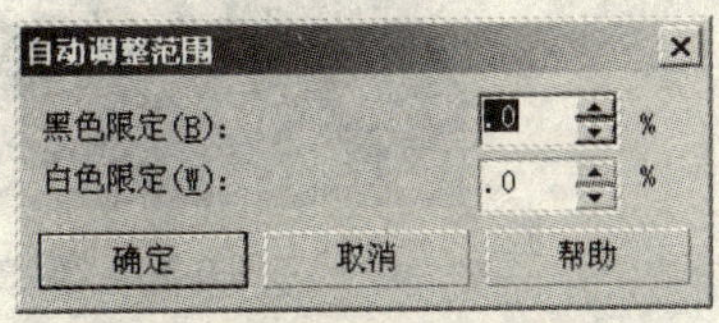

图 9.3.10 “自动调整范围”对话框

在“调和曲线”对话框中单击 按钮，可从弹出的“装入色调曲线文件”对话框中选择已有的色调曲线；单击 按钮，可弹出“保存色调曲线文件”对话框，通过此对话框可以保存设置好的色调曲线，以供以后使用。

设置好参数后，单击 确定 按钮，图像效果如图 9.3.11 所示。

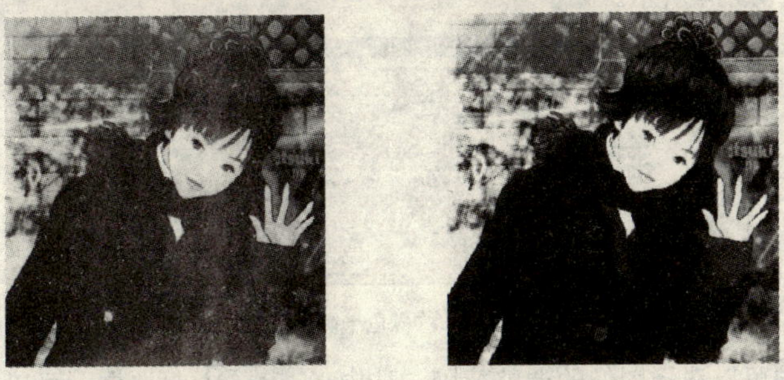

图 9.3.11 调整调和曲线前后效果对比

9.3.5 亮度/对比度/强度

使用亮度/对比度/强度命令可以调整图像的亮度、对比度与强度。

使用挑选工具选择需要调整的图像，选择菜单栏中的 效果(C) → 调整(A) → 亮度/对比度/强度(I) 命令，弹出“亮度/对比度/强度”对话框，如图 9.3.12 所示。

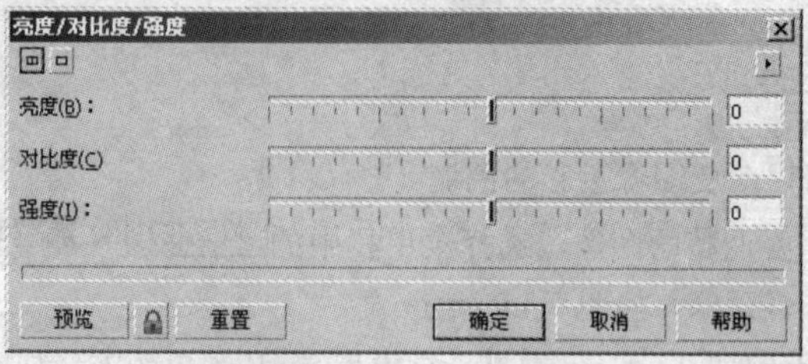

图 9.3.12 “亮度/对比度/强度”对话框

在亮度(B)：输入框中输入数值，可改变图像的亮度，也可直接拖动滑块进行调整，其取值范围为-100～100。

在对比度(C)：输入框中输入数值，可调整图像中最深或最浅像素之间的差异。

在强度(I)：输入框中输入数值，可加强图像中浅色区域的亮度。

设置好参数后，单击确定按钮，图像效果如图 9.3.13 所示。

图 9.3.13 调整亮度/对比度/强度前后效果对比

9.3.6 颜色平衡

使用颜色平衡命令可以调整图像的色彩，从而使其达到平衡的效果。

使用挑选工具选择图像，选择菜单栏中的效果(C)→调整(A)→颜色平衡(L)命令，弹出“颜色平衡”对话框，如图 9.3.14 所示。

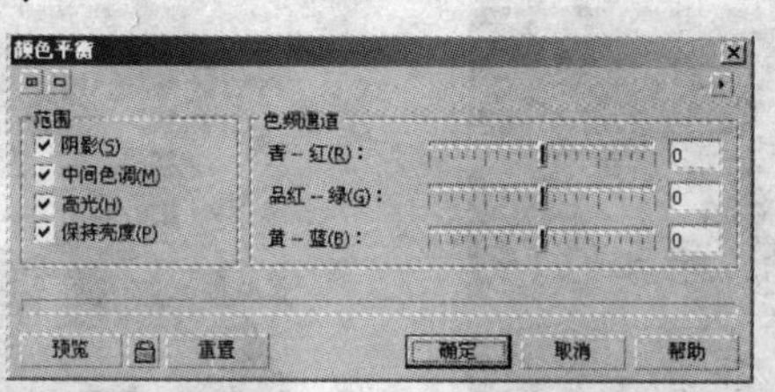

图 9.3.14 “颜色平衡”对话框

在范围选项区中可以选择图像的调整范围，选中☑阴影(S)复选框，可以为图像对象添加其他颜色的阴影效果；选中☑中间色调(M)复选框，可以对图像的中间色调应用颜色校正；选中☑高光(H)复选框，可以在图像的凸出部分应用颜色校正；选中☑保持亮度(P)复选框，可以在应用颜色校正时保持对象的亮度不受影响。

在色频通道选项区中的青--红(R)：、品红--绿(G)：、黄--蓝(B)：输入框中输入相应的数值，可对颜色的变化进行调整。

设置好参数后，单击确定按钮，图像效果如图 9.3.15 所示。

图 9.3.15　调整颜色平衡前后效果对比

9.3.7　色度/饱和度/亮度

使用色度/饱和度/亮度命令可以调整图像的色调、饱和度或高度。

选中需要调整的图像，选择菜单栏中的 效果(C) → 调整(A) → 色度/饱和度/亮度(S)… 命令，弹出“色度/饱和度/亮度”对话框，如图 9.3.16 所示。

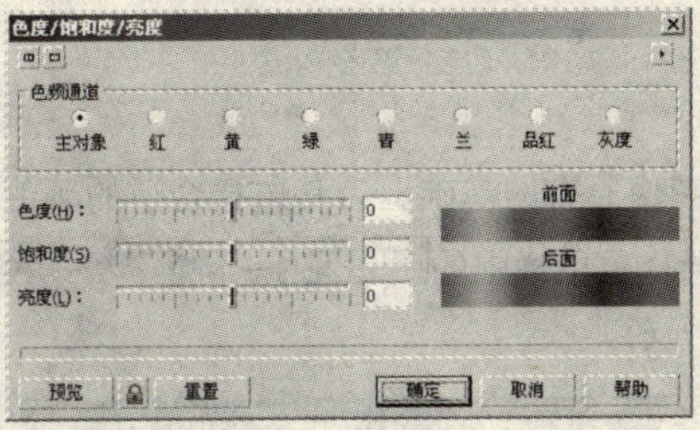

图 9.3.16　“色度/饱和度/亮度”对话框

在 色频通道 选项区中，可以任意选择一种色彩作为调整的对象，当选中 主对象 上面的单选按钮时，即可设置图像的总体效果，然后在 色度(H): 、饱和度(S) 和 亮度(L): 输入框中输入数值，可分别进行颜色的调整。

设置好参数后，单击 确定 按钮，图像效果如图 9.3.17 所示。

图 9.3.17　调整色度/饱和度/亮度前后效果对比

9.3.8　伽玛值

选中需要调整的图像，选择菜单栏中的 效果(C) → 调整(A) → 伽玛值(G) 命令，弹出“伽玛值”对话框，如图 9.3.18 所示。

通过调整 伽玛值(G): 输入框中的数值，可以使所有的色调都向中间色调偏移。

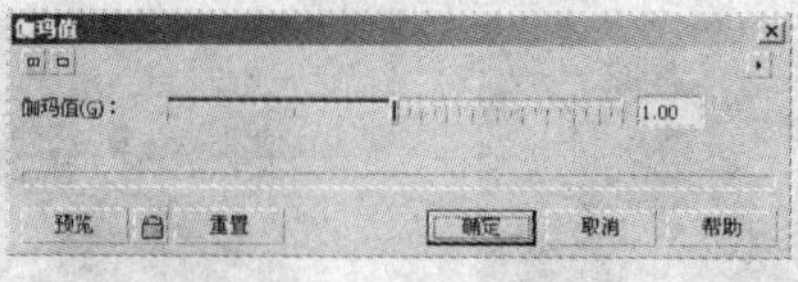

图 9.3.18 “伽玛值”对话框

设置好参数后，单击 确定 按钮，图像效果如图 9.3.19 所示。

图 9.3.19 调整伽玛值前后效果对比

9.3.9 所选颜色

使用所选颜色命令可以在图像原有的基础上为其选择合适的颜色。

选中需要调整的图像，再选择菜单栏中的 效果(C) → 调整(A) → 所选颜色(V)… 命令，弹出“所选颜色”对话框，如图 9.3.20 所示。

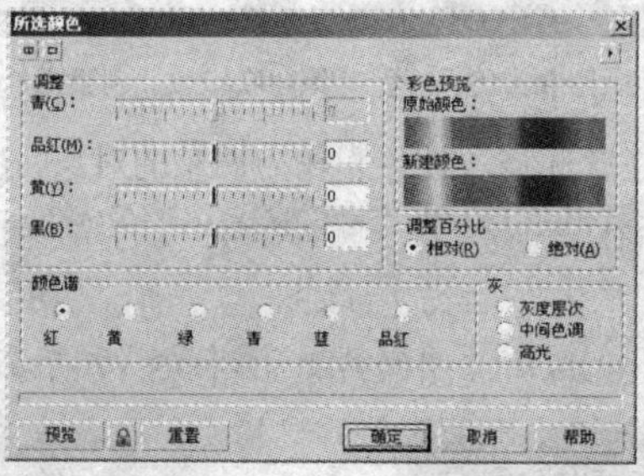

图 9.3.20 “所选颜色”对话框

在 调整 选项区中调整各颜色的数值，可以改变图像中的颜色。

在 颜色谱 选项区中可以选择一种适当的颜色光谱，或在 灰 选项区中选择一种色调范围。

在 调整百分比 选项区中，用户可以选择调整方式，包括相对与绝对两种。

设置好参数后，单击 确定 按钮，图像效果如图 9.3.21 所示。

图 9.3.21 调整所选颜色前后效果对比

9.3.10　替换颜色

使用替换颜色命令可以将图像中原有的颜色替换为新的颜色。

使用挑选工具选择图像，然后选择菜单栏中的 效果(C) → 调整(A) → 替换颜色(R)… 命令，弹出“替换颜色”对话框，如图 9.3.22 所示。

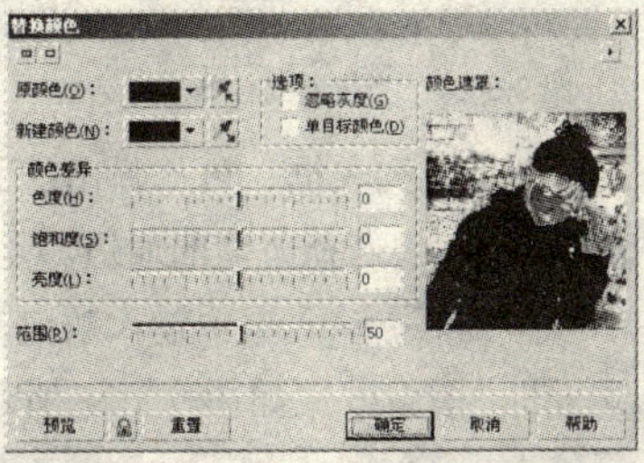

图 9.3.22　“替换颜色”对话框

单击 原颜色(O): 右侧的下拉按钮，可从打开的调色板中选择一种需要替换的颜色。

单击 新建颜色(N): 右侧的下拉按钮，可从打开的调色板中选择一种用来替换的颜色。

在 颜色差异 选项区中，设置 色度(H):、饱和度(S): 和 亮度(L): 输入框中的数值，可以调整新颜色的色度、饱和度与亮度。

在 范围(R): 输入框中输入数值，可设置应用的范围。

在 选项: 选项区中，选中 ☑ 忽略灰度(G) 复选框，可忽略图像中的灰度；选中 ☑ 单目标颜色(D) 复选框，可使图像中的新颜色发亮。

设置好参数后，单击 确定 按钮，图像效果如图 9.3.23 所示。

图 9.3.23　调整替换颜色前后效果对比

9.3.11　取消饱和

选择菜单栏中的 效果(C) → 调整(A) → 取消饱和(D) 命令，可以消除所选图像的颜色，使图像呈灰度显示。

9.3.12　通道混合器

使用通道混合器命令，并通过调整所选通道的颜色数值，可以改变图像的色彩。

选中需要调整的图像，选择菜单栏中的 效果(C) → 调整(A) → 通道混合器(N)… 命令，弹出“通道混合器”对话框，如图 9.3.24 所示。

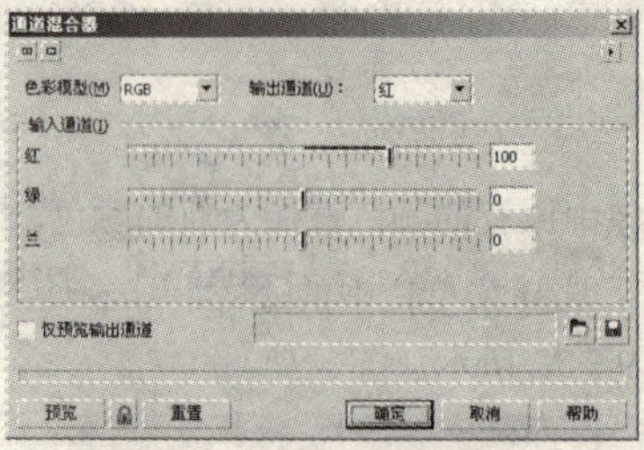

图 9.3.24 “通道混合器”对话框

单击色彩模型(M)：右侧的RGB下拉列表框，可从弹出的下拉列表中选择一种颜色模式，并在输出通道(U)：右侧的红下拉列表中选择所需的通道。

在输入通道(I)选项区中的红、绿和兰输入框中输入数值，可对其颜色进行相应的调整。

设置好参数后，单击确定按钮，图像效果如图 9.3.25 所示。

图 9.3.25 调整通道混合器前后效果对比

9.4 变换位图色彩

选择菜单栏中的效果(C)→变换(N)命令，将弹出其子菜单，如图 9.4.1 所示，通过选择该菜单中相应的命令可以将图像变换为另一种效果。

9.4.1 去交错

使用去交错命令可以将图像中不清楚的颜色以扫描的形式移开。

使用挑选工具选择需要变形的图像，选择菜单栏中的效果(C)→变换(N)→去交错(D)…命令，弹出“去交错”对话框，如图 9.4.2 所示。

图 9.4.1 变换子菜单

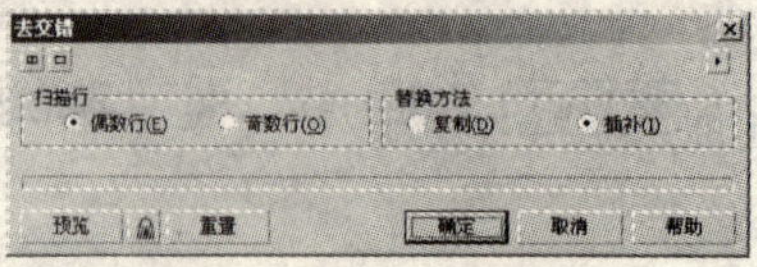

图 9.4.2 “去交错”对话框

在扫描行选项区中，通过选中偶数行(E)或奇数行(O)单选按钮，可扫描偶数排列或奇数排列的颜色。

在替换方法选项区中，通过选中复制(D)或插补(I)单选按钮，可将移动的颜色复位。

设置好参数后，单击确定按钮，图像效果如图 9.4.3 所示。

图 9.4.3　应用去交错前后效果对比

9.4.2　反显

使用反显命令可以使所选图像的颜色反相显示。选择菜单栏中的 [效果(C)] → [变换(N)] → [反显(I)] 命令，此时得到的图像效果如图 9.4.4 所示。

图 9.4.4　应用反显前后效果对比

9.4.3　极色化

使用极色化命令可以使所选图像中的颜色数量减少。选择菜单栏中的 [效果(C)] → [变换(N)] → [极色化(P)…] 命令，弹出“极色化”对话框，如图 9.4.5 所示。

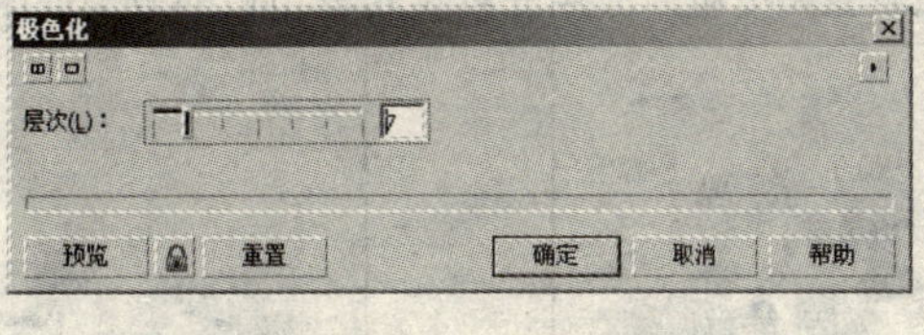

图 9.4.5　“极色化”对话框

在 [层次(L):] 输入框中输入数值，可设置图像的极色化效果，数值越小，极色化效果越明显；数值越大，极色化效果越不明显。

设置好参数后，单击 [确定] 按钮，图像效果如图 9.4.6 所示。

图 9.4.6　应用极色化前后效果对比

9.5 位图的滤镜效果

在 CorelDRAW X4 中，可以对位图设置三维效果、艺术笔触、模糊、创造性、扭曲、杂点、轮廓图以及鲜明化等特殊效果。

9.5.1 三维效果

选择菜单栏中的 位图(B) → 三维效果(3) 命令，可弹出其子菜单，如图 9.5.1 所示，通过使用该菜单中的命令，可以对位图进行三维效果设置。

1. 三维旋转

使用三维旋转滤镜可以改变位图水平方向或垂直方向的角度，以模拟三维空间的方式来旋转位图，从而产生立体透视的效果。

选中位图后，选择菜单栏中的 位图(B) → 三维效果(3) → 三维旋转(3)… 命令，弹出“三维旋转”对话框，如图 9.5.2 所示。

图 9.5.1 三维效果子菜单

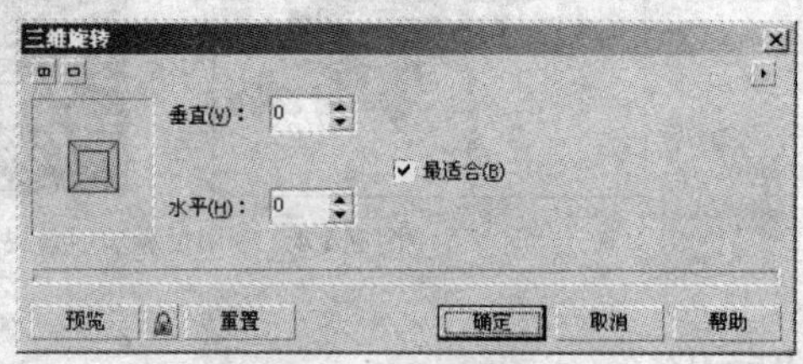

图 9.5.2 “三维旋转”对话框

在 垂直(V)： 与 水平(H)： 微调框中输入数值，可以设置位图的旋转角度。

选中 最适合(B) 复选框，可以使三维旋转后的位图以最合适的大小显示。

设置好参数后，单击 确定 按钮，应用三维旋转滤镜后的效果如图 9.5.3 所示。

图 9.5.3 应用三维旋转滤镜前后效果对比

2. 柱面

使用柱面滤镜可以使位图水平与垂直的柱面产生映射的效果。

选中位图后，选择菜单栏中的 位图(B) → 三维效果(3) → 柱面(L)... 命令，弹出“柱面”对话框，如图 9.5.4 所示。

在 柱面模式 选项区中选中 水平(H) 或 垂直(V) 单选按钮，并在 百分比(P)： 输入框中输入数值，调整水平与垂直模式的百分比。

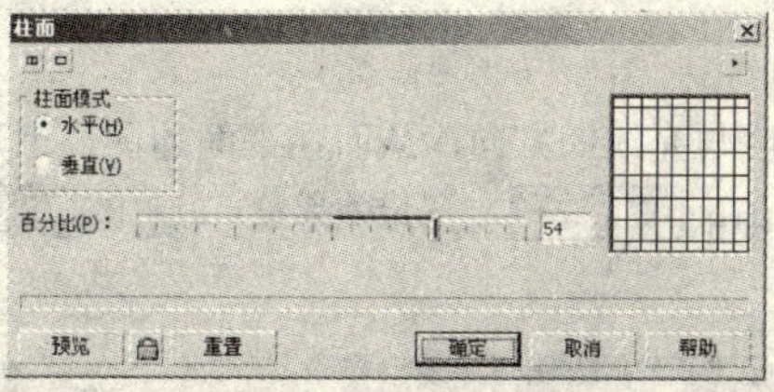

图 9.5.4 “柱面”对话框

设置好参数后，单击 确定 按钮，应用柱面滤镜后的效果如图 9.5.5 所示。

图 9.5.5 应用柱面滤镜前后效果对比

3．卷页

使用卷页滤镜可以从图像的 4 个角的任意一角开始，将位图像纸一样卷起。

选中位图后，选择菜单栏中的 位图(B) → 三维效果(3) → 卷页(A)… 命令，弹出“卷页”对话框，如图 9.5.6 所示。

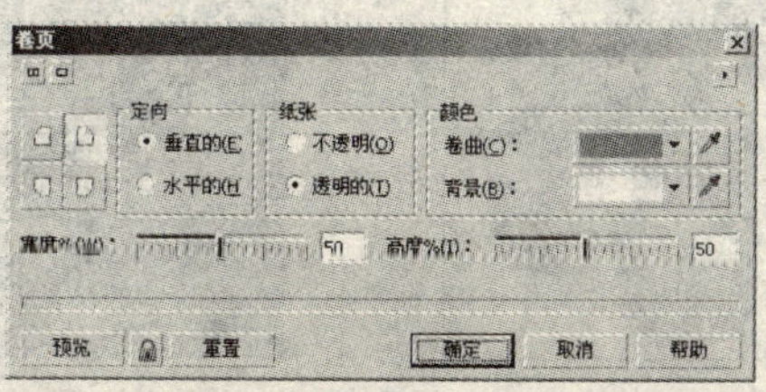

图 9.5.6 “卷页”对话框

在该对话框中提供了 4 种卷页的类型，从中选择一种卷页类型，然后在 定向 选项区中选择卷页的方向；在 纸张 选项区中选择卷页部分是否透明；在 颜色 选项区中设置卷页部分的颜色与背景颜色。

在 宽度%(W): 与 高度%(I): 输入框中输入数值，可设置卷页的宽度与高度，还可以通过拖动滑块来改变数值。

设置好参数后，单击 确定 按钮，图像效果如图 9.5.7 所示。

图 9.5.7 应用卷页滤镜前后效果对比

4．浮雕

使用浮雕滤镜可以调整深度与光线的方向，从而在平面的图像上建立一种三维浮雕效果。

选中位图后，选择菜单栏中的 位图(B) → 三维效果(3) → 浮雕(E)... 命令，弹出“浮雕”对话框，如图 9.5.8 所示。

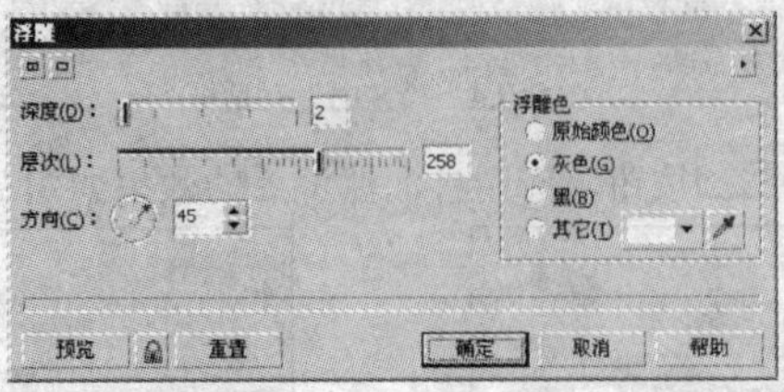

图 9.5.8 “浮雕”对话框

在 深度(D)： 输入框中可设置浮雕效果的深浅度；在 层次(L)： 输入框中可设置浮雕效果的明显程度；在 方向(C)： 微调框中可设置浮雕效果的角度。

在 浮雕色 选项区中，可以选择一种颜色作为创建浮雕效果的背景颜色。如果选中 原始颜色(O) 单选按钮，可以使位图的浮雕效果保持原始颜色不改变；选中 灰色(G) 单选按钮，可以将位图的浮雕颜色改为灰色；选中 黑(B) 单选按钮，可以将位图的浮雕颜色改为黑色；选中 其它(T) 单选按钮，可以单击其后面的下拉按钮，在弹出的调色板中选择需要的浮雕颜色。

设置好参数后，单击 确定 按钮，图像效果如图 9.5.9 所示。

图 9.5.9 应用浮雕滤镜前后效果对比

5．透视

使用透视滤镜可以调整图像 4 个角的控制点，将三维透视效果应用于位图上。

选中位图后，选择菜单栏中的 位图(B) → 三维效果(3) → 透视(R)… 命令，弹出“透视”对话框，如图 9.5.10 所示。

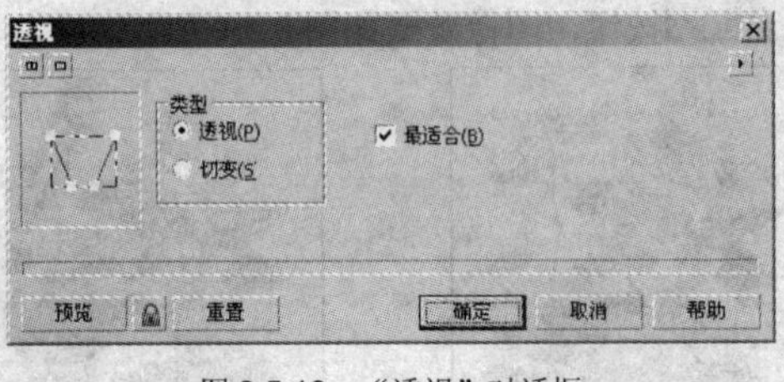

图 9.5.10 “透视”对话框

在 类型 选项区中有两种透视模式，分别是 透视(P) 与 切变(S)。选中 透视(P) 单选按钮，然后在对话框左侧的调整窗口中用鼠标拖动其控制点，可以改变图像中透视点的位置。

设置完成后，单击 确定 按钮，可将透视点效果应用于选中的位图，效果如图 9.5.11 所示。

图 9.5.11　应用透视滤镜前后效果对比

6．挤远与挤近

使用挤远与挤近滤镜，可通过调整对话框中的数值使位图扭曲。

选中位图后，选择菜单栏中的 位图(B) → 三维效果(3) → 挤远/挤近(P)... 命令，弹出“挤远/挤近”对话框，如图 9.5.12 所示。

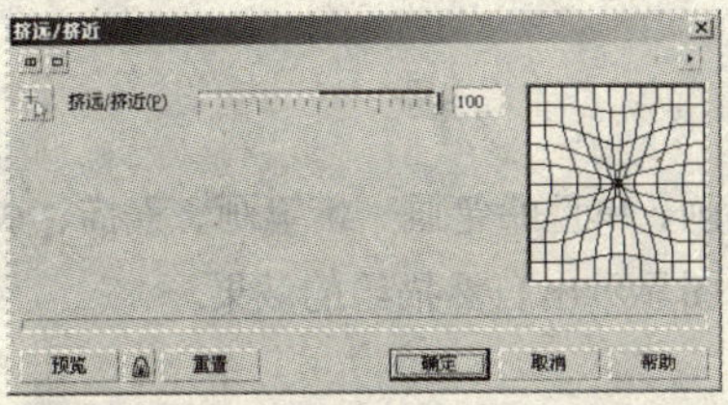

图 9.5.12　“挤远/挤近”对话框

在 挤远/挤近(P): 输入框中输入数值，可以改变位图的挤远或挤近程度，正值表示挤远；负值表示挤近。单击对话框中的按钮，然后在位图上单击，可以设置挤远或挤近时的中心位置。

设置好参数后，单击 确定 按钮，图像效果如图 9.5.13 所示。

图 9.5.13　使用挤远/挤近滤镜前后效果对比

7．球面

使用球面滤镜可产生类似于把位图粘贴在球体上的一种视觉效果。

选中位图后，选择菜单栏中的 位图(B) → 三維效果(3) → 球面(S)... 命令，弹出“球面”对话框，如图 9.5.14 所示。

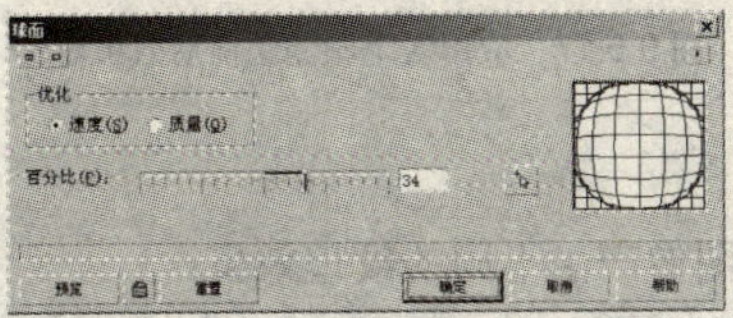

图 9.5.14　“球面”对话框

在优化选项区中可以选择优化方式，即选中 ⊙ 速度(S)或 ⊙ 质量(Q)单选按钮；单击按钮，然后在原位图上单击，可确定球的中心位置；在百分比(P):输入框中输入数值，可以改变球面效果的方向与强弱，正值表示上凸起的球面效果，负值表示凹陷的球面效果。

设置好参数后，单击确定按钮，图像效果如图 9.5.15 所示。

图 9.5.15　使用球面滤镜前后效果对比

9.5.2　艺术笔触

艺术笔触滤镜中包含了炭笔画、单色蜡笔画、蜡笔画、素描、水彩、波纹纸画等 14 种艺术效果。通过使用这些笔触滤镜可以使位图显示出自然描绘的效果。

1. 炭笔画

选中位图后，选择菜单栏中的位图(B) → 艺术笔触(A) → 炭笔画(C)…命令，弹出“炭笔画”对话框，如图 9.5.16 所示。

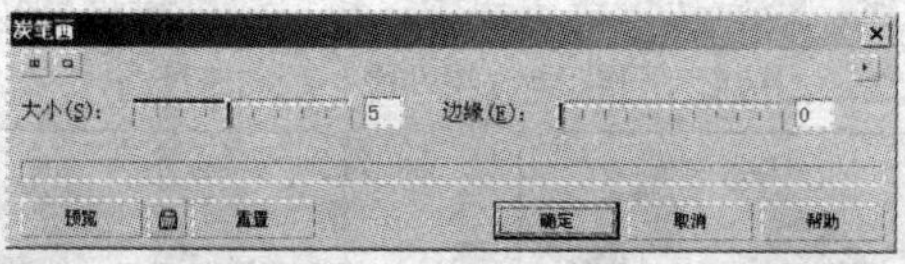

图 9.5.16　“炭笔画”对话框

在大小(S):输入框中输入数值，可以设置素描的像素大小；在边缘(E):输入框中输入数值，可以设置素描的像素黑白度。

设置好参数后，单击确定按钮，图像效果如图 9.5.17 所示。

图 9.5.17　应用炭笔画滤镜前后效果对比

2. 单色蜡笔画

使用单色蜡笔画滤镜可以使图像产生不同的纹理效果。

选中位图后，选择菜单栏中的位图(B) → 艺术笔触(A) → 单色蜡笔画(O)…命令，弹出“单色蜡笔画”对话框，如图 9.5.18 所示。

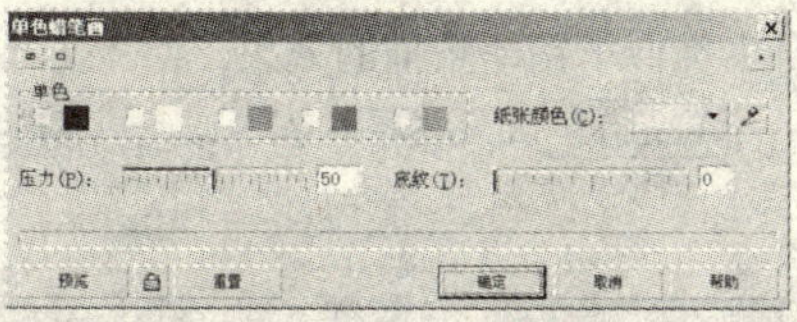

图 9.5.18　“单色蜡笔画”对话框

在单色选项区中，可以选择一种或多种蜡笔颜色，并单击纸张颜色(C):右侧的下拉按钮，在弹出的调色板中选择一种蜡笔颜色。

在压力(P):输入框中输入数值，可设置绘制所选图像时的颜色轻重；在底纹(T):输入框中输入数值，可设置纹理质地的粗糙程度，数值越大质地越粗糙。

设置好参数后，单击确定按钮，图像效果如图 9.5.19 所示。

图 9.5.19　应用单色蜡笔画滤镜前后效果对比

3. 蜡笔画

使用蜡笔画滤镜可以使位图产生蜡笔绘画的效果。

选中位图后，选择菜单栏中的位图(B)→艺术笔触(A)→蜡笔画(R)…命令，弹出“蜡笔画”对话框，如图 9.5.20 所示。

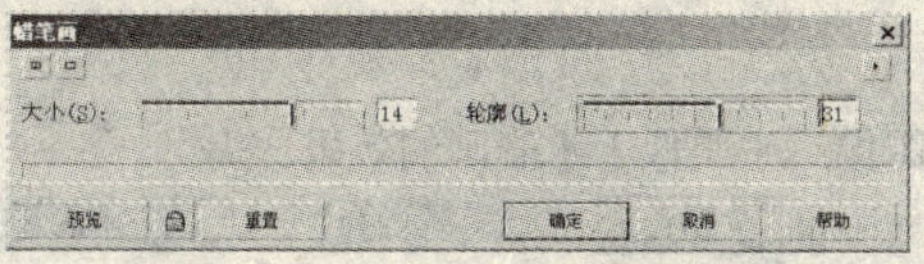

图 9.5.20　“蜡笔画”对话框

在大小(S):输入框中输入数值，可设置像素散开的稠密程度，也就是图像的粗糙程度；在轮廓(L):输入框中输入数值，可设置图像轮廓显示的轻重程度。

设置好参数后，单击确定按钮，图像效果如图 9.5.21 所示。

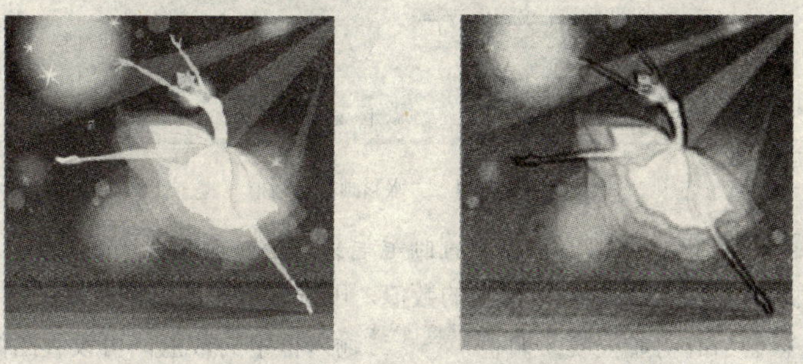

图 9.5.21　应用蜡笔画滤镜前后效果对比

4．素描

使用素描滤镜可以使图像产生类似于铅笔素描的效果。

选中位图后，选择菜单栏中的 位图(B) → 艺术笔触(A) → 素描(K)… 命令，弹出“素描”对话框，如图 9.5.22 所示。

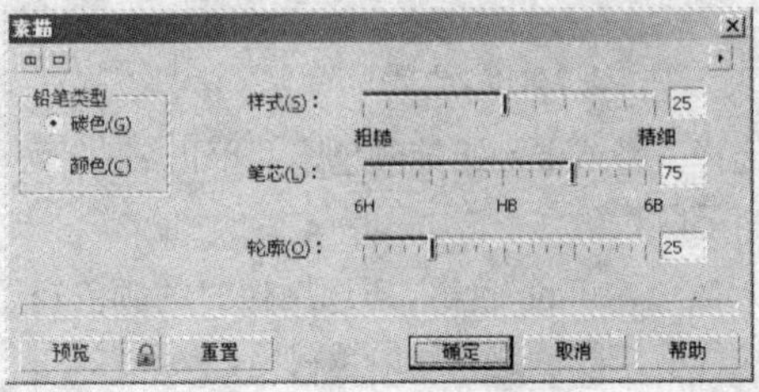

图 9.5.22　“素描”对话框

在 铅笔类型 选项区中选择一种铅笔类型，即 碳色(G) 或 颜色(C)。

在 样式(S)：输入框中输入数值，可设置图像的平滑度；在 笔芯(L)：输入框中输入数值，可以设置使用的铅笔类型；在 轮廓(O)：输入框中输入数值，可以设置图像的轮廓线宽度。

设置好参数后，单击 确定 按钮，图像效果如图 9.5.23 所示。

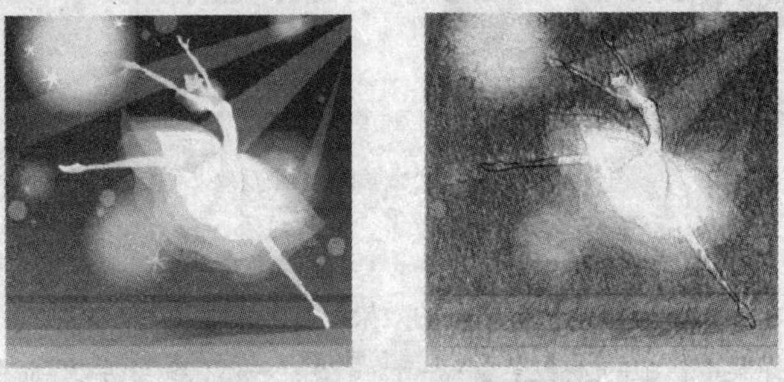

图 9.5.23　应用素描滤镜前后效果对比

5．水彩画

使用水彩画滤镜可以使图像产生类似于水彩画的效果。

选中位图后，选择菜单栏中的 位图(B) → 艺术笔触(A) → 水彩画(W)… 命令，弹出“水彩画”对话框，如图 9.5.24 所示。

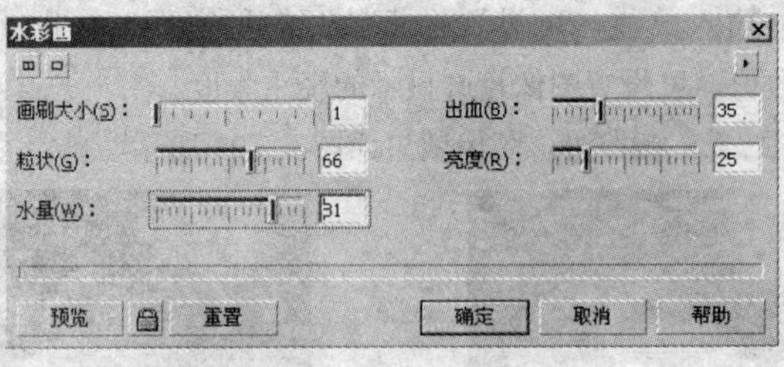

图 9.5.24　“水彩画”对话框

调整 画刷大小(S)：输入框中的数值，可设置画笔笔头大小；调整 粒状(G)：输入框中的数值，可设置图像的粗糙程度；调整 水量(W)：输入框中的数值，可设置水彩的湿润程度；调整 出血(B)：输入框中的数值，可设置色彩显示的明显程度；调整 亮度(R)：输入框中的数值，可设置图像的亮度。

设置好参数后，单击 确定 按钮，图像效果如图 9.5.25 所示。

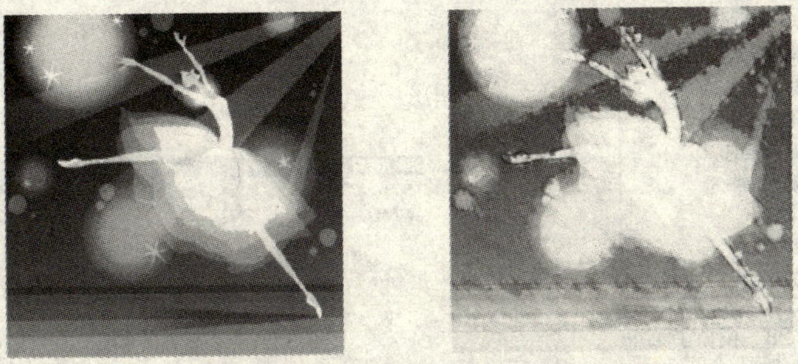

图 9.5.25 应用水彩画滤镜前后效果对比

6．波纹纸画

使用波纹纸画滤镜可以使图像产生不同的波浪效果。

选中位图后，选择菜单栏中的 位图(B) → 艺术笔触(A) → 波纹纸画(V)… 命令，弹出“波纹纸画”对话框，如图 9.5.26 所示。

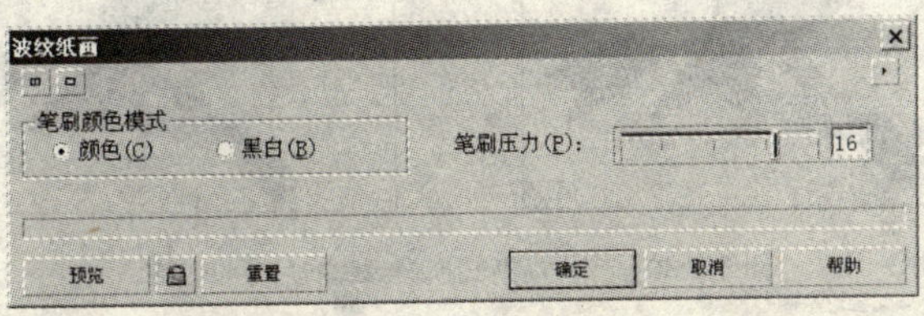

图 9.5.26 “波纹纸画”对话框

在 笔刷颜色模式 选项区中选择一种色彩类型，如果选中 颜色(C) 单选按钮，可使波纹纸画以彩色显示；选中 黑白(B) 单选按钮，可使波纹纸画以黑白显示。

在 笔刷压力(P): 输入框中输入数值，可设置波纹线条的颜色深浅。

设置好参数后，单击 确定 按钮，图像效果如图 9.5.27 所示。

图 9.5.27 应用波纹纸画滤镜前后效果对比

9.5.3 模糊特效

选择菜单栏中的 位图(B) → 模糊(B) 命令，弹出其子菜单，如图 9.5.28 所示，使用该菜单中的命令可以使图像产生模糊的效果。

1．高斯式模糊

选择菜单栏中的 位图(B) → 模糊(B) → 高斯式模糊(G)… 命令，弹出“高斯式模糊”对话框，如图 9.5.29 所示。

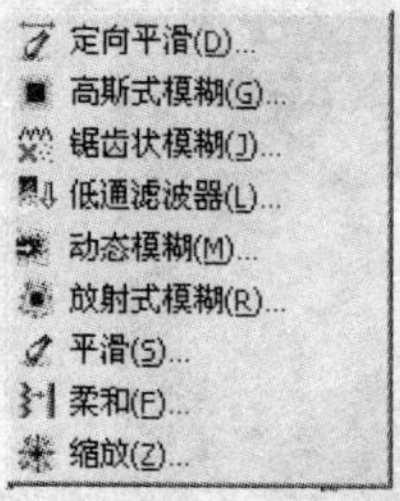

图 9.5.28　模糊子菜单

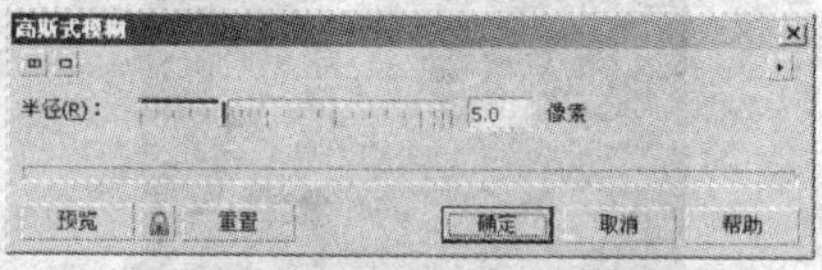

图 9.5.29　“高斯式模糊”对话框

通过调整半径(R):输入框中的数值，可使图像产生薄雾效果。

设置好参数后，单击确定按钮，图像效果如图 9.5.30 所示。

图 9.5.30　应用高斯式模糊滤镜前后效果对比

2．动态模糊

使用动态模糊滤镜可以使图像产生一种快速移动时的模糊效果。

选中位图后，选择菜单栏中的位图(B)→模糊(B)→动态模糊(M)…命令，弹出“动态模糊”对话框，如图 9.5.31 所示。

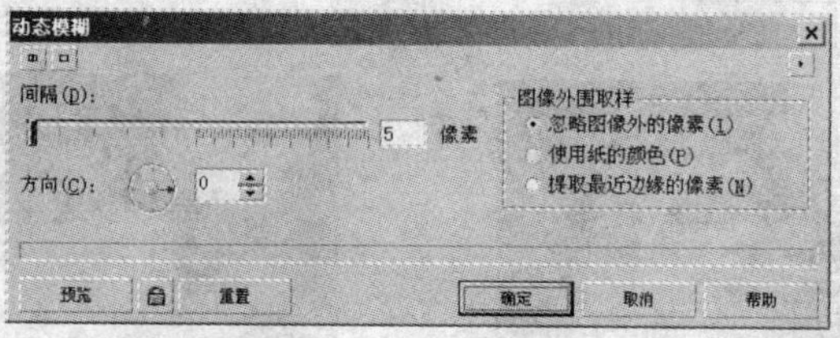

图 9.5.31　“动态模糊”对话框

在方向(C):微调框中输入数值，可以设置位图动态模糊的角度；在图像外围取样选项区中可以选择运动图像的取样模式。

设置好参数后，单击确定按钮，图像效果如图 9.5.32 所示。

图 9.5.32　应用动态模糊滤镜前后效果对比

3．放射式模糊

选择菜单栏中的 位图(B) → 模糊(B) → 放射式模糊(R)… 命令，弹出“放射状模糊”对话框。在该对话框中单击按钮，在原图像上单击可确定放射中心位置，调整数量(A):输入框中的数值，可设置放射模糊的数量，产生的模糊效果如图 9.5.33 所示。

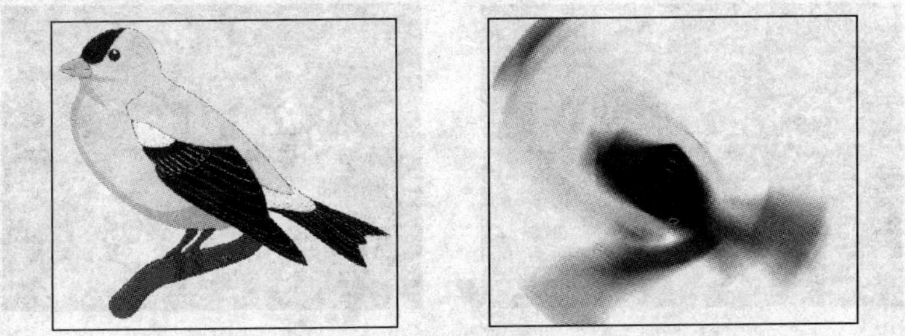

图 9.5.33　应用放射式模糊滤镜前后效果对比

4．缩放模糊

选择菜单栏中的 位图(B) → 模糊(B) → 缩放(Z)… 命令，弹出“缩放”对话框。在该对话框中单击按钮，在原图像上单击可确定缩放中心位置，调整数量(A):输入框中的数值，可设置缩放的明显程度，此时可使图像以缩放中心向外发散，产生模糊效果，如图 9.5.34 所示。

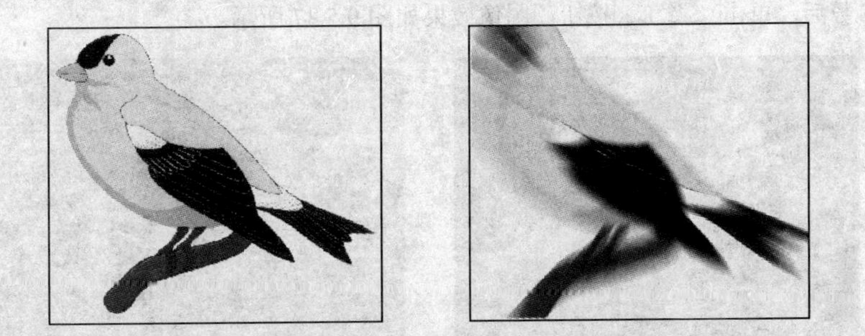

图 9.5.34　应用缩放模糊滤镜前后效果对比

9.5.4　颜色转换

使用颜色转换滤镜可以使位图总体效果发生较大的改变，形成具有某种特殊效果的艺术图像。选择菜单栏中的 位图(B) → 颜色转换(L) 命令，弹出其子菜单，如图 9.5.35 所示。

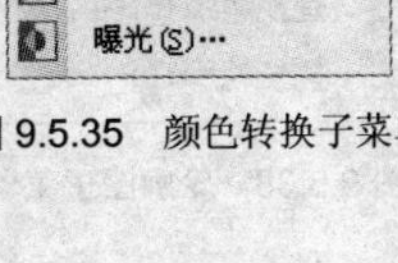

图 9.5.35　颜色转换子菜单

1．位平面

使用位平面滤镜可以将位图转换成由许多颜色小块组成的图像，每一个颜色小块都是由 3 种颜色组成的，3 种颜色分别是红、绿、蓝。

选中位图后，选择菜单栏中的 位图(B) → 颜色转换(L) → 位平面(B)… 命令，弹出“位平面”对话框。

在 红(R): 、 绿(G): 、 蓝(B): 输入框中输入数值，可以改变图像的颜色。

选中 ✔ 应用于所有位面(A) 复选框，3 种颜色参数同步变化；取消选中此复选框，则可以单独调节各个颜色的参数。

设置好参数后，单击 确定 按钮，图像效果如图 9.5.36 所示。

图 9.5.36　应用位平面滤镜前后效果对比

2．曝光

使用曝光滤镜可以将位图颜色转换成如同摄影负片的颜色。

选中位图后，选择菜单栏中的 位图(B) → 颜色转换(L) → 曝光(S)... 命令，弹出“曝光”对话框。

通过调整 层次(L): 输入框中的数值，可改变图像底片的曝光程度。

设置好参数后，单击 确定 按钮，图像效果如图 9.5.37 所示。

图 9.5.37　应用曝光滤镜前后效果对比

9.5.5　轮廓图

选择菜单栏中的 位图(B) → 轮廓图(O) 命令，弹出其子菜单，如图 9.5.38 所示，通过使用该菜单中的命令，可以轻松地检测和强调位图图像的轮廓。

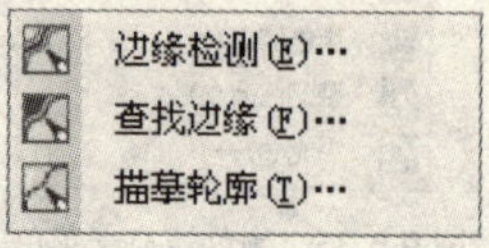

图 9.5.38　轮廓图子菜单

1．边缘检测

使用边缘检测滤镜可以在图像中加入不同的边缘效果。

选中位图后，选择菜单栏中的 位图(B) → 轮廓图(O) → 边缘检测(E)... 命令，弹出“边缘检测”对话框。

在背景色选项区中选择一种颜色作为背景色；在灵敏度(S):输入框中输入数值，设置图像边缘的清晰程度。

设置好参数后，单击确定按钮，图像效果如图 9.5.39 所示。

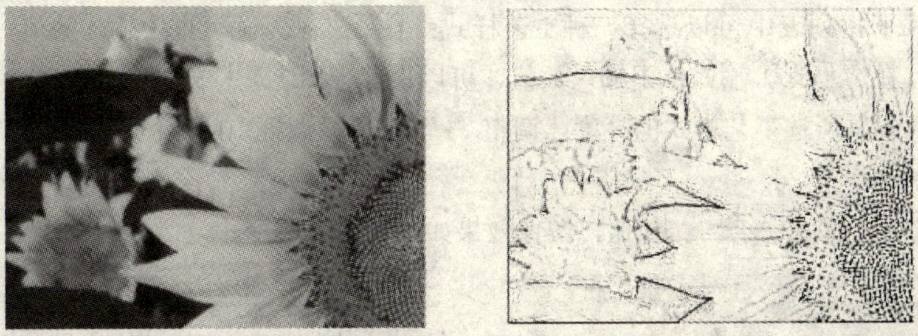

图 9.5.39　应用边缘检测滤镜前后效果对比

2．查找边缘

使用查找边缘滤镜可以使图像的边缘轮廓高亮显示。

选中位图后，选择菜单栏中的位图(B)→轮廓图(O)→查找边缘(F)…命令，弹出“查找边缘”对话框。

在边缘类型:选项区中选择一种边缘类型；在层次(L):输入框中输入数值，可设置边缘亮度。

设置好参数后，单击确定按钮，图像效果如图 9.5.40 所示。

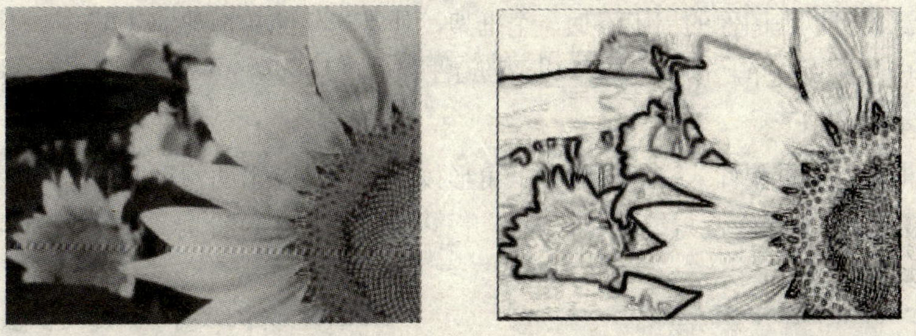

图 9.5.40　应用查找边缘滤镜前后效果对比

9.5.6　创造性

选择菜单栏中的位图(B)→创造性(V)命令，弹出其子菜单，如图 9.5.41 所示，通过使用该菜单中的命令可以制作出具有创造性的图像效果。

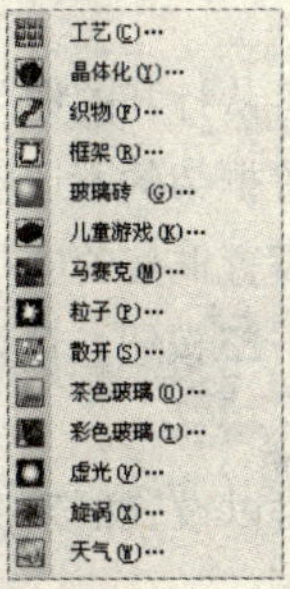

图 9.5.41　创造性子菜单

1．工艺

使用工艺滤镜可以产生使用工艺材料对图像进行转化的效果。

选中位图后，选择菜单栏中的 位图(B) → 创造性(V) → 工艺(C)… 命令，弹出“工艺”对话框。

在 样式(S): 下拉列表中可以选择一种工艺样式；在 大小(Z): 输入框中输入数值，可设置所选工艺样式的大小；在 完成(C): 输入框中输入数值，可以设置应用工艺样式的区域；调整 亮度(B): 输入框中的数值，可设置所选工艺样式的亮度；调整 旋转(R): 微调框中的数值，可设置所选工艺样式的旋转角度。

设置好参数后，单击 确定 按钮，图像效果如图 9.5.42 所示。

图 9.5.42　应用工艺滤镜前后效果对比

2．框架

使用框架滤镜可以在图像的周围添加一个框架，使其产生照片框架的效果。

选中位图后，选择菜单栏中的 位图(B) → 创造性(V) → 框架(R)… 命令，弹出“框架”对话框，如图 9.5.43 所示。

在该对话框中单击框架样式右侧的小三角形按钮，可从弹出的预设框架样式中选择一种框架。如果要对所选的框架进行修改与编辑，可以打开 修改 选项卡，此时“框架”对话框如图 9.5.44 所示。

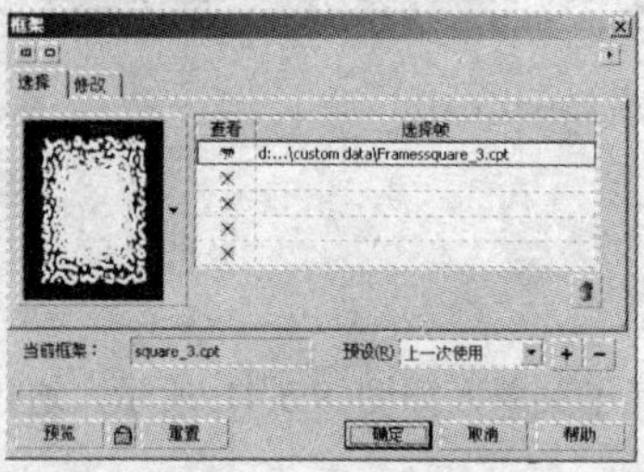

图 9.5.43　“框架”对话框

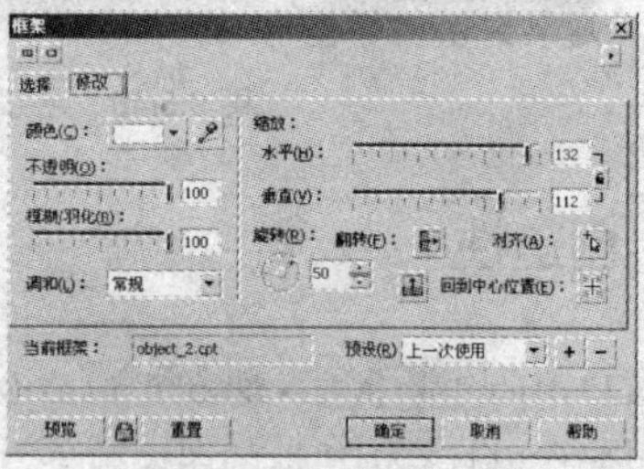

图 9.5.44　“修改”选项卡

单击 颜色(C): 右侧的下拉按钮，可从打开的调色板中为所选的框架设置一种颜色。

在 不透明(O): 输入框中输入数值，可设置框架的不透明度；在 模糊/羽化(B): 输入框中输入数值，可设置边框的模糊程度；在 缩放: 选项区中可设置框架的应用范围；在 旋转(R): 微调框中输入数值，可设置框架的旋转角度；在 翻转(F): 选项区中单击按钮，可以将所选框架水平翻转；单击按钮，可以将所选框架垂直翻转。

单击按钮，然后在原图像上单击，可以设置框架在位图上的中心点；单击按钮，可以恢复框架的中心点到原位上。

在 调和(L): 下拉列表中可以选择一种调和模式，以调和框架的不同效果。

设置好参数后，单击确定按钮，图像效果如图 9.5.45 所示。

图 9.5.45　应用框架滤镜前后效果对比

3．天气

使用天气滤镜可以模拟各种气候特征，使图像显示为在不同天气下观测的效果，给人以身临其境的感觉。

选中位图后，选择菜单栏中的位图(B)→创造性(V)→天气(W)…命令，弹出“天气”对话框。

在预报选项区中可以选择一种天气类型；调整浓度(T):输入框中的数值，可设置下雨（雪、雾）的程度；在大小(Z):输入框中输入数值，可设置雨（雪、雾）的大小。

设置好参数后，单击确定按钮，图像效果如图 9.5.46 所示。

图 9.5.46　应用天气滤镜前后效果对比

9.5.7　扭曲

选择菜单栏中的位图(B)→扭曲(D)命令，弹出其子菜单，如图 9.5.47 所示，使用该菜单中的命令，可以使图像产生各种不同的扭曲效果。

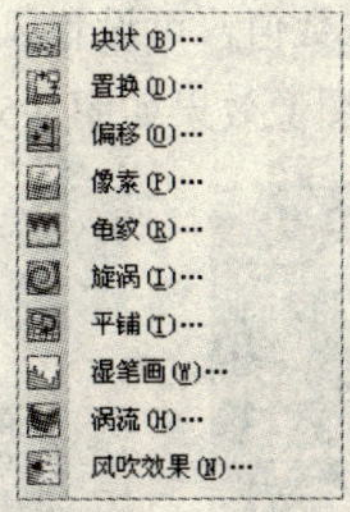

图 9.5.47　扭曲子菜单

1．块状

选择菜单栏中的位图(B)→扭曲(D)→块状(B)…命令，弹出“块状”对话框。

在未定义区域下拉列表中可以选择图像扭曲时空白区的填充色类型；在块宽度(W):与块高度(T):输入框中输入数值，可设置每一个扭曲块的宽度和高度；调整最大偏移(%)(M):输入框中的数值，可设置扭曲块的偏移程度。

设置好参数后，单击确定按钮，图像效果如图 9.5.48 所示。

图 9.5.48　应用块状滤镜前后效果对比

2. 平铺

选择菜单栏中的位图(B)→扭曲(D)→平铺(T)...命令，弹出“平铺”对话框。

调整水平平铺(H):与垂直平铺(V):输入框中的数值，可设置图像在水平方向与垂直方向上的平铺数量；调整重叠(O)(%):输入框中的数值，可设置图像水平与垂直相重叠的数量。

设置好参数后，单击确定按钮，图像效果如图 9.5.49 所示。

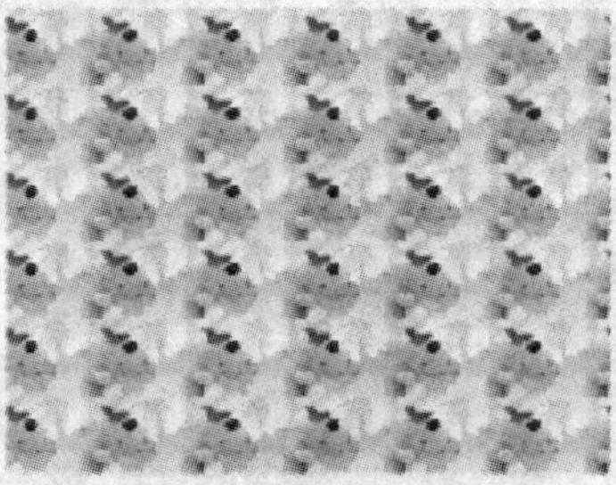

图 9.5.49　应用平铺滤镜前后效果对比

3. 风吹效果

使用风吹效果滤镜可以使图像产生不同程度的风化效果。选择菜单栏中的位图(B)→扭曲(D)→风吹效果(W)...命令，弹出“风吹效果”对话框。

调整浓度(S):输入框中的数值，可设置风化效果的强弱；在不透明(O):输入框中输入数值，可设置风化的不透明度；在角度(A):微调框中输入数值，可设置风吹的角度方向。

设置好参数后，单击确定按钮，图像效果如图 9.5.50 所示。

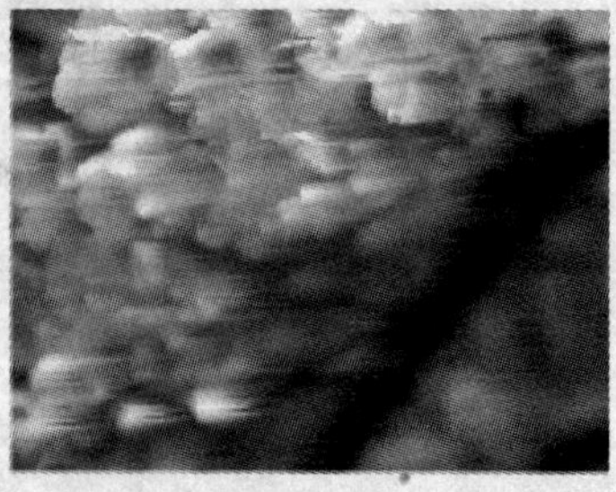

图 9.5.50　应用风吹效果滤镜前后效果对比

9.5.8　杂点特效

选择菜单栏中的位图(B)→杂点(N)命令，弹出其子菜单，如图 9.5.51 所示，使用此该菜单中的命令可以对图像进行各种杂点操作。

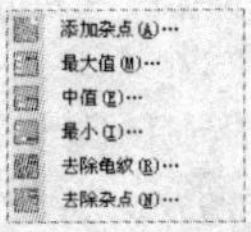

图 9.5.51　杂点子菜单

1．添加杂点

使用添加杂点滤镜可以在图像中增加杂点，为单一色彩或过分混杂的图像制作一种粒状的效果。

选中位图后，选择菜单栏中的位图(B)→杂点(N)→添加杂点(A)…命令，弹出“添加杂色”对话框。

在杂点类型选项区中可选择一种杂点类型；在层次(L):输入框中输入数值，可设置杂点的强度和颜色范围；调整密度(D):输入框中的数值，可设置杂点的密度；在颜色模式选项区中可选择一种添加到位图上的杂点颜色模式。

设置好参数后，单击确定按钮，图像效果如图 9.5.52 所示。

图 9.5.52　应用添加杂点滤镜前后效果对比

2．去除杂点

选择菜单栏中的位图(B)→杂点(N)→去除杂点(N)…命令，弹出“去除杂点”对话框。

调整阈值(T):输入框中的数值，可以设置图像中杂点的数量，选中☑自动(A)复选框，自动清除所有杂点。

设置好参数后，单击确定按钮，图像效果如图 9.5.53 所示。

图 9.5.53　应用去除杂点滤镜前后效果对比

3．最大值

使用最大值滤镜可根据图像的最大值颜色调整位图对象的颜色，从而去除杂点。

4．中值

使用中值滤镜可以使图像的颜色均匀分布，去除位图对象中的杂点与空白颜色，从而使图像显得很平滑。

5．最小

使用最小滤镜可设置图像中的杂点大小和亮度，并且可以根据图像的最小值颜色来调整位图对象中的颜色，从而去除杂点。

6．去除龟纹

使用去除龟纹滤镜可以删除位图对象中的波浪形杂点。

9.5.9　鲜明化

鲜明化滤镜通过提高与邻近像素的对比度来强化图像的边缘。选择菜单栏中的 位图(B) → 鲜明化(S) 命令，弹出其子菜单，如图 9.5.54 所示，通过使用该菜单中的命令，可以使图像的色彩更加鲜明，边缘更加突出。

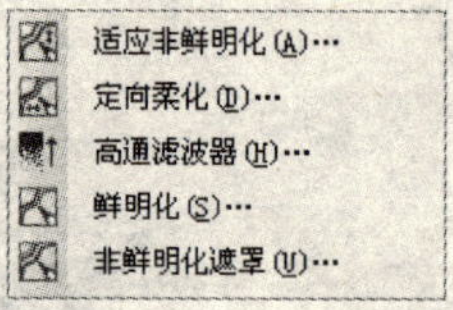

图 9.5.54　鲜明化子菜单

1．适应非鲜明化

使用适应非鲜明化滤镜可以使图像边缘的颜色更加鲜明。

使用挑选工具选中一幅图像，选择菜单栏中的 位图(B) → 鲜明化(S) → 适应非鲜明化(A)… 命令，弹出“适应非鲜明化”对话框。

在该对话框中的 百分比(P): 输入框中输入数值或拖动滑块，可设置图像边缘的鲜明化程度，使图像边缘的颜色更加鲜明。

设置好参数后，单击 确定 按钮，图像效果如图 9.5.55 所示。

图 9.5.55　应用适应非鲜明化滤镜前后效果对比

2．鲜明化

使用鲜明化滤镜可找到图像的边缘并增加相邻像素点与背景之间的对比度。

3．定向柔化

使用定向柔化滤镜可以以图像中像素的方向来决定图像边缘的鲜明化方向。

4．非鲜明化遮罩

非鲜明化遮罩滤镜可以强调位图对象边缘的细节，并使非锐化平滑的区域变得明显。

5．高通滤波器

使用高通滤波器滤镜可以为位图图像设置灰度效果，从而消除图像中的细节部分。

9.6　课堂实训——制作雪景图

本节将综合使用前面所学的知识制作雪景图，最终效果如图 9.6.1 所示。

图 9.6.1　最终效果图

操作步骤

（1）新建一个图形文件，选择菜单栏中的 文件(F) → 导入(I)… 命令，导入一幅图片，如图 9.6.2 所示。

（2）选择 位图(B) → 创造性(V) → 天气(W)… 命令，弹出“天气”对话框，设置其对话框参数如图 9.6.3 所示。

图 9.6.2　导入图片

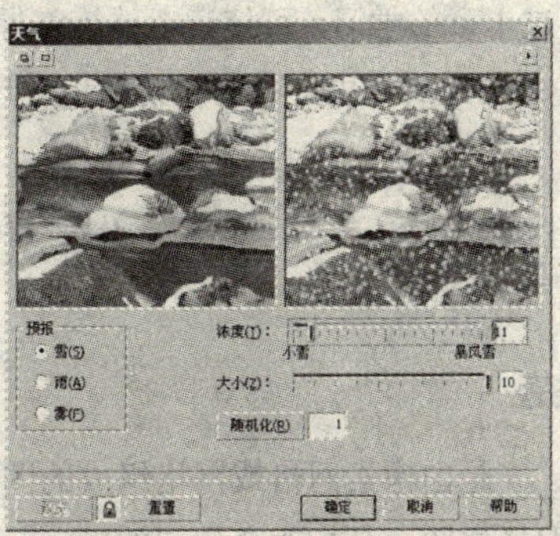

图 9.6.3　“天气”对话框

（3）设置好参数后，单击 确定 按钮，效果如图 9.6.4 所示。

（4）选择菜单栏中的 位图(B) → 扭曲(D) → 风吹效果(N)… 命令，弹出“风吹效果”对话框，设置其对话框参数如图 9.6.5 所示。

图 9.6.4　应用天气滤镜效果

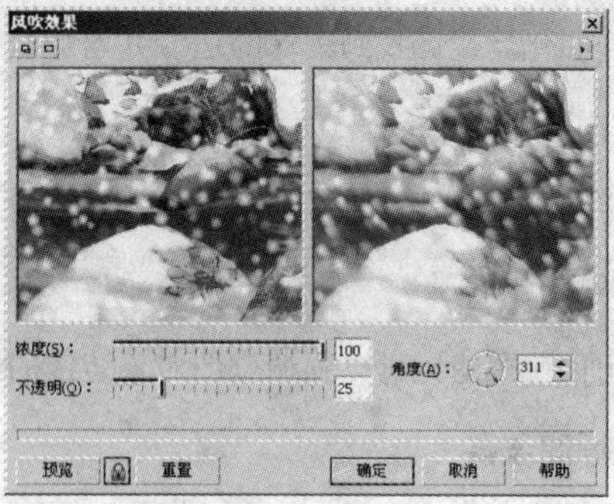

图 9.6.5　“风吹效果”对话框

（5）设置好参数后，单击 确定 按钮，效果如图 9.6.6 所示。

（6）选择 位图(B) → 创造性(V) → 虚光(V)… 命令，弹出“虚光”对话框，设置其对话框参数如图 9.6.7 所示。

图 9.6.6　应用风吹效果滤镜

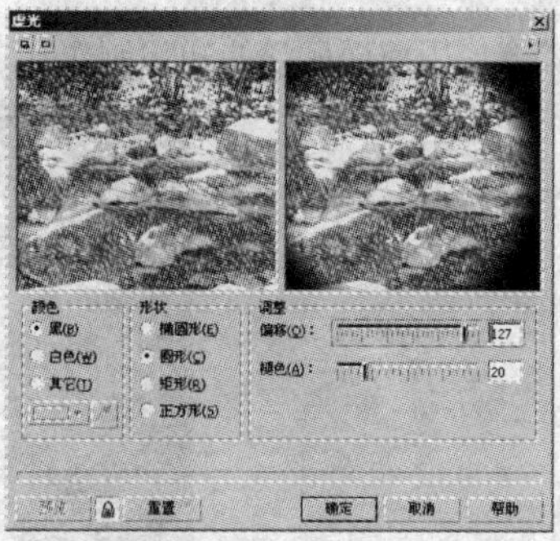

图 9.6.7　“虚光”对话框

（7）设置好参数后，单击 确定 按钮，最终效果如图 9.6.1 所示。

本 章 小 结

本章主要介绍了位图的编辑、位图模式的转换、调整位图颜色、变换位图色彩以及位图的滤镜效果等内容。通过本章的学习，可使读者熟练掌握位图色彩模式的转换、位图的编辑技巧以及位图颜色的调整方法，并能灵活应用位图的滤镜效果处理图形对象。

操 作 练 习

一、填空题

1．________是由像素网格或网格组成的图像，不同于矢量图形和文本。

2．重新取样位图，是指改变位图的________和实际尺寸大小等图形属性。

3．调整位图颜色包括调整图像的________、________、________与________等。

4．使用________命令可以使图像边缘部分的颜色平衡。

5．________命令可以使所选图像的颜色反相显示，即用色盘中相对的颜色替换原来的颜色。

6．当位图对象的背景颜色为单色时，可使用________功能进行处理，使图像的背景透明。

7．使用________滤镜，可以找到图像中各对象的边缘，将其转换为柔和或者尖锐的曲线。

8．CorelDRAW X4 提供了__________种模糊滤镜，使用这些模糊滤镜可以使图像产生柔和、平滑和动态的效果。

二、选择题

1．使用（　）模糊命令可以使位图对象产生一种快速运动的模糊效果。

（A）放射式　　（B）缩放

（C）动感　　（D）高斯式

2．风吹效果命令是（　）子菜单中的命令之一。

（A）模糊　　（B）杂点

（C）扭曲　　（D）三维特效

3．使用（　）命令可自动设置位图中杂点的数量，也可通过调节阈值来设置位图对象中的杂点数量。

（A）最大值　　（B）添加杂点

（C）中间值　　（D）去除杂点

4．框架命令是（　）子菜单中的命令之一。

（A）模糊　　（B）创造性

（C）轮廓图　　（D）三维特效

5．使用（　）命令可以为位图图像设置灰度效果，从而消除图像中的细节部分。

（A）高通滤波器　　（B）高斯式

（C）动感　　（D）放射式

三、简答题

1．如何将矢量图转换为位图图像？

2．如何对位图进行颜色的替换？

四、上机操作题

导入一幅位图图像，利用本章所学的知识制作如题图 9.1 所示的效果。

题图　9.1

第 10 章　综 合 案 例

为了更好地了解并掌握 CorelDRAW X4 的应用，本章准备了一些具有代表性的综合案例。所举案例由浅入深地贯穿本书的知识点，通过生动、精美和具有代表性的案例，使读者能够深入了解 CorelDRAW 的相关功能和具体应用。

知识要点

- 贺卡设计
- 名片设计
- 海报设计
- 包装盒平面设计

案例 1　贺 卡 设 计

案例内容

本例主要进行卡片设计，最终效果如图 10.1.1 所示。

图 10.1.1　最终效果图

设计思路

在制作过程中，主要用到矩形工具、文本工具、手绘工具、交互式调和工具、贝塞尔工具以及交互式阴影工具等。

操作步骤

（1）启动 CorelDRAW X4 应用程序，选择菜单栏中的 文件(F) → 新建(N) 命令，再选择版面(L) → 页面设置(P)… 命令，弹出“选项”对话框，设置其页面大小参数如图 10.1.2 所示。

（2）单击工具箱中的“渐变填充”按钮，弹出“渐变填充”对话框，设置其对话框参数如图 10.1.3 所示，设置完成后，单击确定按钮。

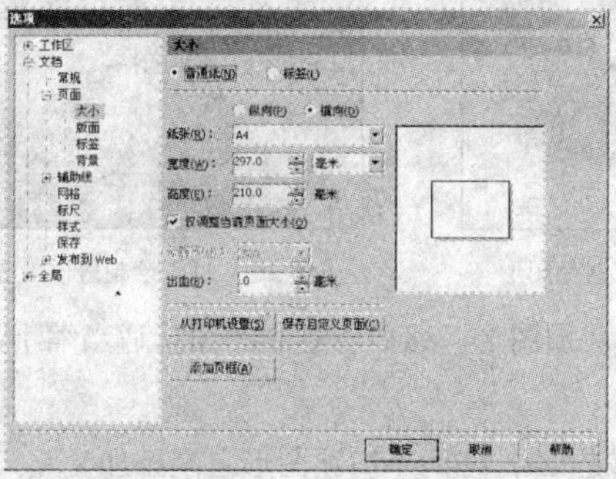

图 10.1.2　“选项”对话框

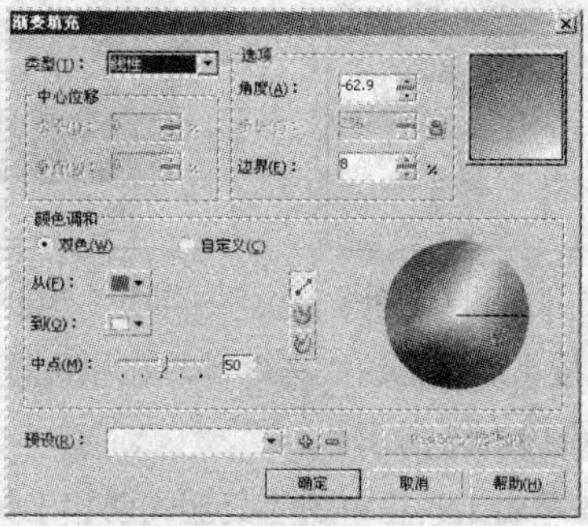

图 10.1.3　“渐变填充”对话框

（3）单击工具箱中的“手绘工具”按钮，在绘图区中绘制封闭的图形对象，如图 10.1.4 所示。在调色板中单击白色色块，可填充封闭的图形对象，如图 10.1.5 所示。

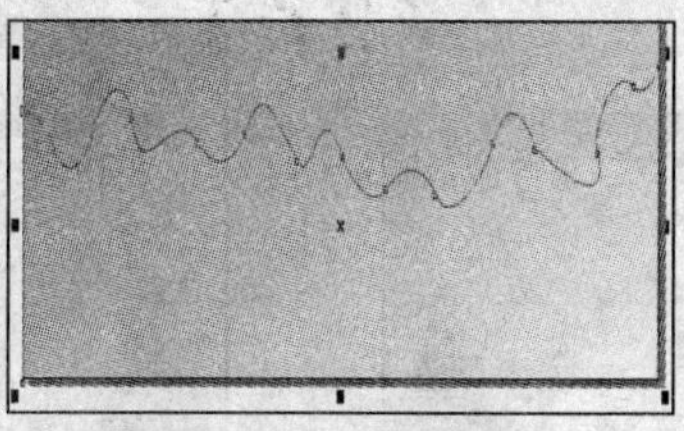

图 10.1.4　绘制封闭图形

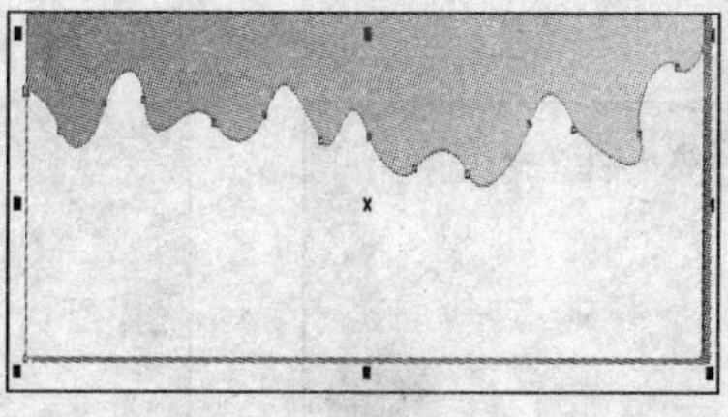

图 10.1.5　填充对象

（4）单击工具箱中的“贝塞尔工具”按钮，在绘图区中拖动鼠标绘制一个封闭的图形，如图 10.1.6 所示。再使用涂抹笔刷工具，在绘制的图形上拖动鼠标进行涂抹，效果如图 10.1.7 所示。

（5）在调色板中单击土黄色色块，可将图形填充为土黄色，如图 10.1.8 所示。

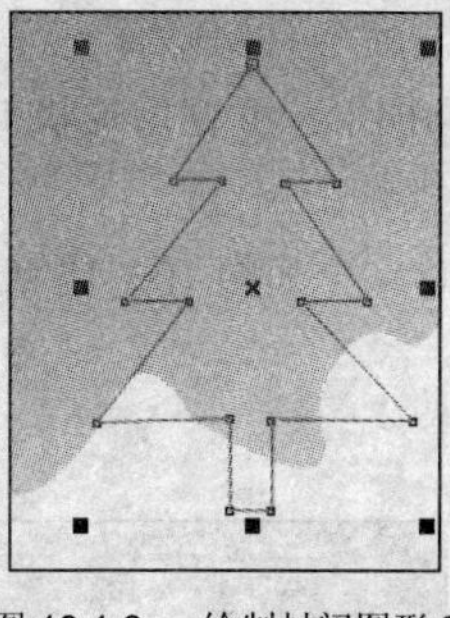

图 10.1.6　绘制封闭图形 2

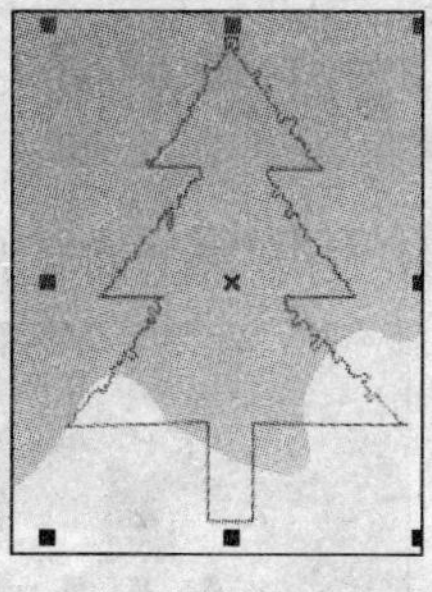

图 10.1.7　涂抹后的效果

图 10.1.8　填充图形

（6）在按住“Shift+Alt”键的同时拖动图形右上角的控制点，可缩放图形，至适当大小后单击鼠标右键复制图形。在调色板中单击白色色块，将复制的图形填充为白色，并移至土黄色图形的下方，如图 10.1.9 所示。

（7）单击工具箱中的“钢笔工具”按钮与“形状工具”按钮，在绘图区中拖动鼠标绘制图形并将其填充为深紫色，如图 10.1.10 所示。

（8）单击工具箱中的“手绘工具”按钮，在绘图区中拖动鼠标绘制一个不规则的圆角四边形，并将其填充为淡紫色，作为房顶图形，如图 10.1.11 所示。

图 10.1.9　制作白色图形 1

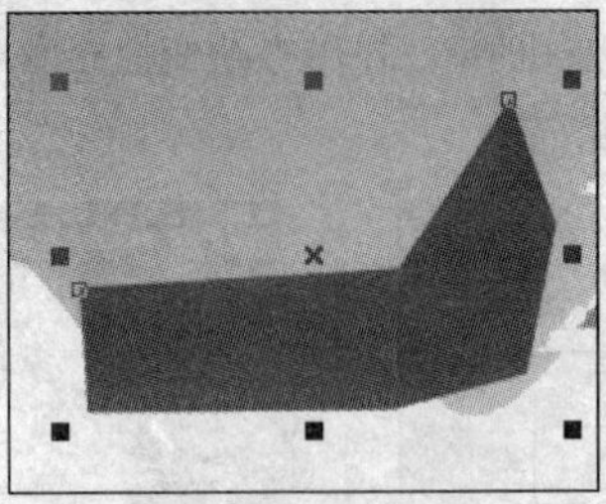

图 10.1.10　绘制深紫色图形

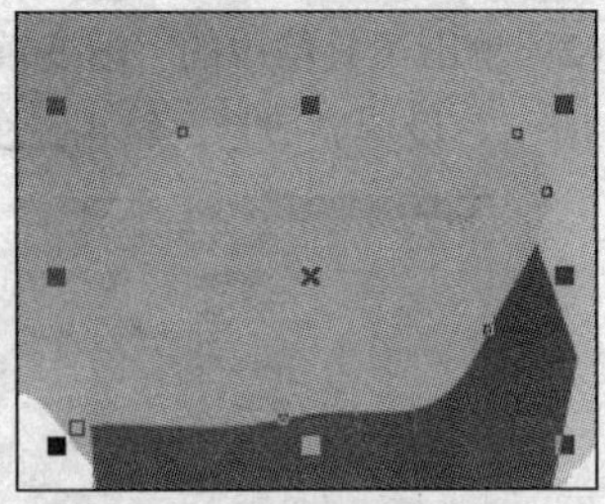

图 10.1.11　绘制房顶图形

（9）按小键盘上的“＋”键，在原位置复制房顶图形，然后将复制的图形适当缩小，并填充为白色，如图 10.1.12 所示。

（10）单击工具箱中的“交互式调和工具”按钮，在两个房顶图形之间添加交互式调和效果，如图 10.1.13 所示。

（11）重复步骤（8）～（10）的操作，使用手绘工具与交互式调整工具绘制房子后面的房顶图形，效果如图 10.1.14 所示。

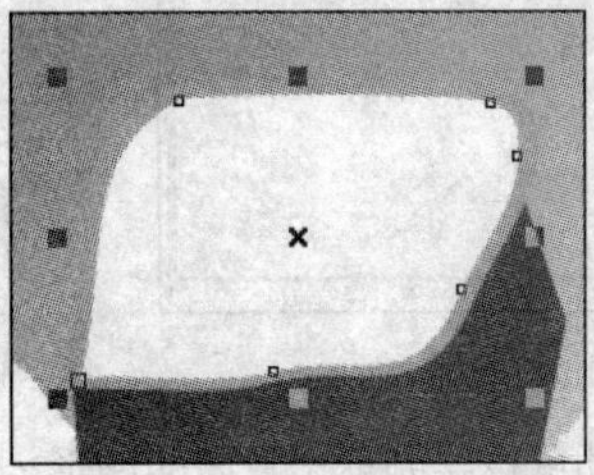

图 10.1.12　制作白色图形 2

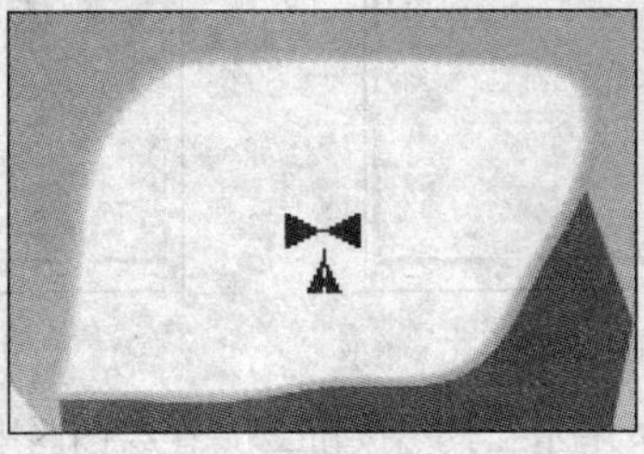

图 10.1.13　制作调和效果

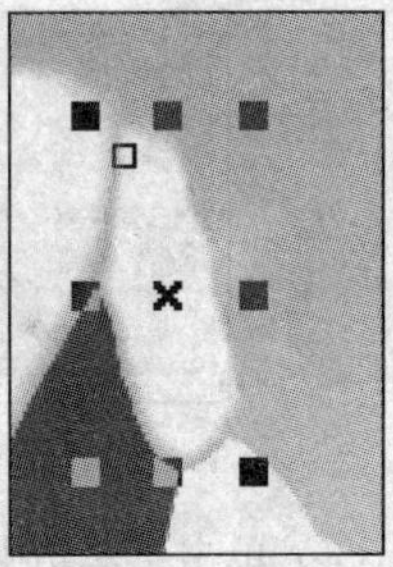

图 10.1.14　制作后面房顶图形

（12）使用工具箱中的贝塞尔工具以及形状工具，在绘制的房子图形上拖动鼠标绘制窗户图形，并将其填充为淡黄色，如图 10.1.15 所示。

（13）单击工具箱中的“矩形工具”按钮，在房顶上绘制烟囱图形，并使用形状工具调整其节点，效果如图 10.1.16 所示。

（14）按“Ctrl+C”键复制烟囱图形，使用左右键将其水平向右移动至如图 10.1.17 所示的位置。

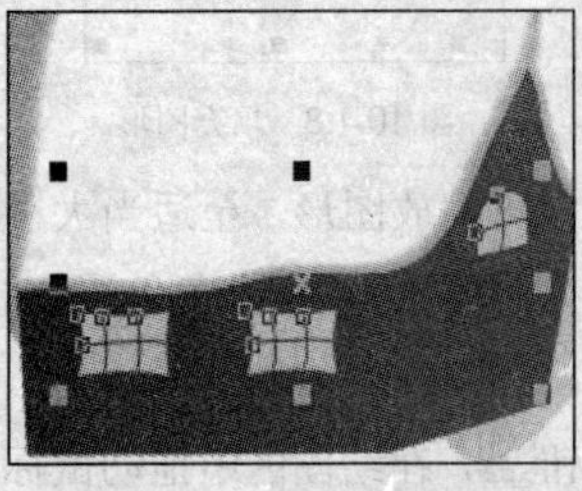

图 10.1.15　绘制并填充窗户图形

图 10.1.16　绘制烟囱图形

图 10.1.17　复制的图形

（15）单击工具箱中的“椭圆工具”按钮，在绘图区拖动鼠标绘制椭圆图形，在填充工具组中单击“渐变填充”按钮，弹出“渐变填充”对话框，设置其对话框参数如图 10.1.18 所示。单击 确定 按钮，可为椭圆对象填充渐变效果，在调色板中的☒图标上单击鼠标右键，可去掉其轮廓线，如图 10.1.19 所示。

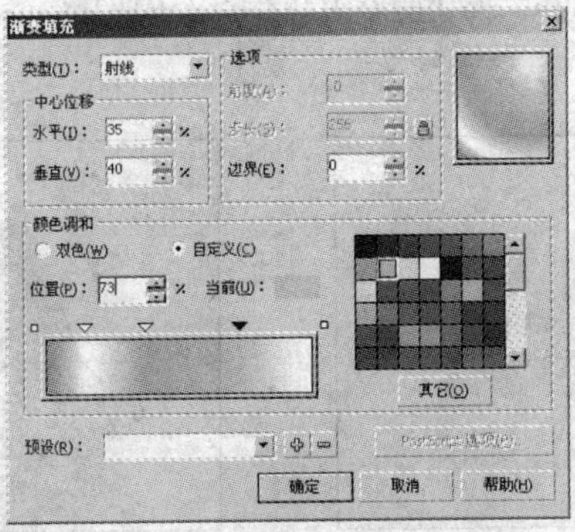

图 10.1.18 “渐变填充”对话框

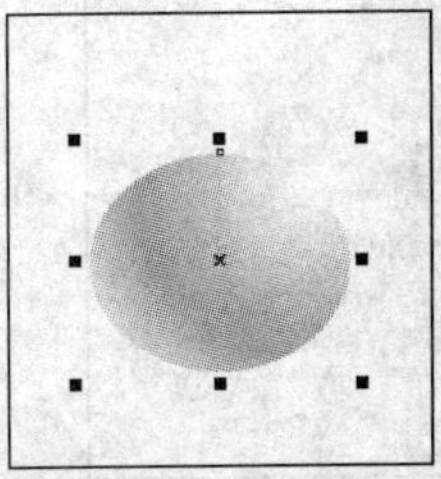

图 10.1.19 填充椭圆对象

（16）复制填充渐变效果的椭圆对象，将其向下移动一些距离并适当放大，作为雪人的身体，如图 10.1.20 所示。选择菜单栏中的 排列(A) → 顺序(O) → 到页面后面(B) 命令，可将复制的椭圆放在小椭圆对象的下方，如图 10.1.21 所示。

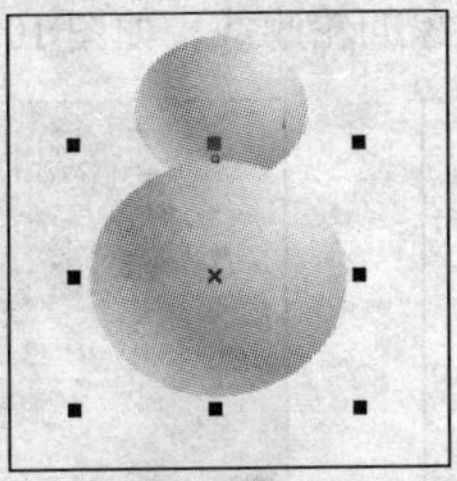

图 10.1.20 复制图形并放大

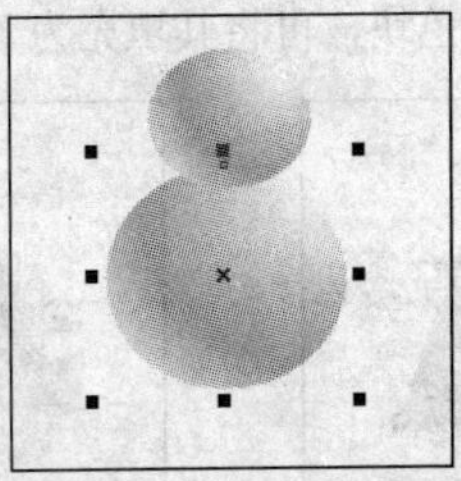

图 10.1.21 调整对象的位置

（17）单击工具箱中的“椭圆工具”按钮，在雪人的头部绘制眼睛，然后在填充工具组中单击“渐变填充”按钮，弹出“渐变填充”对话框，设置渐变颜色为黑色到白色的渐变，其他参数设置如图 10.1.22 所示。单击 确定 按钮，填充眼睛图形，效果如图 10.1.23 所示。

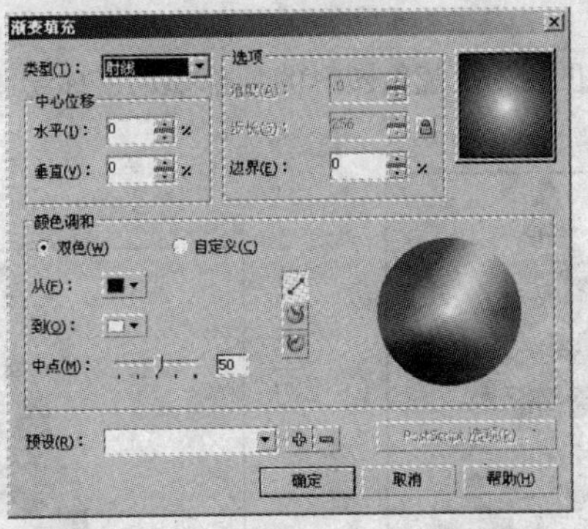

图 10.1.22 “渐变填充”对话框

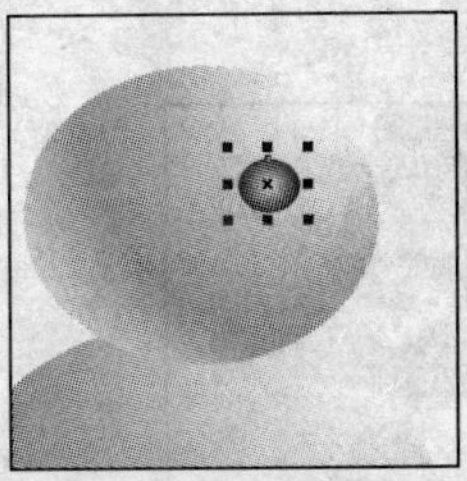

图 10.1.23 绘制的眼睛图形

（18）使用挑选工具选择填充后的眼睛图形，按住鼠标左键将其拖至适当位置后，单击鼠标右键，可复制对象，即制作出另一只眼睛图形，如图 10.1.24 所示。

（19）单击工具箱中的“手绘工具”按钮，在绘图区中拖动鼠标绘制雪人的鼻子，在调色板中单击深灰色色块，将其填充为深灰色，如图 10.1.25 所示。

（20）单击工具箱中的“多边形工具”按钮，在属性栏中设置多边形的端点数为 3，在绘图区中拖动鼠标绘制三角形，在调色板中单击蓝色色块，将其填充为蓝色，并去掉其轮廓线，如图 10.1.26 所示。

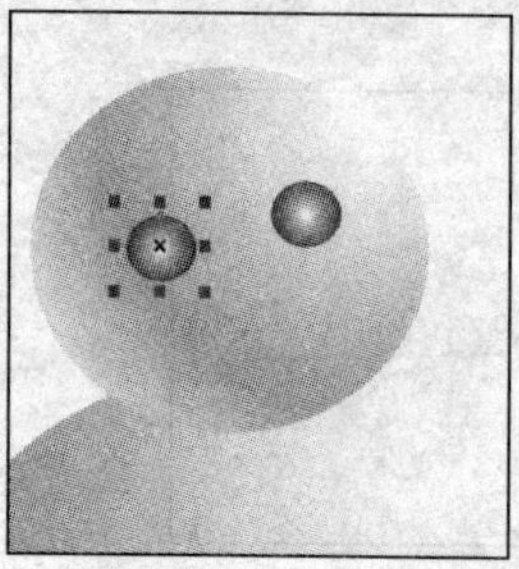
图 10.1.24　复制对象

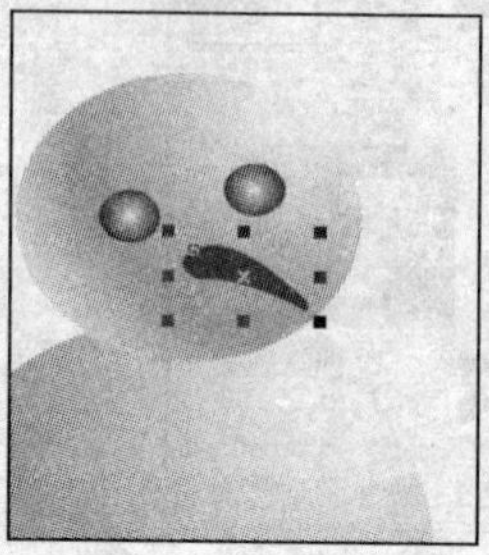
图 10.1.25　绘制鼻子图形

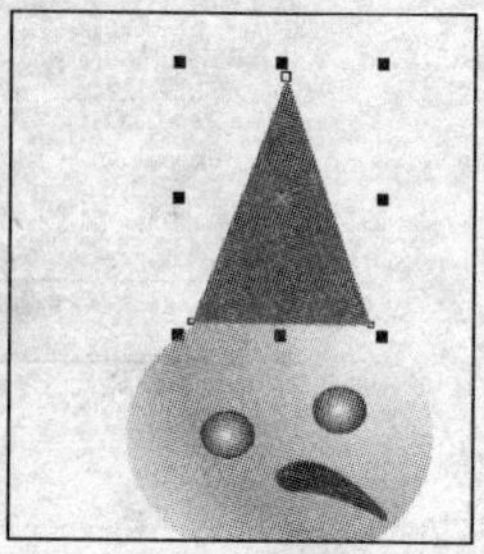
图 10.1.26　绘制三角形并填充

（21）使用挑选工具选择三角形对象，按“Ctrl+Q”键将其转换为曲线，使用形状工具调整三角形的形状，如图 10.1.27 所示。

（22）单击工具箱中的“贝塞尔工具”按钮，在图形的下方绘制如图 10.1.28 所示的封闭图形。在调色板中单击黄色色块，可将其填充为黄色，再去掉对象的轮廓线，如图 10.1.29 所示。

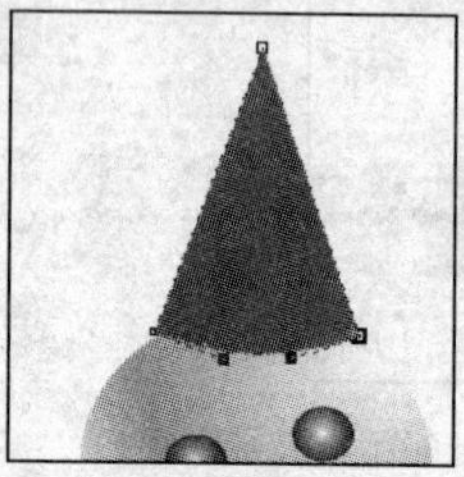
图 10.1.27　调整图形的形状

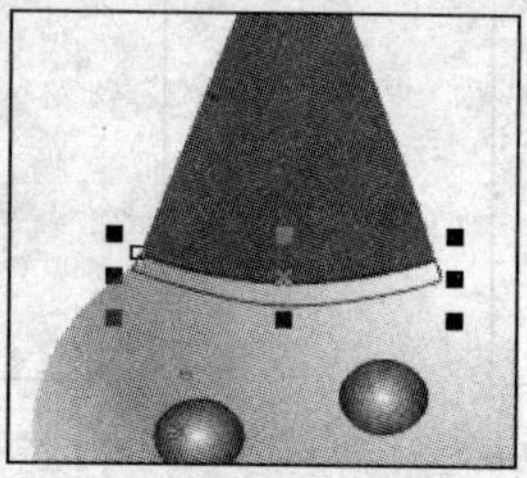
图 10.1.28　绘制封闭图形

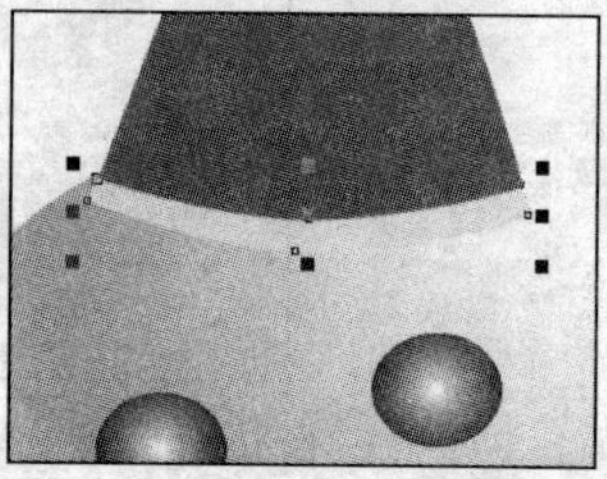
图 10.1.29　填充图形并去除轮廓线

（23）单击工具箱中的“手绘工具”按钮，在绘图区中绘制封闭的图形对象，并将其填充为黄色，如图 10.1.30 所示。使用挑选工具选择填充后的图形，将其复制 3 个，分别调整其大小与位置，如图 10.1.31 所示。

（24）单击工具箱中的“贝塞尔工具”按钮，在蓝色图形的顶部拖动鼠标绘制封闭的图形并填充为黄色，如图 10.1.32 所示。

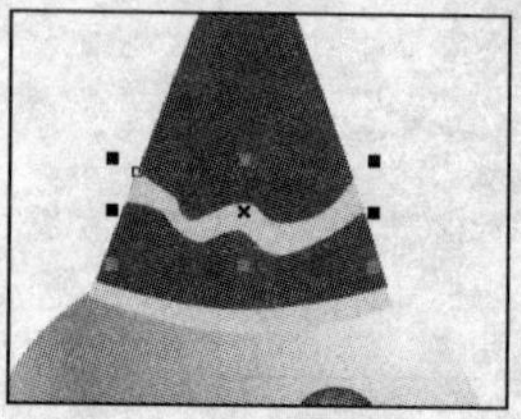
图 10.1.30　绘制图形并填充

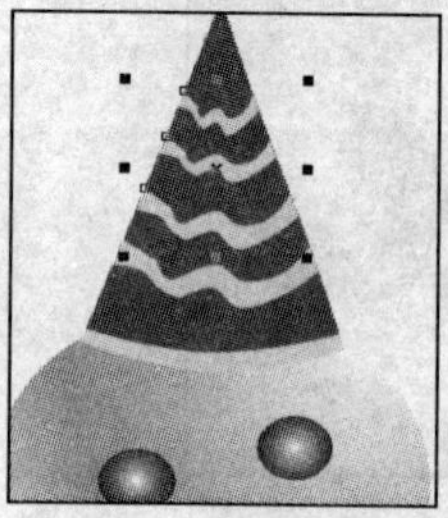
图 10.1.31　调整复制图形的位置与大小

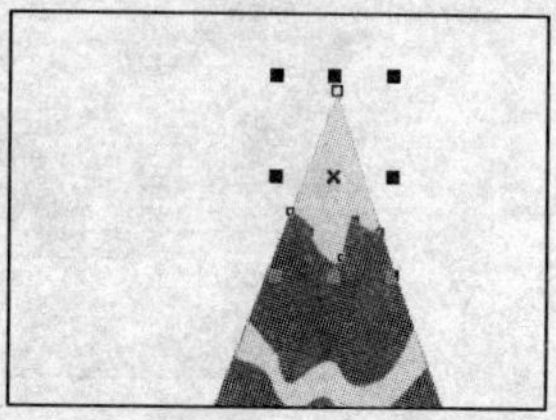
图 10.1.32　绘制图形并填充

（25）使用椭圆工具在绘图区中绘制椭圆对象并为其填充渐变效果，如图 10.1.33 所示。

（26）在按住“Shift”键的同时使用鼠标将填充渐变效果的椭圆对象向内拖动，至适当位置后单击鼠标右键，可等比例缩小并复制对象，将该对象旋转一定的角度，效果如图 10.1.34 所示。

（27）使用挑选工具框选绘制的两个椭圆对象，按“Ctrl+G”键将其群组为一个整体，并将其复制 3 个垂直向下排列，如图 10.1.35 所示。

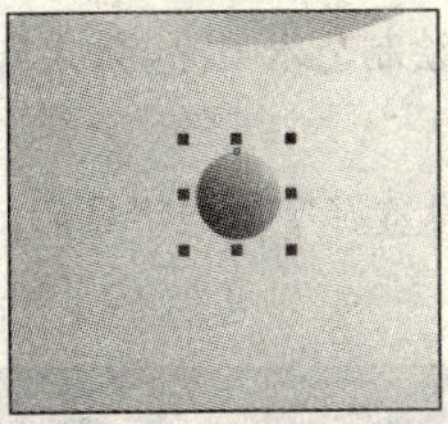

图 10.1.33　绘制椭圆并填充渐变

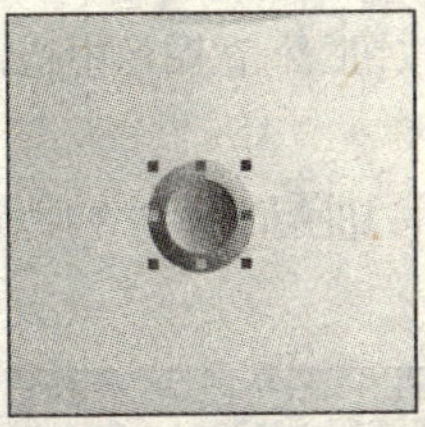

图 10.1.34　复制对象并旋转

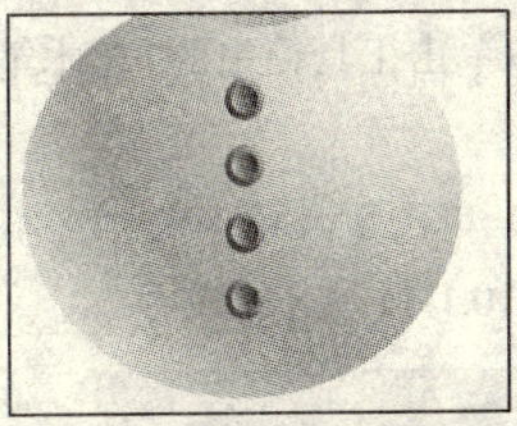

图 10.1.35　排放复制的对象

（28）导入一幅图像，将其移动到如图 10.1.36 所示的位置，再复制一个，使用属性栏中的水平镜像对其进行翻转，并将其移动到适当位置，效果如图 10.1.37 所示。

图 10.1.36　导入图像

图 10.1.37　镜像图像

（29）再导入几幅图像，分别对树和雪人进行修饰，效果如图 10.1.38 所示。再使用艺术笔工具在图像中拖动鼠标绘制艺术喷涂，效果如图 10.1.39 所示。

图 10.1.38　导入图像

图 10.1.39　艺术喷涂效果

（30）选中绘制的月亮图案，单击鼠标右键从弹出的快捷菜单中选择 打散艺术笔 群组(B) 命令，对图案进行打散，再按“Ctrl+U”键取消群组，删除小月亮图案。并将大月亮图案旋转一定的角度，移动旁边的星星图案，将其填充为黄色，效果如图 10.1.40 所示。

（31）选择 位图(B) → 转换为位图(P)… 命令，将绘制的对象转换为位图，然后选择 位图(B) → 创造性(V) → 天气(W)… 命令，弹出“天气”对话框，设置其对话框参数如图 10.1.41 所示。单击 确定 按钮，对图像添加雪景，效果如图 10.1.42 所示。

图 10.1.40　调整星星与月亮图案效果

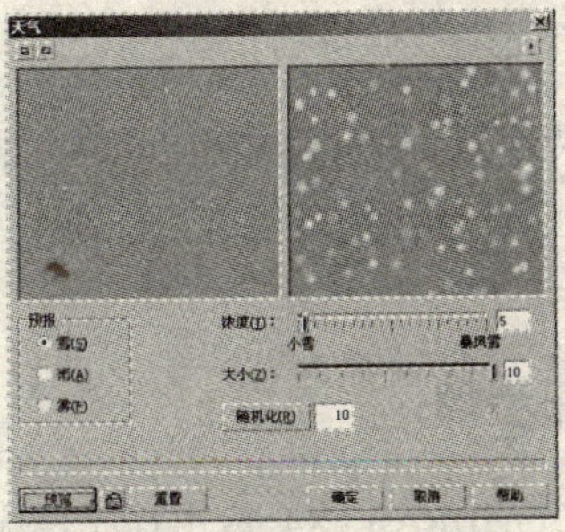

图 10.1.41　“天气”对话框

（32）单击工具箱中的“艺术笔工具”按钮，在图像中拖动鼠标绘制艺术喷涂，效果如图 10.1.43 所示。

（33）单击工具箱中的“文本工具”按钮，分别在属性栏中设置好字体与字号后，在图像中输入如图 10.1.44 所示的文字。

图 10.1.42 添加雪景效果

图 10.1.43 艺术喷涂效果

图 10.1.44 输入文字

（34）按“Ctrl+I”键导入一幅艺术字图像，最终效果如图 10.1.1 所示。

案例 2 名片设计

案例内容

本例主要进行名片设计，最终效果如图 10.2.1 所示。

图 10.2.1 最终效果图

设计思路

在绘制的过程中，主要用到椭圆工具、文本工具、形状工具、贝塞尔工具、钢笔工具、轮廓笔工具、交互式变形工具以及交互式调合工具等。

操作步骤

（1）启动 CorelDRAW X4 应用程序，选择菜单栏中的 文件(F) → 新建(N) 命令，再选择 版面(L) → 页面设置(P)… 命令，弹出“选项”对话框，设置其页面大小参数如图 10.2.2 所示。

（2）在弹出的“选项”对话框中选择辅助线→垂直选项，在其面板中输入“0”，然后单击添加(A)按钮，再在面板中输入“55”，单击添加(A)按钮。选择水平选项，设置其面板参数如图 10.2.3 所示。单击确定按钮，在页面中添加水平与垂直辅助线。

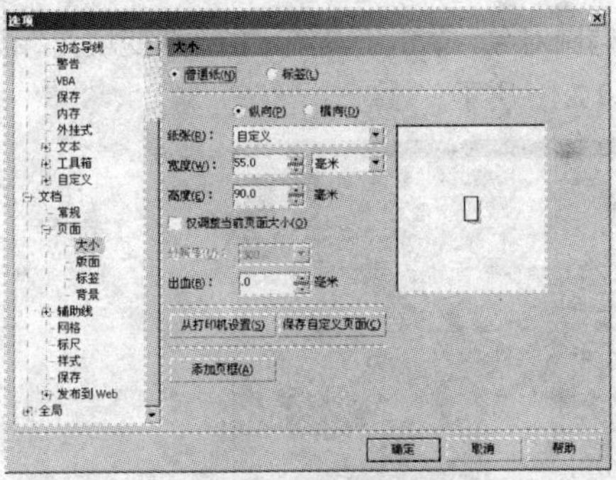

图 10.2.2　“大小”选项设置

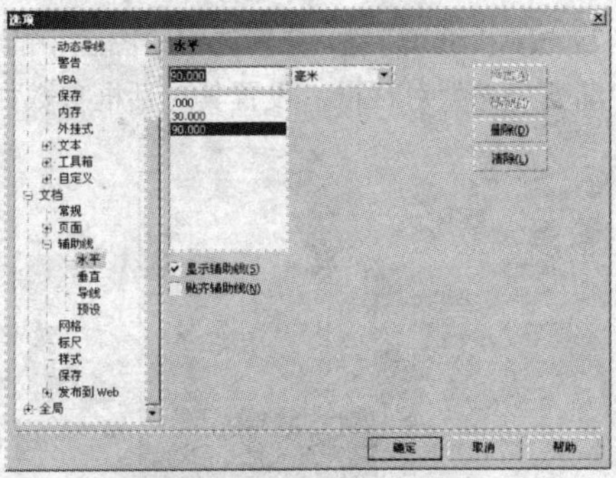

图 10.2.3　“水平”选项设置

（3）选择菜单栏中的视图(V)→贴齐辅助线(U)命令，效果如图 10.2.4 所示。

（4）双击工具箱中的“矩形工具”按钮，绘制一个与页面大小相符的矩形对象，将其填充为霓虹紫色，并取消其轮廓，如图 10.2.5 所示。

图 10.2.4　添加辅助线

图 10.2.5　绘制并填充矩形 1

（5）单击工具箱中的“矩形工具”按钮，在第 1，2 条水平辅助线之间绘制一个颜色为粉红色的矩形，并取消其轮廓，如图 10.2.6 所示。再使用矩形工具以第 2 条辅助线为中心绘制一个小矩形，并将其填充为淡黄色，如图 10.2.7 所示。

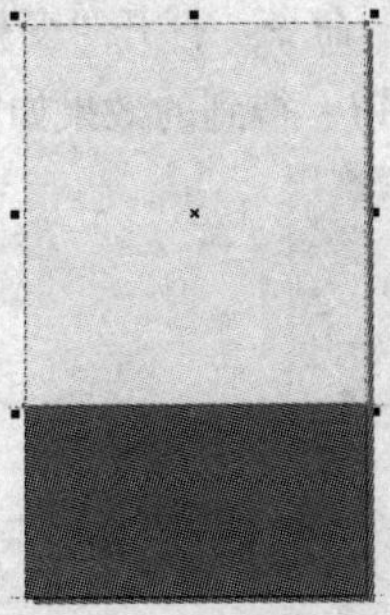

图 10.2.6　绘制矩形并填充 2

图 10.2.7　绘制小矩形并填充

（6）单击工具箱中的“椭圆工具”按钮，在绘图区中绘制一个椭圆形，然后按“+”键复制两个椭圆，分别设置其属性栏参数如图 10.2.8 所示，得到的效果如图 10.2.9 所示。

图 10.2.8 “椭圆工具”属性栏

（7）按住“Shift”键，分别选中绘图区中的 3 个椭圆对象，单击工具箱中的“渐变填充”按钮，弹出“渐变填充”对话框，设置其对话框参数如图 10.2.10 所示。

图 10.2.9 绘制并复制椭圆

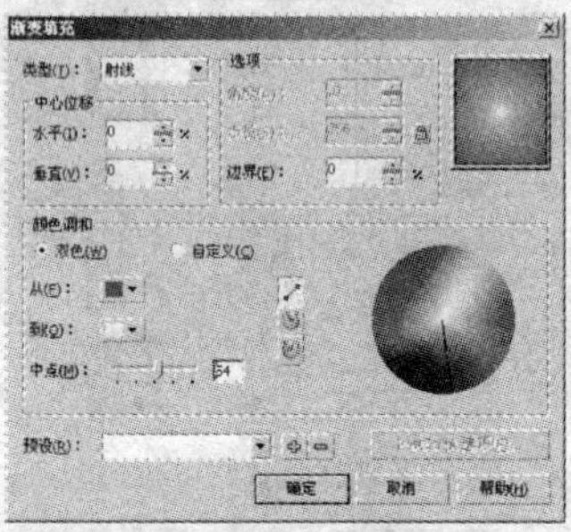

图 10.2.10 “渐变填充”对话框

（8）设置完成后，单击 确定 按钮，效果如图 10.2.11 所示。

（9）选择菜单栏中的 排列(A) → 变换(F) → 旋转(R) 命令，打开“变换”泊坞窗，设置参数如图 10.2.12 所示。设置完成后，单击 应用到再制 按钮 23 次，得到的效果如图 10.2.13 所示。

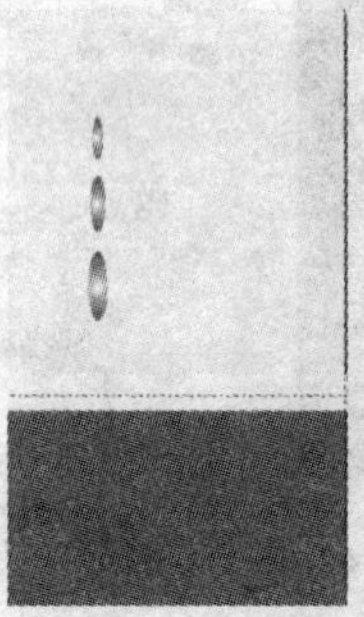

图 10.2.11 渐变填充效果

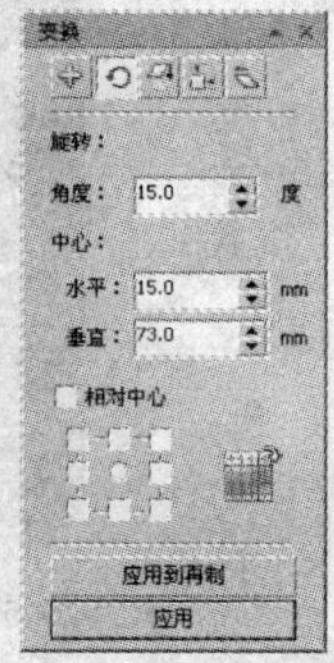

图 10.2.12 “变换”泊坞窗

图 10.2.13 应用变换效果 1

（10）使用挑选工具选中全部再制后的图形对象，选择菜单栏中的 效果(C) → 添加透视(P) 命令，对变换后的图形对象添加透视效果，如图 10.2.14 所示。

（11）选择菜单栏中的 排列(A) → 变换(F) → 倾斜(K) 命令，打开“变换”泊坞窗，设置其参数如图 10.2.15 所示。设置完成后，单击 应用 按钮，得到的效果如图 10.2.16 所示。

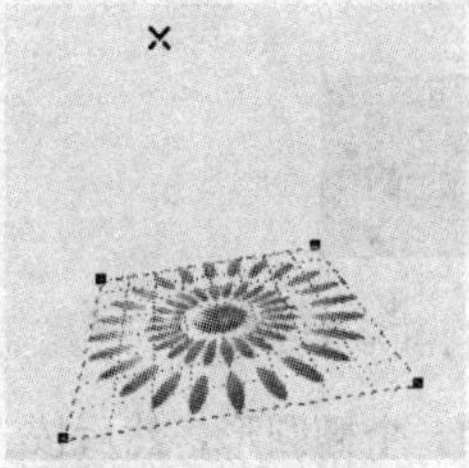

图 10.2.14 添加透视效果

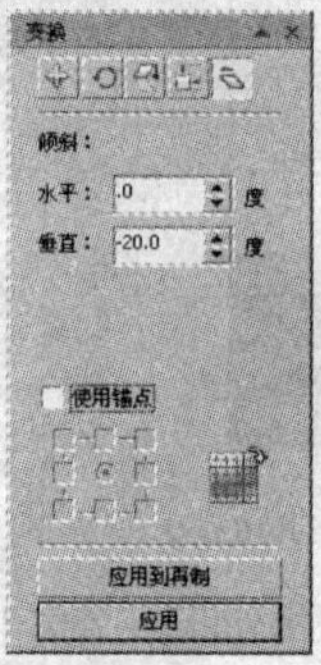

图 10.2.15 “变换”泊坞窗

图 10.2.16 应用变换效果 2

（12）单击工具箱中的“挑选工具”按钮，选中不需要的图形对象，按“Delete”键进行删除，效果如图 10.2.17 所示。

（13）使用挑选工具选中绘图区中的所有椭圆图形，按“Ctrl+G”键进行群组，然后单击工具箱中的“钢笔工具”按钮，在绘图区中的绘制如图 10.2.18 所示的图形。

（14）使用鼠标左键单击调色板中的霓虹紫方块，将其填充为霓虹紫色，再用鼠标右键单击调色板中的“无外框”图标去掉外框，效果如图 10.2.19 所示。

图 10.2.17　删除图形对象

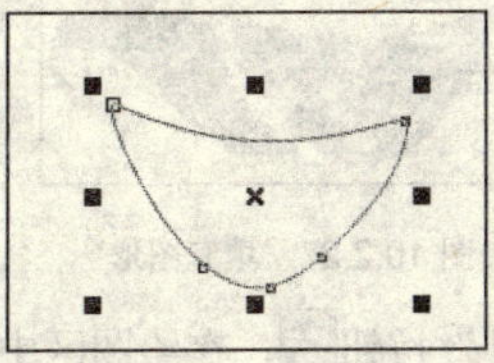

图 10.2.18　绘制图形

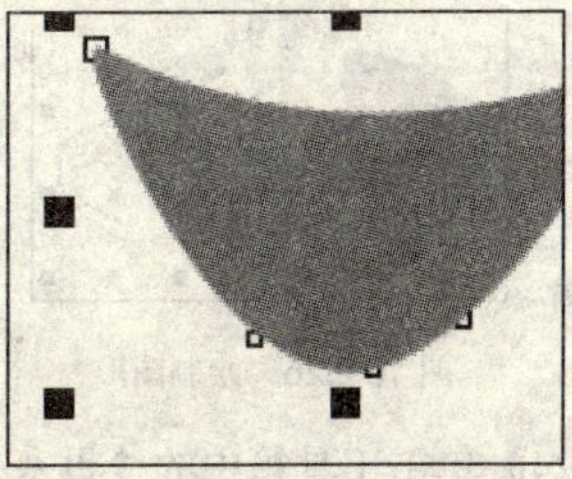

图 10.2.19　填充图形对象

（15）重复步骤（13），（14）的操作，绘制一个图形对象，并将其填充相同的颜色，如图 10.2.20 所示。

（16）使用相同的方法绘制一条如图 10.2.21 所示的曲线，并填充相同的颜色，效果如图 10.2.22 所示。

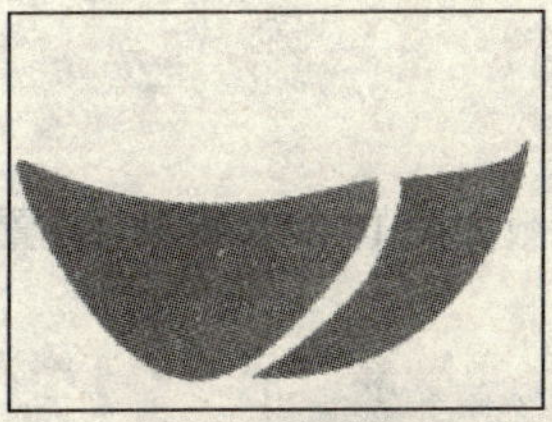

图 10.2.20　绘制并填充图形对象

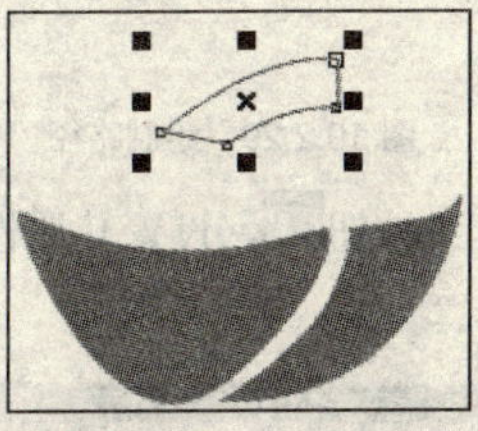

图 10.2.21　绘制曲线

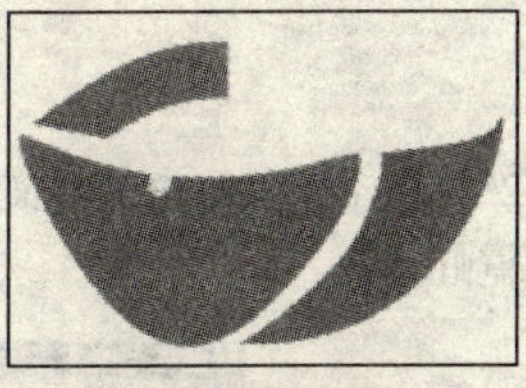

图 10.2.22　填充颜色

（17）复制一个如图 10.2.22 所示的图形对象，并将对其进行水平翻转，效果如图 10.2.23 所示。

（18）单击工具箱中的“椭圆工具”按钮，在绘图区中绘制一个椭圆对象，按“Ctrl+Q”键，将椭圆转换为曲线，再单击工具箱中的“形状工具”按钮，在椭圆上添加节点，并调整图形形状，效果如图 10.2.24 所示。

（19）使用鼠标左键单击调色板中的霓虹紫方块，将其填充为霓虹紫色，再用鼠标右键单击调色板中的“无外框”图标去掉外框。

（20）按“+”键复制两个椭圆对象，在其属性栏中“缩放因素”文本框中输入数值，设置两个椭圆的大小，并使用挑选工具将其拖曳至适当的位置，得到的效果如图 10.2.25 所示。

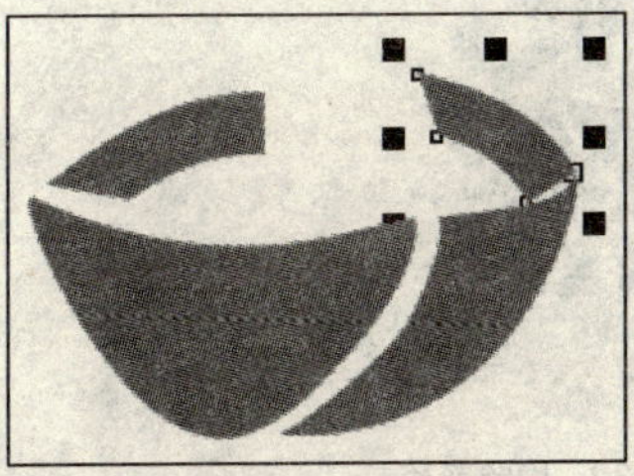

图 10.2.23　复制并翻转图形

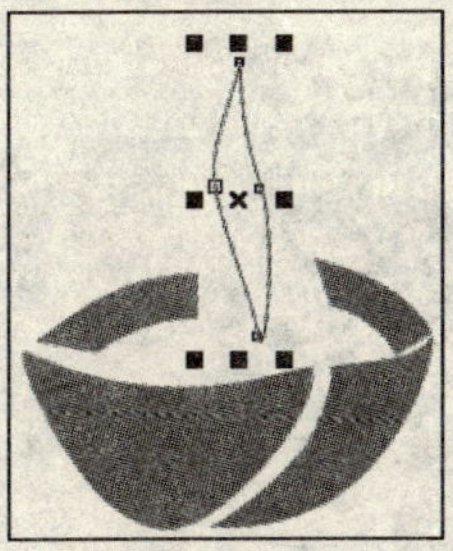

图 10.2.24　绘制并调整椭圆

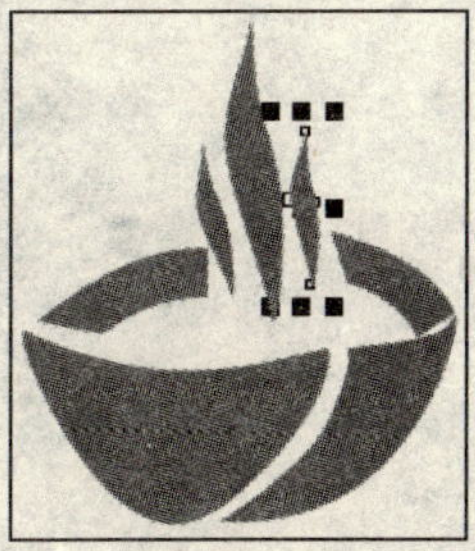

图 10.2.25　复制并调整图形对象

（21）重复步骤（18）的操作，在绘图区中绘制一个图形对象，效果如图 10.2.26 所示。

（22）重复步骤（19）的操作，对绘制的图形进行填充，效果如图 10.2.27 所示。

（23）单击工具箱中的“挑选工具”按钮，选中绘制的所有图形对象，按“Ctrl+G”键进行群组，并将其拖曳到如图 10.2.28 所示的位置。

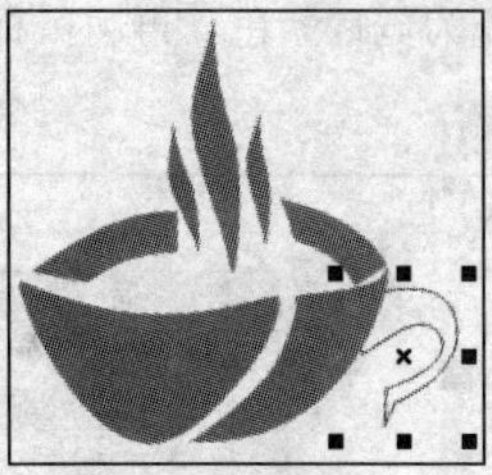
图 10.2.26　绘制图形

图 10.2.27　填充图形

图 10.2.28　移动图形位置

（24）单击工具箱中的“贝塞尔工具”按钮，在绘图区中绘制如图 10.2.29 所示的路径。

图 10.2.29　绘制路径

（25）单击工具箱中的“文本工具”按钮，设置其属性栏参数如图 10.2.30 所示，设置其字体颜色为霓虹紫色。

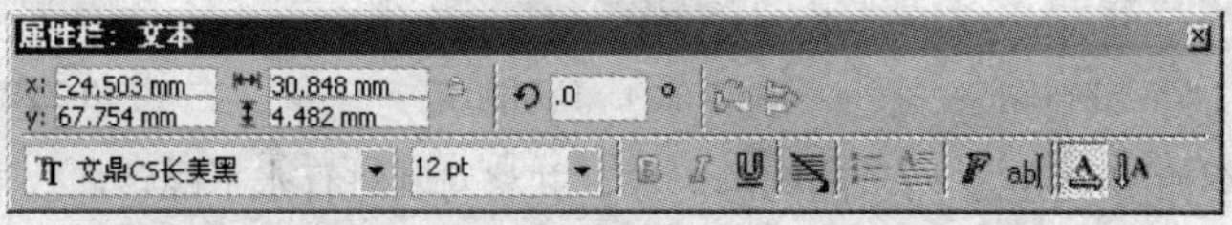

图 10.2.30　“文本工具”属性栏

（26）设置好参数后，在绘图区中输入文字“港湾茶秀”，然后选择菜单栏中的 文本(X) → 使文本适合路径(T) 命令，当光标变为箭头时在路径上单击鼠标左键，再使用形状工具调整其文字间距，效果如图 10.2.31 所示。

（27）选中绘图区中绘制的路径对象，使用鼠标右键单击调色板中的“无外框”图标去掉路径的颜色，效果如图 10.2.32 所示。

图 10.2.31　输入文本

图 10.2.32　隐藏路径

（28）使用挑选工具选中除矩形以外的所有图形对象，按“Ctrl+G”键进行群组，再按住“Shift”键，选中粉红色的矩形和群组后的图形对象，单击属性栏中的“对齐与分布”按钮，弹出“对齐与分布”对话框，设置其对话框参数如图 10.2.33 所示。

（29）设置完成后，单击 应用 按钮，效果如图 10.2.34 所示。

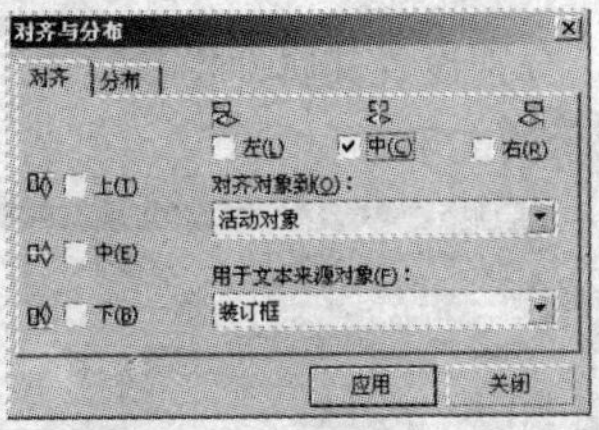

图 10.2.33 “对齐与分布”对话框

图 10.2.34 应用对齐与分布效果

（30）单击工具箱中的“文本工具”按钮，设置其属性栏参数如图 10.2.35 所示，设置其字体颜色为黑色。

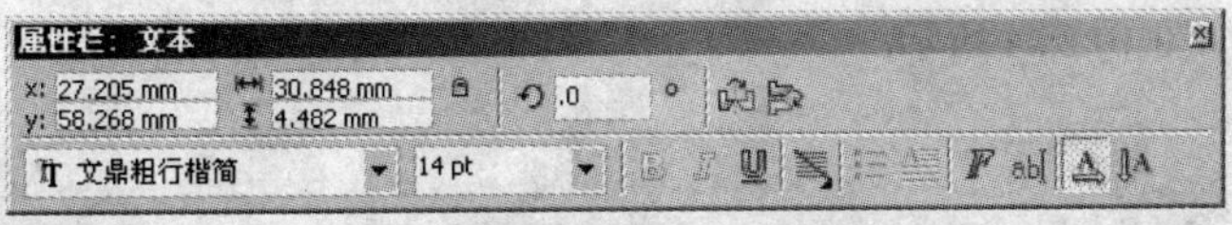

图 10.2.35 “文本工具”属性栏

（31）设置好参数后，在绘图区中输入文字“西安港湾茶秀”，效果如图 10.2.36 所示。

（32）单击工具箱中的“轮廓工具”按钮，弹出“轮廓笔”对话框，设置其对话框参数如图 10.2.37 所示。

图 10.2.36 输入文本

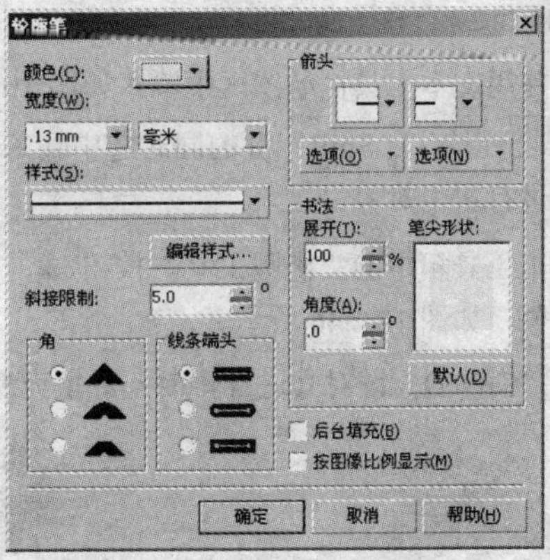

图 10.2.37 “轮廓笔”对话框

（33）设置完成后，单击 确定 按钮，效果如图 10.2.38 所示。

（34）单击“文本工具”属性栏中的“下画线”按钮，为文本添加下画线，效果如图 10.2.39 所示。

（35）单击工具箱中的“文本工具”按钮，设置其字体为“Bookman Old Style”、字号为“6.7”，在绘图区中输入文本，效果如图 10.2.40 所示。

图 10.2.38 为字体添加轮廓

图 10.2.39 为字体添加下画线

图 10.2.40 输入文本 1

（36）单击工具箱中的“文本工具”按钮，分别设置其属性栏参数如图 10.2.41 所示，设置其字体颜色为黑色，在绘图区中输入如图 10.2.42 所示的文字。

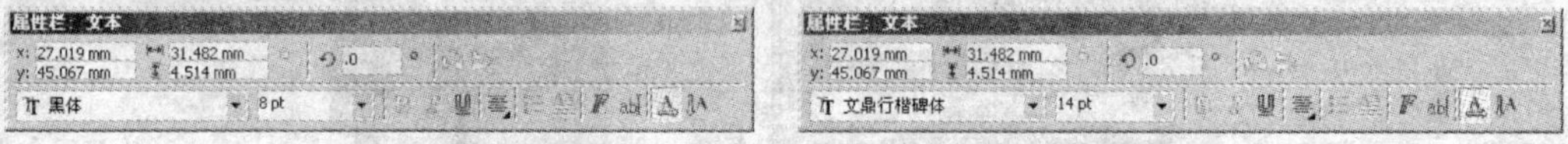

图 10.2.41 “文本工具”属性栏

（37）单击工具箱中的“形状工具”按钮，选中输入的文本“总经理”，然后在其属性栏中的“垂直移动”微调框中输入数值“26”，效果如图 10.2.43 所示。

（38）使用文本工具在绘图区中输入手机号码信息，设置其字体为“黑体”、字号为“8”，字体颜色为黑色，效果如图 10.2.44 所示。

图 10.2.42 输入文本 2

图 10.2.43 调整文本位置

图 10.2.44 输入手机号码

（39）再使用文本工具在绘图区中输入如图 10.2.45 所示的其他文字信息，单击工具箱中的“挑选工具”按钮，按住“Shift”键的同时选中输入的所有文本信息，然后重复步骤（28），（29）的操作，对文本进行居中对齐。

（40）单击工具箱中的“椭圆工具”按钮，在地址前绘制一个轮廓宽度为“2.3mm”、颜色为白色的圆形对象，如图 10.2.46 所示。

（41）按“Ctrl+D”键对其进行再制，并填充颜色为黄色，移至如图 10.2.47 所示的位置。

图 10.2.45 输入其他文字信息

图 10.2.46 绘制圆

图 10.2.47 再制圆对象

（42）单击工具箱中的“交互式调和工具”按钮，设置其步长值为“4”，在白色对象上按住左键不放，并拖动至黄色圆形对象上，效果如图 10.2.48 所示。

（43）选择菜单栏中的 文本(X) → 插入符号字符(H) 命令，打开“插入字符”泊坞窗，选中需要的字符，将其拖曳到绘图区中，单击调色板中的白色方块，将其填充为白色，再用鼠标右键单击调色板中的“无外框”图标去掉外框，效果如图 10.2.49 所示。

（44）使用挑选工具框选所有图形对象，按“Ctrl+G”键将其群组，然后对其进行旋转并再制图像，效果如图 10.2.50 所示。

图 10.2.48　应用交互式调和效果

图 10.2.49　插入符号字符效果

图 10.2.50　旋转并再制图像效果

（45）按“Ctrl+I”键导入一幅图像，将其置于再制图像的下方，最终效果如图 10.2.1 所示。

案例3　海 报 设 计

案例内容

本例主要进行海报设计，最终效果如图 10.3.1 所示。

图 10.3.1　最终效果图

设计思路

在绘制的过程中，主要用到矩形工具、椭圆工具、文本工具、交互式透明工具、交互式阴影工具、

"渐变填充"对话框、轮廓工具、形状工具、图框精确剪裁命令以及焊接命令等。

操作步骤

（1）选择菜单栏中的 文件(F) → 新建(N) 命令，新建一个文件。选择菜单栏中的 版面(L) → 页面设置(P)… 命令，弹出"选项"对话框，设置其对话框参数如图 10.3.2 所示。

（2）双击工具箱中的"矩形工具"按钮，绘制一个与页面大小相符的矩形，如图 10.3.3 所示。

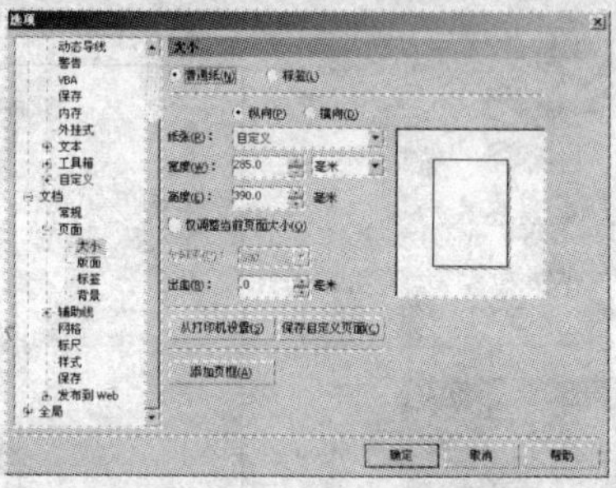
图 10.3.2 "选项"对话框

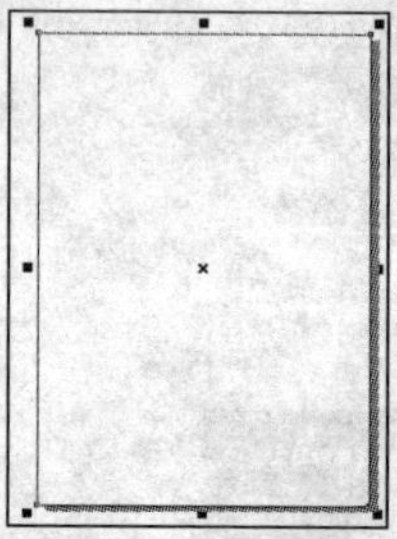
图 10.3.3 绘制矩形

（3）单击工具箱中的"渐变填充"按钮，弹出"渐变填充"对话框，设置其对话框参数如图 10.3.4 所示。设置完参数后，单击 确定 按钮，效果如图 10.3.5 所示。

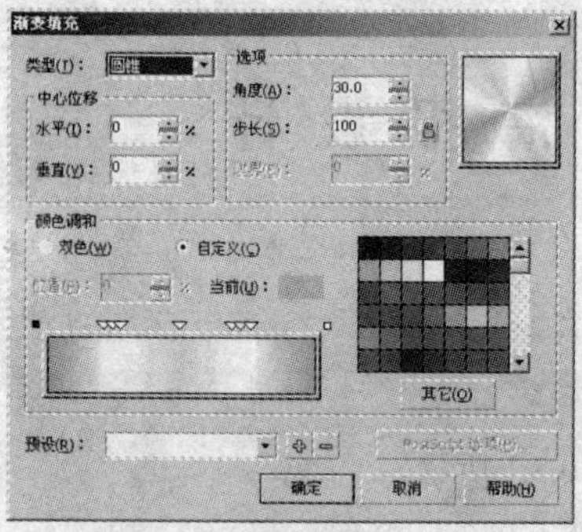
图 10.3.4 "渐变填充"对话框

图 10.3.5 渐变填充效果

（4）在按住"Ctrl"键的同时使用矩形工具在绘图页面的左上角绘制一个正方形，并将其填充为白色，去除图形的轮廓线，效果如图 10.3.6 所示。

（5）在按住"Ctrl"键的同时将鼠标移至矩形对象上，按住鼠标左键水平向右拖动，至适当位置后单击鼠标右键，复制一个新的图形对象，效果如图 10.3.7 所示。按"Ctrl+D"键多次，可再制出多个图形对象，效果如图 10.3.8 所示。

图 10.3.6 绘制正方形

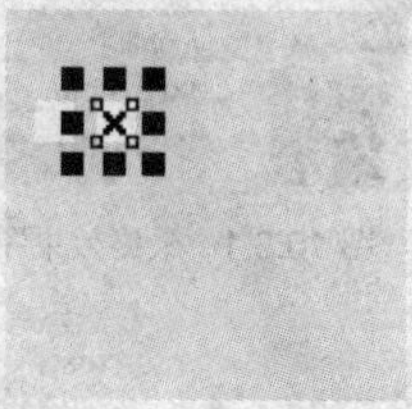
图 10.3.7 复制并移动正方形

图 10.3.8 水平再制图形对象

（6）使用挑选工具框选绘制的图形和再制的正方形对象，在按住"Ctrl"键的同时使用挑选工具将其垂直向下拖动，至适当位置后单击鼠标右键，复制所选的图形，如图 10.3.9 所示。

（7）按“Ctrl+D”键多次，可再制出如图 10.3.10 所示的多个图形对象，然后使用挑选工具框选正方形对象，在其属性栏中单击“结合”按钮，效果如图 10.3.11 所示。

图 10.3.9　垂直复制图形对象

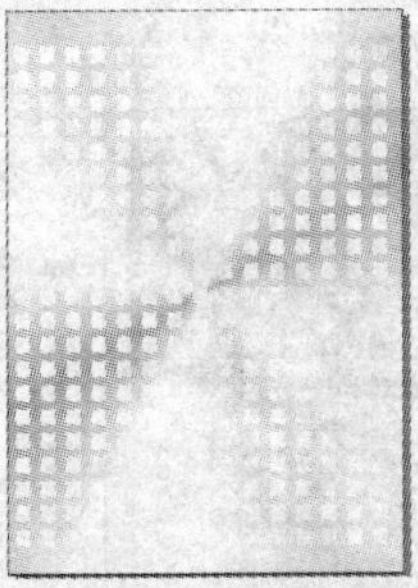

图 10.3.10　垂直再制对象

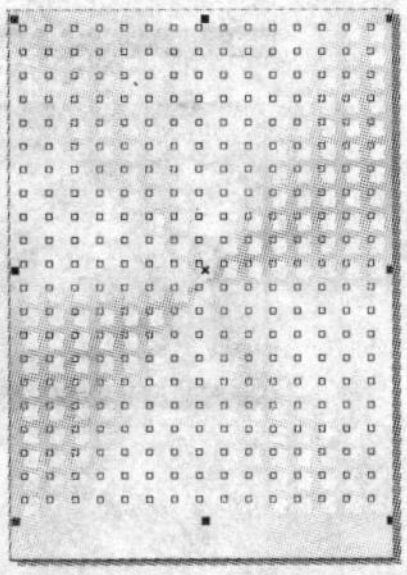

图 10.3.11　结合对象

（8）使用挑选工具选择结合后的对象，单击工具箱中的“交互式透明工具”按钮，在结合的对象上从左向右拖动鼠标，可为图形添加透明效果，如图 10.3.12 所示。

（9）单击工具箱中的“椭圆工具”按钮，按住“Ctrl”键的同时在绘图区中拖动鼠标绘制圆，如图 10.3.13 所示。

（10）单击工具箱中的“文本工具”按钮，将鼠标移至绘图区中的圆对象上，当鼠标光标显示为形状时，在圆路径上输入文本，文本沿圆路径分布，效果如图 10.3.14 所示。

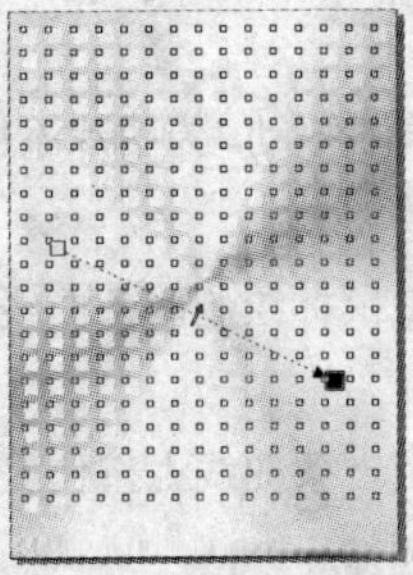

图 10.3.12　填充交互式透明效果

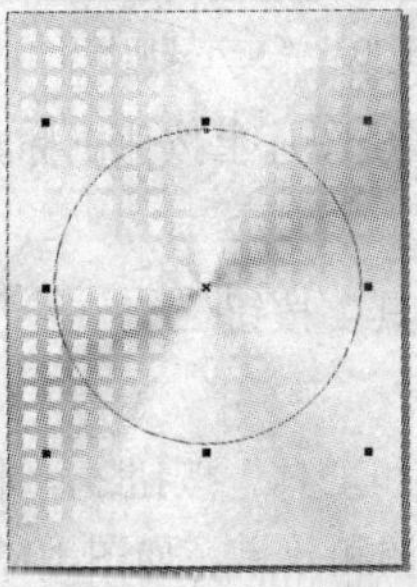

图 10.3.13　绘制圆

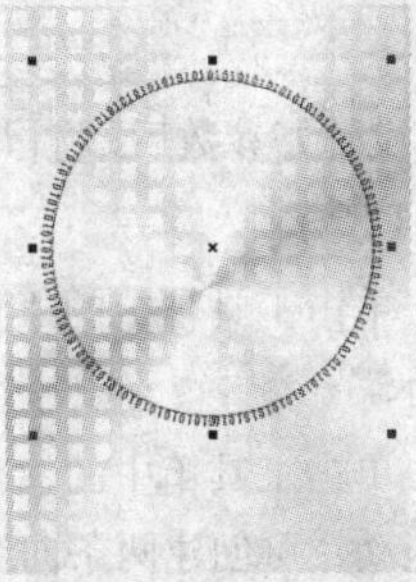

图 10.3.14　沿路径排列文本

（11）使用挑选工具框选圆和沿路径排列的文本，然后选择 排列(A) → 打散(B) 命令，可将文字与圆对象拆分，选择圆对象，按“Delete”键将其删除，效果如图 10.3.15 所示。

（12）使用挑选工具选择拆分后的文本对象，在调色板中单击白色方块，将其填充为白色，如图 10.3.16 所示。

（13）选择菜单栏中的 文件(F) → 导入(I)… 命令，弹出“导入”对话框，从中选择一幅液晶电视图像，单击 导入 按钮，鼠标光标变为黑色角形符号，在绘图页面中单击可导入图像，调整导入图像的大小及位置，效果如图 10.3.17 所示。

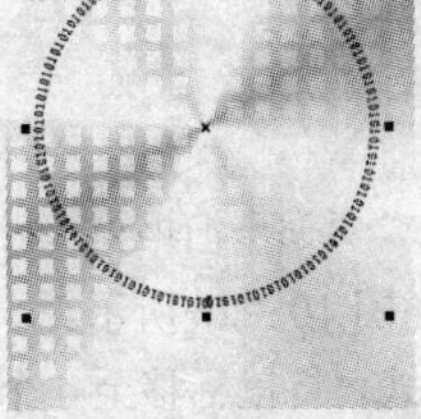

图 10.3.15　删除圆

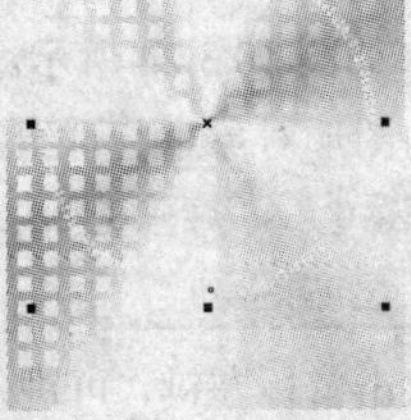

图 10.3.16　将文本填充为白色

图 10.3.17　导入图像

（14）选择菜单栏中的 位图(B) → 三维效果(3) → 透视(R)… 命令，弹出“透视”对话框，设置其对话框参数如图 13.4.18 所示。设置完成后，单击 确定 按钮，效果如图 13.4.19 所示。

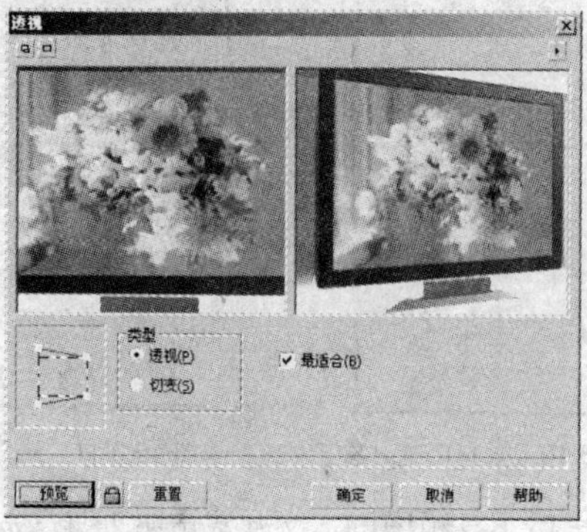

图 10.3.18 “透视”对话框

图 10.3.19 应用透视效果

（15）单击工具箱中的“交互式阴影工具”按钮，设置其属性栏参数如图 10.3.20 所示。

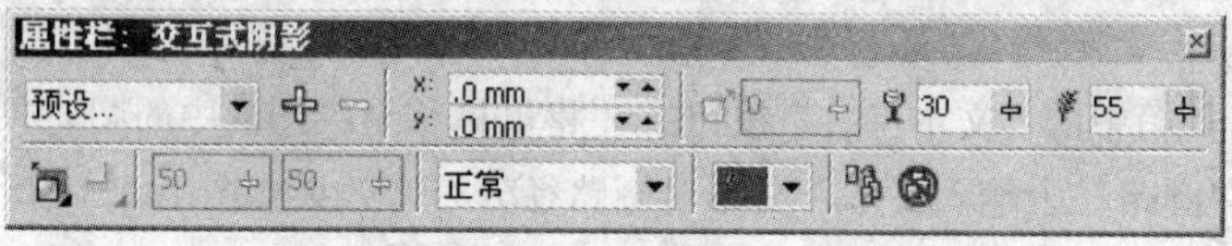

图 10.3.20 “交互式阴影工具”属性栏

（16）设置好参数后，将鼠标光标移至图片上按住鼠标左键从左向右拖动，为图片添加阴影效果，如图 10.3.21 所示。

（17）单击工具箱中的“贝塞尔工具”按钮，在绘图区中拖曳鼠标绘制两条曲线，效果如图 10.3.22 所示。

（18）单击工具箱中的“交互式调和工具”按钮，将鼠标移至一条曲线上按住鼠标左键向另一条曲线拖动，可创建两条曲线之间的调和效果，如图 10.3.23 所示。

图 10.3.21 添加交互式阴影效果

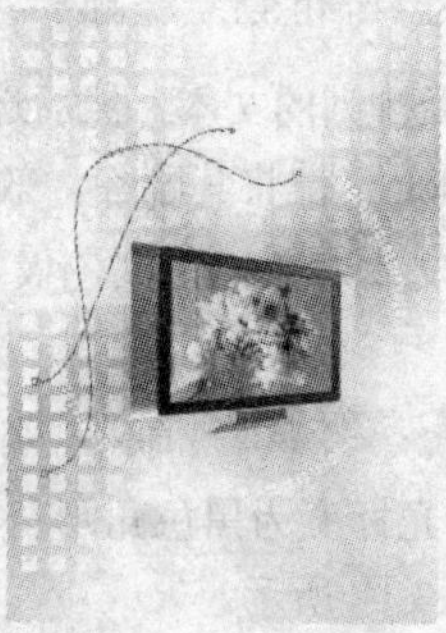

图 10.3.22 绘制曲线

图 10.3.23 调和曲线

（19）使用挑选工具选择调和的对象，在调色板中的酒绿色色块上单击鼠标右键，可将所选的调和对象的轮廓线颜色设置为酒绿色，效果如图 10.3.24 所示。

（20）按“Ctrl+G”键，对调和后的图形对象进行群组。

（21）选择菜单栏中的 排列(A) → 变换(F) → 旋转(R) 命令，打开“变换”泊坞窗，设置其参数如图 10.3.25 所示。设置完成后，单击 应用到再制 按钮，效果如图 10.3.26 所示。

（22）在应用变换后的图形对象上双击鼠标左键，可进入旋转模式，将鼠标移至 4 个角的任意一个旋转符号上，按住鼠标左键拖动可旋转图形对象，旋转一定的角度后将其移动至如图 10.3.27 所示的位置。

图 10.3.24 改变调和对象的轮廓线颜色

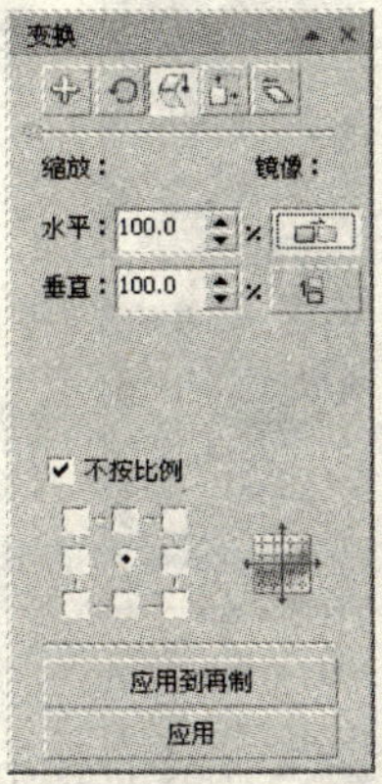

图 10.3.25 “变换”泊坞窗

图 10.3.26 再制图像对象

（23）按“Ctrl+I”键，弹出“导入”对话框，在其对话框中按住“Ctrl”键，选中两幅蝴蝶图像，单击 导入 按钮，当鼠标光标变为黑色角形符号时，在绘图区中分别单击可导入图像，调整导入图像的大小及位置，效果如图 10.3.28 所示。

（24）单击工具箱中的“矩形工具”按钮，在绘图区中拖曳鼠标绘制一个矩形，效果如图 10.3.29 所示。

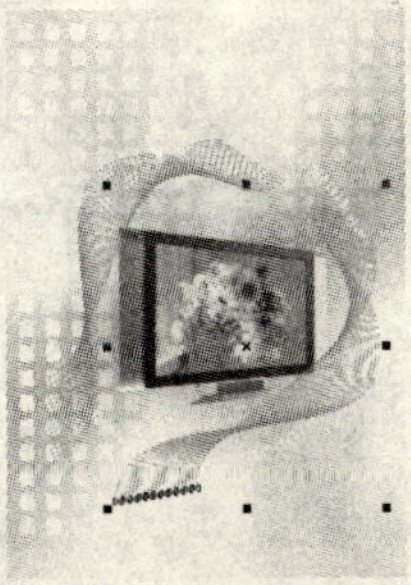

图 10.3.27 旋转并调整图像位置

图 10.3.28 导入图像

图 10.3.29 绘制矩形

（25）按“Ctrl+Q”键将矩形转曲，单击工具箱中的“形状工具”按钮，在绘图区的矩形对象上添加节点并调整其形状，效果如图 10.3.30 所示。

图 10.3.30 添加并调整节点

（26）单击工具箱中的“渐变填充对话框”按钮，弹出“渐变填充”对话框，设置其对话框参数如图 10.3.31 所示。设置完参数后，单击 确定 按钮，效果如图 10.3.32 所示。

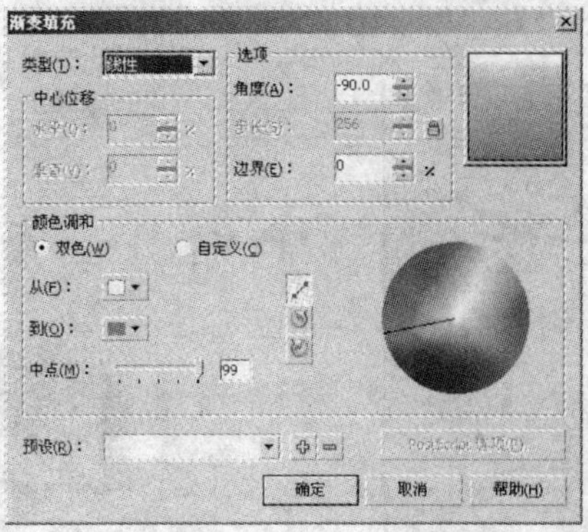

图 10.3.31 “渐变填充”对话框

图 10.3.32 渐变填充效果

（27）选择菜单栏中的 效果(C) → 透镜(S) 命令，打开“透镜”泊坞窗，设置其泊坞窗参数如图 10.3.33 所示。设置完参数后，单击 应用 按钮，效果如图 10.3.34 所示。

（28）按“Ctrl+I”键，弹出“导入”对话框，在其对话框中选中一幅乐器图像，单击 导入 按钮，当鼠标光标变为黑色角形符号时，在绘图区中单击可导入图像，调整导入图像的大小及位置，效果如图 10.3.35 所示。

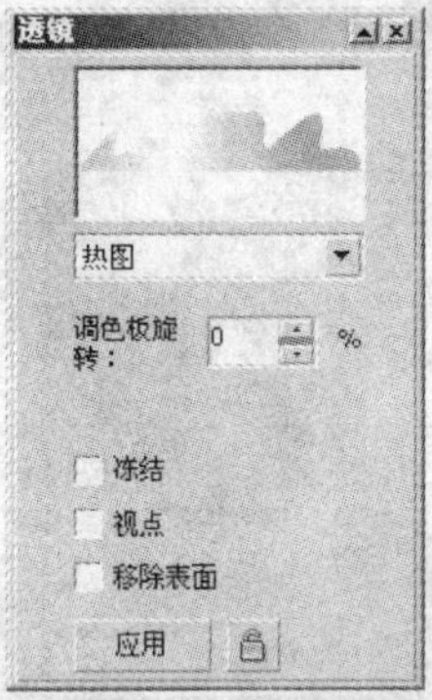

图 10.3.33 “透镜”泊坞窗

图 10.3.34 应用透镜效果

图 10.3.35 导入图像

（29）选择菜单栏中的 效果(C) → 调整(A) → 调合曲线(T)… 命令，弹出“调和曲线”对话框，设置其对话框参数如图 10.3.36 所示。设置完成后，单击 确定 按钮，调整图像颜色的效果如图 10.3.37 所示。

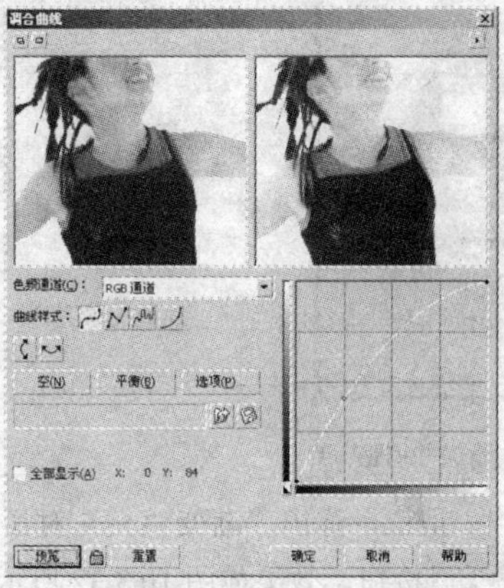

图 10.3.36 “调和曲线”对话框

图 10.3.37 调整图像颜色效果

（30）单击工具箱中的“文本工具”按钮字，设置其属性栏参数如图 10.3.38 所示。设置好参数后，在绘图区中输入文本，单击调色板中的红色方块，为其填充颜色，效果如图 10.3.39 所示。

图 10.3.38　“文本工具”属性栏

（31）单击工具箱中的“轮廓工具”按钮，弹出“轮廓笔”对话框，设置其对话框参数如图 10.3.40 所示。单击确定按钮，可为文字添加轮廓效果，如图 10.3.41 所示。

图 10.3.39　输入文本

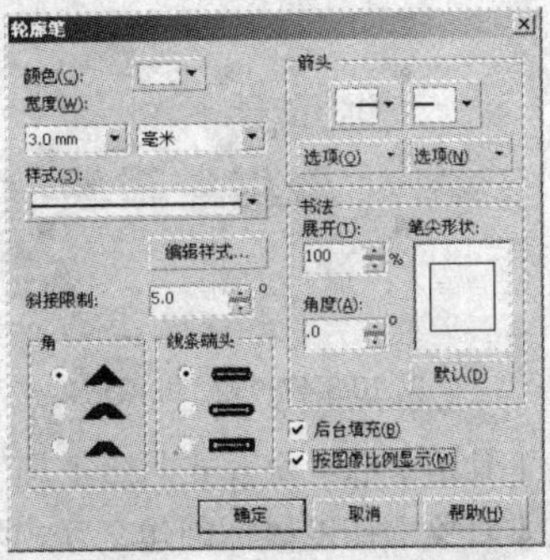

图 10.3.40　“轮廓笔”对话框

（32）在文本对象上双击鼠标左键，可进入旋转模式，将鼠标移至 4 个角的任意一个旋转符号上，按住鼠标左键拖动可旋转文本，效果如图 10.3.42 所示。

图 10.3.41　添加轮廓效果

图 10.3.42　旋转文本 1

（33）使用文本工具在绘图区中输入其他文本信息，选择编辑(E)→复制属性自(M)…命令，弹出“复制属性”对话框，设置其对话框参数如图 10.3.43 所示。设置完参数后，单击确定按钮，此时鼠标光标变成➡形状，将鼠标光标放置在旋转后的文本对象上单击鼠标左键，效果如图 10.3.44 所示。

（34）重复步骤（32）的操作，对第 3 行文字进行旋转，效果如图 10.3.45 所示。

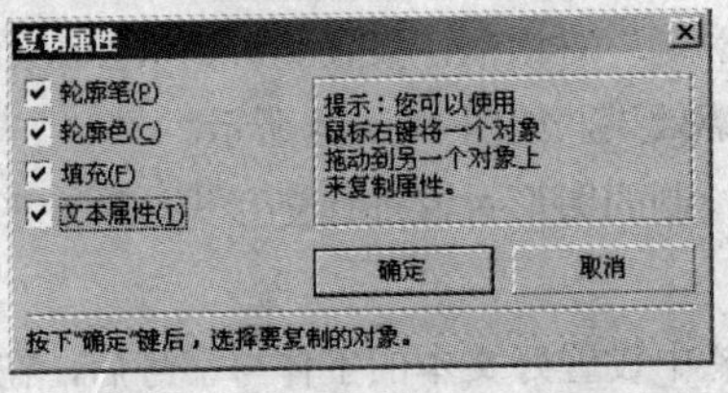

图 10.3.43　“复制属性”对话框

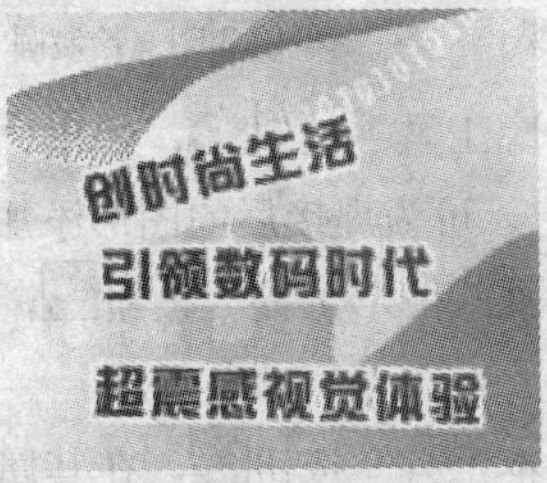

图 10.3.44　复制属性效果

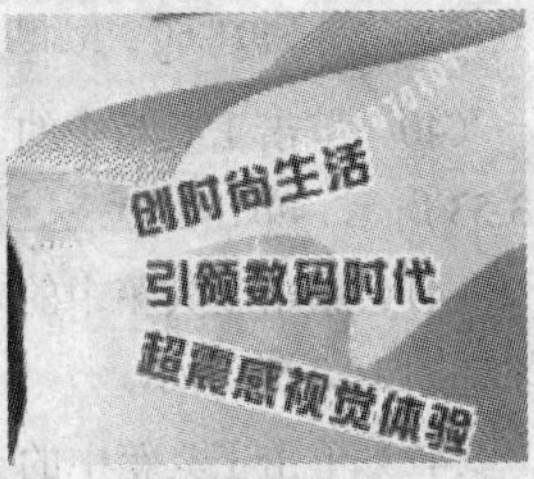

图 10.3.45　旋转文本 2

（35）单击工具箱中的“文本工具”按钮，设置其属性栏参数如图 10.3.46 所示。设置好参数后，在绘图区中输入文本，使用鼠标左键单击调色板中的洋红色方块，为其填充颜色，在调色板中的白色方块上单击鼠标右键，填充其轮廓色，效果如图 10.3.47 所示。

图 10.3.46 “文本工具”属性栏

（36）重复步骤（32）的操作，对输入的文字进行旋转，效果如图 10.3.48 所示。

图 10.3.47 输入并填充文本

图 10.3.48 旋转文本效果

（37）单击工具箱中的“交互式阴影工具”按钮，设置其属性栏参数如图 10.3.49 所示。设置好参数后，在文本对象上拖曳鼠标创建交互式阴影效果，如图 10.3.50 所示。

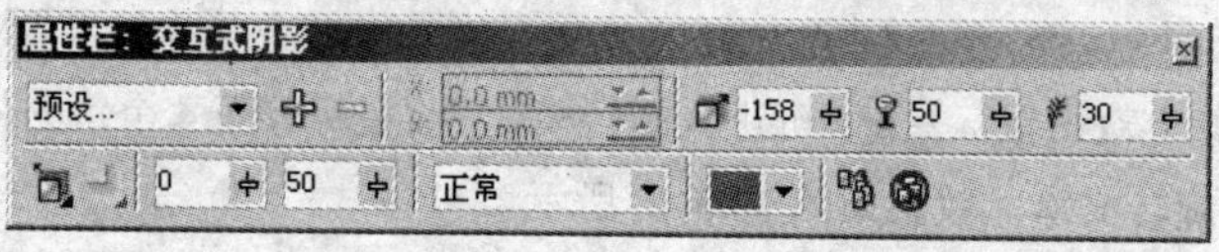

图 10.3.49 “交互式阴影工具”属性栏

（38）单击工具箱中的“椭圆工具”按钮，按住“Ctrl”键的同时，在绘图区中分别绘制两个圆，效果如图 10.3.51 所示。

（39）使用挑选工具框选圆对象，选择菜单栏中的 排列(A) → 造形(P) → 焊接(W) 命令，对两个圆进行焊接，效果如图 10.3.52 所示。再单击调色板中的黄色方块，将其填充为黄色。

图 10.3.50 添加阴影效果

图 10.3.51 绘制圆

图 10.3.52 焊接图形对象

（40）单击工具箱中的“轮廓工具”按钮，弹出“轮廓笔”对话框，设置其对话框参数如图 10.3.53 所示。单击 确定 按钮，可为焊接后的图形添加轮廓效果，如图 10.3.54 所示。

（41）单击工具箱中的“交互式变形工具”按钮，对绘制的图形对象进行交互式拉链变形，效果如图 10.3.55 所示。

（42）单击工具箱中的“文本工具”按钮，在其属性栏中设置好文本的字体与字号后，在变形对象的上方输入文本。

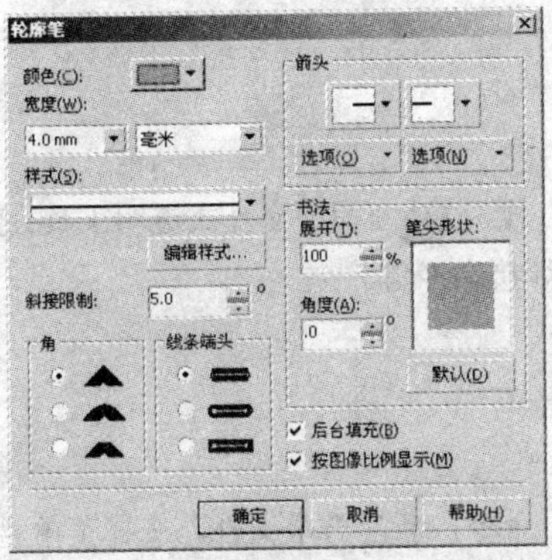

图 10.3.53　“轮廓笔”对话框

图 10.3.54　添加轮廓效果

（43）单击工具箱中的“挑选工具”按钮，对输入的文本进行旋转，效果如图 10.3.56 所示。

图 10.3.55　应用交互式变形效果

图 10.3.56　旋转文本

（44）再使用文本工具在绘图区中输入其他文本信息，最终效果如图 10.3.1 所示。

案例 4　包装盒平面设计

案例内容

本例主要进行包装盒平面设计，最终效果如图 10.4.1 所示。

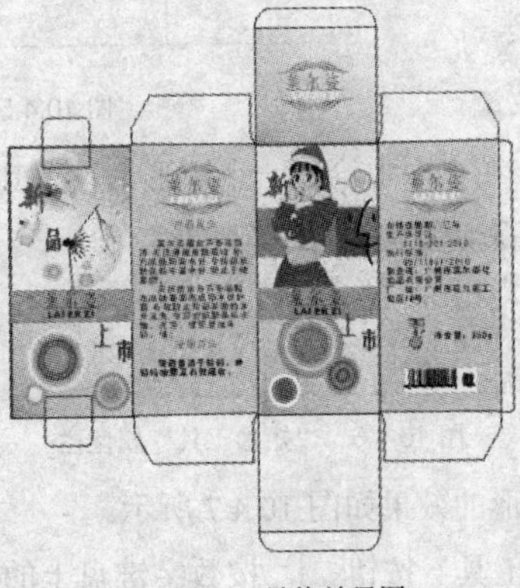

图 10.4.1　最终效果图

设计思路

在绘制的过程中，主要用到矩形工具、椭圆工具、文本工具、交互式透明工具、交互式阴影工具、轮廓笔工具、形状工具、图框精确剪裁命令以及焊接命令等。

操作步骤

（1）选择菜单栏中的 文件(F) → 新建(N) 命令，新建一个文件。选择菜单栏中的 版面(L) → 页面设置(P)… 命令，弹出“选项”对话框，设置其对话框参数如图 10.4.2 所示。

（2）单击工具箱中的“矩形工具”按钮，在页面中绘制一个矩形，并单击调色板中的☒按钮，去掉图形的内部颜色，如图 10.4.3 所示。

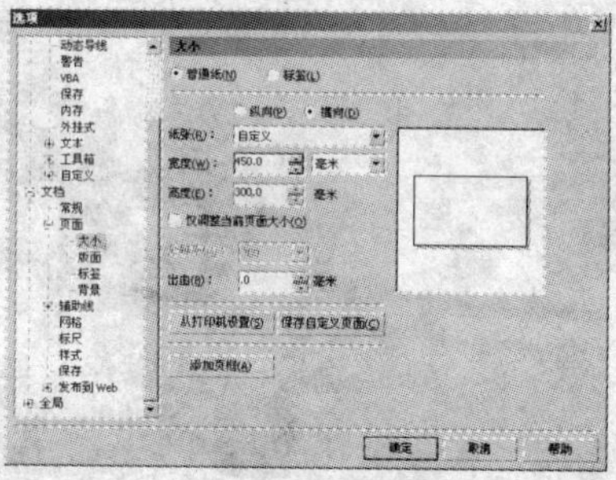

图 10.4.2 “选项”对话框

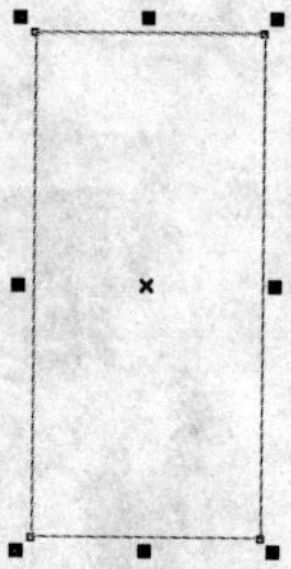

图 10.4.3 绘制矩形

（3）单击工具箱中的“挑选工具”按钮，按数字键盘上的“+”键，复制一个矩形，在按住“Ctrl”键的同时，将复制的矩形水平拖曳到适当的位置，如图 10.4.4 所示。

（4）在按住“Ctrl”键同时，单击两次“D”键，再制两个矩形，效果如图 10.4.5 所示。

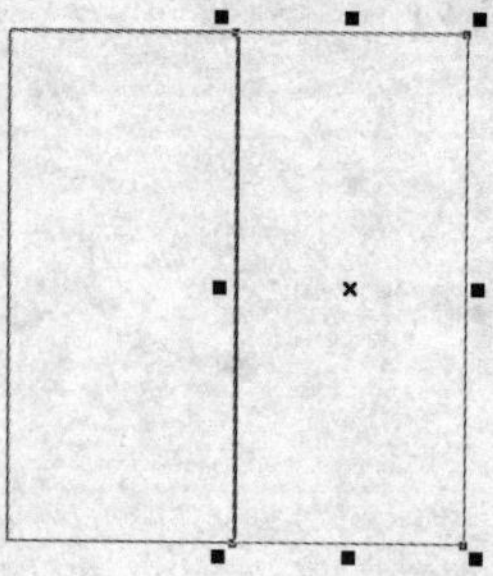

图 10.4.4 复制矩形并调整位置

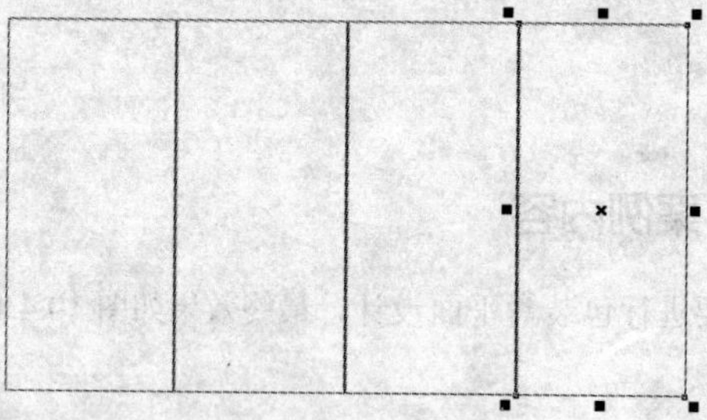

图 10.4.5 再制矩形

（5）重复步骤（2）的操作，在页面中绘制一个矩形，设置其属性栏参数如图 10.4.6 所示。

图 10.4.6 “矩形工具”属性栏

（6）按“Enter”键，圆角矩形的效果如图 10.4.7 所示。

（7）单击工具箱中的“挑选工具”按钮，按数字键盘上的“+”键，复制一个圆角矩形，单击属性栏中的“垂直镜像”按钮，将复制的图形垂直镜像，并按照平面展开图的样式将镜像后的图形拖曳到适当位置，效果如图 10.4.8 所示。

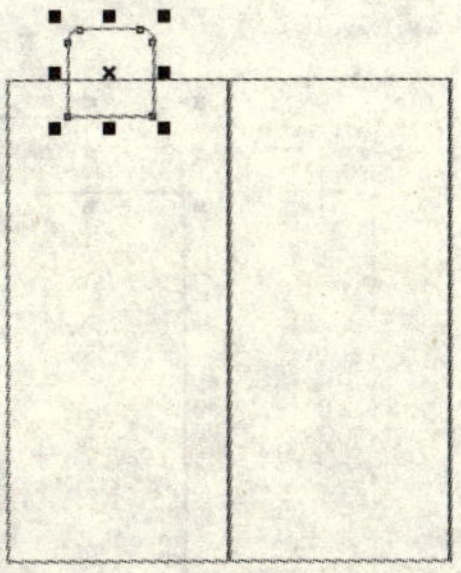

图 10.4.7 绘制圆角矩形 1

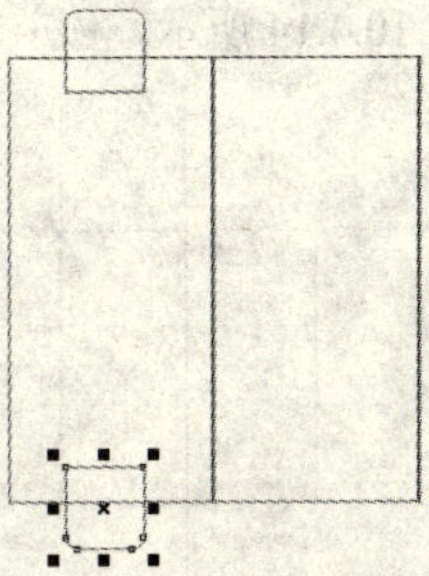

图 10.4.8 复制并移动圆角矩形

（8）重复步骤（5），（6）的操作，在页面中绘制一个圆角矩形，效果如图 10.4.9 所示。

（9）单击工具箱中的“贝塞尔工具”按钮，按住“Ctrl”键同时，在圆角矩形中的适当位置上绘制一条直线，效果如图 10.4.10 所示。

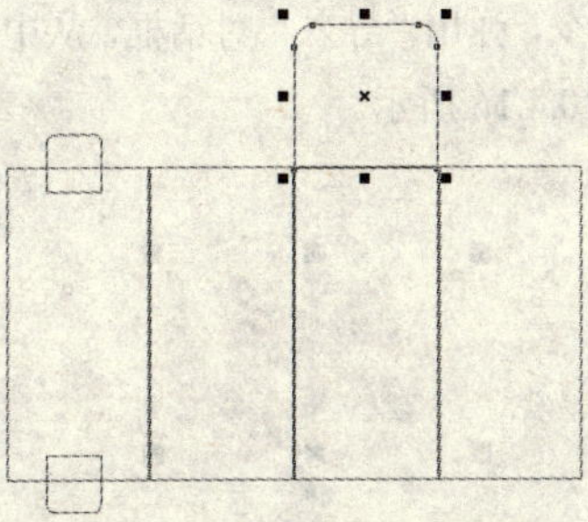

图 10.4.9 绘制圆角矩形 2

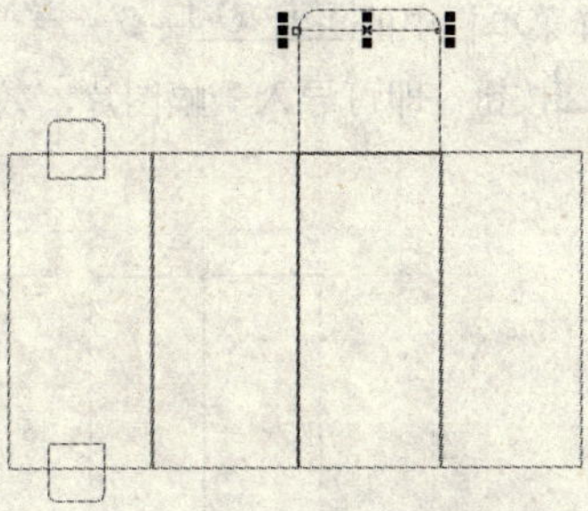

图 10.4.10 绘制直线

（10）单击工具箱中的“挑选工具”按钮，用框选的方法选取圆角矩形和直线，按“Ctrl+G”键，对其进行群组。

（11）重复步骤（7）的操作，对群组后的图形对象进行垂直镜像，效果如图 10.4.11 所示。

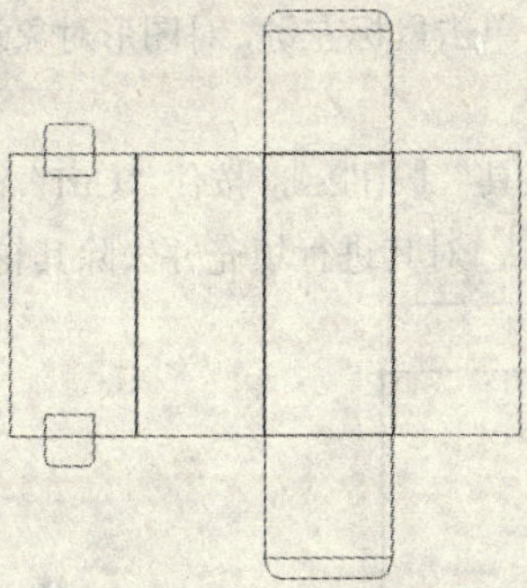

图 10.4.11 群组并镜像图形

（12）单击工具箱中的“矩形工具”按钮，设置其属性栏参数如图 10.4.12 所示。

图 10.4.12 “矩形工具”属性栏

（13）按“Enter”键，圆角矩形的效果如图 10.4.13 所示。

（14）单击工具箱中的“贝塞尔工具”按钮，在页面中绘制一个不规则的图形，并去除图形的内部填充，效果如图 10.4.14 所示。

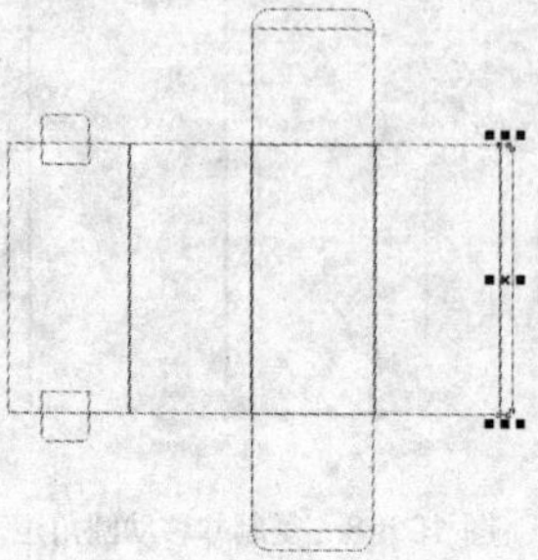

图 10.4.13　绘制圆角矩形

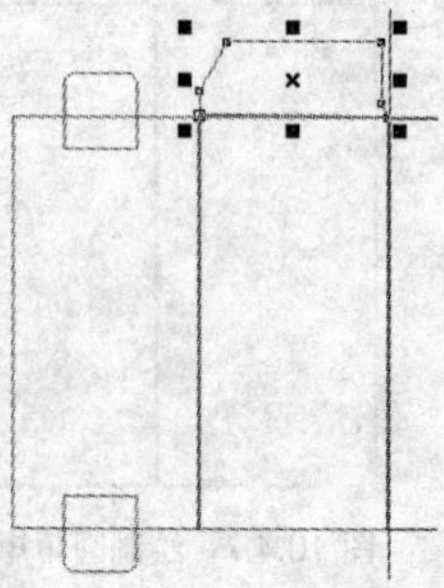

图 10.4.14　绘制不规则图形

（15）按数字键盘上的“+”键 3 次，复制 3 个不规则图形，并对其分别进行水平镜像和垂直镜像，使用挑选工具将其移动至适当的位置，效果如图 10.4.15 所示。

（16）选择菜单栏中的 文件(F) → 导入(I)… 命令，弹出“导入”对话框，从中选择一幅图片，单击 导入 按钮，即可导入一幅图片，效果如图 10.4.16 所示。

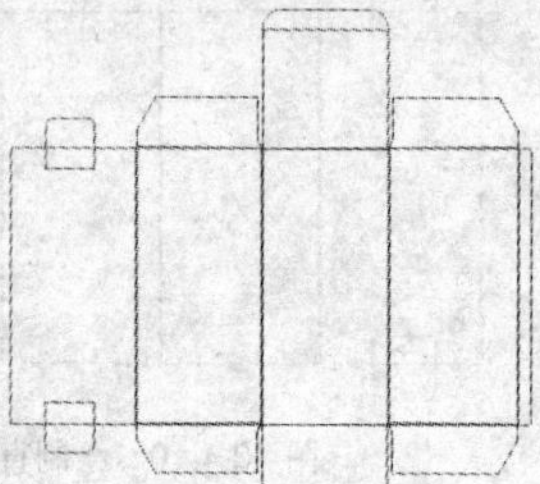

图 10.4.15　复制并镜像不规则图形

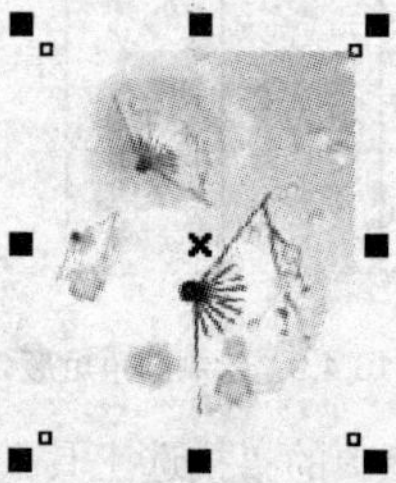

图 10.4.16　导入图片

（17）选择菜单栏中的 效果(C) → 图框精确剪裁(W) → 放置在容器中(P)… 命令，此时将鼠标光标放置在圆对象上，光标变成➡形状，单击鼠标左键，对图形对象进行图框精确剪裁，效果如图 10.4.17 所示。

（18）单击工具箱中的“椭圆工具”按钮，按住“Ctrl”键同时，在页面中绘制一个圆，使用鼠标左键单击调色板中的绿色色块，对其进行填充并去除其轮廓线，如图 10.4.18 所示。

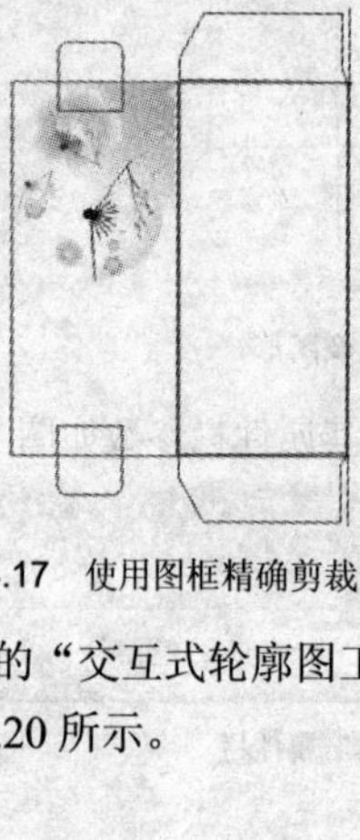

图 10.4.17　使用图框精确剪裁效果

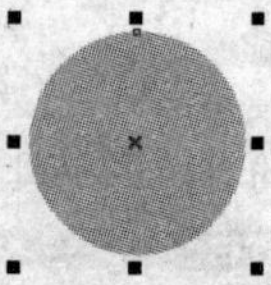

图 10.4.18　绘制并填充圆

（19）单击工具箱中的“交互式轮廓图工具”按钮，设置其属性栏参数如图 10.4.19 所示，此时的轮廓图效果如图 10.4.20 所示。

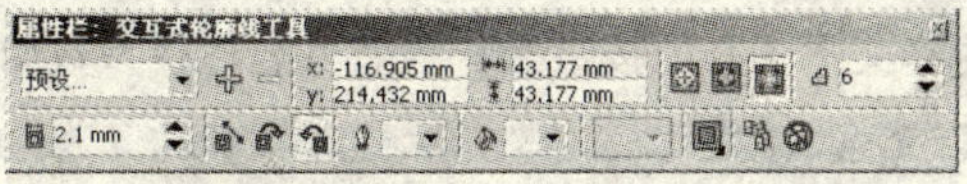

图 10.4.19 “交互式轮廓图工具”属性栏

（20）重复步骤（18）和（19）的操作，制作出多个彩环图形，并单击工具箱中的“挑选工具”按钮，将制作好的彩环图形分别移动至如图 10.4.21 所示的位置。

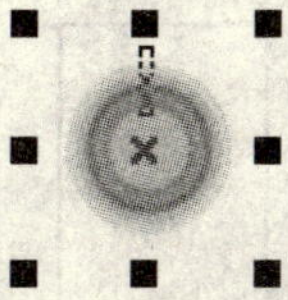

图 10.4.20 交互式轮廓图效果

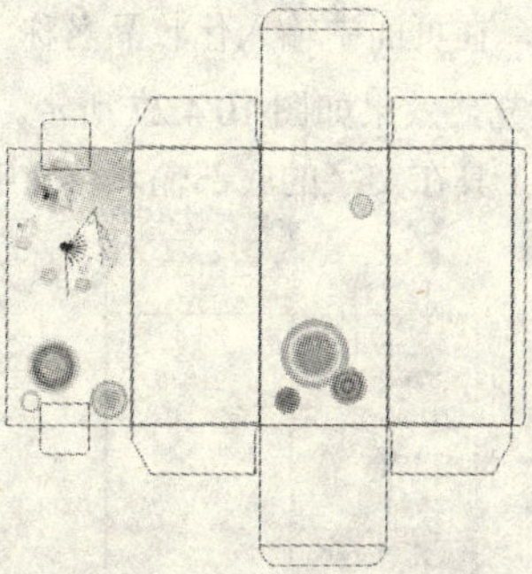

图 10.4.21 绘制并移动图形对象

（21）单击工具箱中的“矩形工具”按钮，在页面中绘制一个无轮廓的矩形，然后单击工具箱中的“图样填充”按钮，弹出“图样填充”对话框，设置其对话框参数如图 10.4.22 所示。

（22）设置好参数后，单击确定按钮，效果如图 10.4.23 所示。

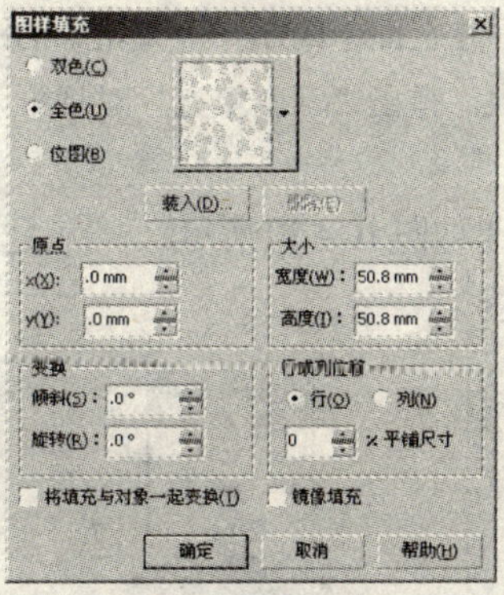

图 10.4.22 “图样填充”对话框

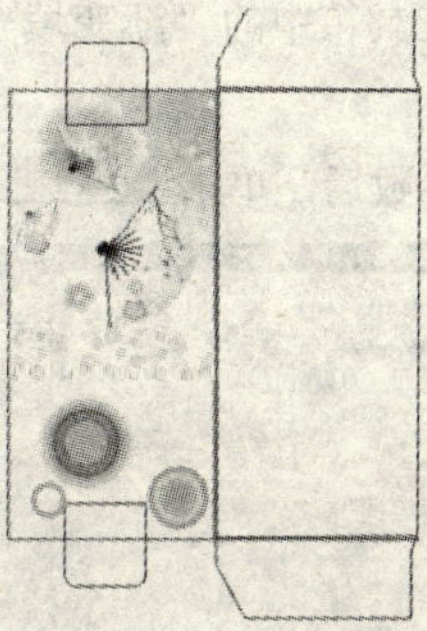

图 10.4.23 图样填充效果

（23）选择效果(C)→透镜(S)命令，打开“透镜”泊坞窗，设置其参数如图 10.4.24 所示。

（24）设置好参数后，单击应用按钮，效果如图 10.4.25 所示。

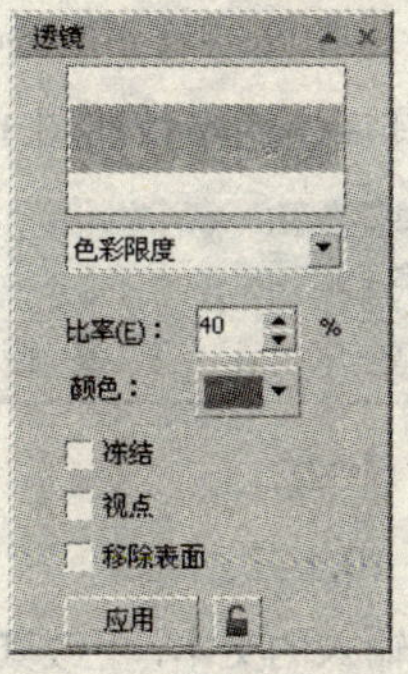

图 10.4.24 “透镜”泊坞窗

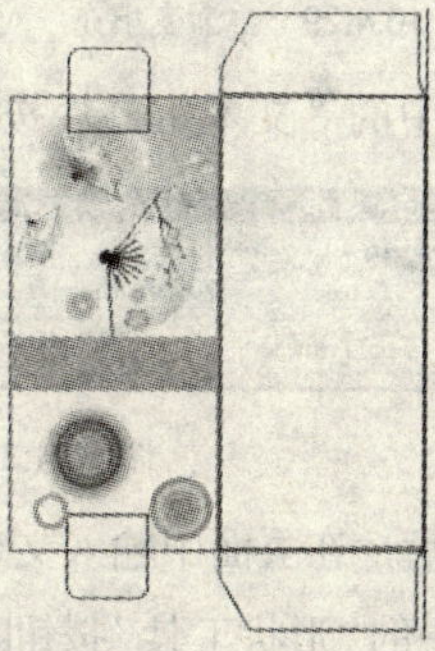

图 10.4.25 添加透镜效果

（25）单击工具箱中的“文本工具”按钮，设置其属性栏参数如图 10.4.26 所示。

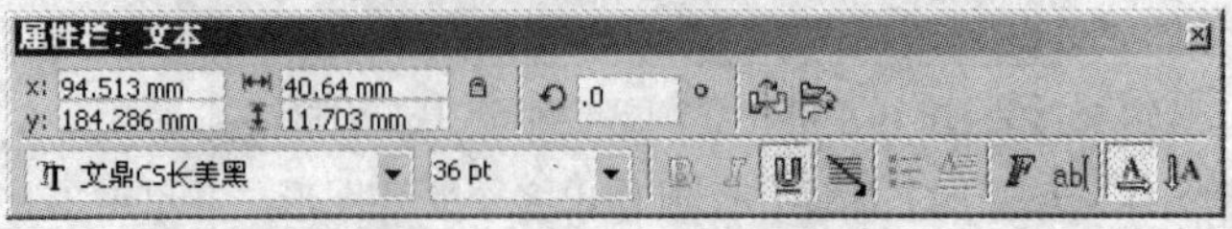

图 10.4.26　“文本工具”属性栏

（26）设置完成后，在页面中输入化妆品名称“莱尔姿”，使用鼠标左键单击调色板中的春绿色色块，对文本进行填充，效果如图 10.4.27 所示。

（27）再使用文本工具在文字的底部输入英文字体，效果如图 10.4.28 所示。

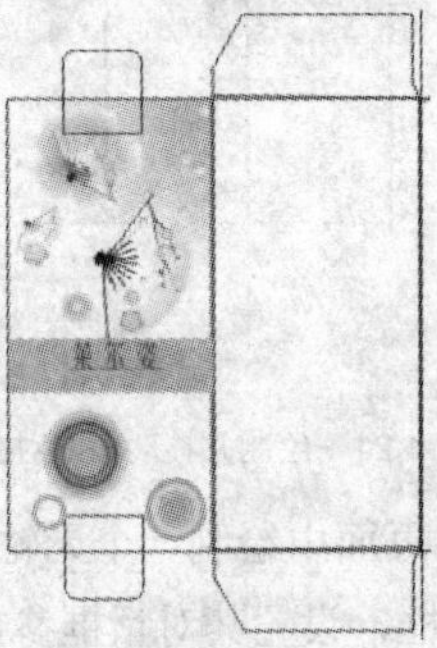

图 10.4.27　输入并填充文本

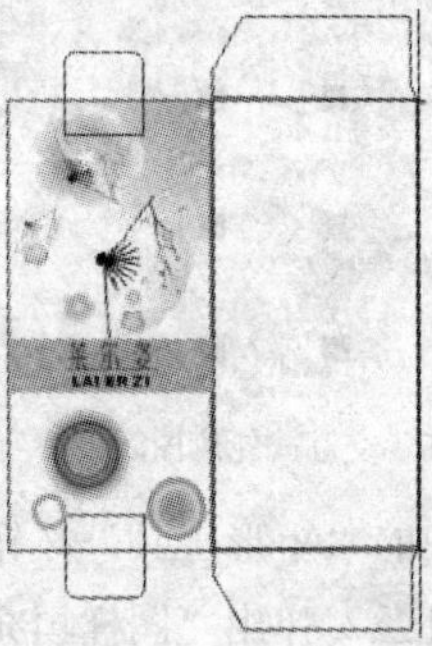

图 10.4.28　输入英文字母

（28）单击工具箱中的“矩形工具”按钮，在页面中绘制一个无轮廓的矩形，并将其置于图层后面，然后单击工具箱中的“渐变填充”按钮，弹出“渐变填充”对话框，设置其对话框参数如图 10.4.29 所示。

（29）设置好参数后，单击 确定 按钮，效果如图 10.4.30 所示。

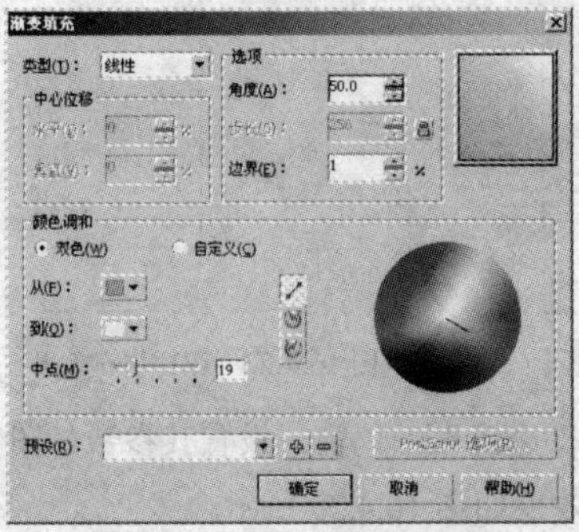

图 10.4.29　“渐变填充”对话框

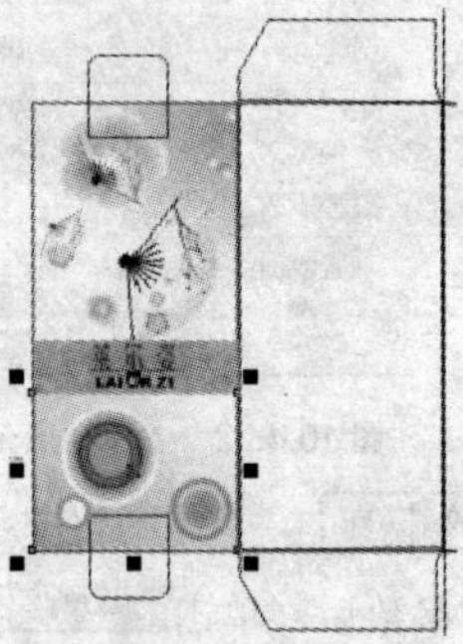

图 10.4.30　渐变填充效果

（30）单击工具箱中的“文本工具”按钮，设置其属性栏参数如图 10.4.31 所示。

图 10.4.31　“文本工具”属性栏

（31）设置好参数后，在页面中输入文本，效果如图 10.4.32 所示。

（32）单击工具箱中的“形状工具”按钮，分别选中输入的文本，更改其属性，效果如图 10.4.33 所示。

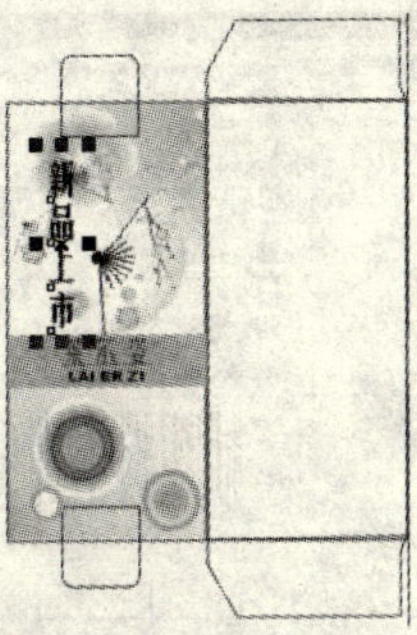

图 10.4.32　输入文本

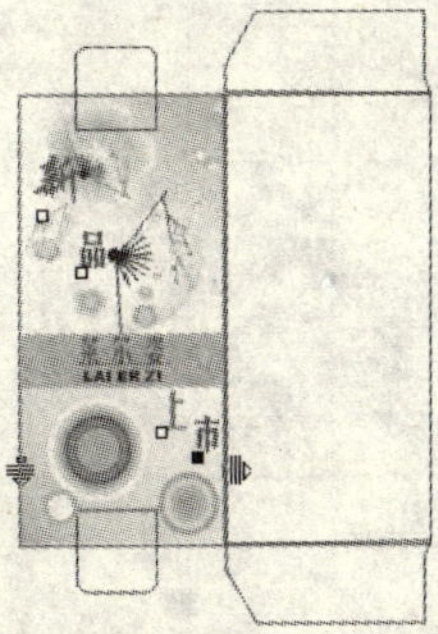

图 10.4.33　更改文本属性效果

（33）重复步骤（16），（17）的操作，导入一幅图像，并对其应用图框精确剪裁，效果如图 10.4.34 所示。

（34）使用挑选工具框选步骤（23）～（32）绘制的所有图形，按“Ctrl+G”键，对其进行群组，然后按数字键盘上的“+”键，对其进行复制，使用挑选工具将其拖曳到如图 10.4.35 所示的位置。

图 10.4.34　导入图像文件

图 10.4.35　复制并移动图像

（35）选中第 2 个矩形图形，重复步骤（21）～（24）的操作，对其进行图样填充并添加透镜效果，如图 10.4.36 所示。

（36）使用挑选工具框选第 2 个矩形对象，按“Ctrl+G”键，将图形群组，再按数字键盘上的“+”键，对其进行复制，按住鼠标左键，将复制后的图形对象拖曳到第 4 个图形对象中，效果如图 10.4.37 所示。

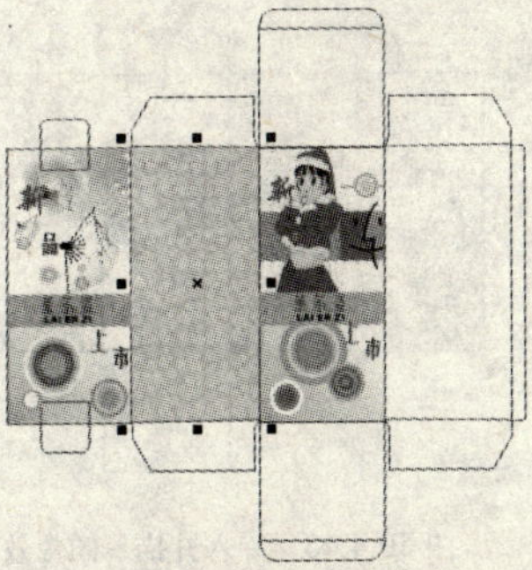

图 10.4.36　图样填充和添加透镜效果

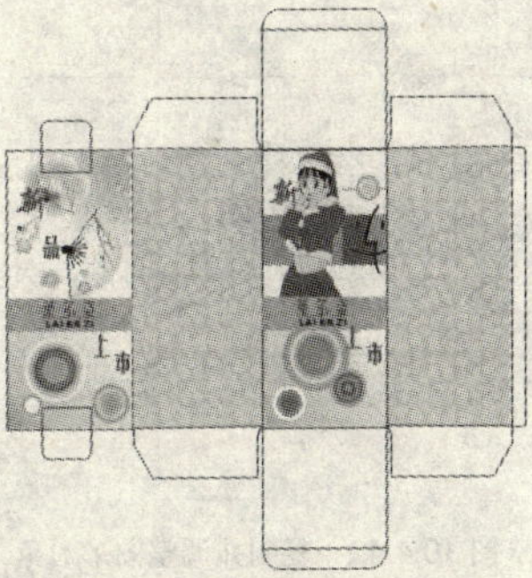

图 10.4.37　复制并移动图形

（37）单击工具箱中的“文本工具”按钮字，在第 2 个和第 4 个矩形对象中输入需要的文本，在其属性栏中分别设置文本的字体与字号，效果如图 10.4.38 所示。

（38）选择菜单栏中的 编辑(E) → 插入条形码(B)... 命令，弹出“条形向导”对话框，在各选项中进行适当的设置，如图 10.4.39 所示。

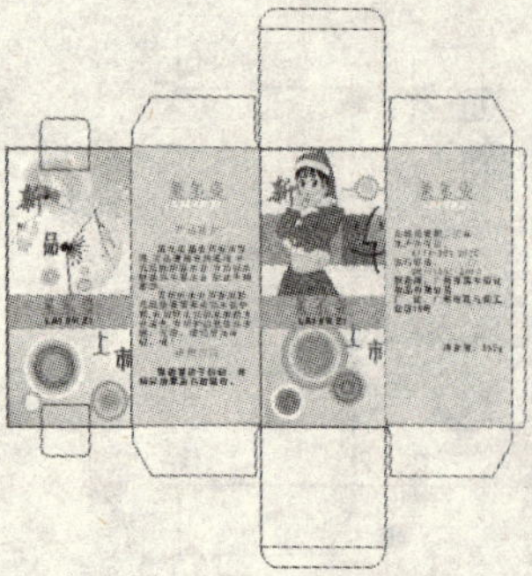

图 10.4.38　输入文本

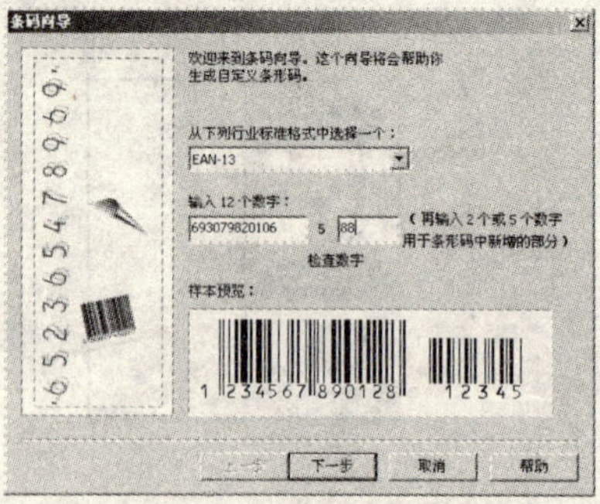

图 10.4.39　“条形向导”对话框

（39）设置好参数后，单击 下一步 按钮，设置打印分辨率、单位、条形码宽度、放大率等都为默认，再单击 下一步 按钮，设置附加文本以及条形码可读性等，如图 10.4.40 所示。

（40）设置完成后，单击 完成 按钮，产生条形码，效果如图 10.4.41 所示。

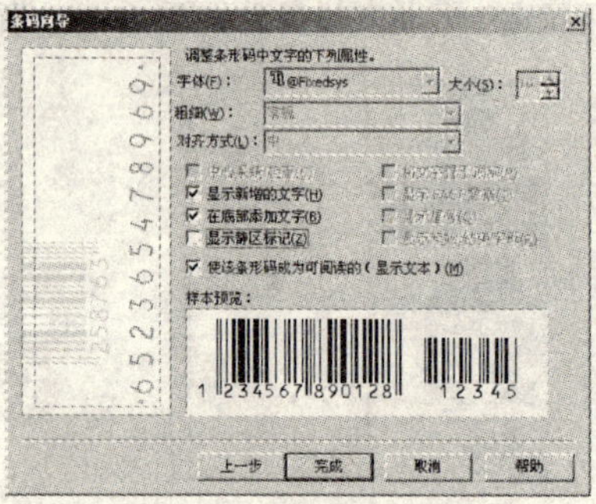

图 10.4.40　设置条形码属性

图 10.4.41　条形码效果

（41）使用挑选工具选取进行渐变填充后的矩形对象，按数字键盘上的“+”键，对其进行复制并调整其大小及位置，然后选取化妆品名称，将其拖曳到渐变对象的上方，效果如图 10.4.42 所示。

（42）按“Ctrl+I”键导入一幅图像，并对其进行描摹去除其背景，然后复制两个，分别将其拖曳到如图 10.4.43 所示的位置。

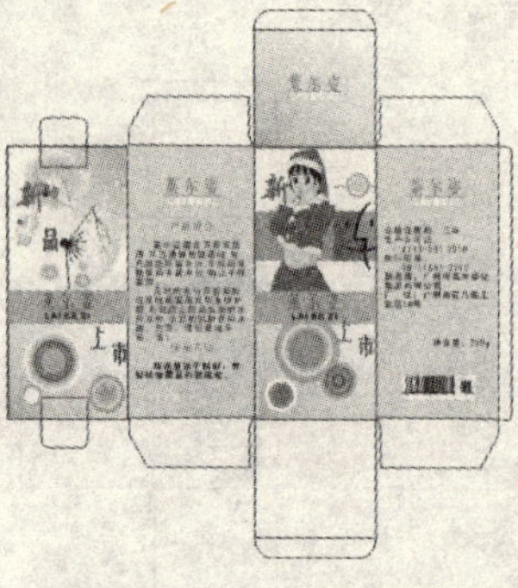

图 10.4.42　复制并调整图形对象

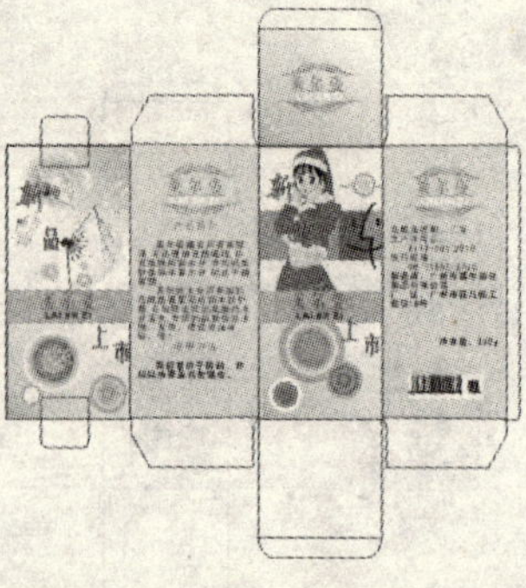

图 10.4.43　导入并描摹图像效果

（43）导入一幅奖牌图像，将其拖曳到合适的位置，最终效果如图 10.4.1 所示。

第 11 章　案 例 实 训

本章通过实训培养用户的实际操作能力，以达到巩固并检验前面所学知识的目的。

知识要点

- CorelDRAW X4 的基本操作
- 图形的绘制与编辑
- 图形对象的管理
- 文本的应用
- 轮廓线的绘制与色彩填充
- 对象的造形与交互式特效
- 对象的特殊效果
- 位图的应用

实训 1　CorelDRAW X4 的基本操作

1. 实训内容

在制作过程中主要用到导入与辅助线命令，最终效果如图 11.1.1 所示。

图 11.1.1　最终效果图

2. 实训目的

熟练掌握辅助线的设置、页面操作以及文件打开的方法与技巧。

3. 操作步骤

（1）选择 开始 → 程序(P) → CorelDRAW Graphics Suite X4 → CorelDRAW X4 命令，启动软件。

（2）选择菜单栏中的 文件(F) → 打开(O)… Ctrl+O 命令，弹出“打开绘图”对话框，如图 11.1.2 所示，选择需要的文件，单击 打开 按钮即可打开文件。

（3）选择菜单栏中的 视图(V) → 标尺(R) 命令，在绘图页面中显示标尺，然后在标尺的左上角拖曳标尺，设置标尺的刻度，效果如图 11.1.3 所示。

图 11.1.2 “打开绘图”对话框

图 11.1.3 打开文件

（4）选择 视图(V) → 设置(T) → 辅助线设置(T)… 命令，弹出“选项”对话框，选择 水平 选项，设置其辅助线参数如图 11.1.4 所示。

（5）设置好水平辅助线后选择 垂直 选项，设置其参数如图 11.1.5 所示。

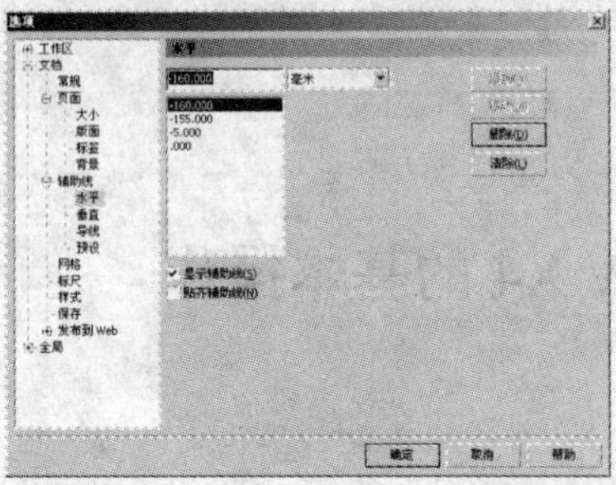

图 11.1.4 设置水平辅助线参数

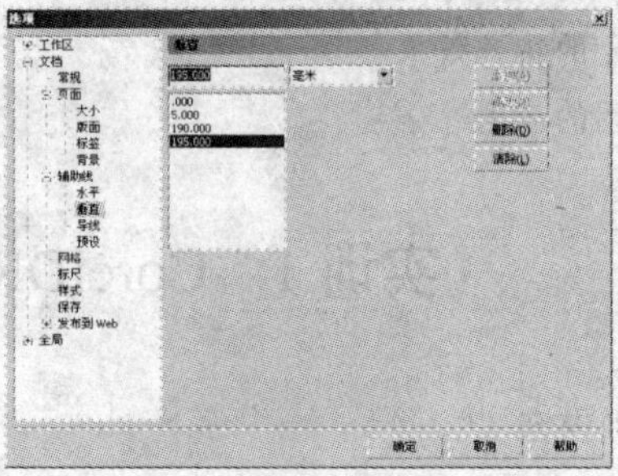

图 11.1.5 设置垂直辅助线参数

（6）设置好垂直辅助线后，单击 确定 按钮，添加辅助线效果如图 11.1.6 所示。

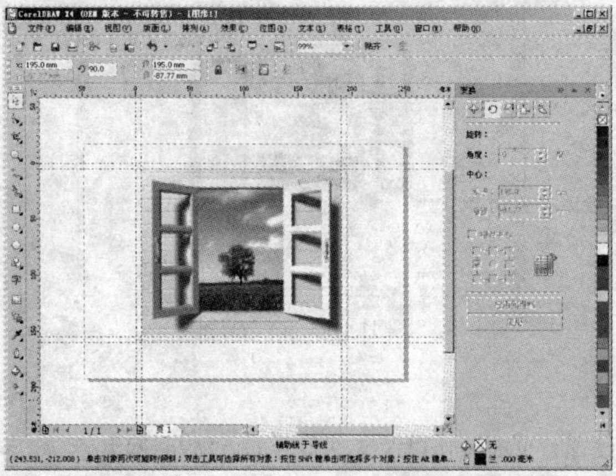

图 11.1.6 添加辅助线效果

（7）选择 版面(L) → 重命名页面(A)… 命令，弹出“重命名页面”对话框，在其输入框中输入如图 11.1.7 所示的页面名称。

（8）选择 版面(L) → 插入页(I)… 命令，在弹出的“插入页面”对话框中设置其参数，效果如图 11.1.8 所示。

（9）重复步骤（7）的操作，对文件 2、文件 3 和文件 4 进行重命名。

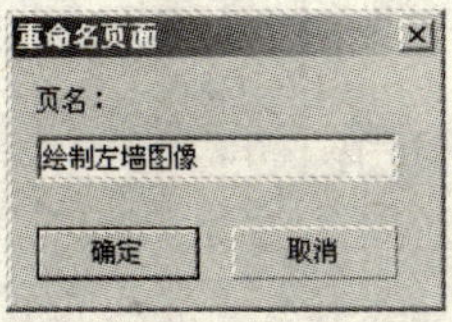

图 11.1.7　“重命名页面”对话框

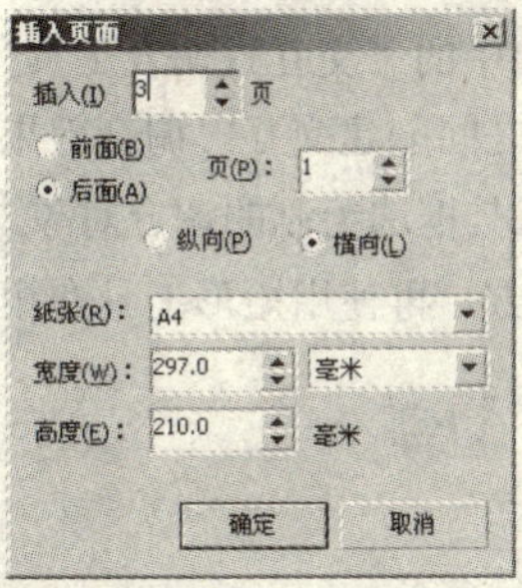

图 11.1.8　“插入页面”对话框

（10）重命名页面后，单击确定按钮，单击按钮返回第一页，最终效果如图 11.1.1 所示。

实训 2　图形的绘制与编辑

1．实训内容

在制作过程中主要用到矩形工具、吸管工具、颜料桶工具以及群组命令等，最终效果如图 11.2.1 所示。

图 11.2.1　最终效果图

2．实训目的

掌握图形对象的绘制方法与技巧，并学会对绘制的图形对象进行填充和修饰。

3．操作步骤

（1）单击工具栏中的“矩形工具”按钮，在页面中绘制一个矩形图形，并将其轮廓色填充为橘红色，如图 11.2.2 所示。

（2）再使用矩形工具在页面中绘制 2 个小正方形，如图 11.2.3 所示。

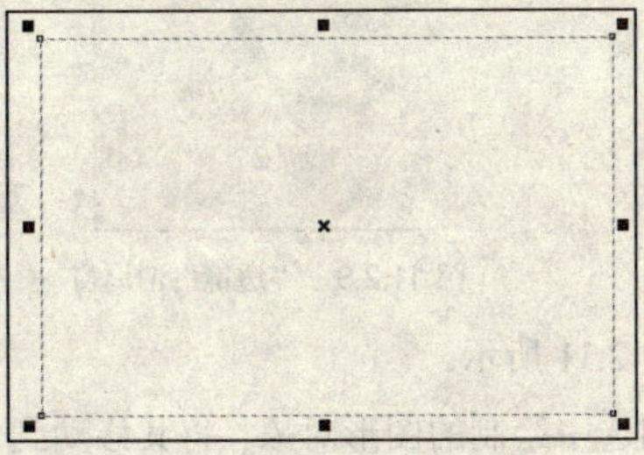

图 11.2.2　绘制矩形

图 11.2.3　绘制正方形

（3）单击工具箱中的“交互式调合工具”按钮，在其属性栏中设置步长偏移量为“4”，然后在绘制的两个正方形之间创建交互式调合效果，如图 11.2.4 所示。

（4）使用挑选工具框选绘制的调合对象，按小键盘中的“+”键对其进行复制，然后将复制的对象移动到矩形的右下方，再使用矩形工具在矩形的右上方绘制两个大正方形，效果如图 11.2.5 所示。

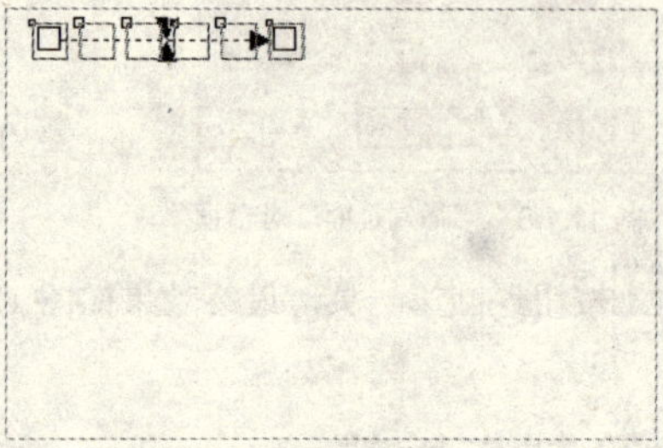

图 11.2.4　应用交互式调合工具

图 11.2.5　绘制大正方形

（5）插入一个页面，按“Ctrl+I”键导入一幅如图 11.2.6 所示的位图图像，选择 位图(B) → 快速描摹(Q) 命令，对导入的位图图像进行描摹，然后按“Ctrl+U”键，取消群组对象，并对其进行编辑，效果如图 11.2.7 所示。

图 11.2.6　导入的图像

图 11.2.7　编辑图像效果

（6）按“Ctrl+G”键，群组编辑后的图形对象，然后返回到信封页面，将其拖曳到绘图页面的合适位置，效果如图 11.2.8 所示

（7）使用挑选工具选中绘制的所有对象，然后选择 效果(C) → 透镜(S) 命令，打开“透镜”泊坞窗，设置其泊坞窗参数如图 11.2.9 所示。设置好参数后，单击 应用 按钮，效果如图 11.2.10 所示。

图 11.2.8　移动背景图像效果

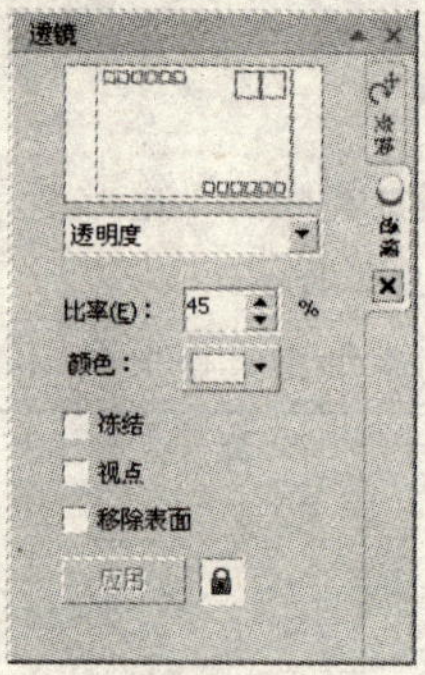

图 11.2.9　“透镜”泊坞窗

（8）按“Ctrl+I”键导入一幅荷花图像，如图 11.2.11 所示。

（9）单击工具箱中的“挑选工具”按钮，分别选中绘制的图形对象，将其移动到合适的位置，效果如图 11.2.12 所示。

图 11.2.10 应用透明度效果

图 11.2.11 导入荷花图像

（10）单击工具箱中的“钢笔工具”按钮，按住“Shift”键，在页面中绘制 3 条直线，效果如图 11.2.13 所示。

图 11.2.12 调整图像位置

图 11.2.13 绘制直线

（11）单击工具箱中的“贝塞尔工具”按钮，在绘图页面中绘制一个半椭圆，并使用形状工具调整其节点，然后将轮廓填充为浅蓝光紫色，效果如图 11.2.14 所示。

（12）单击工具箱中的“吸管工具”按钮，在导入的荷花图像中吸取荷叶的颜色，然后使用颜料桶工具填充绘制的半椭圆对象，效果如图 11.2.15 所示。

图 11.2.14 绘制半椭圆

图 11.2.15 填充图像对象效果

（13）单击工具箱中的“文本工具”按钮，在页面中输入如图 11.2.16 所示的文字信息。

图 11.2.16 输入文字

（14）使用挑选工具选中文字，然后在其属性栏中单击“垂直镜像”按钮和“水平镜像”按钮，对输入的文字添加镜像效果，最终效果如图 11.2.1 所示。

实训 3　图形对象的管理

1．实训内容

在制作过程中主要用到贝塞尔工具、形状工具、群组命令以及排列命令等，最终效果如图 11.3.1 所示。

图 11.3.1　最终效果图

2．实训目的

掌握图形对象的管理方法与技巧。

3．操作步骤

（1）新建一个图形文件，单击工具箱中的“贝塞尔工具”按钮，在绘图区中拖动鼠标绘制封闭的曲线对象，如图 11.3.2 所示。

（2）单击工具箱中的“形状工具”按钮，框选所选曲线对象的 3 个节点，并在属性栏中单击“转换直线为曲线”按钮，然后分别单击每个节点并调整节点上的控制柄，即可改变曲线的弯曲程度，调整后的曲线效果如图 11.3.3 所示。

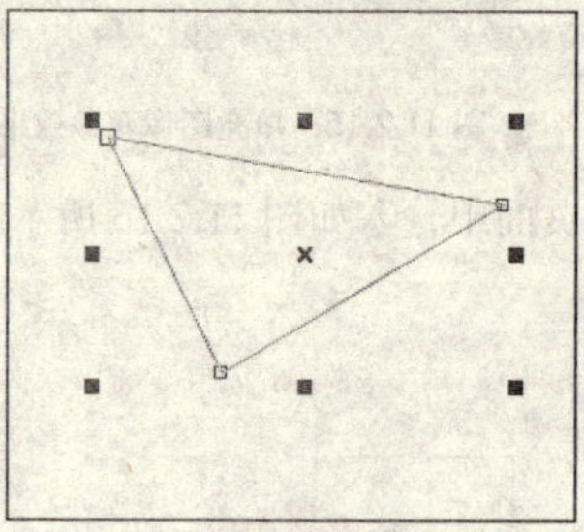

图 11.3.2　使用贝塞尔工具绘制图形

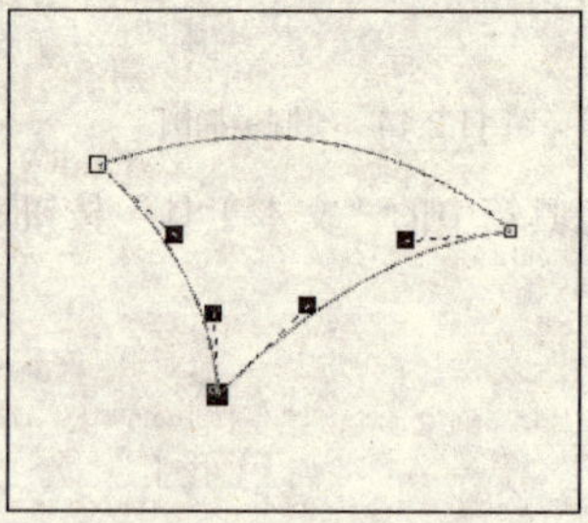

图 11.3.3　使用形状工具调整曲线

（3）在调色板中单击红色色块，将调整后的曲线填充为红色。单击工具箱中的“贝塞尔工具”按钮，在绘图区中绘制封闭的曲线对象，如图 11.3.4 所示。

（4）单击工具箱中的“形状工具”按钮，框选所选对象的 3 个节点，并在属性栏中单击“转换直线为曲线”按钮，再通过调整节点上的控制柄改变对象的形状，效果如图 11.3.5 所示。

（5）在调色板中单击淡黄色，将调整后的图形填充为淡黄色，如图 11.3.6 所示。

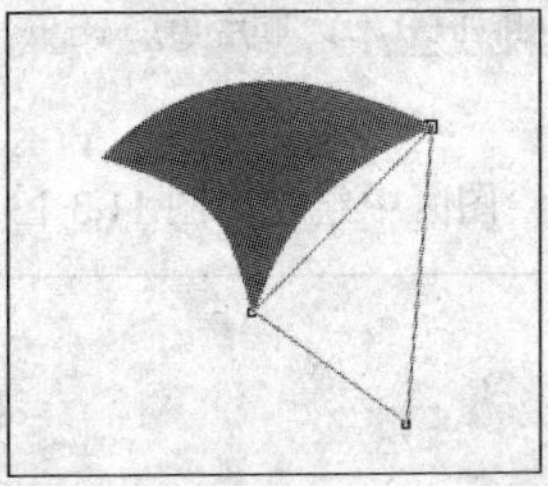

图 11.3.4 绘制封闭的对象

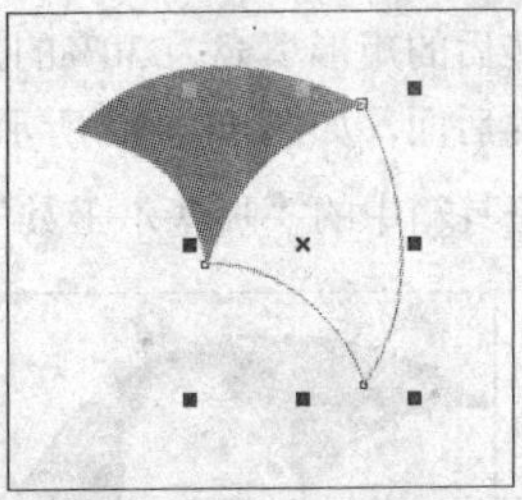

图 11.3.5 改变对象的形状

（6）单击工具箱中的“贝塞尔工具”按钮，在绘图区中拖动鼠标绘制封闭图形，再使用形状工具调整所绘图形的形状，如图 11.3.7 所示。

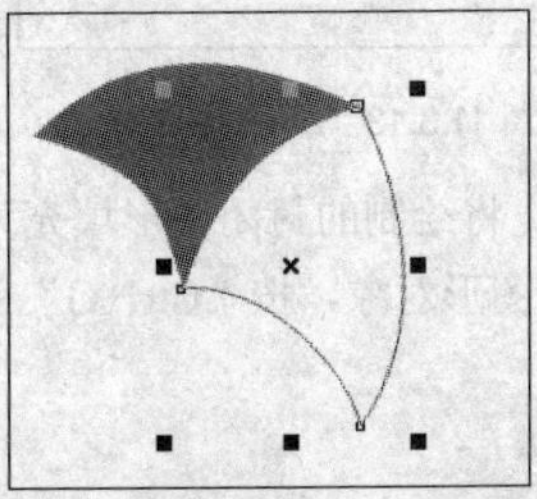

图 11.3.6 填充图形

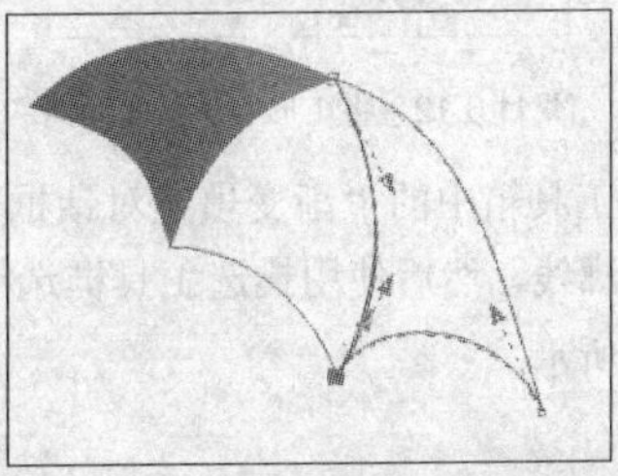

图 11.3.7 绘制并调整图形

（7）选择菜单栏中的 编辑(E) → 复制属性自(M)… 命令，弹出“复制属性”对话框，选中 ☑填充(F) 复选框，单击 确定 按钮，此时鼠标指针变为➡形状，在红色图形上单击，即可将红色图形的填充属性应用到所选的对象上，如图 11.3.8 所示。

（8）使用 3 点椭圆工具在绘图区中绘制椭圆并将其填充为深蓝色，再使用贝塞尔工具在深蓝色椭圆上绘制一个封闭的对象，并填充为深蓝色，效果如图 11.3.9 所示。

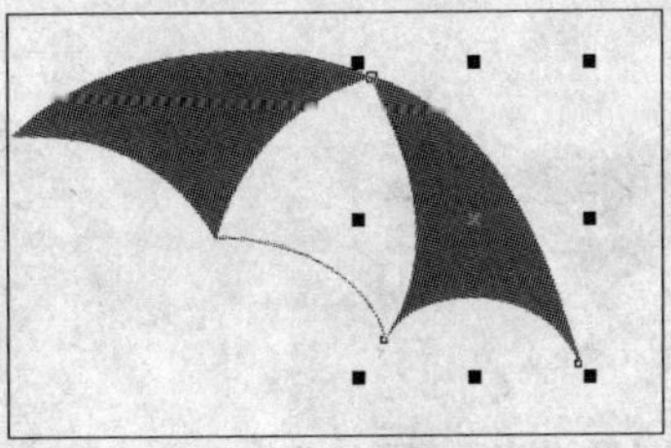

图 11.3.8 复制属性

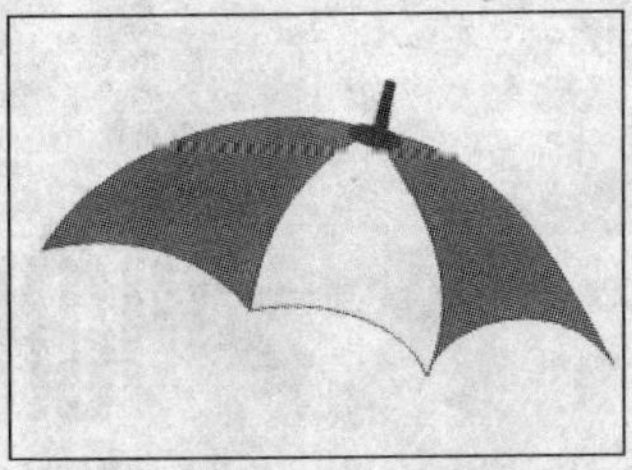

图 11.3.9 绘制图形并填充

（9）单击工具箱中的“矩形工具”按钮，在绘图区中绘制一个如图 11.3.10 所示的矩形，使用挑选工具选择矩形，在矩形上双击鼠标左键，对其进行变换操作，效果如图 11.3.11 所示。

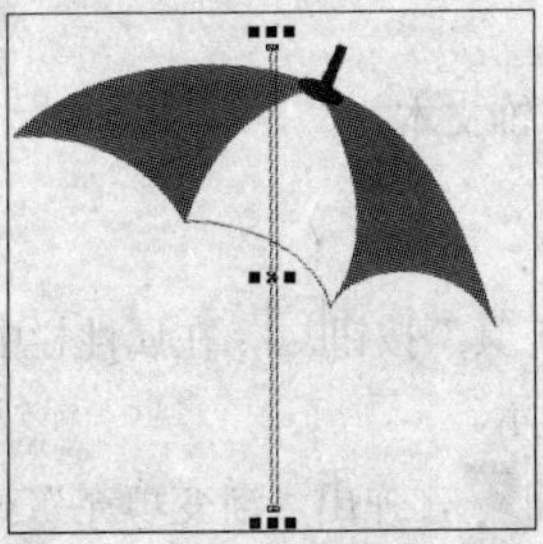

图 11.3.10 绘制矩形

图 11.3.11 旋转后的效果

（10）将旋转后的矩形填充为 30%的黑色，再选择 排列(A) → 顺序(O) → 到页面后面(B) 命令，将矩形置于页面的后面，如图 11.3.12 所示。

（11）单击工具箱中的“贝塞尔工具”按钮，在绘图区中绘制如图 11.3.13 所示的封闭图形。

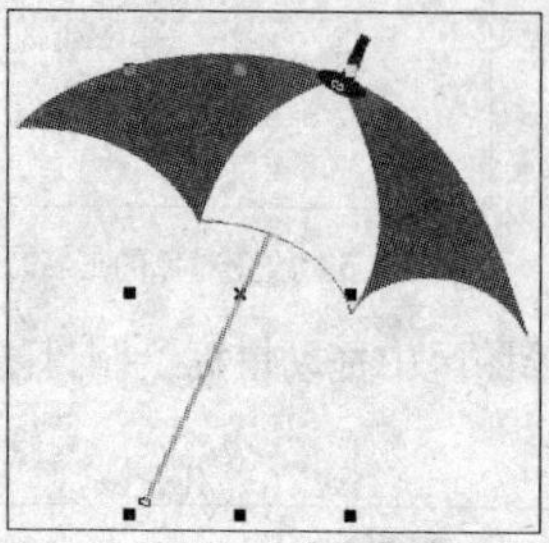

图 11.3.12　将矩形置于页面后面

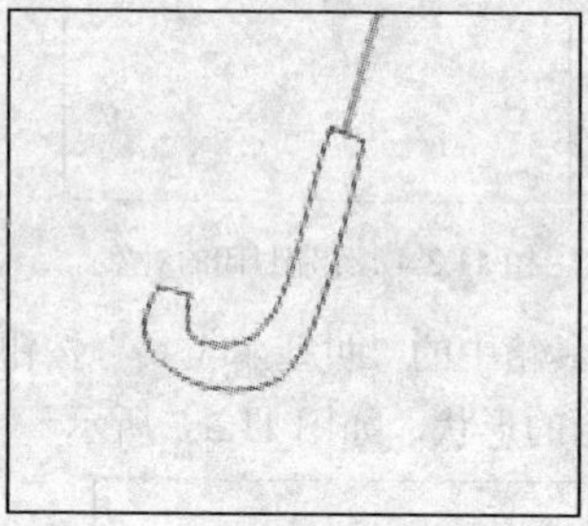

图 11.3.13　绘制封闭图形

（12）单击工具箱中的“渐变填充对话框”按钮，将绘制的封闭图形填充为红色到黄色的渐变，并去除其轮廓线，然后使用挑选工具框选绘制的所有图形对象，按“Ctrl+G”键进行群组，最终效果如图 11.3.1 所示。

实训 4　文本的应用

1．实训内容

在制作过程中主要用到矩形工具、文本工具、基本形状工具、渐变填充工具、钢笔工具以及打散命令等，最终效果如图 11.4.1 所示。

图 11.4.1　最终效果图

2．实训目的

掌握文本工具的使用方法与技巧，并学会编辑和修饰文本。

3．操作步骤

（1）新建一个图形文件，单击工具箱中的“矩形工具”按钮，在属性栏中设置边角圆滑度为 10，在绘图区中拖动鼠标绘制圆角矩形，如图 11.4.2 所示。

（2）在填充工具组中单击“渐变填充对话框”按钮，弹出“渐变填充”对话框，设置参数如图 11.4.3 所示。

（3）设置完参数后，单击 确定 按钮，填充渐变后的效果如图 11.4.4 所示。

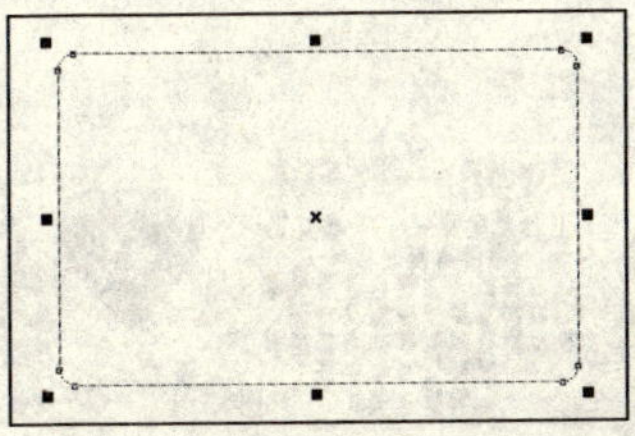

图 11.4.2　绘制圆角矩形

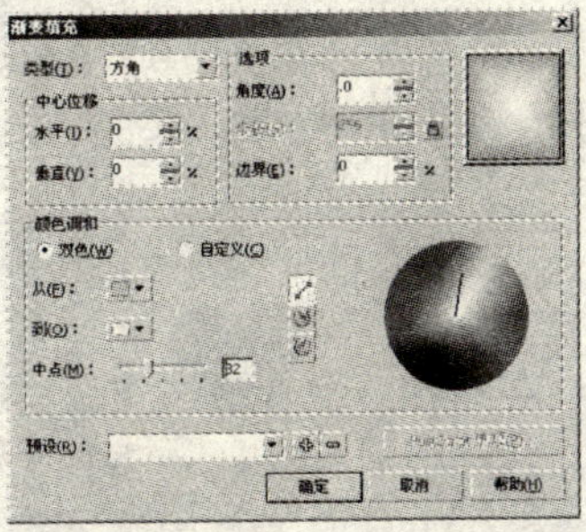

图 11.4.3　“渐变填充”对话框

（4）单击工具箱中的“文本工具”按钮，在绘图区中输入段落文字，效果如图 11.4.5 所示。

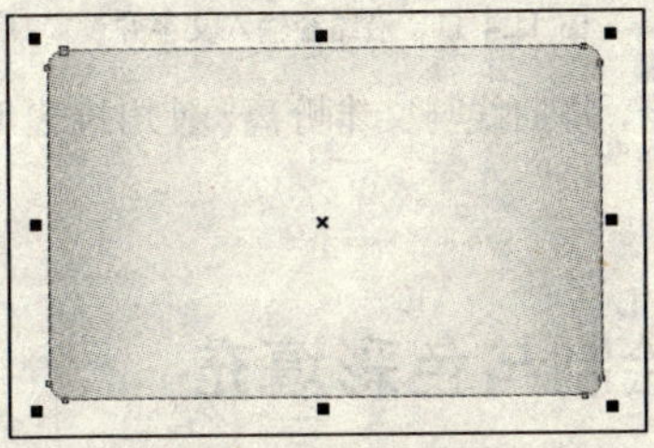

图 11.4.4　填充渐变效果

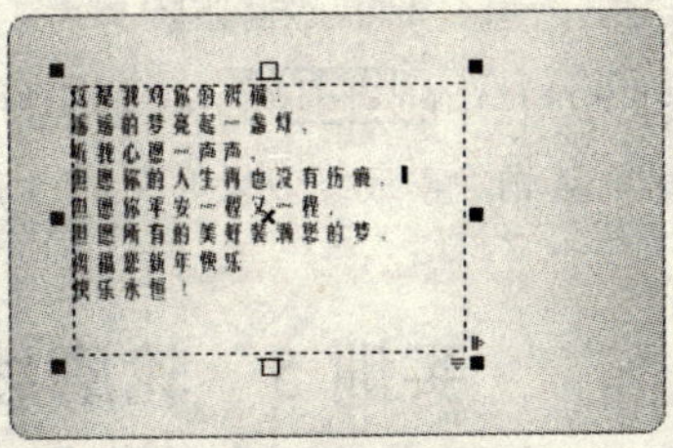

图 11.4.5　输入段落文字

（5）按“Ctrl+F7”键，弹出“封套”泊坞窗，为文本添加封套效果，并将文字的颜色改为蓝色，设置为居中对齐，如图 11.4.6 所示。

（6）在“文本工具”属性栏中单击“将文本改为垂直文本”按钮，在绘图页面中输入文字，并设置文字的字体与字号。

（7）在颜色面板中的红色方块上单击鼠标左键，将文字颜色填充为红色，再在黄色方块上单击鼠标右键，将文字轮廓色填充为黄色，如图 11.4.7 所示。

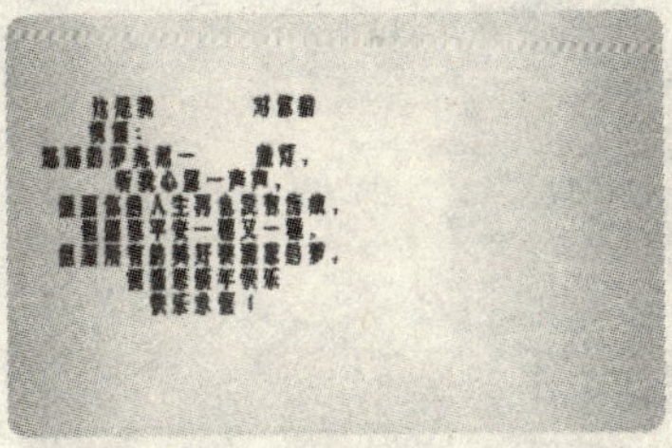

图 11.4.6　为文本添加封套效果

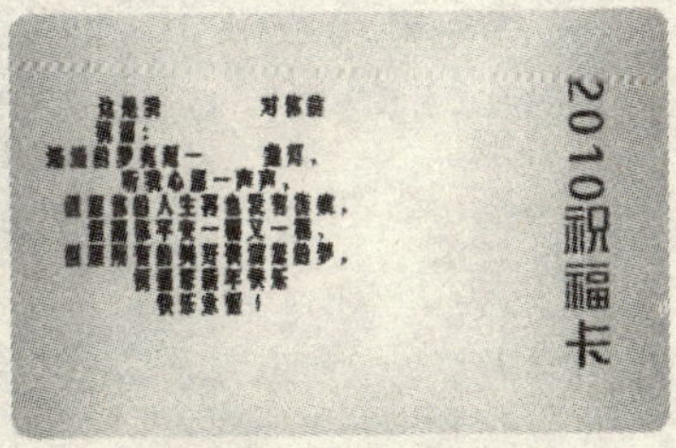

图 11.4.7　填充文字效果

（8）使用文本工具在绘图页面中输入其他文字信息，效果如图 11.4.8 所示。

（9）单击工具箱中的“基本形状”按钮，在绘图页面中绘制如图 11.4.9 所示的形状。

图 11.4.8　输入其他文字效果

图 11.4.9　绘制心形

（10）单击工具箱中的“钢笔工具”按钮，在绘图页面中绘制一条曲线，如图 11.4.10 所示。

（11）使用文本工具沿路径输入文字，并设置文字的字体与字号，如图 11.4.11 所示。

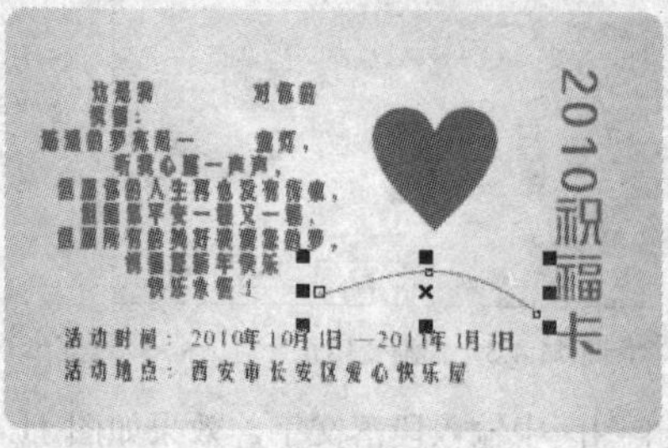

图 11.4.10　绘制曲线

图 11.4.11　沿路径输入文字并设置属性

（12）选择菜单栏中的 排列(A) → 打散(B) 命令，将曲线与文本分离，使用挑选工具选择曲线，按“Delete”键将其删除，最终效果如图 11.4.1 所示。

实训 5　轮廓线的绘制与色彩填充

1．实训内容

在制作过程中主要用到椭圆工具、矩形工具、形状工具、渐变填充工具，交互式网状填充工具以及艺术笔工具等，最终效果如图 11.5.1 所示。

图 11.5.1　最终效果图

2．实训目的

掌握轮廓线的绘制方法与技巧，并学会使用各种填充工具对绘制的图形对象进行填充。

3．操作步骤

（1）新建一个文件，单击工具箱中的“椭圆工具”按钮，在绘图页面中拖动鼠标绘制一个椭圆，如图 11.5.2 所示。

（2）使用挑选工具选择绘制的椭圆对象，将其轮廓线填充为黄色，然后单击工具箱中的“渐变工具”按钮，可弹出“渐变填充”对话框，设置其对话框参数如图 11.5.3 所示。单击 确定 按钮，即可将所选的椭圆填充为射线渐变，效果如图 11.5.4 所示。

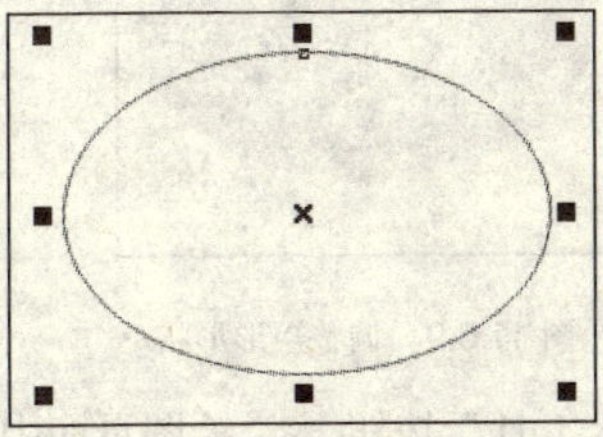

图 11.5.2　绘制椭圆

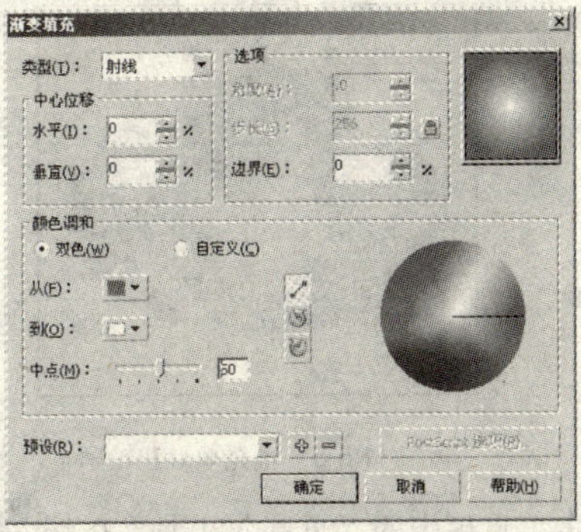

图 11.5.3　“渐变填充”对话框

（3）单击工具箱中的“交互式填充工具”按钮，调整填充的颜色效果，如图 11.5.5 所示。

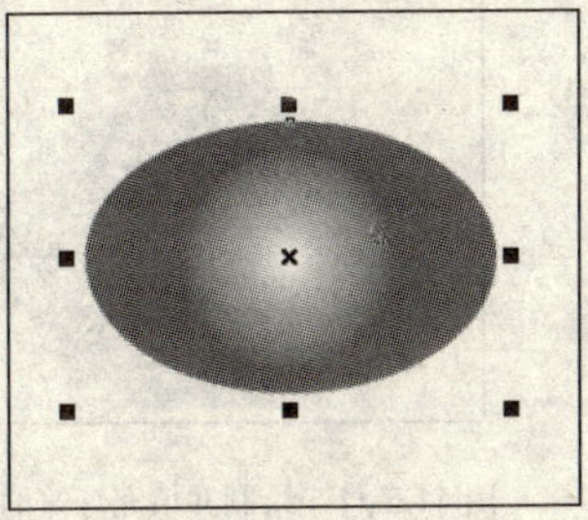

图 11.5.4　填充渐变后的效果

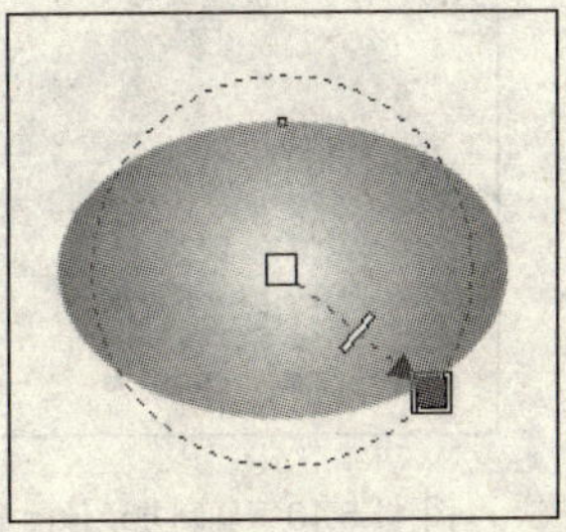

图 11.5.5　使用交互式填充工具进行调整

（4）使用挑选工具选择椭圆，按数字键盘上的“＋”键，即可在原处复制一个椭圆，这时所选的椭圆就是新复制的椭圆。在按住“Shift”键的同时拖动椭圆右侧的控制点将椭圆向内收缩，效果如图 11.5.6 所示。

（5）重复步骤（4）的操作 4 次，即可制作出灯笼的框架，效果如图 11.5.7 所示。

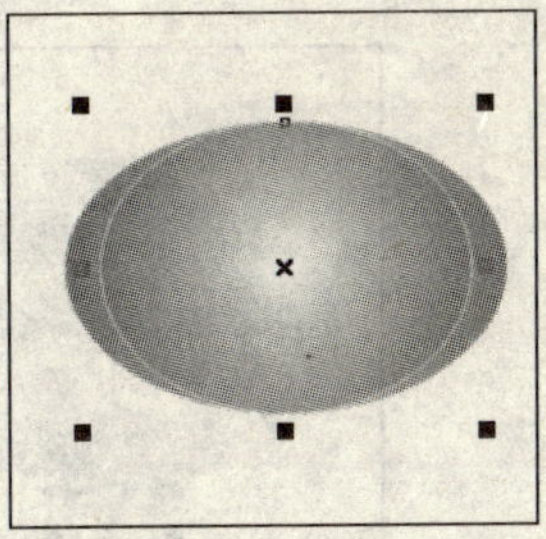

图 11.5.6　复制椭圆并将其缩小

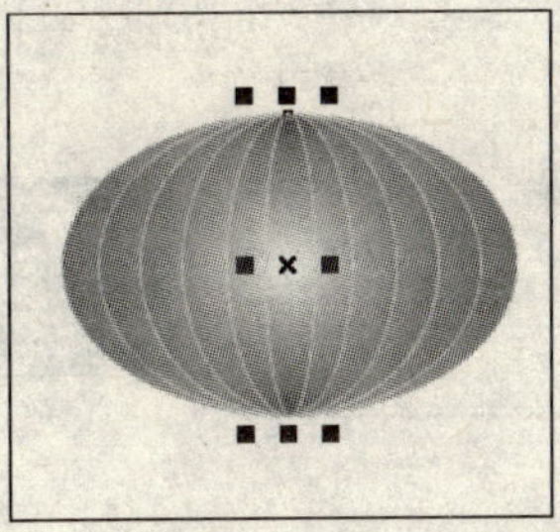

图 11.5.7　制作灯笼的框架

（6）单击工具箱中的“矩形工具”按钮，在绘图页面中的灯笼框架上拖动鼠标绘制矩形，沿标尺拖出一条辅助线，使矩形与椭圆的中心点对齐。在调色板中单击红色色块，将绘制的矩形填充为红色，再将轮廓填充为黄色，效果如图 11.5.8 所示。

（7）使用挑选工具选择填充后的矩形，按“Ctrl+Q”键将其转换为曲线，然后单击工具箱中的“形状工具”按钮，框选矩形上的所有节点，在属性栏中单击“转换直线为曲线”按钮，拖动鼠标调整矩形控制点，调整后的矩形形状如图 11.5.9 所示。

（8）将调整后的矩形复制一个，在属性栏中单击“垂直镜像”按钮，将复制的矩形垂直翻转，并将其拖至椭圆对象的下方，如图 11.5.10 所示。

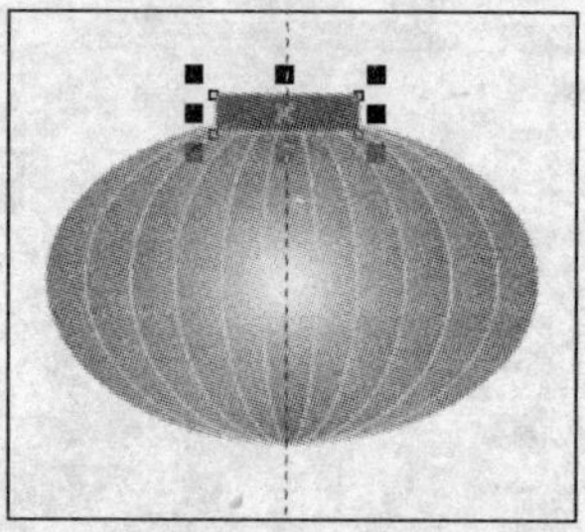

图 11.5.8　填充矩形和轮廓

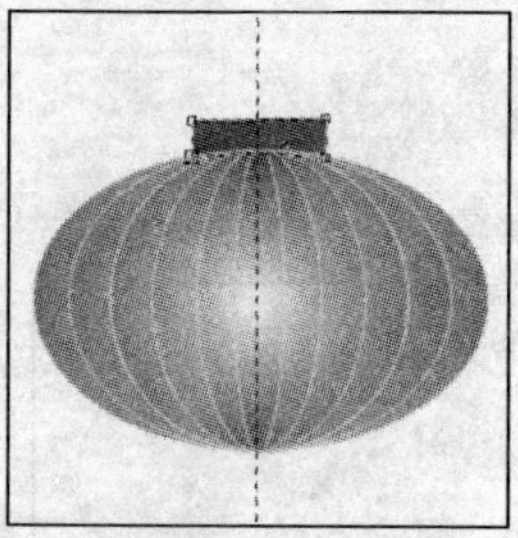

图 11.5.9　调整矩形形状

（9）单击工具箱中的“贝塞尔工具”按钮与“形状工具”按钮，绘图页面中绘制一个挂绳形状，并将其填充为黄色，效果如图 11.5.11 所示。

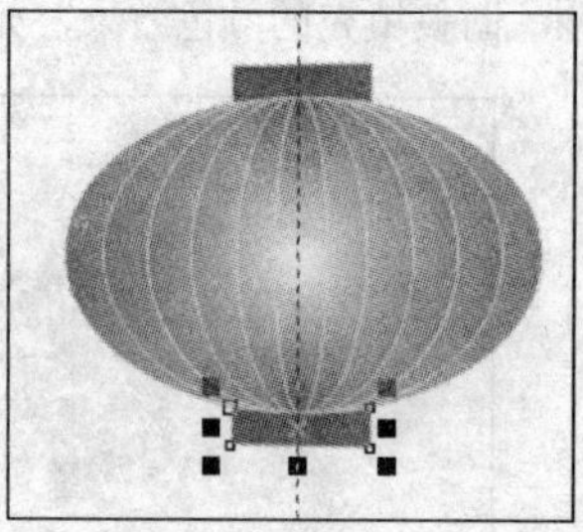

图 11.5.10　复制并镜像图形

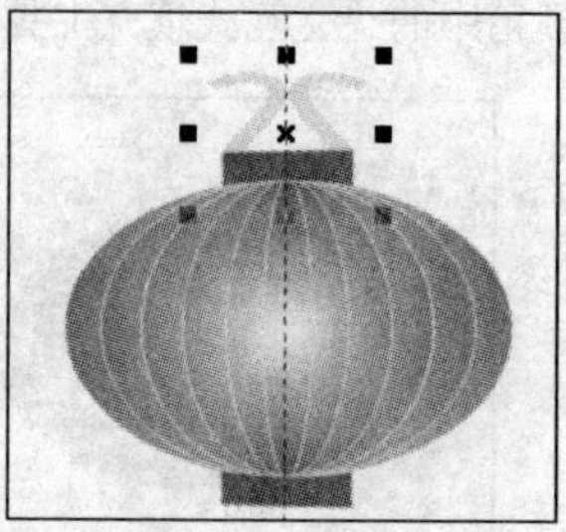

图 11.5.11　绘制并填充灯笼的挂绳

（10）单击工具箱中的“矩形工具”按钮，在灯笼的下方拖动鼠标绘制矩形，再单击工具箱中的“渐变填充”按钮，弹出“渐变填充”对话框，设置其对话框参数如图 11.5.12 所示。单击 确定 按钮，即可填充矩形，效果如图 11.5.13 所示。

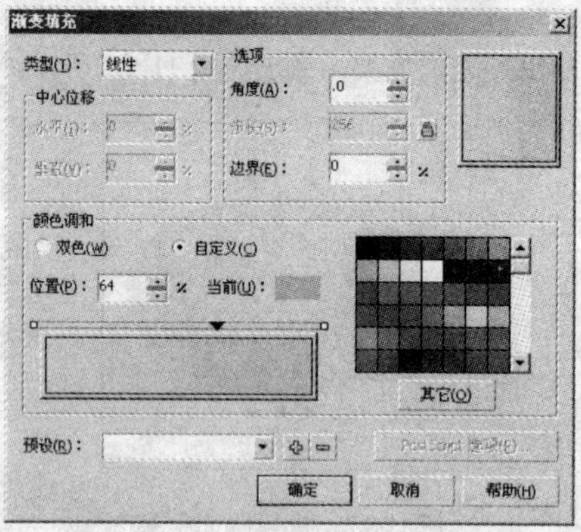

图 11.5.12　“渐变填充”对话框

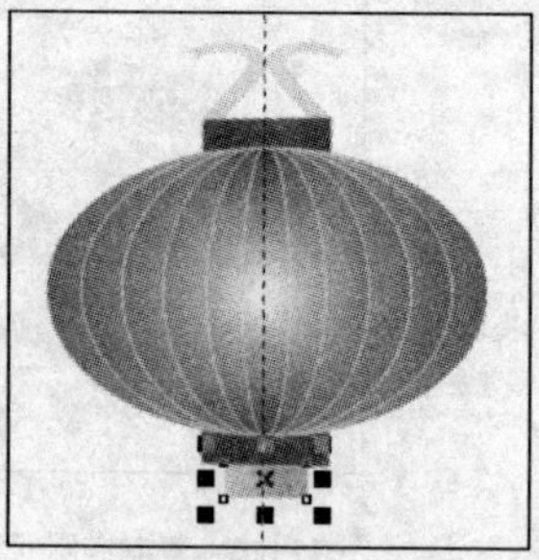

图 11.5.13　填充渐变后的效果

（11）单击工具箱中的“涂抹笔刷”按钮，沿黄色矩形下方边缘进行涂抹，效果如图 11.5.14 所示。

（12）隐藏辅助线，在工具箱中双击“矩形工具”按钮，即可创建与页面大小相等的矩形，单击工具箱中的“交互式网格工具”按钮，用鼠标单击需要填充颜色的节点，然后在调色板上单击所需的颜色块，即可在所选的节点处填充颜色，效果如图 11.5.15 所示。

（13）单击工具箱中的“艺术笔工具”按钮，在绘图页面中添加礼花效果，最终效果如图 11.5.1 所示。

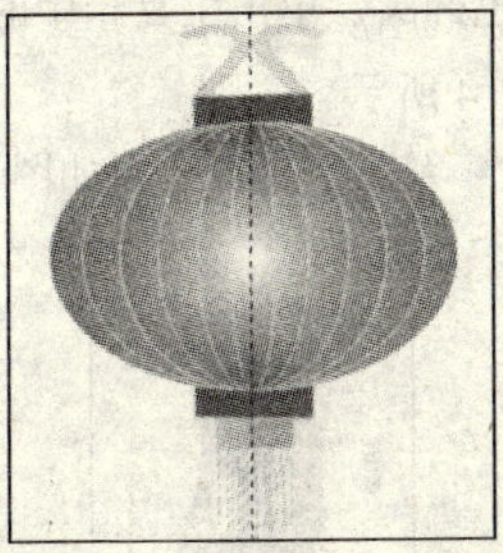

图 11.5.14 使用涂抹笔刷进行涂抹

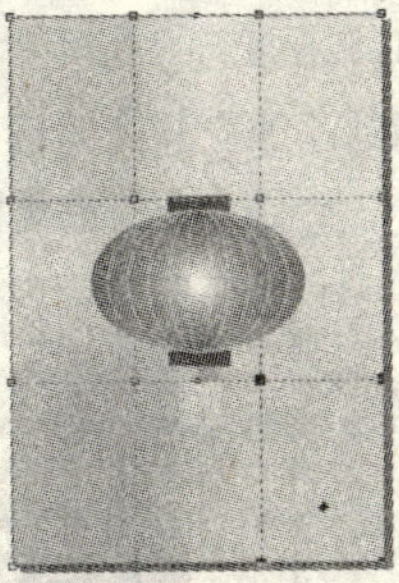

图 11.5.15 创建矩形并添加交互式网状填充

实训 6 对象的造形与交互式特效

1. 实训内容

在制作过程中主要用到贝塞尔工具、形状工具、多边形工具、交互式变形工具以及交互式阴影工具等，最终效果如图 11.6.1 所示。

图 11.6.1 最终效果图

2. 实训目的

掌握交互式变形工具和交互式阴影工具的使用方法与技巧。

3. 操作步骤

（1）新建一个图形文件，使用矩形工具在绘图区中绘制一个矩形，按“Ctrl+Q”键将其转换为曲线，然后单击工具箱中的“形状工具”按钮，将绘制的矩形调整为花瓶的形状，效果如图 11.6.2 所示。单击调色板中的幼蓝色色块，将绘制的花瓶填充为幼蓝色，并去除其轮廓线。

（2）单击工具箱中的“椭圆工具”按钮，在花瓶上方绘制一个椭圆，将其填充为 10%黑色，并将其轮廓线填充为幼蓝色，效果如图 11.6.3 所示。

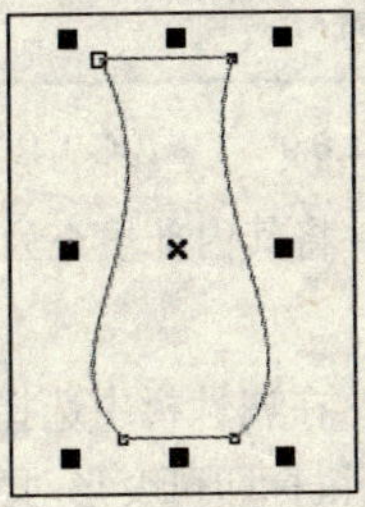

图 11.6.2 绘制并调整图形

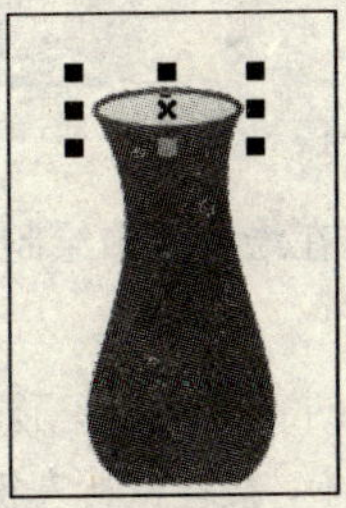

图 11.6.3 绘制并填充图形

（3）使用椭圆工具在花瓶上绘制一个无轮廓的白色椭圆，单击工具箱中的“交互式阴影工具”按钮，对绘制的椭圆添加交互式阴影效果，如图 11.6.4 所示。

（4）按“+”键，复制一个白色椭圆，并调整其大小及为位置，效果如图 11.6.5 所示。

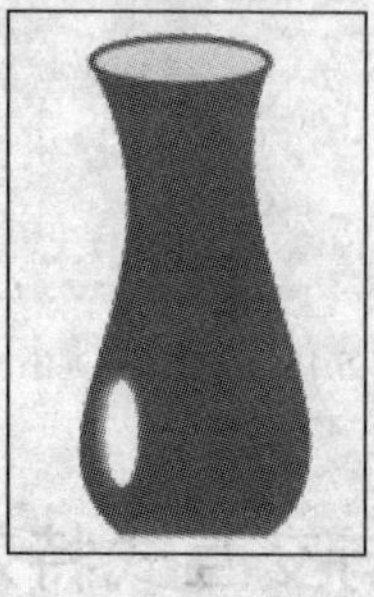

图 11.6.4　添加交互式阴影效果

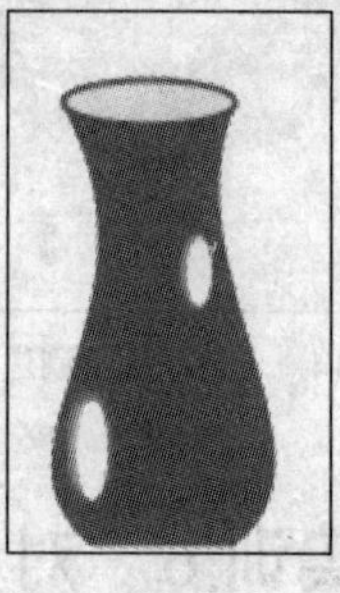

图 11.6.5　复制并调整图形

（5）单击工具箱中的“贝塞尔工具”按钮，在花瓶上方绘制叶子，效果如图 11.6.6 所示。

（6）单击调色板中的色块，对绘制的叶子进行不同色彩的填充，并去除其轮廓，效果如图 11.6.7 所示。

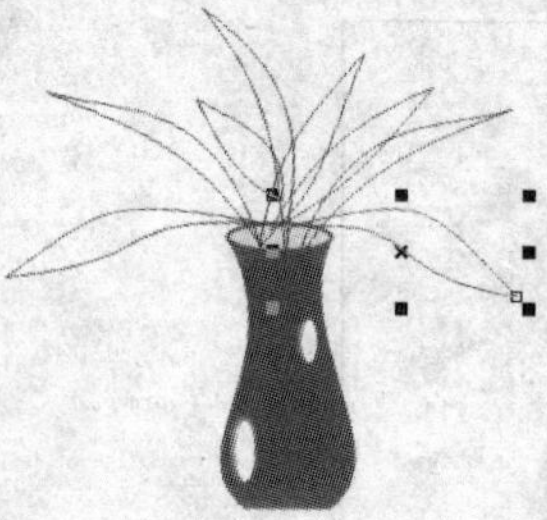

图 11.6.6　绘制叶子

图 11.6.7　填充叶子

（7）单击工具箱中的“贝塞尔工具”按钮，在叶子上绘制叶茎，并将其填充为白色，效果如图 11.6.8 所示。

（8）单击工具箱中的“多边形工具”按钮，设置其属性栏参数如图 11.6.9 所示。

图 11.6.8　绘制叶茎

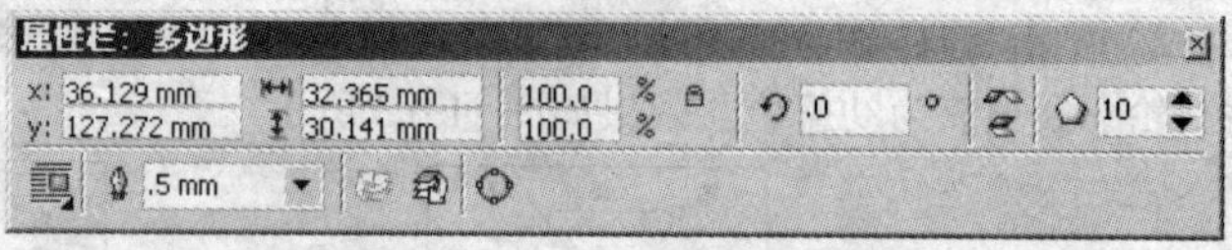

图 11.6.9　“多边形工具”属性栏

（9）设置好参数后，在绘图区中绘制一个十边形，并将其内部填充为白色，轮廓填充为草绿色，效果如图 11.6.10 所示。

（10）单击工具箱中的“交互式变形工具”按钮，在属性栏中选择“推拉变形”按钮，将鼠标光标移至多边形对象上，按住鼠标左键从右向左拖曳鼠标即可变形对象，效果如图 11.6.11 所示。

（11）按“+”键，复制一个变形对象，调整其大小及位置，并单击调色板中的淡黄色，对其进行填充，效果如图 11.6.12 所示。

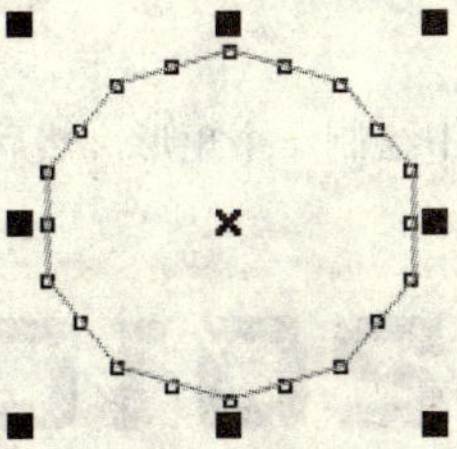

图 11.6.10　绘制并填充十边形

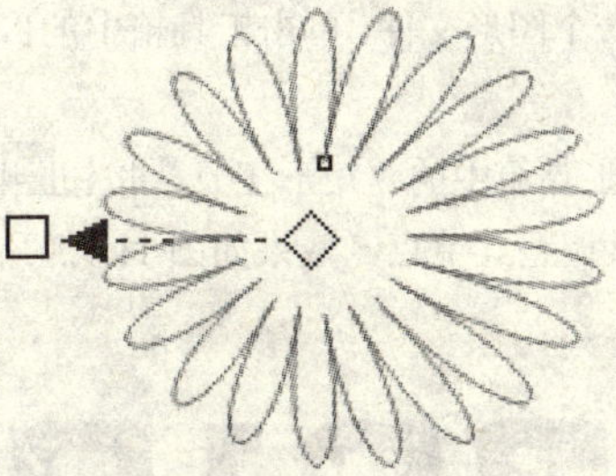

图 11.6.11　推拉变形效果

（12）使用挑选工具框选推拉变形后的图形，重复步骤（11）的操作，复制 6 个图形，并分别更改其颜色，效果如图 11.6.13 所示。按“Ctrl+G”键，对其进行群组。

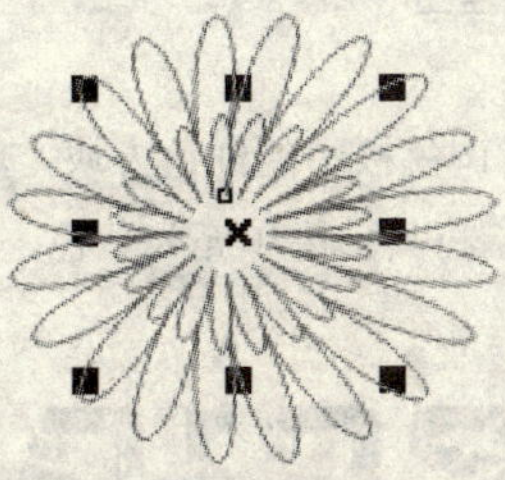

图 11.6.12　复制并调整图形

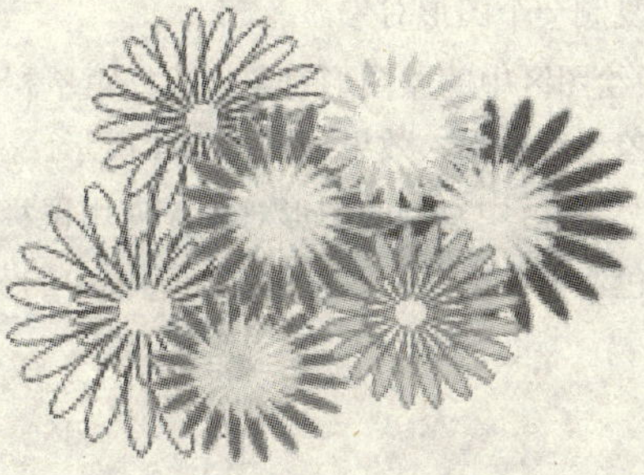

图 11.6.13　复制并调整图像

（13）使用挑选工具将步骤（12）绘制的图形拖曳到叶子的上方，最终效果如图 11.6.1 所示。

实训 7　对象的特殊效果

1．实训内容

在制作过程中主要用到文本工具、矩形工具、挑选工具、排列命令以及效果命令等，最终效果如图 11.7.1 所示。

图 11.7.1　最终效果图

2．实训目的

掌握为绘制的对象添加特殊效果的方法与技巧。

3．操作步骤

（1）新建一个图形文件，单击工具箱中的“文本工具”按钮字，在绘图区中输入文字，如图 11.7.2 所示。

（2）单击工具箱中的“矩形工具”按钮，在绘图区中绘制一个矩形，然后将其转换为曲线，并使用形状工具调整其节点，效果如图 11.7.3 所示。

图 11.7.2　输入文字

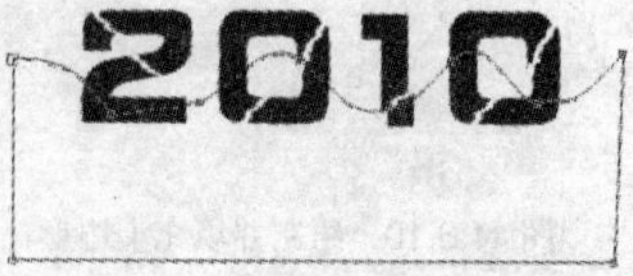

图 11.7.3　绘制并调整图形

（3）使用挑选工具选中绘图页面中的所有图形，按住鼠标左键进行拖动，拖曳到合适位置后，单击鼠标右键复制一个图形对象。

（4）选中绘图区中的原图形对象，选择菜单栏中的 排列(A) → 造形(P) → 移除前面对象(R) 命令，对图形对象进行整形，效果如图 11.7.4 所示。

（5）选中绘图区中复制的图形对象，使用鼠标左键单击调色板中的红色方块，将调整后的图形对象填充为红色，再使用鼠标右键单击调色板中的黄色方块，将其轮廓填充为黄色，效果如图 11.7.5 所示。

图 11.7.4　对图形对象进行整形 1

图 11.7.5　填充图像对象

（6）选中复制的图形对象，选择菜单栏中的 排列(A) → 造形(P) → 移除后面对象(F) 命令，对图形对象进行整形，效果如图 11.7.6 所示。

（7）选择菜单栏中的 效果(C) → 轮廓图(C) 命令，弹出“轮廓图”泊坞窗，设置其参数如图 11.7.7 所示。

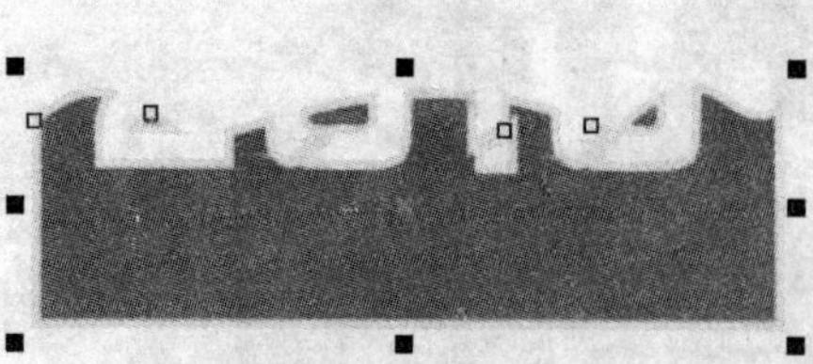

图 11.7.6　对图形对象进行整形 2

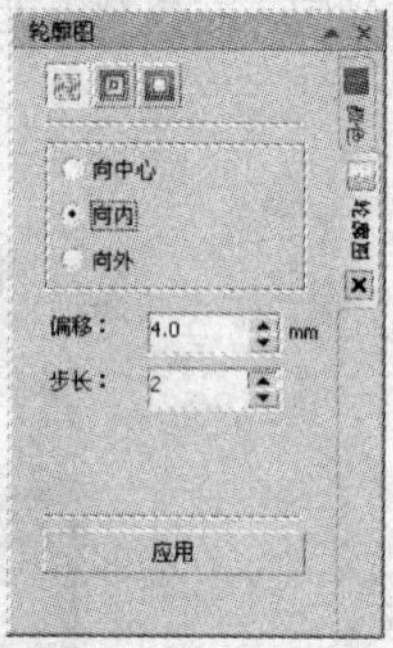

图 11.7.7　“轮廓图”泊坞窗

（8）设置好参数后，单击 应用 按钮，效果如图 11.7.8 所示。

（9）选中原图形对象，选择菜单栏中的 效果(C) → 立体化(X) 命令，弹出“立体化”泊坞窗，设置其参数如图 11.7.9 所示。

图 11.7.8 应用轮廓图效果

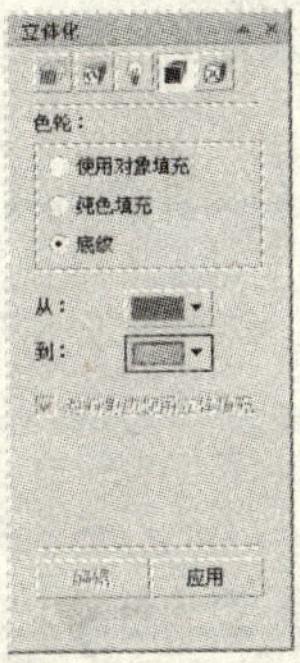

图 11.7.9 “立体化”泊坞窗

（10）设置好参数后，单击应用按钮，效果如图 11.7.10 所示。

图 11.7.10 应用立体化效果

（11）使用挑选工具将复制的图形对象拖曳到原图像下方，最终效果如图 11.7.1 所示。

实训 8 位图的应用

1. 实训内容

在制作过程中主要用到矩形工具、交互式轮廓图工具、转换位图命令、编辑位图命令以及图框精确剪裁命令等，最终效果如图 11.8.1 所示。

图 11.8.1 最终效果图

2. 实训目的

掌握位图的使用方法与技巧，并学会对位图进行转换和添加特殊效果。

3. 操作步骤

（1）新建一个文件，单击工具箱中的“矩形工具”按钮，在其属性栏中分别设置矩形 4 个角的边角圆滑度为“20”，轮廓线为“2.0mm”。

（2）设置好参数后，在绘图区中拖曳鼠标绘制一个圆角矩形，并将其轮廓填充为“浅紫色”，效果如图 11.8.2 所示。

（3）单击工具箱中的“交互式轮廓图工具”按钮，在图形对象上拖曳鼠标，绘制出如图 11.8.3 所示的轮廓。

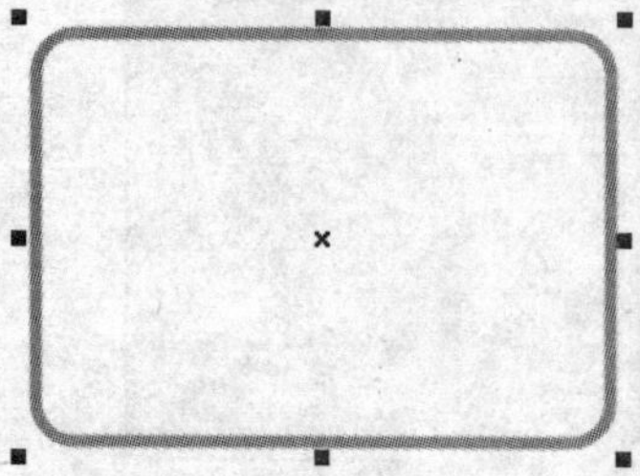

图 11.8.2　绘制圆角矩形

图 11.8.3　应用交互式轮廓图效果

（4）使用挑选工具选择绘制的圆角矩形，选择菜单栏中的 位图(B) → 转换为位图(P)… 命令，将其转换为位图。

（5）选择菜单栏中的 位图(B) → 编辑位图(E)… 命令，启动 Corel PHOTO-PAINT X4 应用程序，在其界面的菜单栏中选择 效果(C) → 底纹(T) → 浮雕(R)… 命令，弹出“浮雕”对话框，设置其对话框参数如图 11.8.4 所示。

（6）设置完成后，单击 确定 按钮，然后选择菜单栏中的 文件(F) → 保存(S) 命令，关闭其界面，此时的圆角矩形如图 11.8.5 所示。

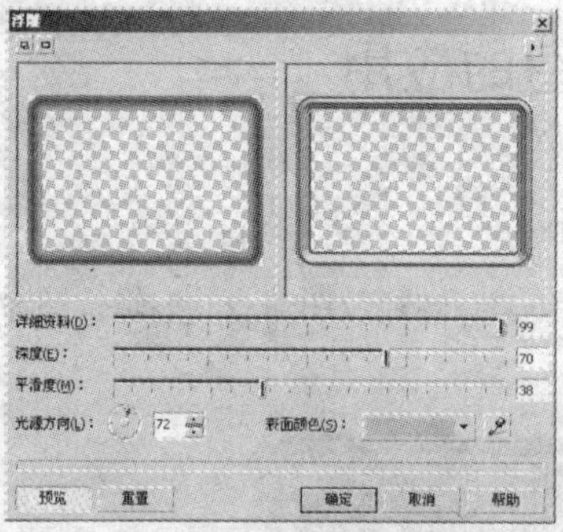

图 11.8.4　“浮雕”对话框

图 11.8.5　应用浮雕效果

（7）使用矩形工具在相框内绘制一个同等大小的矩形边框，然后按“Ctrl+I”键，在绘图区中导入一幅如图 11.8.6 所示的位图。

（8）使用挑选工具选中位图对象，然后选择 效果(C) → 图框精确剪裁(W) → 放置在容器中(P)… 命令，此时鼠标指针显示为➡形状，在矩形边框对象上单击，即可将位图对象置入绘制的矩形边框中，效果如图 11.8.7 所示。

图 11.8.6　导入的位图

图 11.8.7　应用图框精确剪裁效果

（9）使用鼠标右键单击调色板中的“无填充”色块☒，取消轮廓线填充，最终效果如图 11.8.1 所示。